21世纪高等学校规划教材 | 计算机应用

可视化Java SWT/JFace GUI 程序设计教程
——基于Eclipse WindowBuilder开发环境

赵满来 编著

清华大学出版社
北京

内 容 简 介

　　Java是当今最为流行的程序设计语言之一,GUI(图形用户界面)是当今计算机程序和用户之间的主流接口。使用可视化方法开发Java GUI程序具有直观、快捷、易学易用等优点。

　　本书以最新版的Eclipse为开发环境,使用WindowBuilder插件为可视化开发工具,采用SWT/JFace GUI组件库,结合学生成绩管理系统和资源管理器式文本阅读器等实例程序的逐步设计过程,详细讲解了窗口、基本组件、布局管理、容器、事件处理、菜单、工具栏、对话框、表格和树等组件的可视化创建、属性设置、事件处理及其在Java GUI程序设计中的应用,介绍了Java GUI程序的设计思路、可视化快速开发方法和步骤,以及必要的相关知识、原理和开发工具的基本使用方法与技巧。

　　通过本书的学习,可以使读者快速具备完整的图形用户界面程序的设计开发能力。本书适合作为计算机科学与技术、计算机软件、软件工程等专业"可视化程序设计"(Java方向)和"Java GUI程序设计"课程的本、专科教材,也适合非计算机专业具有Java基础的学生以及Java GUI程序设计爱好者自学。

本书封面贴有清华大学出版社防伪标签,无标签者不得销售。
版权所有,侵权必究。侵权举报电话: 010-62782989　13701121933

图书在版编目(CIP)数据

可视化Java SWT/JFace GUI程序设计教程:基于Eclipse WindowBuilder开发环境/赵满来编著.
—北京:清华大学出版社,2017
(21世纪高等学校规划教材·计算机应用)
ISBN 978-7-302-47063-2

Ⅰ.①可…　Ⅱ.①赵…　Ⅲ.①可视化软件－程序设计－高等学校－教材　Ⅳ.①TP31

中国版本图书馆CIP数据核字(2017)第115218号

责任编辑:闫红梅　李　晔
封面设计:傅瑞学
责任校对:李建庄
责任印制:宋　林

出版发行:清华大学出版社
　　　　网　　　址:http://www.tup.com.cn,http://www.wqbook.com
　　　　地　　　址:北京清华大学学研大厦A座　　　邮　　编:100084
　　　　社　总　机:010-62770175　　　邮　　购:010-62786544
　　　　投稿与读者服务:010-62776969,c-service@tup.tsinghua.edu.cn
　　　　质　量　反　馈:010-62772015,zhiliang@tup.tsinghua.edu.cn
　　　　课　件　下　载:http://www.tup.com.cn,010-62795954

印 装 者:清华大学印刷厂
经　　销:全国新华书店
开　　本:185mm×260mm　　　印　张:27.75　　　字　数:672千字
版　　次:2017年8月第1版　　　印　次:2017年8月第1次印刷
印　　数:1~2000
定　　价:69.00元

产品编号:070877-01

出版说明

随着我国改革开放的进一步深化,高等教育也得到了快速发展,各地高校紧密结合地方经济建设发展需要,科学运用市场调节机制,加大了使用信息科学等现代科学技术提升、改造传统学科专业的投入力度,通过教育改革合理调整和配置了教育资源,优化了传统学科专业,积极为地方经济建设输送人才,为我国经济社会的快速、健康和可持续发展以及高等教育自身的改革发展做出了巨大贡献。但是,高等教育质量还需要进一步提高以适应经济社会发展的需要,不少高校的专业设置和结构不尽合理,教师队伍整体素质亟待提高,人才培养模式、教学内容和方法需要进一步转变,学生的实践能力和创新精神亟待加强。

教育部一直十分重视高等教育质量工作。2007年1月,教育部下发了《关于实施高等学校本科教学质量与教学改革工程的意见》,计划实施"高等学校本科教学质量与教学改革工程(简称'质量工程')",通过专业结构调整、课程教材建设、实践教学改革、教学团队建设等多项内容,进一步深化高等学校教学改革,提高人才培养的能力和水平,更好地满足经济社会发展对高素质人才的需要。在贯彻和落实教育部"质量工程"的过程中,各地高校发挥师资力量强、办学经验丰富、教学资源充裕等优势,对其特色专业及特色课程(群)加以规划、整理和总结,更新教学内容、改革课程体系,建设了一大批内容新、体系新、方法新、手段新的特色课程。在此基础上,经教育部相关教学指导委员会专家的指导和建议,清华大学出版社在多个领域精选各高校的特色课程,分别规划出版系列教材,以配合"质量工程"的实施,满足各高校教学质量和教学改革的需要。

为了深入贯彻落实教育部《关于加强高等学校本科教学工作,提高教学质量的若干意见》精神,紧密配合教育部已经启动的"高等学校教学质量与教学改革工程精品课程建设工作",在有关专家、教授的倡议和有关部门的大力支持下,我们组织并成立了"清华大学出版社教材编审委员会"(以下简称"编委会"),旨在配合教育部制定精品课程教材的出版规划,讨论并实施精品课程教材的编写与出版工作。"编委会"成员皆来自全国各类高等学校教学与科研第一线的骨干教师,其中许多教师为各校相关院、系主管教学的院长或系主任。

按照教育部的要求,"编委会"一致认为,精品课程的建设工作从开始就要坚持高标准、严要求,处于一个比较高的起点上;精品课程教材应该能够反映各高校教学改革与课程建设的需要,要有特色风格、有创新性(新体系、新内容、新手段、新思路,教材的内容体系有较高的科学创新、技术创新和理念创新的含量)、先进性(对原有的学科体系有实质性的改革和发展,顺应并符合21世纪教学发展的规律,代表并引领课程发展的趋势和方向)、示范性(教材所体现的课程体系具有较广泛的辐射性和示范性)和一定的前瞻性。教材由个人申报或各校推荐(通过所在高校的"编委会"成员推荐),经"编委会"认真评审,最后由清华大学出版社审定出版。

目前，针对计算机类和电子信息类相关专业成立了两个"编委会"，即"清华大学出版社计算机教材编审委员会"和"清华大学出版社电子信息教材编审委员会"。推出的特色精品教材包括：

（1）21世纪高等学校规划教材·计算机应用——高等学校各类专业，特别是非计算机专业的计算机应用类教材。

（2）21世纪高等学校规划教材·计算机科学与技术——高等学校计算机相关专业的教材。

（3）21世纪高等学校规划教材·电子信息——高等学校电子信息相关专业的教材。

（4）21世纪高等学校规划教材·软件工程——高等学校软件工程相关专业的教材。

（5）21世纪高等学校规划教材·信息管理与信息系统。

（6）21世纪高等学校规划教材·财经管理与应用。

（7）21世纪高等学校规划教材·电子商务。

（8）21世纪高等学校规划教材·物联网。

清华大学出版社经过三十多年的努力，在教材尤其是计算机和电子信息类专业教材出版方面树立了权威品牌，为我国的高等教育事业做出了重要贡献。清华版教材形成了技术准确、内容严谨的独特风格，这种风格将延续并反映在特色精品教材的建设中。

清华大学出版社教材编审委员会
联系人：魏江江
E-mail：weijj@tup.tsinghua.edu.cn

前 言

一、为什么要写本书

Java 语言的主要应用领域包括桌面应用程序的开发、企业级应用程序的开发和嵌入式设备及消费类电子产品程序的开发 3 个方面,基本对应于 Sun ONE(Open Net Environment)体系中的 Java SE、Java EE 和 Java ME。桌面应用程序和 C/S 结构的企业级分布式网络应用程序都需要设计图形用户界面(GUI)。在基础 Java 课程及大多数 Java 教材中,关于 Java GUI 设计一般使用 1~2 章篇幅讲解,主要介绍基本原理及 AWT 和(或) Swing 类库的使用。由于篇幅和课时有限,加之类库繁多,学生一般很难全面熟练地掌握 Java GUI 程序设计的知识和技能。

以类库使用和代码编写为主的方式在设计 GUI 程序时,设计和运行效果一般靠设计者的经验和形象思维进行预判。这对程序员的要求就比较高,且想象的结果与实际显示结果之间存在或大或小的差距,设计效率也较低。想要简单快速地开发 GUI 界面,可视化方法是一个理想的选择。可视化 GUI 界面设计方法容易掌握,开发速度快,能够很快上手从而激发学习兴趣。笔者长期以来一直讲授 Java 方向的"可视化程序设计"课程,对 Java GUI 程序的可视化设计方法和工具的应用进行了探索和研究,积累了一些经验和心得,于 2010 年 11 月在清华大学出版社出版了《可视化 Java GUI 程序设计——基于 Eclipse VE 开发环境》一书。6 年多过去了,Visual Editor 自 2012 年 12 月之后已长期没有更新,在 Eclipse 3.6 之后的高版本下安装配置颇为困难。在相当长的一段时间内这门课程仍不可或缺,应该有更适合目前教学要求的教材。于是,笔者于 2015 年又在清华大学出版社出版了《可视化 Java GUI 程序设计教程——基于 Swing 组件库及 NetBeans IDE》及其配套实验教材。鉴于 SWT GUI 程序在 Windows 系统下的速度优势及出色的本地化观感,笔者采用目前流行的 Eclipse 开发环境和得到 Eclipse 基金会支持并长期及时更新的 WindowBuilder 工具插件,新编写了这本 Java SWT/JFace GUI 程序的可视化设计教材,以期为相关课程的教学提供 Swing 库之外的选择。

二、内容结构

本书以 Java SWT/JFace GUI 程序的可视化实现过程及主要组件——窗口、基本组件、容器、布局管理、事件处理、菜单、工具栏、复杂控件、表格和树等的使用为主线,结合两个完整的实例——简易学生成绩管理系统和资源管理器式文本阅读器的迭代开发过程,将全书内容组织为 13 章。

第 1 章简要介绍 GUI 的概念、发展和基本组成,介绍 Java GUI 程序的实现原理和可视化程序设计的概念及概况。

第2章介绍Eclipse和WindowBuilder开发环境的安装、配置、操作界面、使用方法和技巧,以及使用可视化方法开发Java SWT GUI程序的一般步骤。

第3章介绍程序窗体、标签、按钮、文本框和组合列表框的可视化设计,重点介绍组件位置和尺寸设置、颜色选择器、图像选择器、字体选择器和列表项编辑器等主要的属性设置工具的使用方法。

第4章介绍Java GUI程序的事件处理概念和机制、事件监听器的设计方法、常用事件及其监听器接口的实现方法。

第5章以Layouts组件的使用和layoutData属性的设置为线索,介绍各种布局管理器的特点、各个属性的含义和用法,以及布局数据类各个属性的含义和用法等内容。

第6章介绍SWT主要容器组件的使用方法、属性设置及应用,以及使用容器组件设计布局的方法。

第7章介绍工具栏和菜单的可视化设计,以及伸缩面板、数值组件、浏览器和系统托盘等控件的设计与使用。

第8章介绍样式文本控件、表格控件、树控件、画布控件及图形绘制技术、剪贴板和拖放操作的可视化设计与使用方法。

第9章介绍JFace GUI程序设计的相关知识、JFace GUI应用程序和对话框的可视化设计方法和技术。

第10章介绍各类对话框的使用、SWT/JFace程序打印功能的设计、向导对话框的设计技术。

第11章介绍以表格查看器为工具,采用SWT/JFace表格组件,使用JDBC在Java GUI程序中处理二维表结构数据的方法。

第12章从树形数据的组织、树查看器TreeViewer对树组件中数据的管理以及表格形树的设计等方面,结合实例较为详细深入地介绍了树和表格形树的设计方法,最后简单介绍列表查看器和组合框查看器。

第13章通过对前面各章陆续设计的简易学生成绩管理系统的界面和模块进行整合,介绍了Java GUI应用程序的开发思路和实现方法,展示主要界面组件的应用、相关界面的衔接与跳转、实现模块功能的事件监听器的编写、项目中数据库的应用等;最后,对这些界面和模块进行组装,最终使它们成为一个基本完整的应用系统。

三、学习建议

建议使用本书学习可视化Java GUI程序设计技术的读者,首先学习基本的Java程序设计语言,熟悉图形用户界面操作系统和应用程序,掌握基本的Java面向对象程序设计方法,熟悉Java内部类的知识。建议在阅读本书的过程中打开电脑,运行本书介绍的软件开发平台,对照熟悉软件界面,先按照例题介绍的步骤完成例题程序项目的开发,再模仿完成一款自己熟悉的GUI程序的开发。

本书的例子项目代码、所用到的软件和演示文稿请到清华大学出版社的网站下载,也可以到作者的课程建设网站 http://jxpt.ldxy.edu.cn/netcai/javagui3/下载。

四、致谢

本书内容参考了陈刚先生的《Eclipse 从入门到精通（第 2 版）》，以及 IBM 的 developerWorks 中国网站、http://help.eclipse.org/网站等网络资料。作者在此对他们表示衷心感谢！同时感谢陇东学院对本书的写作所给予的资助。感谢清华大学出版社编辑老师们的辛勤劳动。

作者水平有限，书中错漏和不当之处在所难免，恳请读者批评指正，E-mail：ldxyzml@126.com。

赵满来

2017 年 5 月

目 录

第 1 章 Java GUI 设计概述 … 1

1.1 GUI 简介 … 1
1.1.1 GUI 概念 … 1
1.1.2 计算机 GUI 简史 … 1
1.1.3 GUI 的基本组成 … 5

1.2 Java GUI 概况 … 9
1.2.1 AWT … 9
1.2.2 Swing … 10
1.2.3 SWT/JFace … 10

1.3 Java GUI 程序的实现原理 … 12
1.3.1 程序的图形用户界面显示原理 … 12
1.3.2 Java GUI 程序的构成 … 12
1.3.3 Java GUI 组件的布局 … 14
1.3.4 用户交互与事件循环 … 14

1.4 可视化程序设计 … 15
1.4.1 可视化程序设计的概念 … 15
1.4.2 可视化程序设计发展简况 … 16

1.5 习题 … 18

第 2 章 Java SWT GUI 程序可视化开发环境的配置与使用 … 19

2.1 Eclipse 简介 … 19
2.1.1 Eclipse 是什么 … 19
2.1.2 Eclipse 版本概况 … 19
2.1.3 Eclipse 平台体系结构 … 21

2.2 Eclipse Java 可视化开发环境的安装配置 … 22
2.2.1 JDK 的安装配置 … 22
2.2.2 Eclipse 的安装配置 … 23
2.2.3 WindowBuilder 的安装配置 … 24

2.3 Eclipse 开发界面及操作 … 25
2.3.1 编辑器及其操作 … 25
2.3.2 视图和透视图及其操作 … 26
2.3.3 项目与工作空间 … 27

　　　　2.3.4　Eclipse 首选项 ……………………………………………………… 27
　2.4　可视化开发 Java SWT GUI 程序的基本操作 …………………………………… 28
　　　　2.4.1　WindowBuilder SWT/JFace 项目的创建及其构成 ……………… 28
　　　　2.4.2　创建 SWT Application Window …………………………………… 29
　　　　2.4.3　设计视图及界面设计 ……………………………………………… 30
　　　　2.4.4　组件面板 …………………………………………………………… 33
　　　　2.4.5　结构视图 …………………………………………………………… 34
　　　　2.4.6　设计示例 …………………………………………………………… 36
　　　　2.4.7　代码(Source)视图及 Java 代码编辑 ……………………………… 38
　　　　2.4.8　运行 Java 项目 ……………………………………………………… 43
　　　　2.4.9　调试项目 …………………………………………………………… 43
　2.5　Java GUI 项目的打包与发布 …………………………………………………… 44
　　　　2.5.1　导出可运行的 JAR 文件 …………………………………………… 44
　　　　2.5.2　发布打包的 Java 项目 ……………………………………………… 45
　2.6　习题 ……………………………………………………………………………… 45

第 3 章　程序窗体及基本控件的使用 ……………………………………………………… 46
　3.1　程序窗体的设计 ………………………………………………………………… 46
　　　　3.1.1　窗体的创建 ………………………………………………………… 46
　　　　3.1.2　窗体的属性 ………………………………………………………… 47
　　　　3.1.3　主要操作 …………………………………………………………… 51
　3.2　标签设计 ………………………………………………………………………… 52
　　　　3.2.1　文字与图像 ………………………………………………………… 52
　　　　3.2.2　字体、前景色、背景色 …………………………………………… 52
　　　　3.2.3　对齐方式与换行 …………………………………………………… 53
　　　　3.2.4　分隔符、朝向和阴影 ……………………………………………… 53
　　　　3.2.5　其他属性 …………………………………………………………… 53
　3.3　按钮设计 ………………………………………………………………………… 55
　3.4　文本框设计 ……………………………………………………………………… 57
　　　　3.4.1　文本、显示字符和密码 …………………………………………… 57
　　　　3.4.2　字体、背景色和前景色 …………………………………………… 58
　　　　3.4.3　可编辑、只读和生效 ……………………………………………… 58
　　　　3.4.4　对齐方式和字数限制 ……………………………………………… 58
　　　　3.4.5　多行文本框及其相关属性 ………………………………………… 58
　　　　3.4.6　常用方法简介 ……………………………………………………… 59
　3.5　组合框设计 ……………………………………………………………………… 60
　　　　3.5.1　items 属性与列表项的添加 ………………………………………… 60
　　　　3.5.2　text …………………………………………………………………… 60
　　　　3.5.3　可视列表项数 ……………………………………………………… 61

	3.5.4 只读与文本限制 ································· 61

      3.5.5　select ··· 61
      3.5.6　字体、前景颜色和背景颜色 ································· 61
      3.5.7　常用方法简介 ··· 62
  3.6　Java SWT GUI 程序的基本结构 ·· 63
      3.6.1　Eclipse WindowBuilder 生成的 Java SWT GUI 程序清单分析 ······ 63
      3.6.2　在其他方法中创建 UI 内容组件的代码组织 ·········· 67
      3.6.3　创建 SWT Shell ·· 68
      3.6.4　组件该设为字段变量还是局部变量 ····················· 71
  3.7　习题 ··· 72

第 4 章　GUI 交互功能设计——事件处理 ································· 73

  4.1　事件处理的概念及委托事件处理模型 ································· 73
      4.1.1　事件 ··· 73
      4.1.2　事件处理模型 ··· 74
      4.1.3　SWT 的事件处理机制 ·· 75
  4.2　事件处理的设计 ·· 77
      4.2.1　事件监听器的两种实现方式 ································· 77
      4.2.2　事件监听器类的 3 种编写方法 ······························ 81
  4.3　常用事件监听器 ·· 88
      4.3.1　鼠标事件 ··· 89
      4.3.2　键盘事件 ··· 93
      4.3.3　焦点事件 ··· 95
      4.3.4　组件控制事件 ··· 96
      4.3.5　选择事件 ··· 97
      4.3.6　组件专用事件监听器 ·· 98
      4.3.7　通用事件监听器 ·· 98
      4.3.8　事件及其监听器小结 ·· 99
  4.4　习题 ··· 100

第 5 章　布局设计 ·· 101

  5.1　布局管理器概述 ·· 101
      5.1.1　布局术语 ··· 101
      5.1.2　布局方法 ··· 101
      5.1.3　布局数据类 ··· 103
  5.2　绝对布局 ··· 103
  5.3　填充式布局 ··· 105
  5.4　行列式布局 ··· 107
      5.4.1　RowLayout 的属性 ··· 108

5.4.2　布局数据 LayoutData ………………………………………… 110
　5.5　网格式布局 ………………………………………………………………… 111
　　　5.5.1　GridLayout 的属性 ………………………………………………… 112
　　　5.5.2　布局数据 LayoutData ………………………………………… 113
　　　5.5.3　设计实例 …………………………………………………………… 118
　5.6　表格式布局 ………………………………………………………………… 120
　　　5.6.1　FormLayout 的属性 ………………………………………………… 121
　　　5.6.2　设置参照物与锚点 ………………………………………………… 121
　　　5.6.3　设置偏移量 ………………………………………………………… 122
　　　5.6.4　相对于父容器的快速约束设置 …………………………………… 122
　　　5.6.5　布局数据 LayoutData 的属性 …………………………………… 125
　　　5.6.6　表格式布局的设计实例 …………………………………………… 126
　5.7　堆栈式布局 ………………………………………………………………… 130
　　　5.7.1　StackLayout 的属性 ………………………………………………… 130
　　　5.7.2　添加组件及控制组件的显示 ……………………………………… 131
　　　5.7.3　应用示例 …………………………………………………………… 131
　5.8　流式布局 …………………………………………………………………… 133
　5.9　边框式布局 ………………………………………………………………… 134
　5.10　盒式布局 ………………………………………………………………… 135
　5.11　习题 ……………………………………………………………………… 135

第6章　容器的使用 ……………………………………………………………… 136

　6.1　面板容器 …………………………………………………………………… 136
　　　6.1.1　Composite 的属性 ………………………………………………… 136
　　　6.1.2　应用举例 …………………………………………………………… 137
　6.2　分组框 ……………………………………………………………………… 139
　　　6.2.1　Group 的属性 ……………………………………………………… 139
　　　6.2.2　应用举例 …………………………………………………………… 140
　6.3　带滚动条的面板 …………………………………………………………… 141
　　　6.3.1　带滚动条面板的属性 ……………………………………………… 141
　　　6.3.2　带滚动条面板的使用方法 ………………………………………… 142
　6.4　选项卡 ……………………………………………………………………… 143
　　　6.4.1　选项卡的组件结构 ………………………………………………… 144
　　　6.4.2　TabFolder 属性 …………………………………………………… 144
　　　6.4.3　带有选项卡的 GUI 设计方法 ……………………………………… 145
　　　6.4.4　设计实例 …………………………………………………………… 146
　6.5　分割窗 ……………………………………………………………………… 150
　　　6.5.1　分割窗的属性 ……………………………………………………… 151
　　　6.5.2　在分割窗中创建组件 ……………………………………………… 151

- 6.5.3 分割窗的控制 ………………………………………………………… 151
- 6.5.4 List 控件的初步使用 …………………………………………………… 152
- 6.5.5 应用举例 …………………………………………………………… 152
- 6.6 ViewForm 容器 …………………………………………………………… 155
- 6.7 CBanner 容器 ……………………………………………………………… 156
- 6.8 高级选项卡容器 …………………………………………………………… 157
  - 6.8.1 CTabFolder 的属性 ……………………………………………………… 157
  - 6.8.2 CTabItem ………………………………………………………………… 159
- 6.9 习题 ………………………………………………………………………… 160

第 7 章 工具栏、菜单及其他控件的设计 …………………………………… 161

- 7.1 工具栏设计 ………………………………………………………………… 161
  - 7.1.1 工具栏和工具项的设计方法 ………………………………………… 161
  - 7.1.2 工具栏和工具项的属性设置 ………………………………………… 162
  - 7.1.3 工具按钮事件 ………………………………………………………… 163
  - 7.1.4 应用实例 ……………………………………………………………… 163
- 7.2 动态工具栏 ………………………………………………………………… 164
  - 7.2.1 SWT 动态工具栏的结构 ……………………………………………… 164
  - 7.2.2 动态工具栏的设计方法 ……………………………………………… 165
  - 7.2.3 动态工具栏的属性 …………………………………………………… 165
- 7.3 菜单设计 …………………………………………………………………… 167
  - 7.3.1 菜单栏 ………………………………………………………………… 167
  - 7.3.2 菜单与菜单项 ………………………………………………………… 168
  - 7.3.3 设计步骤 ……………………………………………………………… 169
  - 7.3.4 处理菜单事件 ………………………………………………………… 171
  - 7.3.5 DropDown ToolItem 的设计 …………………………………………… 175
- 7.4 伸缩面板与链接控件 ……………………………………………………… 178
  - 7.4.1 伸缩面板 ……………………………………………………………… 179
  - 7.4.2 伸缩条项 ……………………………………………………………… 179
  - 7.4.3 伸缩面板界面的设计 ………………………………………………… 180
  - 7.4.4 链接控件 ……………………………………………………………… 180
- 7.5 进度条和数值组件的设计 ………………………………………………… 182
  - 7.5.1 进度条 ………………………………………………………………… 182
  - 7.5.2 刻度条 ………………………………………………………………… 184
  - 7.5.3 滑动条 ………………………………………………………………… 184
  - 7.5.4 微调器 ………………………………………………………………… 185
  - 7.5.5 日期时间控件 ………………………………………………………… 185
- 7.6 浏览器 ……………………………………………………………………… 186
  - 7.6.1 主要方法 ……………………………………………………………… 186

7.6.2　应用实例……………………………………………………………………187
　7.7　系统托盘…………………………………………………………………………188
　　　7.7.1　SWT系统托盘的构成及获取………………………………………………189
　　　7.7.2　托盘项………………………………………………………………………189
　　　7.7.3　应用实例……………………………………………………………………190
　7.8　习题………………………………………………………………………………192

第8章　SWT复杂控件的使用……………………………………………………………193

　8.1　样式文本…………………………………………………………………………193
　　　8.1.1　属性…………………………………………………………………………193
　　　8.1.2　指定范围……………………………………………………………………195
　　　8.1.3　指定样式集…………………………………………………………………196
　　　8.1.4　应用实例……………………………………………………………………197
　8.2　SWT表格的设计…………………………………………………………………200
　　　8.2.1　创建与设置表格……………………………………………………………200
　　　8.2.2　创建与设置表格列…………………………………………………………201
　　　8.2.3　创建与设置表格行…………………………………………………………202
　　　8.2.4　创建与设置表格游标………………………………………………………203
　　　8.2.5　创建表格面板………………………………………………………………203
　　　8.2.6　应用示例……………………………………………………………………203
　8.3　SWT树的设计……………………………………………………………………205
　　　8.3.1　创建与设置树………………………………………………………………205
　　　8.3.2　创建与设置树节点…………………………………………………………206
　　　8.3.3　表格型树与表格树列组件…………………………………………………206
　　　8.3.4　创建树面板…………………………………………………………………207
　　　8.3.5　应用示例……………………………………………………………………207
　8.4　画布与图像的使用………………………………………………………………209
　　　8.4.1　Image类……………………………………………………………………210
　　　8.4.2　ImageData类………………………………………………………………211
　　　8.4.3　画布…………………………………………………………………………212
　　　8.4.4　图形上下文…………………………………………………………………212
　　　8.4.5　图像描述符…………………………………………………………………218
　　　8.4.6　图像注册表…………………………………………………………………218
　　　8.4.7　应用实例……………………………………………………………………219
　8.5　剪贴板的使用及SWT的拖放操作………………………………………………220
　　　8.5.1　Transfer类…………………………………………………………………220
　　　8.5.2　使用剪贴板…………………………………………………………………221
　　　8.5.3　拖放操作概述………………………………………………………………226
　　　8.5.4　拖放源………………………………………………………………………227

8.5.5　拖放目标 …………………………………………………………………… 229
　　　8.5.6　应用举例 …………………………………………………………………… 231
　8.6　习题 ………………………………………………………………………………… 232

第 9 章　JFace GUI 程序设计 …………………………………………………………… 234

　9.1　设计 JFace GUI 程序 ………………………………………………………………… 234
　　　9.1.1　JFace 概述 …………………………………………………………………… 234
　　　9.1.2　设计 JFace 应用程序窗口 …………………………………………………… 235
　　　9.1.3　JFace GUI 程序的结构 ……………………………………………………… 239
　9.2　JFace 的 Action 与菜单及工具栏的设计 ………………………………………… 242
　　　9.2.1　JFace Action 的概念及设计 ………………………………………………… 242
　　　9.2.2　ContributionItem 的管理及菜单与工具栏的设计 ………………………… 248
　　　9.2.3　应用举例 …………………………………………………………………… 251
　9.3　状态栏 ……………………………………………………………………………… 253
　　　9.3.1　JFace 状态栏的构成 ………………………………………………………… 253
　　　9.3.2　显示状态栏中的进度指示器 ………………………………………………… 254
　　　9.3.3　在状态栏显示定制信息 ……………………………………………………… 255
　　　9.3.4　应用示例 …………………………………………………………………… 256
　9.4　创建对话框窗体 …………………………………………………………………… 259
　　　9.4.1　创建 SWT Dialog 窗体 ……………………………………………………… 259
　　　9.4.2　创建 JFace Dialog 窗体 ……………………………………………………… 263
　　　9.4.3　创建 TitleAreaDialog 窗体 ………………………………………………… 265
　9.5　习题 ………………………………………………………………………………… 266

第 10 章　对话框的使用 …………………………………………………………………… 267

　10.1　消息对话框 ………………………………………………………………………… 267
　10.2　输入对话框 ………………………………………………………………………… 269
　10.3　目录对话框 ………………………………………………………………………… 271
　10.4　文件对话框 ………………………………………………………………………… 271
　10.5　颜色与颜色对话框 ………………………………………………………………… 275
　　　10.5.1　颜色 ………………………………………………………………………… 275
　　　10.5.2　颜色对话框 ………………………………………………………………… 276
　10.6　字体与字体对话框 ………………………………………………………………… 277
　　　10.6.1　字体 ………………………………………………………………………… 277
　　　10.6.2　字体对话框 ………………………………………………………………… 278
　10.7　打印对话框及打印支持 …………………………………………………………… 279
　　　10.7.1　打印数据类 ………………………………………………………………… 279
　　　10.7.2　打印类 ……………………………………………………………………… 280
　　　10.7.3　打印对话框 ………………………………………………………………… 281

　　　　10.7.4　应用示例 ……………………………………………………… 281
　10.8　设计向导对话框 ……………………………………………………… 287
　　　　10.8.1　创建和设计向导页 …………………………………………… 287
　　　　10.8.2　创建向导 ……………………………………………………… 288
　　　　10.8.3　向导对话框的使用 …………………………………………… 289
　　　　10.8.4　向导设计与应用示例 ………………………………………… 290
　10.9　习题 …………………………………………………………………… 298

第 11 章　表格设计与数据处理 ………………………………………………… 300

　11.1　获取与封装数据库中的数据 ………………………………………… 300
　　　　11.1.1　加载数据库驱动程序 ………………………………………… 300
　　　　11.1.2　连接数据库 …………………………………………………… 301
　　　　11.1.3　执行 SQL 语句 ………………………………………………… 304
　　　　11.1.4　访问结果集中的数据 ………………………………………… 306
　　　　11.1.5　释放资源 ……………………………………………………… 308
　　　　11.1.6　应用实例 ……………………………………………………… 308
　　　　11.1.7　封装数据 ……………………………………………………… 311
　11.2　创建带有查看器的表格 ……………………………………………… 312
　　　　11.2.1　创建表格查看器及表格 ……………………………………… 312
　　　　11.2.2　创建表格列查看器 …………………………………………… 316
　　　　11.2.3　复选框表格 …………………………………………………… 318
　11.3　表格的编辑 …………………………………………………………… 319
　　　　11.3.1　表格单元编辑器 ……………………………………………… 319
　　　　11.3.2　设置表格及表列的编辑器 …………………………………… 320
　11.4　表格排序和筛选 ……………………………………………………… 323
　　　　11.4.1　表格查看器实现排序 ………………………………………… 323
　　　　11.4.2　表格列查看器实现排序 ……………………………………… 326
　　　　11.4.3　过滤器与筛选 ………………………………………………… 327
　11.5　表格的其他常用操作 ………………………………………………… 330
　　　　11.5.1　表格行选择事件处理 ………………………………………… 330
　　　　11.5.2　增加和删除表行 ……………………………………………… 331
　　　　11.5.3　在表行之间移动选择器 ……………………………………… 332
　　　　11.5.4　设置单元格颜色 ……………………………………………… 335
　11.6　习题 …………………………………………………………………… 335

第 12 章　树形 UI 的设计 ……………………………………………………… 336

　12.1　树形数据的设计 ……………………………………………………… 336
　　　　12.1.1　学生成绩管理系统的数据库设计 …………………………… 336
　　　　12.1.2　数据封装类 …………………………………………………… 338
　　　　12.1.3　树节点类的设计 ……………………………………………… 343

         12.1.4 树形结构设计 ·· 347
   12.2 树查看器的使用及属性设置 ··· 350
         12.2.1 使用树查看器 ·· 350
         12.2.2 设计实例——树形文件阅读器 ····································· 352
   12.3 表格型树查看器 ··· 355
         12.3.1 创建树列查看器 ·· 355
         12.3.2 创建表格型树查看器 ··· 358
   12.4 带复选框的树 ··· 360
         12.4.1 创建复选框树查看器 ··· 360
         12.4.2 应用举例 ··· 361
   12.5 JFace 的其他查看器 ··· 362
         12.5.1 列表查看器 ·· 362
         12.5.2 组合框查看器 ·· 367
         12.5.3 文本查看器一瞥 ·· 372
         12.5.4 控件装饰 ··· 373
   12.6 习题 ··· 373

第 13 章 综合实例 ··· 375

   13.1 模块的划分与设计 ··· 375
         13.1.1 登录模块 ··· 375
         13.1.2 学生模块 ··· 375
         13.1.3 教师模块 ··· 376
         13.1.4 管理员模块 ·· 376
   13.2 管理员子系统的设计与实现 ··· 378
         13.2.1 专业设置模块 ·· 378
         13.2.2 课程设置与管理模块 ··· 382
         13.2.3 管理员子系统主控模块 ··· 384
         13.2.4 用户注册模块 ·· 386
         13.2.5 班级排课模块的实现 ··· 392
         13.2.6 系统管理 ··· 397
   13.3 教师子系统的设计与实现 ··· 398
         13.3.1 成绩登录 ··· 398
         13.3.2 成绩查询 ··· 403
         13.3.3 成绩统计 ··· 409
         13.3.4 教师子系统主控界面 ··· 414
   13.4 学生子系统的设计与实现 ··· 417
   13.5 登录模块的实现 ··· 420
   13.6 系统部署 ··· 421

参考文献 ·· 423

第 1 章

Java GUI 设计概述

图形用户界面是当今计算机程序和用户之间的主流接口。本章简要介绍 GUI 的概念、发展和基本组成，介绍 Java GUI 程序的实现原理和可视化程序设计的概念及简况。

1.1 GUI 简介

1.1.1 GUI 概念

GUI 是英文 Graphical User Interface 的简写，中文译作图形用户界面或图形用户接口，是指采用图形方式显示的计算机操作用户界面，是屏幕产品的视觉体验和人机互动操作接口。

与早期计算机使用的命令行界面相比，图形界面使人们不再需要记忆大量的命令，取而代之的是通过窗口、菜单、按键等方式进行操作，极大地方便了非专业用户的使用。GUI 使用户在视觉上更易于接受，减少了用户的认知负担，使程序的操作更加人性化。

1.1.2 计算机 GUI 简史

图形用户界面这一概念是 20 世纪 70 年代由施乐公司帕洛阿尔托研究中心提出的，他们在 1973 年构建了 WIMP(即视窗、图标、菜单和点选器/下拉菜单)的范例，并率先在施乐一台实验性的计算机上使用。1983 年电子表格软件 VisiCalc 通过 VisiOn 的研制，首次引入了 PC 环境下的"视窗"和鼠标的概念。1984 年苹果公司发布了 Macintosh 计算机，其中配有 GUI 操作系统而成为首例成功使用 GUI 的商用产品。1985 年末，苹果公司发布 Macintosh Office，并首次使用 LaserWriter 和 AppleTalk 网络技术。1988 年发布的 RISC OS 是一种彩色 GUI 操作系统，使用三键鼠标、任务栏和一个文件导航器(类似于 Mac OS)。

苹果公司在 1984 年 1 月发布的 Macintosh 计算机的 GUI 操作系统称为 System 1.0，已经含有桌面、窗口、图标、光标、菜单和滚动栏等。1997 年 7 月 26 日发布的 Mac OS 8.0(见图 1.1)是具有多线程查找器、三维的窗口界面及新的电脑帮助(辅助说明)等特性的操作系统。1999 年 10 月发布了 Mac OS 9，提供了方便的 Sherlock 2 搜索引擎、多用户管理、安全存储用户名和密码的"钥匙链"、先进的上网、自动化功能和"调色专家"等增强功能。

1984 年麻省理工学院与 DEC 制订计划发展 X Window System，同年发布了第一个版

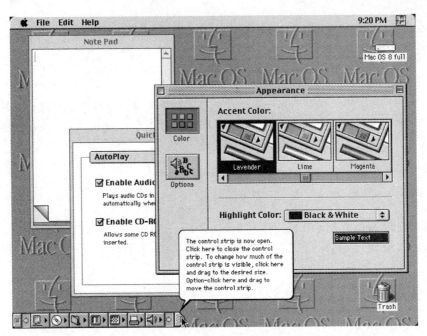

图1.1 Mac OS 8.0桌面

本——X11。1986年，DEC公司发布了第一套商业化X Window System。1987年1月的X技术研讨会中，许多工作站销售商共同声明支持X Window System作为工作站的标准GUI，同年9月发布了X Window System的第11版(X11)。1992年，有4位程序员强化改善当时已有的将X Window System移植到x86结构的UNIX系统成果，发起了XFree86计划。目前许多免费UNIX如FreeBSD UNIX、NetBSD UNIX和Linux的多种发行版都以XFree86作为GUI的基础(见图1.2)。

Microsoft公司视窗版本Windows 1.0在1985年发布，是运行于MS-DOS操作系统的图形化用户界面(GUI)，基于MAC OS的GUI设计，特点是窗口不可重叠，但可平铺；窗口不会覆盖屏幕下方的图标区域(见图1.3)。1990年Microsoft Windows 3.0发布，成为当时广泛使用的个人计算机GUI操作系统(见图1.4)。1995年Microsoft公司发布了Windows 95操作系统，摆脱了Windows 3.X及以前版本对DOS的依赖，从此使GUI成为个人计算机程序的主要用户接口/界面(见图1.5)。2012年Microsoft公司发布的Windows 8操作系统采用了继承自Windows 7的传统桌面(带有Aero视觉特效)和同时适用于PC及平板电脑的Metro/Modern界面(见图1.6)，之后的Windows 10界面既采用传统视窗界面，同时也融入了适合移动类系统的Metro界面(见图1.7)。

自Windows 3.1开始，PC上的应用程序逐渐采用图形用户界面，如随Windows附带了画图、记事本、写字板、计算器、纸牌和浏览器等几十个GUI应用程序，还有相应版本的Office软件。Windows操作系统提供了一整套GUI程序设计的API(应用程序接口)，出现了Visual Basic、Borland Delphi、Borland C++、Visual C++、Visual J++、JBuilder和Visual Age等GUI程序设计IDE和工具。同样，UNIX和Linux操作系统下的X Window也提供了Xlib、Glib、Gtk＋等GUI库和Xt、Motif、Qt等GUI工具包。当前，各种应用程序大多采用了图形用户界面。

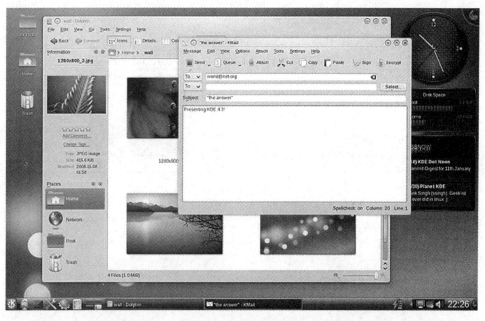

(a) 基于XFree86的GUI(桌面环境KDE 4.0(2009))

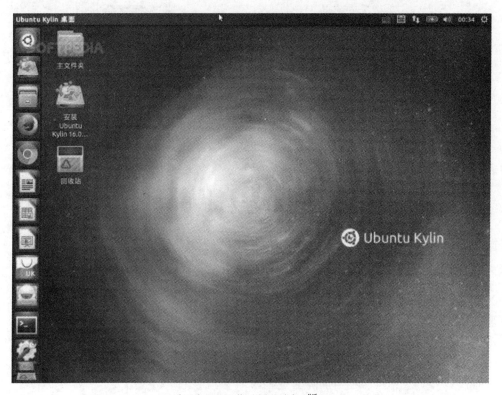

(b) Ubuntu Kylin 16.04 Alpha1版

图 1.2 以 XFree86 作为基础的发行版

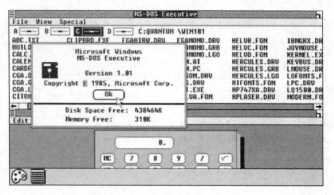

图 1.3 Windows 1.0 界面

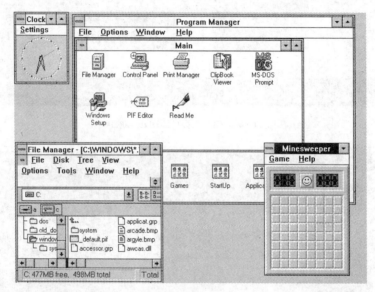

图 1.4 Windows 3.0

图 1.5 Windows 95

图 1.6 Windows 8 的 Metro/Modern 界面

图 1.7 Windows 10 桌面

1.1.3 GUI 的基本组成

在 GUI 中,计算机屏幕上显示窗口、图标、按钮等图形表示不同资源对象和动作,用户通过鼠标等指针设备进行选择、移动和运行程序等操作。GUI 通常有以下主要组成元素(见图 1.8)。

图 1.8　GUI 的主要组成

1. 桌面

桌面指 GUI 操作系统显示程序、数据和其他资源的计算机屏幕。一般桌面上显示各种应用程序和数据的图标，作为用户对它们操作的入口。如在 Microsoft 公司的 Windows 7 系统中，各种用户的桌面内容实际保存在系统盘（默认为 C 盘）的【\Users\[用户名]\Desktop】文件夹里。

通过将墙纸（即桌面背景）设置为各种图片和某种附件，可以改变桌面的视觉效果。

2. 窗口

窗口是应用程序在图形用户界面中显示的使用界面。应用程序和数据在窗口内实现一体化。用户可以在窗口中操作应用程序，进行数据的管理、生成和编辑。通常在窗口四周设有菜单、图标、滚动条和状态栏等功能部件，数据放在中央。

在窗口中，根据各种数据/应用程序的内容设有标题栏，一般放在窗口的最上方，并设有最大化、最小化、最前面、缩进（仅显示标题栏）等动作按钮，可以简单地对窗口进行操作。

单一文档界面(Single Document Interface)：在窗口中，一套数据在一个窗口内显示和操作的方式。在这种情况下，数据和显示窗口的数量是一样的。若要在其他应用程序的窗口使用数据，将相应生成新的窗口。因此窗口数量多，管理复杂。

多文档界面(Multiple Document Interface)：在一个窗口之内进行多套数据管理的方式。这种情况下，窗口的管理简单化，但是操作变为双重管理。

标签与选项卡：多文档界面的数据管理方式中使用的一种界面（见图 1.9），将数据的标题在窗口中并排，通过选择标签标题显示必要的数据，这样使接入数据更为便捷。多文档界面主要是 Microsoft 公司视窗系统采用,在其他环境中通常用单文档界面。

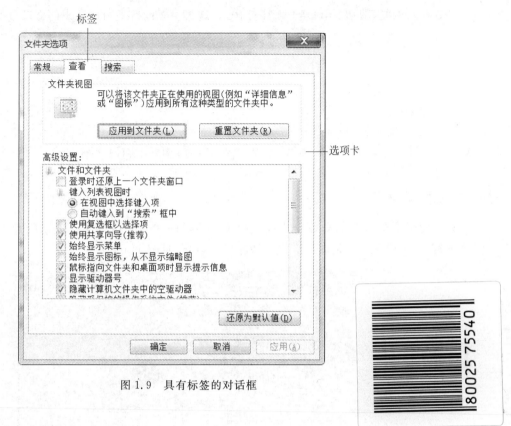

图 1.9　具有标签的对话框

3. 菜单

菜单是把程序提供的执行命令以分级列表的方式显示出来的一种界面,包括下拉式菜单、弹出式菜单等类型,应用程序提供的所有命令几乎全部能组织到菜单中。根据命令的层次还可以组织成多级菜单。使用鼠标的第一按钮(一般是左键)或键盘上的组合键(如 Alt+F 键)进行操作。

快捷菜单:在菜单栏以外程序窗口的工作区,通过鼠标的第二按钮(一般是右键)调出的菜单称为快捷菜单。根据调出位置的不同,菜单内容也不相同,其中列出了所关联的对象目前可以进行的操作。

4. 工具按钮及功能区(Ribbon)

把菜单中使用频繁的命令用图标表示出来,放置在窗口中较为显眼的位置称为工具按钮。应用程序中的按钮通常可以代替菜单,这样就不必通过菜单逐层翻动调出,从而提高了工作效率。但即使同一个应用程序,各种用户使用同一个命令的频率也是不一样的,因此工具按钮也可以由用户自定义。

Microsoft Office 2007 和 Windows 7 及以后版本的一些程序(如画图程序)中,使用了一种以皮肤及标签页为架构的功能区(Ribbon)用户界面,以替代传统的菜单栏、工具栏和下拉菜单。该界面将相关的选项组织在一组,将最常用的命令放到窗口的最突出位置,用户可以更轻松地找到并使用这些功能,并减少鼠标的点击次数,总体来说,比之前的下拉菜单效率要高。例如,文件管理器【主页】主功能区中提供了核心的文件管理功能,包括复制、粘贴、删除、恢复、剪切、属性等(见图1.10)。这些功能包括了用户日常的大部分操作。

图1.10　Windows 10 的资源管理器的功能区

5. 图标

图标是在 GUI 操作系统桌面或程序中显示的代表应用程序或程序所管理的数据的图形符号,一般是一个指向相应程序或文件的链接(见图1.11)。

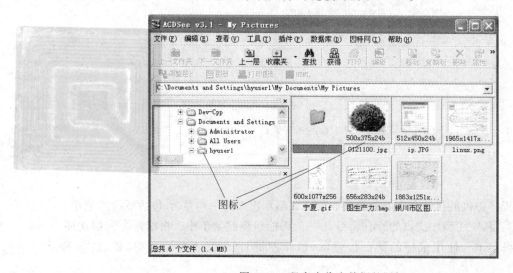

图1.11　程序中代表数据的图标

文件夹(也称为目录)中的用户数据和程序管理的特定数据通过图标显示出来。通常情况下显示的是数据内容缩图,或与数据相关联的应用程序的代表图案。点击数据的图标,可以完成启动相关应用程序及显示数据本身两步工作。

应用程序的图标只能用于启动应用程序。

6. 对话框

对话框是 GUI 中的一种特殊窗口,用于向用户显示信息,或在需要的时候获取用户的响应,或者两者皆有。程序使用对话框与用户交互的方式就是计算机和用户之间进行"对话"。

非模态对话框:用于向用户请求非必需的信息,可以不理会这种对话框或不向其提供任何信息而继续进行当前工作。对话框所属程序窗口与该对话框窗口均可处于打开并处于活动状态。

模态对话框：这种对话框强制要求用户响应，在用户与该对话框完成交互之前不能再继续进行其他操作。模态对话框用在需要一些必需的信息然后才可以继续进行其他操作，或确认用户想要进行一项具有潜在危险性操作的情况下。模态对话框一般分为系统级和应用程序级。系统级对话框出现时，用户在完成与这个对话框的交互之前不能在该计算机系统进行其他操作，比如关闭对话框。应用程序级的模态对话框则只对它所属的程序有所限制。

1.2 Java GUI 概况

Java 的第一个版本在 1995 年发布的时候就包含了 AWT（Abstract Windowing Toolkit）库，用于构建图形用户界面应用程序。当时，使用 AWT 可以构建运行在浏览器中的 Java applet，极大地增强了网页的表现能力和交互能力。回顾 Java GUI 的发展和演化，主要有 3 个构建窗口程序的程序库：AWT、Swing 和 SWT。

1.2.1 AWT

起初，Java 技术令人激动的特性是基于 applet——可以让程序通过 Internet 发布并在浏览器内执行的新技术。applet 简化了跨平台应用程序的开发、维护和发布，跨平台是商业软件开发中几个最富挑战性的题目之一。

为了方便用 Java 构建图形用户界面，Sun 最初提供了一个能在所有平台下运行的具有独特 Java 外观的图形界面库。当时，Sun 的首要伙伴 Netscape 提出 applet 应该与运行时平台具有一样的显示外观，在显示和行为上能够像该平台运行的其他应用程序一样。为了实现这个目标，在 JDK 的第一个发布版中包含了 AWT 库，使每一个 Java GUI 窗口部件都在底层的窗口系统中有一个对应的组件。但是，不同的操作系统平台提供的 GUI 元素总有一些不同，为了保持 Java 的"一次编写，到处运行"的特性，Sun 采用了"最大公约数"原则，即 AWT 只提供所有本地窗口系统都提供的 GUI 组件的公有集合，并映射到不同操作系统上的原生窗口组件（native widget）。

一个 AWT 组件通常是一个包含了对等体接口类型引用的组件类。这个引用指向本地对等体实现。如 java.awt.Label 类，它的对等体接口是 LabelPeer，具有平台无关性。在不同平台上，AWT 提供不同的对等体类来实现 LabelPeer。在 Windows 中，对等体类是 WlabelPeer，它调用 JNI（Java Native Interface，Java 本地接口）实现 label 的功能。这些 JNI 方法用 C 或 C++编写，它们关联到一个本地的 label，真正的行为都在本地发生。AWT 组件由 AWT 组件类和 AWT 对等体给应用程序提供了一个全局公用的 API（见图 1.12）。组件类和它的对等体接口是平台无关的，但它们调用的底层对等体类和 JNI 代码则是平台相关的。

由于 AWT 提供的 GUI 组件一般比本地操作系统平台使用的 GUI 组件少，因此需要为非公共子集的更多高级特性开发它们自己的窗口部件。此外，Java applet 运行在一个安全的"沙箱"里，并阻止恶意的 applet 对文件系统和网络

图 1.12　AWT 组件实现机制

连接等资源的滥用。沙箱在提供安全性的同时,也减少了应用程序的功能。同时,Java GUI 应用程序也不能像本地程序一样灵敏地响应。这些问题减缓了人们对 applet 的接受和承认速度。因为用 AWT 开发的应用程序既缺少流行 GUI 程序的许多特性,又不能达到在显示和行为上像用本地窗口构件库开发的程序一样的目标,所以需要一个更好的库来开发 Java GUI 程序。

1.2.2 Swing

1997 年在 JavaOne 大会上提出并于 1998 年 5 月发布的 JFC(Java Foundation Classes)中包含了一个新 GUI 组件库叫 Swing。Swing 使用 Java 开发了一套模拟的 GUI 组件库,遵循"最小公倍数"原则,除了依赖于 AWT 顶层容器(如 Applet、Window、Frame 和 Dialog 等)之外,几乎实现了所有平台上的标准组件。Swing 对组件特征的设计也遵循"最小公倍数"原则,它拥有所有平台上可提供的组件特征。

除了顶层容器外,Swing 的实现不依赖于具体平台,它掌控了所有的控制和资源。Swing 组件在操作系统中没有相应的对等体,普通的 Swing 组件可以看作是 AWT 容器的一块逻辑区域,从顶层容器(AWT 组件)的对等体中借用资源。所有添加到同一顶层容器的 Swing 组件共享它的 AWT 对等体以获取系统资源,如字体和图形处理等。Swing 将组件的数据结构存储在 JVM 的空间中,完全自主地管理绘制处理、事件分发和组件布局。Swing 的事件并不是底层系统产生的事件,而是由顶层容器处理 AWT 事件所产生的伪事件。

Swing 默认情况下采用本地平台的显示外观,此外还可以采用插件式的显示外观。因此 Swing 应用程序可以具有像 Windows 应用程序、Motif 应用程序、Mac 应用程序一样的显示外观,也可以拥有它自己的 metal 或 nimbus 显示外观。Swing 拥有很好的观感(Look And Feel)支持,甚至可以动态地改变 Swing 应用程序的观感。Look 指的是界面显示外观,Feel 指的是它如何响应用户操作。从 JDK 1.1.3 开始,Sun 在 Swing 中提供了三个 LookAndFeel 的子类,分别提供了 Metal、Motif 与 Windows 的界面样式,到 JDK 1.6 增加到 5 个。任何基于 Swing 的界面都可以使用这些观感的其中之一。此外,也可以通过直接或间接继承 LookAndFeel 类开发新的观感。

由于 Swing 自己实现了所有组件,因此程序运行时装载了大量的类,创建了大量小的可变对象,因而导致了额外的堆空间消耗。由于许多小的对象较大对象更难以有效地进行垃圾回收,且大量类的装载导致频繁的 I/O 操作,明显降低了 Java Swing 应用程序的启动和运行速度,从而导致性能下降。

Swing 使用 Java 开发 GUI 模拟组件而不是调用本地操作系统 GUI 库的方式,使 Swing 应用程序和本地程序拉开了一定差距,Windows 平台下的 Swing 程序显得比本地应用程序响应迟缓;此外,当操作系统的界面发生改变时,Swing 需要一段时间才能跟得上这种改变,且模拟组件的外观与本地系统的原生组件可能会有一些不同。

1.2.3 SWT/JFace

IBM 公司在开发 VisualAge for Java 时认为"Swing 是个可怕的充满缺陷的怪兽",因此开始了一个新的项目——把 Smalltalk 原生窗口组件移植到 Java 上,这个工具集后来称为SWT(Standard Widget Toolkit)。他们当时发现Swing在读事件队列时用了一种可能留下内存漏洞的方式，因此决定SWT和AWT/Swing不能共存。IBM公司把SWT工具包放到了Eclipse中。Eclipse原本是IBM公司的开放源码计划IBM WebSphere Studio Workbench的通用工具平台，后来IBM公司把Eclipse捐赠出来。2001年11月7日，SWT作为GUI重要基础与Eclipse IDE(Integrated Development Environment)一起集成发布，之后SWT发展和演化为一个独立的版本。使用SWT可以开发Microsoft Windows、Mac OS X以及几种不同风格的UNIX/Linux等操作系统下的Java GUI程序。

SWT的设计采用"最小公倍数"原则提供各个平台上包含组件的并集。如果一个组件在操作系统平台中已经提供，SWT就包装并用Java代码和JNI调用它。反之，如果某个组件在某一平台上不存在，就继承并以绘制Composite的方式模拟该组件。不同于Swing的模拟方式，SWT的Composite类有操作系统相应的对等体，它从该对等体中获得所需资源，如图形处理的对象、字体和颜色等。SWT直接从操作系统获取所有的事件并进行处理，将组件的控制权交给本地操作系统。

可见，在实现机制方面SWT吸收了AWT和Swing的优点，当可以得到本地组件时使用本地组件实现，不能得到本地组件时则使用Java模拟实现。这样既保证了SWT GUI组件与本地窗口部件最大程度地具有一致的外观和响应速度，又提供了足够丰富的组件类型和特性。

JFace的构建基于SWT，提供了在SWT基础之上的抽象层，是对SWT组件的更进一步的OOP(面向对象程序设计)封装，提供了MVC模式。SWT使用直接的API提供了原生的窗口部件，而JFace对抽象层编程，抽象层与SWT API交互。例如，SWT创建表时一般应创建一个table组件并且插入要显示的行和列的数据。而要使用JFace中的table，则应先创建table组件，但不向表格插入数据，而是指定表格查看器和内容器、标签器及输入数据对象，由表格查看器决定数据内容和显示。JFace的目的不是取代SWT，而是为一些复杂编程任务提供更为简单的实现机制和方法，与SWT组件共同完成程序功能。

综上所述，3个Java GUI库的优缺点如表1.1所示。

表1.1　三个Java GUI库的优缺点

特　　性	AWT	Swing	SWT/JFace
组件类型	少(最小子集)	多(最大子集)	丰富
组件特性	少(最小子集)	多(可定制)	丰富(平台＋模拟)
响应速度	快	快	快
内存消耗	少	多	少
扩展性	无扩展性	强	不可扩展
Look And Feel	不支持	出色支持	不支持
成熟稳定性	好	好	Windows平台高 其他平台不高
总体性能	高	一般	Windows平台高 其他平台不高
API模型支持	无	MVC	MVC
GUI库来源	JRE标准工具集	JRE标准工具集	程序捆绑
启动速度	快	慢	快
可视化编程	可用	支持	支持

Java 发布之初就提供了构建跨平台应用的窗口 GUI 库,随着对 AWT、Swing 和 SWT/JFace 库的持续改进开发,其组件种类、特性、响应和运行速度、对系统资源的消耗、构建 Java GUI 应用程序的方便快捷性、运行的效率和稳定性等方面都取得了巨大进步,同时计算机硬件本身运行速度也有了极大提升,从而使 Java 成为一个构建桌面应用程序的可行选择,也使之成为一个具有优势的桌面程序开发平台。鉴于 Windows 桌面系统在国内庞大的用户群,以及 Eclipse 在 Java 开发环境方面的高普及率,本书选择 SWT/JFace 为可视化构建 Java GUI 程序的组件库。

1.3 Java GUI 程序的实现原理

1.3.1 程序的图形用户界面显示原理

一般地,计算机程序的用户界面显示在计算机的显示屏上。图形用户界面则以图像的方式显示在屏幕上。当应用软件需经显示屏与用户通信时,它首先要以虚屏方式建立消息,然后将需要显示的消息作为内存块,从应用软件提交给操作系统。操作系统再把它格式化成表示图形或文本消息的像素图案,并传送到显示适配器的存储器中。显示适配器硬件读取这些格式化信息,再"画"到 PC 显示设备上。

组成显示屏上图像的点称为像素(pixel)。在彩色 LCD(液晶显示器)面板中,每一个像素都是由 3 个液晶单元格构成的,其中每一个单元格前面都分别有红色、绿色或蓝色的过滤片。光线经过过滤片的处理照射到每个像素中不同色彩的液晶单元格上,利用三原色的原理组合出不同的色彩。程序的图形界面显示为一副图像,每个图像像素映射为一个显示器像素。描述像素图案的信息包括组成图像的每个点的坐标、颜色、亮度等。

屏幕坐标与显示器分辨率密切相关。显示器分辨率是指显示器所能显示的像素数。屏幕分辨率为 1024×768,表示当前屏幕水平方向被划分为 1024 个单位,竖直方向被划分为 768 个单位,每个水平与竖直方向交界处即为一个屏幕像素,程序中用坐标描述其位置。与数学中的直角坐标系不同,屏幕的左上角为原点,记为(0,0),水平坐标从左向右依次增加、竖直坐标从上向下依次增加。

图像表示的颜色数取决于每个像素使用的显示存储器的位数。如果用 8 位存储一个像素,则每像素可有 256 种颜色,用 16 位则有 65 536 种颜色,用 24 位就可有 16.8M 种颜色。显示适配器将图像各像素的 R(红)、G(绿)、B(蓝)色值等信息传送给显示器,即可在显示屏上显示 GUI 界面彩色图像。

1.3.2 Java GUI 程序的构成

桌面 Java GUI 程序一般在窗口中运行。从前面介绍的 GUI 基本构成(见图 1.8)可知,首先要生成和管理一个窗口。窗口作为一个 Java GUI 程序的容器,其中包含了图标、按钮、菜单等组件。在软件开发中,组件通常指可重复使用并且可以和其他对象进行交互的对象,控件则是提供(或实现)用户界面(UI)功能的组件,是以图形化的方式显示在屏幕上并与用户进行交互的对象。在以可视化方法设计 SWT/JFace GUI 时,除了用到窗口、按钮和表格等控件外,还会用到不需要显示任何信息或用户界面的组件,如查看器(Viewer)等。为了简化叙述,本书不加区分地将它们统一称为组件。为了对相关组件进行分类组织和统一管理,可以把这些组件一起放到一个容器中。容器是一种能够容纳其他组件或容器的特殊组件。如图1.13所示,使用容器能把两种性别和三种爱好组织在一起形成分组。

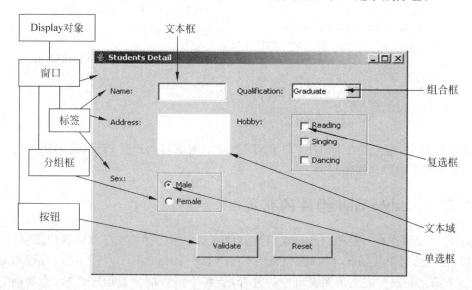

图1.13　一个简单的Java GUI界面

Java SWT GUI 程序结构如程序清单1.1所示。

程序清单1.1:

```java
package cn.edu.hyedu.swt;
import org.eclipse.jface.dialogs.MessageDialog;
import org.eclipse.swt.SWT;
import org.eclipse.swt.events.SelectionAdapter;
import org.eclipse.swt.events.SelectionEvent;
import org.eclipse.swt.widgets.Button;
import org.eclipse.swt.widgets.Display;
import org.eclipse.swt.widgets.Shell;

public class HelloWorld {
    public static void main(String[] args) {
        final Display display = Display.getDefault();
        final Shell shell = new Shell();              //shell 对象是程序的主窗口
        shell.setSize(327, 253);                       //设置主窗口的大小
        shell.setText("Hello World");                  //设置主窗口的标题
        //---------- BEGIN 创建窗口中的其他界面组件 ------------
        Button button = new Button(shell, SWT.NONE);   //创建一个按钮对象
        button.setText("HelloWorld");                  //设置按钮上的文字
        button.setBounds(88, 94, 100, 25);             //设置按钮在窗口中的位置和大小
        //编写按钮被单击时的事件代码
        button.addSelectionListener(new SelectionAdapter() {
            public void widgetSelected(SelectionEvent e) {
                //弹出一个对话框,MessageDialog 是 JFace 中的类
```

```
                MessageDialog.openInformation(shell,"hello","HelloWorld");
            }
        });
        //----------------- END 其他界面组件与事件代码----------------
        shell.layout();                                    //应用界面布局
        shell.open();                                      //打开 shell 主窗口
        while (!shell.isDisposed()) {                      //如果主窗口没有关闭,则一直循环
            if (!display.readAndDispatch())
                display.sleep();                           //让 display 处在休眠状态
        }
        display.dispose();
    }
}
```

上述代码中,用户应在 BEGIN 与 END 之间加入所需的组件,而该代码块上边和下边的部分是 SWT 程序必须编写的。

1.3.3 Java GUI 组件的布局

Java GUI 组件布局是指对程序窗口或其他容器中组件排放次序和位置的控制。

如前所述,可以使用 setLocation(int x, int y)或 setBounds(int x, int y, int width, int height)方法定位组件左上角在窗口中的位置,当各个组件的位置指定之后,也就确定了它们的排放次序。这种方式可以精确控制每一个组件在窗口中的排布,但当窗口大小改变之后,一些组件可能出现在窗口边框之外而不可见,一些组件可能离窗口边框太远,一些边框周围组件太过拥挤,一些边框周围太空旷,结果破坏了原本设计得很美观协调的界面。况且每种类型操作系统对屏幕的定义不一样,界面在一种视窗系统下很美观,但到了另一种下就未必。

为了解决组件绝对定位存在的问题,Java 的各种 GUI 库都提供了托管定位的方式进行自动布局管理,具体工作是由一种叫布局管理器(Layout Manager)的对象完成的。给窗口组件指定了布局管理器并设置了布局信息后,窗口组件显示时将会调用相应的布局方法对窗口组件的子组件进行布局、定位和计算子组件大小的操作,从而使窗口组件以更友好的方式显示在父组件中。

1.3.4 用户交互与事件循环

用户单击鼠标、输入字符或者对窗口的大小等进行调整时,操作系统都将生成应用程序 GUI 事件,例如,鼠标单击事件、按键事件或者窗口绘制事件,确定哪个窗口和应用程序应当接收事件,并把事件添加到应用程序的事件队列中。

任何窗口化的 GUI 应用程序的底层结构都是事件循环。应用程序初始化并启动事件循环,从事件队列中读取 GUI 事件,并相应地做出反应。使用 C 语言的本机 GUI 程序员对使用平台事件循环相当熟悉。但是,用 Java 语言编写的较高级别的窗口工具箱通常试图通过隐藏平台事件循环来向应用程序开发者屏蔽用户界面线程。实现此过程的常见方法是设置专用工具箱用户界面线程,以便读取和调度事件循环,并将事件送至正在单独线程中运行的应用程序服务内部队列中。

目前的 GUI 平台对事件队列进行了许多优化。常见的优化是将连续的绘制事件叠加到队列中。每当必须重新绘制窗口的一部分时，检查队列是否存在绘制事件重叠或尚未调度的冗余绘制事件，将这些事件合并到一个绘制事件中，从而减少屏幕闪烁，使应用程序的绘制代码不会非常频繁地执行。

SWT 遵循操作系统平台直接支持的线程模型。应用程序在它的主线程中运行事件循环，并直接从此线程中调度事件，该线程是应用程序的"UI 线程"。事实上 UI 线程既是创建显示的线程，也是运行事件循环和创建窗口的线程。由于所有事件都是从应用程序的用户界面线程中触发的，因此，处理事件的应用程序代码可以自由地访问窗口组件，且不需要任何特殊技术就可以进行图形调用。

程序清单 1.1 中 main 方法里的代码：

```
while (!shell.isDisposed()) {
    if (!display.readAndDispatch())
        display.sleep();
}
```

即为事件循环。在 Java SWT GUI 程序的 main 方法中，一旦窗口（Shell）创建并处于打开状态，应用程序就会读取和调度操作系统队列中的事件，直到窗口被清除。

Display 对象负责 SWT 和操作系统之间的联系，将 SWT/JFace 的各种调用转化为系统的底层调用，控制操作系统为 SWT 分配的资源，获得操作系统有关信息。在 Display 的事件循环中，同时处理着系统队列和自定义队列中的事件。display.readAndDispatch 的执行流程是：首先从系统事件队列中读取消息，如果读到该程序的事件，就将它发送到窗口去处理；如果该程序没有系统事件，则处理自定义事件队列中的事件，处理完该事件后返回 true。如果两个队列中都没有事件返回 false，则 Display 调用 sleep 方法，显示线程进入睡眠状态，以使其他应用线程有机会运行。若事件队列中有新的事件传来，则 UI 线程会被唤醒并恢复事件循环过程。

1.4 可视化程序设计

1.4.1 可视化程序设计的概念

可视化程序设计也称为可视化编程，是以"所见即所得"的思想为原则，通过直观的操作方式进行界面的设计，并即时在设计环境看到在运行环境的实际表现结果，从而实现编程工作的可视化及程序代码的自动生成。其实质是设计过程可视化，设计结果即时呈现。通俗地讲，就是"看着画"界面。

此外，把科学数据、工程数据和测量数据等及时、直观形象和客观地以图形化方式呈现出来，并进行交互处理的计算机程序设计技术也叫可视化程序设计。它涉及计算机图形学、图像处理、计算机辅助设计、计算机视觉及人机交互技术等多个领域。近年来，随着网络技术和电子商务的发展，出现了信息可视化（Information Visualization）技术。通过数据可视化技术（Data Visualization），能够发现大量金融、通信和商业数据中隐含的规律，从而为决策提供依据。数据可视化和信息可视化技术是近几年的一个研究热点。

本书讨论的可视化程序设计是指第一种，即图形用户界面设计手段的可视化技术。

1.4.2 可视化程序设计发展简况

从发明之初，计算机就以存储指令和执行指令序列作为基本工作方式。早期的计算机用户接口是文字形式的命令（或称指令）。不仅操作系统如此，应用软件也是如此。如 PC 中 20 世纪 80 年代风行的 Word Star 和 WPS 等字处理软件，用户都是将排版指令嵌入到文字之中，然后由软件对指令进行解释打印出文稿，或者以图形方式模拟显示出打印效果。

随着 Windows 3.1(1992 年)在个人计算机中的应用和普及，图形用户界面成为了主要的人机界面，使应用软件也出现了"所见即所得"的工作方式。在 Word Perfect、MS Word 5.0 以及新版的 WPS 等字处理软件中，排版指令的结果在下达指令的同时即刻显示在工作界面中。这种方式提高了工作效率，降低了软件的使用难度，拉近了计算机与用户的距离。

在程序设计领域，一贯都是程序员在编辑器或集成开发环境(IDE)中输入程序代码，然后编译、解释运行得到实际效果(结果)。但是，在设计 GUI 程序的时候，这种方式效率很低，设计时得到什么效果一般靠设计者的经验和形象思维进行预判。这对程序员要求就比较高，且想象的结果与实际显示结果之间有或大或小的差距。随着图形用户界面的普及，设计程序的 GUI 成为必需。为了降低 Windows 等图形用户界面系统下的 GUI 设计难度，人们也期望对 GUI 的设计能够以"所见即所得"的方式进行。

1991 年，Microsoft 公司推出了 Visual Basic 1.0 版，它是第一个"可视化"编程软件，有效地连接编程语言和用户界面设计，因此一出现就得到了程序员的喜爱。Visual Basic 最初是基于 DOS 系统的，但它真正的成功是在 Windows 系统下取得的。由于 Visual Basic 基于语法简单的 Basic 语言，又是以"画图"的简单直接方式设计用户界面，因此从一出现就吸引了大批程序员和非程序员，在美国甚至连 10 岁的小孩也能利用 Visual Basic 编写小的应用程序。

继 Visual Basic 获得成功之后，可视化开发工具的发展在 20 世纪 90 年代达到了高潮。Windows 为开发 GUI 应用程序提供了一整套机制和 API(应用程序接口)。首先，Windows 程序的运行采用事件驱动机制，即程序的运行逻辑围绕事件的发生展开，事件驱动程序设计是围绕着消息的产生与处理展开的；把 WinMain 函数作为 Windows 应用程序的入口点，该函数采用 C 语言的语法，包括过程说明、程序初始化和消息循环三部分；WinMain 函数的消息循环管理并发送各种消息到相应的窗口函数中；窗口过程 WinProc 接收并用 switch 处理各种消息。从方便性和效率方面来说，C 语言和 C++ 语言对于 Windows 应用程序的开发具有天然的优势。1992 年 Microsoft 公司发布 Visual C++ 1.0，之后持续对 VC++ 进行改进，使其具备了逐步完善的可视化 GUI 设计功能。与 VC++ 竞争的还有 Borland C++，之后发展为 C++ Builder。后者具有更加强大和完善的可视化设计功能。尽管具有运行效率高等优势，但是 C++ 过于复杂，因此有个说法是："真正的程序员用 C/C++，聪明的程序员用 Delphi"。Delphi 是 Borland 公司发布的 Windows 平台下可视化的快速应用程序开发环境(Rapid Application Development，RAD)，其 1.0 版本于 1995 年发布。Delphi 的核心是由传统 Pascal 语言发展而来的 Object Pascal，采用图形用户界面开发环境，通过 IDE、VCL(Visual Component Library)工具与编译器，配合连接数据库的功能，构成以面向对象程序设计为中心的应用程序开发环境。

在 Java GUI 开发领域，Borland JBuilder、IBM 公司的 Visual Age for Java、Microsoft

公司的 Visual J++、SUN 公司的 Java Workshop、WebGain 的 Visual Café 等 Java 开发工具一般都具有一定的可视化开发功能。目前主流的 Java 开发平台包括 Eclipse、NetBeans 和 IntelliJ IDEA 等。其中，NetBeans 是来自 Sun Microsystems 的自由、开放源代码的 Java IDE，采用基本系统（Base）＋企业包（EnterprisePack）＋可视化包（Visual Web Pack）方式发布，对基于 AWT 和 Swing 的 Java GUI 设计提供了设计视图、组件面板和属性面板等可视化设计工具（见图 1.14）。

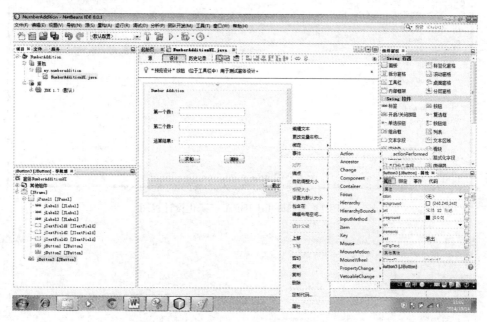

图 1.14　NetBeans 6.7.1 可视化设计工具

IntelliJ IDEA 是 JetBrains 公司发布的一种商业化销售的 Java 集成开发环境，2001 年 1 月发布 IntelliJ IDEA 1.0 版本，IntelliJ IDEA 2016.2.5 于 2016 年 10 月发布。该平台被称为是最好最智能的 Java IDE 开发平台，也提供了对基于 AWT 和 Swing 的 Java GUI 可视化设计支持，包括设计视图、组件选择面板和属性设置面板等（见图 1.15）。

Eclipse 是在 Eclipse.org 协会管理和指导下开发和维护的一个开放源代码的基于 Java 的可扩展开发平台，由不同的组织和公司通过插件的方法提供支持 Java GUI 可视化开发的工具，其中有 Eclipse.org 组织开发的 Visual Editor、Google 贡献的 WindowBuilder（原 Instantiations 的 SWT Designer）、商业机构付费使用但个人可以免费使用的 jigloo 等，都支持 AWT、Swing 和 SWT/JFace 库（见图 1.16）。鉴于 Eclipse 近年来获得的巨大成功和庞大的用户群等优势，JBuilder 从 JBuilder 2007 开始就基于 Eclipse 开发，但同时保留了其优秀的可视化设计库和工具。

基于普及程度、对 SWT/JFace 支持与否及是否免费等方面的考虑，本书选用安装有 WindowBuilder 1.9 插件的 Eclipse 4.6 开发平台作为 Java GUI 可视化程序设计的环境，讲述 Java SWT GUI 的设计思想、图形用户界面的可视化设计方法、各种 GUI 组件的可视化设计及属性的直观设置、组件与用户交互的事件处理代码设计等内容。

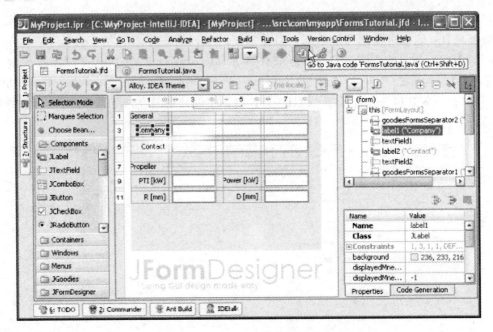

图 1.15　IntelliJ IDEA 可视化设计视图

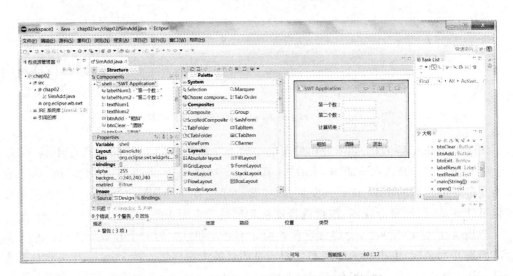

图 1.16　Eclipse WindowBuilder 可视化设计视图

1.5　习题

1. 以 MS Word 为例，简述 GUI 的基本组成。
2. 列表比较 AWT、Swing 和 SWT 的异同。
3. 试述 Java GUI 的构成。
4. 什么是可视化程序设计？
5. 结合程序清单 1.1，试述 Java GUI 的事件循环。

第 2 章

Java SWT GUI程序可视化开发环境的配置与使用

Eclipse 是大型通用开发平台，安装了 WindowBuilder 插件即成为 Java SWT GUI 程序的可视化开发环境。本章介绍该开发环境的安装、配置、操作界面、使用方法和技巧，介绍 Eclipse WindowBuilder 可视化开发工具的界面、使用方法及使用可视化方法开发 Java SWT GUI 程序的一般步骤。

2.1 Eclipse 简介

2.1.1 Eclipse 是什么

Eclipse 是一个开放源代码的基于 Java 的可扩展开发平台，其核心包括一个框架和一组服务，通过插件组件构建满足各种需要的开发环境。随 Eclipse 基本系统附带了一个标准的插件集，包括了 Java 开发工具(Java Development Tools，JDT)，因此，首先可以将 Eclipse 当作 Java IDE 来使用。此外，Eclipse 还包括插件开发环境(Plug-in Development Environment，PDE)，使用这个组件可以开发扩展 Eclipse 的插件，并使这些组件与 Eclipse 环境无缝集成。已经开发出众多的插件，包括 C/C++、COBOL、PHP 和 Eiffel 等编程语言开发环境，Web 开发环境，软件工程建模，移动设备上运行的软件开发环境等。Eclipse 还可以成为与软件开发无关的其他类型应用程序的基础，如内容管理系统。

Eclipse 在 OSI 认可的通用公共许可证(CPL)1.0 版下发布，Eclipse.org 协会管理和指导 Eclipse 的开发。整个 Eclipse 项目十分庞大和复杂，划分为多个子项目分别管理和开发。

2.1.2 Eclipse 版本概况

1998 年，IBM 公司开始了新一代开发工具的探索，成立了一个项目开发小组，经过两年的发展，2000 年把该项目命名为 Eclipse。为了与 Microsoft Visual Studio 竞争，IBM 公司通过开源的方式推出 Eclipse 试用计划，允许 IBM 公司以外的开发人员使用，Eclipse 从此在开发社区广为流传。Eclipse 正式的发行版本为 1.0，于 2001 年 11 月 7 日发布。2001 年 12 月，IBM 公司创建开源项目并给开源社区捐赠价值 4 千万美元的源码，作为主要发起人之一与 Borland、Merant、QNX Software Systems、Rational Software、RedHat、SuSE 和 TogetherSoft 宣布成立 Eclipse.org 联盟，随之成立 Eclipse 协会，由该协会支持并促进 Eclipse 开源项目的开发和推广。2003 年 3 月，Eclipse 2.1 版发布，由于界面友好、功能强大，且开放源代码、免费使用，程序开发者相继加入该平台的使用行列。2003 年，Eclipse 3.0 选择 OSGi 服务平台规范为运行时架构。2005 年 6 月，发布了 Eclipse 3.1，从核心 Eclipse 平台到 Eclipse JDT 和 Eclipse 插件开发环境都有了较大革新，提供了对 Java 5 的全面支持。2008 年 3 月 Eclipse 4.0 计划公布，2012 年 6 月发布代号为 Juno 的 4.2 版，2014 年 6 月发布代号为 Luna 的 4.4 版并默认对 Java 8 提供全面支持，2015 年 6 月项目发布代号为 Mars 的 4.5 版并通过 Eclipse Marketplace 支持对 Java 9 的早期访问，2016 年 6 月发布了采用 JDK8 语法开发的代号为 Neon 的 4.6 版并默认使用 JDK8。

　　Eclipse 集成开发环境（IDE）是一个可扩展平台，其上构建了许多插件和扩展。基于基础平台可以添加适合需要的插件或扩展的工具集构建满足各种需求的 IDE，从而构成具有不同特性的发行版和发行包。Eclipse 有大量的开放源代码项目和插件，在 Eclipse 的 marketplace（http://marketplace.eclipse.org/）可以看到几十个项目，1500 个以上的工具及近 200 个 RCP 应用。

　　在 Eclipse 下载站点中 Neon.1a 提供了十几个适用于不同开发需求的发行包（见图 2.1）。

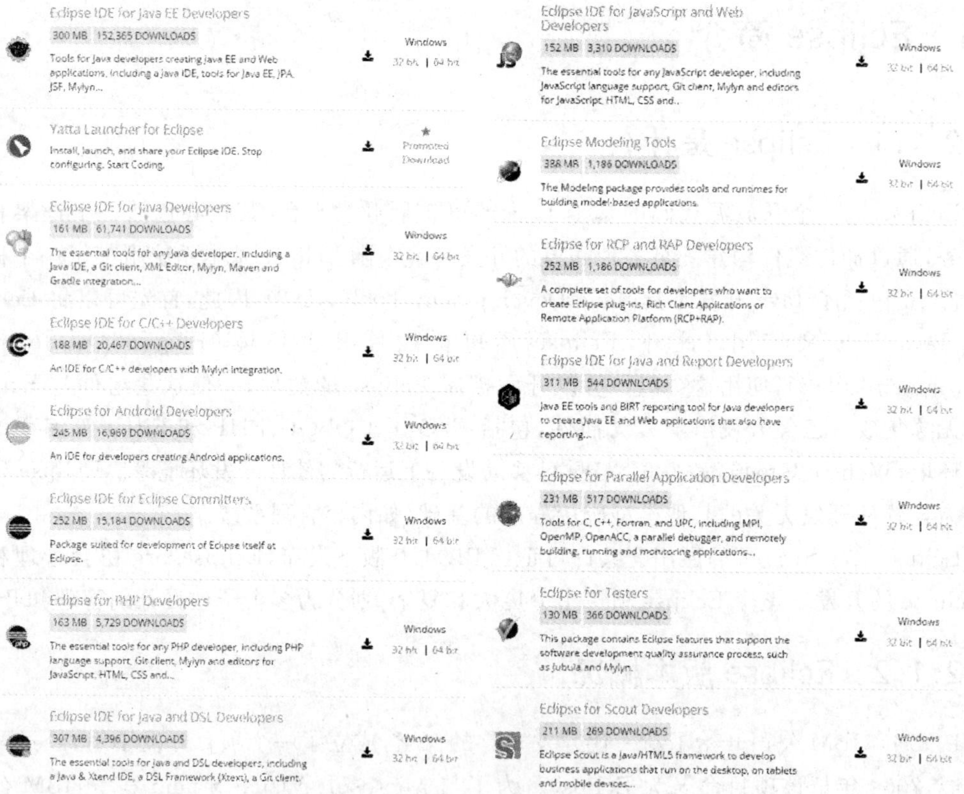

图 2.1　Neon.1a 的发行包

2.1.3 Eclipse 平台体系结构

Eclipse 平台是一个框架，具有一组支持插件的服务，主要构成包括平台运行库、工作区、工作台、团队支持和帮助（见图 2.2）。

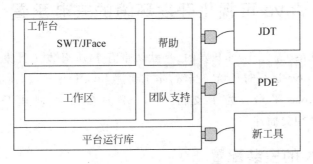

图 2.2 Eclipse 平台体系结构

1. 平台（Platform）

平台运行库（Platform run-time）是内核，它在 Eclipse 启动时检查已安装了哪些插件，并创建关于它们的注册表信息。为降低启动时间和资源使用，在实际需要某种插件时才加载该插件。除内核外，其他都是作为插件来实现的。

2. 工作区（Workspace）

工作区是负责管理用户资源的插件，如管理用户创建的项目、项目中的文件、文件变更和其他资源。工作区还负责通知其他插件关于资源变更的信息，如文件创建、删除或更改。

3. 工作台（Workbench）

工作台为 Eclipse 提供用户界面，它是使用 SWT 和 JFace 来构建的。SWT 映射到底层操作系统的本机图形功能而使 SWT 更快速，且使 Java 程序具有更像本机应用程序的外观和感觉，但可能会限制 Eclipse 工作台的可移植性。

4. 团队支持（Team）

团队支持组件负责提供版本控制和配置管理支持。它根据需要添加视图，以允许用户与所使用的任何版本控制系统交互。

5. 帮助（Help）

帮助组件具有与 Eclipse 平台本身相当的可扩展能力。与插件向 Eclipse 添加功能相同，帮助提供一个附加的导航结构，允许以 HTML 文件的形式添加文档。

6. 默认插件

随 Eclipse 基本平台默认提供了 Java 开发工具集 JDT 和插件开发环境 PDE。JDT 提供了开发 Java 程序所需的功能和工具，PDE 则为开发 Eclipse 的插件提供了环境支持。

用户根据需要可以安装其他的插件,如本书所讲的 Java SWT GUI 可视化设计需要安装 WindowBuilder 插件。一般地,为了使 Eclipse 有较快的运行速度,建议只安装必要的插件,因为过多的插件在 Eclipse 启动和运行时需要额外的装载时间,耗费更多的内存。

2.2　Eclipse Java 可视化开发环境的安装配置

上文已述及 Eclipse 是用 Java 开发的,且默认带有 Java 开发工具集 JDT。因此,安装 Eclipse 前必须安装 Java 运行时环境。当然,本书讲述 Java 程序开发,所以先安装 JDK。之后就可以安装 Eclipse 平台。为了支持 Java SWT GUI 可视化开发,还需要安装 WindowBuilder 及其相关插件。

2.2.1　JDK 的安装配置

打开 JDK 的下载站点 http://www.oracle.com/technetwork/java/javase/downloads/,在页面的"Java Platform, Standard Edition"列表中找到需要的 JDK 版本,单击 JDK Download 按钮(见图 2.3)之后按照提示逐步操作,下载需要的 JDK 打包文件。然后双击该打包文件,按照提示逐步安装。如果有数据库相关的开发,则建议安装 Java™ DB。在安装时应记住 JDK 和 JRE 安装路径,以便配置 Java 运行的环境变量。

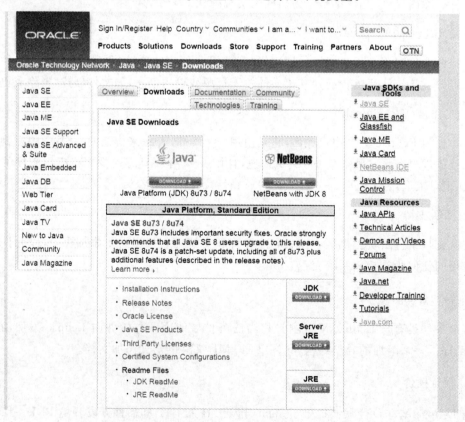

图 2.3　JDK 下载页面截图

首先配置 JAVA_HOME 变量为 JDK 的安装目录。在【我的电脑】属性之【系统属性】对话框中选择【高级】标签,单击【环境变量】按钮,在出现的【环境变量】对话框中设置【系统变量】的变量名为 JAVA_HOME,值为 JDK 的安装目录,如 C:\Program Files\Java\jdk1.8.0_66。

接着设置 CLASSPATH 变量,指定 Java 运行时搜索类库的路径。仍在【环境变量】对话框中设置【系统变量】的变量名为 CLASSPATH,值为".;％JAVA_HOME％\lib;％JAVA_HOME％\jre\lib"。

最后修改 Path 变量指定可执行文件搜索路径。编辑系统变量 Path,在值框中添加";％JAVA_HOME％\bin"。确定之后打开命令行窗口进行测试,确认环境变量的设置。如果命令"javac-version"的输出形如 javac jdk1.8.0_66(输出的版本号应与安装的版本号相同),则说明环境变量的配置正确。

2.2.2　Eclipse 的安装配置

安装配置好 JDK 之后,即可开始安装 Eclipse。如果已接入 Internet 且网络比较通畅,就可以在 Eclipse 的下载站点 http://www.eclipse.org/downloads/下载相应平台(这里以 Windows 64bit 为例)的 Eclipse Installer,然后在保证网络通畅的情况下运行 eclipse-inst-win64.exe 程序即可开始安装过程。在安装程序运行界面首先选择要安装的包装版本,一般选择 Eclipse IDE for Java Developers,也可以选择 Eclipse IDE for Java EE Developers,前者启动和运行都较快,后者可以支持 Java EE 的开发;在之后的界面可以修改安装目录,单击黄色的 INSTALL 按钮,在随后出现的 Eclipse Foundation Software User Agreement 窗口单击 Accept Now 按钮,安装程序即开始下载并安装 Eclipse 系统,完成后会创建 Eclipse 程序的"开始"菜单组和桌面快捷方式。在最后一个界面单击 LAUNCH 即启动 Eclipse 系统。在安装程序的第一个界面可以单击右上角的 ≡ 按钮,在左侧出现的菜单中选择 ADVANCED MODE 选项(见图 2.4),可以选择包装版本,并进一步选择附加的 Eclipse 项目,对安装进行详细定制。

图 2.4　Eclipse 安装菜单(部分)

如果上网条件不好,则可以在下载页面找到适当的 Eclipse 发行包(Packages)(见图 2.1)。如果选择"Eclipse IDE for Java Developers"包,那么下载的是一个打包文件 eclipse-java-neon-1a-win32-x86_64.zip。简单解压缩该文件到一个目录(如 c:\eclipse)中即完成该软件的安装。

只要做好了 JDK 的环境变量配置,初装的 Eclipse 基本不需要做什么配置即能正确运行。

为了便于使用中文界面和帮助,可下载安装中文支持语言包。语言包是由著名的 Babel 项目提供的,包括 Eclipse Neon(4.6)、Eclipse Mars(4.5)、Luna(4.4)、Kepler(4.3)等多种版本的多种语言包,包括简体中文。Babel 项目的下载主页是 http://www.eclipse.org/babel/downloads.php。在该页面找到 Babel Language Pack Zips Neon｜Mars｜Luna Babel Language Pack Update Site for Neon 条目,单击该条目下的相应版本(如 Neon),在新出现的页面中找到 Language：Chinese (Simplified)部分,在列表中单击适当压缩包的链接(如 • BabelLanguagePack-eclipse-zh_4.6.0.v20160813060001.zip (86.42%))。下载完成后解压缩,把其中的 plugins 和 features 内容分别复制到 Eclipse 安装目录的对应子目录下即可。必要时还可以下载安装有关模块的语言包。

2.2.3　WindowBuilder 的安装配置

WindowBuilder(简称 WB)是 Eclipse 下可视化设计 Java GUI 的插件,是 Google 于 2010 年 8 月从 Instantiations 公司收购后免费发布的 Java GUI 可视化开发工具,其前身是 SWT Designer,目前是 eclipse.org 的一个工具项目。WindowBuilder 由 SWT Designer 和 Swing Designer 组成,其中 Swing Designer 是 Mars.1 Eclipse IDE for Java Developers 和 Eclipse IDE for Java EE Developers 发行包的一部分,安装了这两种 Eclipse 平台之一后就可以使用,但在 Eclipse 4.6 的各个发行包中并未包含 WindowBuilder 插件。

在下载站点页面的 Updates Sites 表中可以下载 Eclipse 4.5(Mars)及以前版本 WindowBuilder 的发行版(Release)或集成版(Integration)的 zip 插件包文件(如 WB_v1.8.0_UpdateSite_for_Eclipse4.5.zip),但是 Eclipse 4.6 则将该插件归入其软件仓库,不再提供插件打包下载,必须通过网络安装。

安装步骤是启动 Eclipse 系统,单击【帮助】菜单的【安装新软件】菜单项,在【安装】对话框的 Work with 列表框中输入 WindowBuilder 发行版或集成版的 URL,如输入"http://download.eclipse.org/windowbuilder/WB/integration/4.6/"。或者单击 Work with 右侧【添加】按钮,在 Add Repisitory 对话框的【名称】文本框中输入插件名称(自己取名,如 WB 1.9),在【位置】文本框中输入 WindowBuilder 发行版或集成版的 URL,单击【确定】按钮返回【安装】对话框,在 Work with 下拉列表框中选择刚加入的站点(如 WB 1.9 - http://download.eclipse.org/windowbuilder/WB/integration/4.6/)。之后在【名称】列表框会出现可以安装的插件,单击 WindowBuilder 左侧的【>】按钮显示所包含的子组件,全部选取(见图 2.5)。为了保证安装速度,可以取消选中下面的 Contact all update sites during install to find required software 复选框,单击【下一步】按钮,按照提示逐步进行安装。

也可以通过 Eclipse 软件集市安装 WindowBuilder,这种方法更为简单。主要步骤是,单击【帮助】| Eclipse Marketplace 菜单项,之后在 Eclipse Marketplace 对话框的 Search 选项卡的【查找】文本框中输入 WindowBuilder,单击该行右侧的 Go 按钮,稍后在对话框中间会显示 WindowBuilder 1.9.0 的有关信息,单击该部位右下角的 Install 按钮,之后在出现的对话框中单击 WindowBuilder 1.9.0 节点左侧的复选框,单击 Confirm > 按钮,接受许可协议中的条款,单击【完成】按钮,即会从网络下载并安装 WindowBuilder 插件的所有文件。

完成上述安装步骤之后,重启 Eclipse,单击【帮助】菜单下的【关于 Eclipse】菜单项,在

第 2 章　Java SWT GUI 程序可视化开发环境的配置与使用

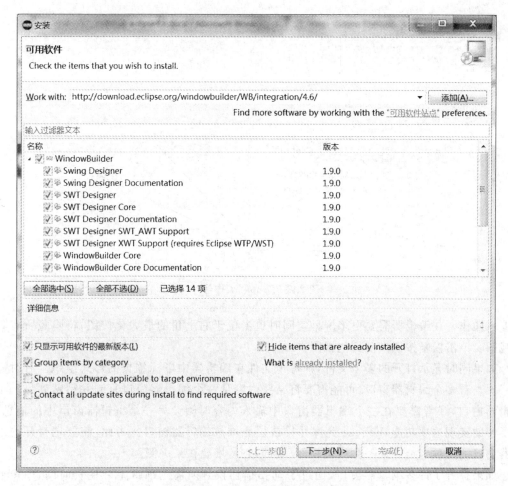

图 2.5　WindowBuilder 安装对话框

【关于 Eclipse】对话框中单击【安装细节】按钮，在【Eclipse 安装细节】对话框的【已安装的软件】选项卡的列表中应该能够看到已经安装好的 Swing Designer、SWT Designer 和 WindowBuilder Core 等插件。

2.3　Eclipse 开发界面及操作

Eclipse 的工作台即为主窗口。第一次启动 Eclipse 会显示一个欢迎页面，单击该页面右侧的圆形工作台按钮即可进入工作台。图 2.6 是一个开发 Java SWT GUI 程序的屏幕截图。可见，除了具有一般 Windows 程序的主要元素，如标题栏、菜单栏、工具栏等之外，Eclipse 工作台还有十分庞杂的小窗格。

2.3.1　编辑器及其操作

编辑器是在 Eclipse 中进行开发活动的主要内容区域，打开的源程序文件内容就显示在编辑器中，在此可以输入、修改、删除程序源代码，也可以显示打开的文本文件内容供用户进

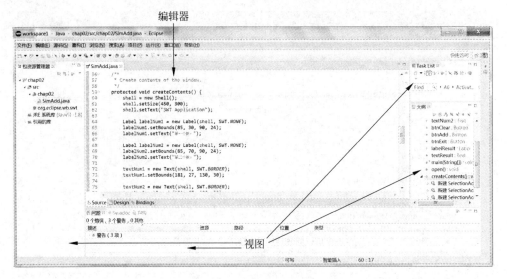

图 2.6　Eclipse 工作台

行编辑操作。在编辑器需要更多屏幕空间时单击位于右上角的最大化按钮，将隐藏所有其他视图。单击恢复按钮恢复其他视图。

如果同时显示打开的多个文件，则每个文件在编辑器中以标签页的形式组织。有时需要一次查看多个编辑器窗口，可能需要将某些内容从一个编辑器窗口复制并粘贴到另一个编辑器窗口，或者需要在一个编辑器窗口中输入内容时阅读另一个编辑器窗口中的信息。为了帮助实现这项功能，Eclipse 允许并排或层叠堆放编辑器窗口。为此，需要把打开的编辑器窗口的选项卡拖到某一侧或者顶部/底部，它将堆叠在某一侧。

如果打开了许多编辑器窗口，通过手动扫描切换到所需选项卡十分耗费时间，Eclipse 提供了一个使用方便的快捷键简化此操作：按 Ctrl+E 组合键，会在选项卡行中的右上角显示弹出式菜单并列出所有打开的编辑器，此时选择一个或者输入需要打开的编辑器名称，列表即开始筛选。

2.3.2　视图和透视图及其操作

1. 视图（view）

视图是工作台中的可视组件，是停靠在编辑器某一侧的小窗口，通常用于导航信息的列表或层次结构，或者显示活动编辑器的属性。对视图的修改即刻被保存。通过单击视图右上角的最小化按钮，该视图将最小化到窗口一侧的快捷键栏中。单击快捷键栏中的复原按钮将在屏幕上显示视图。可以将视图与其位置分离，方法是将要分离的视图拖到工作台窗口外部，或者右击其选项卡并选择【已拆离】命令。分离后的视图将像一个新窗口一样显示在工作台窗口的顶部。可以拖动视图的选项卡到工作台的一边，把视图停靠在工作台窗口的不同侧面。

如果某种视图没有显示但需要打开，则选择【窗口】菜单的【显示视图】子菜单，在其中选择相应命令。如果需要的视图并未列出，则需要单击菜单底部的【其他】菜单项，将会弹出一个显示按类别组织的所有视图的对话框,在顶部文本框中输入需要打开的视图名称以筛选视图列表。

2. 透视图(perspective)

透视图是 Eclipse 根据要执行的特定任务组织有关视图、工具栏和菜单布局而形成的视图集合。例如,在默认情况下,Eclipse 拥有名为 Java 和 Debug 的透视图,它们分别用于开发和调试 Java 程序。Debug 透视图拥有专门在调试时使用的视图和工具栏按钮,Java 透视图则没有这些。通过选择【窗口】菜单的【打开透视图】子菜单,或单击工具栏右侧的 按钮可快速切换透视图。

2.3.3 项目与工作空间

项目是源代码及其附属文件的集合。Eclipse 中的项目可以是独立的应用程序或模块。工作空间是项目的集合,包括所有包含的项目和设置,例如用于语法高亮显示的颜色、字体大小等。Eclipse 中的所有工作都是在具体工作空间中进行的。

在首次启动 Eclipse 时,它将提示设置工作空间的默认位置。通过选择【文件】|【切换工作空间】|【其他】菜单项可以随时创建新工作空间或切换到其他工作空间。在出现的【工作空间启动程序】对话框中指定新的工作空间位置,并可通过【复制设置】下的复选框将当前工作空间的工作台布局及工作集复制到新打开的工作空间中。

位于工作空间目录中的.metadata 目录包含 Eclipse 内的各个插件存储的所有设置。此目录的存在告诉 Eclipse 当前目录是有效的工作空间。.metadata 目录还包含以.log 命名的文件,其中包含了在运行 Eclipse 时可能抛出的所有错误或异常。

重新配置已经在现有工作空间中配置过的许多设置很浪费时间,因此有时需要把当前工作空间的配置保存下来。方法是单击【文件】|【导出】菜单项,出现【导出向导】对话框,选择【常规】下的【首选项】,在出现的【导出首选项】对话框中选择导出内容(如全部导出),给出导出的文件名和存储位置,完成导出过程从而保存工作空间的配置。

相应地,也可以使用【文件】|【导入】菜单项,在出现的【导入向导】对话框中,选择【常规】下的【首选项】,在出现的【导入首选项】对话框中选择导入的文件和内容,从而将存储的工作空间配置导入到当前工作空间。

2.3.4 Eclipse 首选项

Eclipse 是一个拥有许多插件的大型复杂 IDE,提供了大量可以自定义的选项。选择【窗口】菜单的【首选项】菜单项,在【首选项】对话框中可查看和设置这些配置。由于该对话框包含 8 个很大的可自定义选项树,有时很难记住需要更改的设置所在的确切位置,因此可以在对话框顶部的文本字段中输入关键词以筛选庞大的选项树。例如,在文本框中输入"编译器"将立即筛选该树且仅显示与编译器相关的项,如检查并设置 Java 树的【已安装的 JRE】为安装的 JDK 目录。

使用 SWT Designer 产生的 Java 源程序代码默认采用操作系统的默认编码 GBK,汉字会因此进行转码不易阅读,所以应该在选定工作空间后将默认编码设置为 UTF-8。设置方

法是单击【窗口】|【首选项】菜单项,在【首选项】对话框的左边窗格展开【常规】子树,选择【内容类型】选项,在右边窗格的【内容类型】列表中展开【文本】子树,单击【Java 源文件】选项,在下边的【缺省编码】文本框中输入 UTF-8,单击该行右侧的【更新】按钮,最后单击【确定】按钮关闭对话框(见图 2.7)。

图 2.7　设置工作空间的 Java 源文件默认编码

2.4　可视化开发 Java SWT GUI 程序的基本操作

本节以设计一个简单加法计算程序为例,介绍采用可视化方法开发 Java SWT GUI 程序的一般步骤和基本操作。

2.4.1　WindowBuilder SWT/JFace 项目的创建及其构成

启动 Eclipse 并指定工作空间后选择【文件】|【新建】|【其他】菜单项,在【新建】对话框的【向导】列表中下移滚动条,单击 WindowBuilder 左边的【>】按钮展开,进一步展开 SWT Designer 子树(见图 2.8),选择 SWT/JFace Java Project,单击【下一步】按钮,在向导的【创建 Java 项目】页中输入项目名(例如,输入 chap02),其他设置包括选择 JRE、项目布局和工作集,一般使用默认设置。接着单击【下一步】按钮,最后单击【完成】按钮。在工作台左边的项目资源管理器中可以看到出现了以项目名为名的打开文件夹(默认收缩)。

展开项目资源管理器中的某个具体项目,其中包含以下元素:

图 2.8 【新建】对话框之选择 SWT/JFace Java 项目向导

（1）src 文件夹。包含应用程序的实际源代码。默认情况下，当创建一个新 Java 项目时，Eclipse 将创建保存所有源代码的 src 文件夹，但也可以添加任意一个文件夹作为源代码文件夹。例如，要将 tests 文件夹添加到项目中，则可以右击该项目，在快捷菜单中单击【新建】|【文件夹】菜单项，输入文件夹的名称（在本例中为 tests）并单击【完成】按钮。然后右击 tests 文件夹，单击【构建路径】|【用作源文件夹】菜单项即可。

（2）输出文件夹。此文件夹存放通过源代码生成的 .class 文件。默认情况下，Eclipse 将创建 bin 文件夹来保存这些内容。一般在项目资源管理器中不可见。

（3）引用库。是当前项目引用的库或工作空间中的其他 Java 项目。当 Eclipse 构建或运行 Java 项目时，这些内容将被添加到构建路径和 CLASSPATH 中。刚创建的 SWT/JFace Java 项目包括 JRE 库和 SWT/JFace 界面相关库。

2.4.2 创建 SWT Application Window

选择【文件】|【新建】|【其他】菜单项，在【新建】对话框的【向导】列表中下移滚动条，单击 WindowBuilder 左边的【▷】按钮展开，进一步展开 SWT Designer 子树（见图 2.8），继续展开 SWT 子树，选择 Application Window 节点，单击【下一步】按钮，在向导的 Create SWT Application 页的【名称】文本框中输入类名（例如，输入 SwtApp1），按需修改包名和创建界

面内容的方法(Create Controls in)，例如，使用默认包名 book.demo 并设置 Create Controls in 为 protected createContents() method(见图 2.9)。单击【完成】按钮。此时在代码编辑窗口将打开这个类文件，并显示已生成的类代码(见图 2.6)，可以在该窗口进行代码的输入和编辑。如果安装时采用了 Java EE 发行包，则可以切换到 Java 透视图。

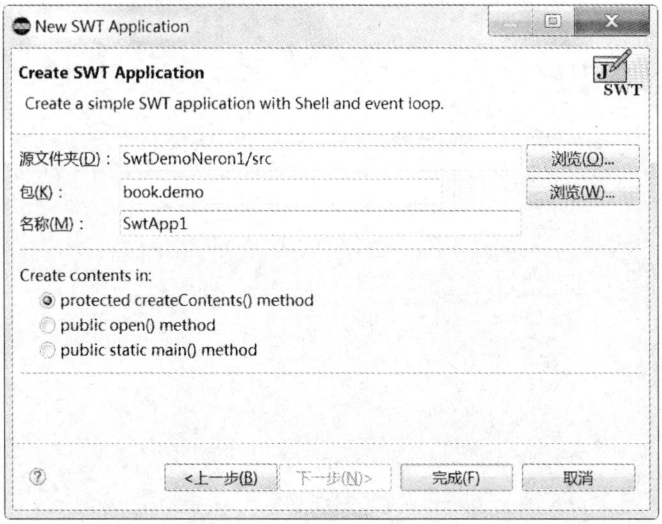

图 2.9 New SWT Application 对话框

从图 2.6 看到，在代码编辑窗口左下角有 Source、Design 和 Bindings 这 3 个标签，单击它们分别可以切换到源代码编辑视图、可视化界面设计窗口和数据绑定视图。

2.4.3 设计视图及界面设计

在代码编辑窗口左下角单击 Design 标签，即切换到设计(Design)窗口。该窗口由设计(Design)视图、源(Source)视图、结构(Structure)视图、组件面板(Palette)、工具栏和上下文菜单组成(见图 2.10)。

设计视图是 WindowBuilder 的主要可视化布局区，是设计界面的"画板"，能够在其中添加或删除组件，编辑布局属性，直接编辑标签，并可看到所设计界面的样子。

1. 添加组件

在创建了 SWT 的应用程序窗口类后，切换到设计视图可以看到一个典型的程序窗口。向程序窗体中添加一个组件的方法是，在组件面板单击所需的组件，将鼠标移到程序窗体上，会即刻显示组件在窗体中的图样及左上角坐标(见图 2.11)，鼠标移动时坐标也随之调整，到合适位置后单击，即在窗体的光标位置创建了一个组件，并显示在设计视图中。

2. 选取组件

在设计视图中单击某个组件，该组件四周即出现选取框并在四角及四边中点出现小方块——称为调控柄。按下 Shift 键或 Ctrl 键可以连续选取多个组件。再次单击已选取的组件，则该组件成为未选取状态。

第2章　Java SWT GUI程序可视化开发环境的配置与使用　31

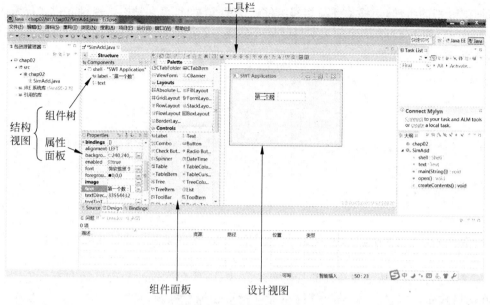

图 2.10　设计窗口的界面

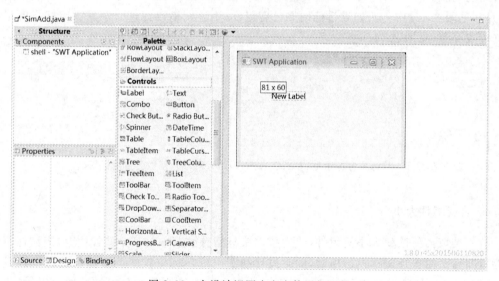

图 2.11　在设计视图中向窗体添加组件

单击组件面板上的框选工具，然后在设计视图的窗体上按下鼠标左键拉出一个矩形框，则处于该框内的组件会全部被选取。

3. 移动组件

首先选取需要移动的组件，然后按下鼠标左键拖动，此时设计视图出现目标位置的反馈标示黄色框线及坐标(见图 2.12)。如果移动到距边框的首选位置还会动态出现对齐标示虚线(见图 2.13)。如果目标

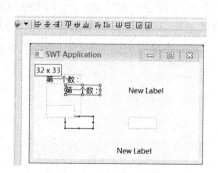

图 2.12　目标位置标示框

位置周围有别的组件,当移动到与相邻组件适当的位置时,也会动态出现对齐位置标示虚线(见图2.14),如图2.14就标示文本框组件已移到与距【第一个数:】标签水平基线对齐并且有水平首选间距的位置。

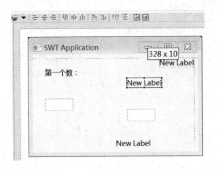

图2.13　距边框首选位置标示线

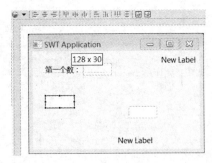

图2.14　距相邻组件首选位置标示线

如果采用了非默认绝对布局的其他布局方式,则移动位置的动态反馈会有所不同。例如,在网格式布局方式下,移动组件的目标网格会以绿色标示(见图2.15(左))。如果目标位置出现在现有行和列之间,则目标位置边框线会以黄色显示,指明会在其间插入新的行和(或)列(见图2.15(中))。如果目标网格已有组件,则该网格以红色显示并在鼠标指针下显示红色减号圈(见图2.15(右))。

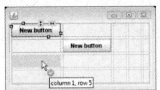 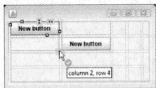 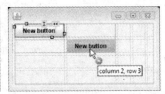

图2.15　目标位置标示框(左)、插入行列标示线(中)、网格已占用标示(右)

4．改变组件大小

首先选取需要改变大小的组件,然后移动鼠标指针到其中的某个调控柄上,当鼠标指针变为双向箭头时按下鼠标左键拖动,此时设计视图出现目标位置的反馈标示黄色框线及坐标(见图2.16),到所需的大小时松开鼠标键。如果该组件周围有相邻组件,当目标边框与某个相邻组件有关边框处于某种对齐位置时会出现标示虚线(见图2.17)。如果采用网格式布局,可以调整一个组件占用多个行或(和)列,被占用的网格以绿色框线标示。

图2.16　目标尺寸标示框

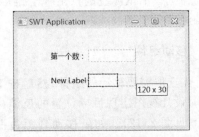

图2.17　目标尺寸与相邻组件对齐标示线

2.4.4 组件面板

WindowBuilder将各种组件分类别组织到组件面板(Palette)中,供用户以鼠标单击的方法快捷地使用它们设计构建程序的GUI。

组件的分类以文件夹图标标示,紧接着是粗体的组件分组的名字。如果组件分组文件夹是闭合形状 ,则该组的组件不会显示出来,单击它会打开该组并显示组中的所有组件,同时图标会变为打开形状 。单击打开形状的组件分组文件夹图标 ,可以收缩该组的显示,从而为其他组件提供更大的显示空间。组件面板上的每个组件也是左边显示其标志图标,右边则以常规字体显示组件名。

组件面板默认在设计视图左边显示。右击组件面板顶行,从快捷菜单中可以选择Dock On|Right菜单项,使该面板显示在设计视图的右边。单击快捷菜单中的Exact as view菜单项,会使组件面板显示在工作台左边,与包资源管理器并列为选项卡(见图2.18),这种布局在某些情况下可能更便于使用。单击【窗口】|Perspective|【复位透视图】菜单项可以恢复默认视图布局。

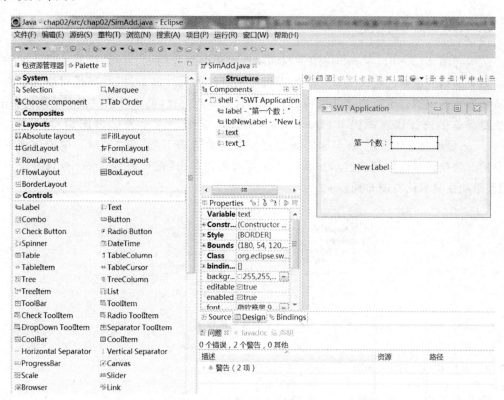

图2.18 抽取组件面板为视图之后的工作台界面

除了上述单个向设计视图添加组件外,还可以快速添加多个同一种组件,方法是按下Ctrl键,在组件面板上单击组件,之后在设计视图的窗体上每单击一次就创建一个这种组件,连续按两次Esc键可以退出这种创建模式。

在组件面板的组件显示区右击,弹出的快捷菜单提供了对其重新组织的菜单项(见

图2.19）。可以添加一个分组、组件，删除选取的组件（见图2.19），重新设置组件的排列和显示方式等（见图2.20）。

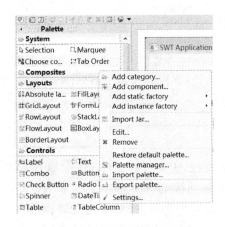

图2.19　组件面板的快捷菜单

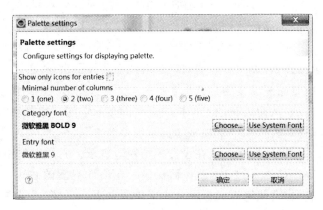

图2.20　组件面板设置对话框

2.4.5　结构视图

结构视图（Structure View）由组件树和属性面板两部分构成。组件树显示设计视图所显示界面的构成组件的层次关系。属性面板显示组件的属性和事件，并提供对所选组件属性值和事件的编辑。可以拖动结构视图到工作台的其他位置，也可以在该视图的顶行右击，在快捷菜单中选择该视图停靠（Dock On）的位置，或抽取为单独的视图窗口（Exact as view）——显示在工作台左边，与包资源管理器并列为选项卡（见图2.21）。单击该视图左上角的三角按钮可以隐藏或显示该视图。必要时可以单击【窗口】|Perspective|【复位透视图】菜单项恢复默认视图布局。

图2.21　配置结构视图

1. 组件树（Components）

程序图形用户界面上的每一个组件都是组件树的一个节点，并显示为一个表示组件功能的图标、变量名和文本标签。顶级窗口是根节点，其余组件都是根节点的子孙节点。容器节点可以作为一些节点的父节点或祖先节点。单击组件树面板顶行右侧的 按钮可以展开组件树的所有节点，单击 按钮则收缩所有节点而只显示根节点。

组件图标会显示一些装饰器，其中显示在组件图标左上角的 指示该组件注册有事件监听器。右下角的 指示该组件是容器中外露的子组件，即尽管没有在其所在的容器中显式定义,但容器中包含有该组件,并提供了在该容器外部访问的方法,例如 中的表格组件通过 getTable() 可以在 tableTree 之外访问。

在组件树中单击一个组件可以选取该组件,按住 Shift 键单击两个组件可以选取包括它们在内的连续组件节点,按住 Ctrl 键依次单击的节点都被选取。在组件树上选取的节点同时也在设计视图中被选取。在组件树上拖动选取的组件节点可以调整其在组件树中的位置,且同一容器中组件位置的移动并不影响组件的坐标定位,在不同容器之间移动组件则可能改变组件的坐标。在组件节点右击,则出现的快捷菜单中给出了对组件进行操作的常用命令(见图 2.22)。

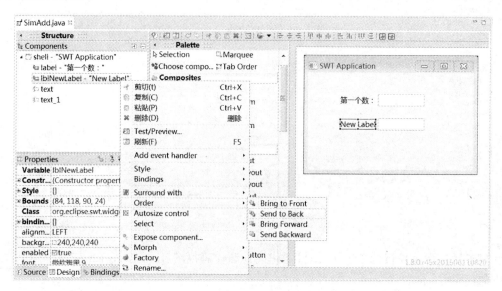

图 2.22 操作组件的快捷菜单

2. 属性面板(Properties)

组件在程序 GUI 中的外观、所表示的数据以及对用户操作的响应等主要由它的属性和事件处理定义,设计 Java GUI 程序的主要工作就是设置有关组件的属性和设计事件处理程序。属性面板提供了详细设置组件属性和事件的丰富接口,在设计视图或组件树中选取的组件的属性值会显示在属性面板中并可直接编辑。如果选取了多个组件,则它们的共有属性会显示在属性面板中。通常,普通属性以常规字体显示,首选属性以粗体显示。如果属性面板顶行的 (显示高级属性)按钮被按下(选取状态),则会以斜体显示一些不常改变的专家级属性。

属性面板的左列显示属性名,右列显示属性值。一些复合属性名的左边会显示一个 或 图标,其中 表示该属性有子属性,单击 图标会展开并显示子属性,之后图标变为 ,并且单击它会收缩隐藏子属性。

单击属性的值列会出现文本编辑器、下拉列表或复选框。一些属性值列的右端还有⋯按钮,单击该按钮会弹出一个窗口为该属性提供专门的编辑器,如文本串编辑器、列表编辑器、颜色选择器、图像选择器和矩形编辑器等。在更改属性值后,可以单击属性面板顶行右端的![]按钮恢复到其默认值。

属性面板顶行的![]按钮被按下（选取状态）时，属性面板会显示所选组件的事件列表（见图2.23）。左边列显示事件名，单击该列左端的![]按钮则显示该事件的相关方法。如果已经定义了事件处理器，则右边列显示注册该事件处理器的源代码的开始位置（见图2.23）。再次单击![]按钮（未选取状态），则属性面板显示组件属性。

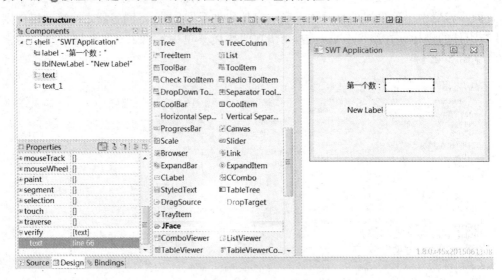

图2.23 显示事件的属性面板

单击属性面板顶行的![]按钮，编辑器切换到源代码视图（Source），且光标定位到创建该组件的代码行。

属性面板顶行的![]按钮表示所选组件定义为其所在类中的字段（实例）变量，单击该按钮则转换为创建该组件行所在方法中的局部变量。反之，![]按钮表示所选组件定义为创建该组件行所在方法中的局部变量，单击该按钮将转换为其所在类中的字段（实例）变量。

2.4.6 设计示例

例2.1 使用可视化方法设计一个简单的加法计算程序的SWT GUI界面。

设计步骤如下：

（1）启动Eclipse之后切换到工作台界面。

（2）在主菜单中单击【文件】|【新建】|【其他】菜单项，选择 WindowBuilder|SWT Designer|SWT/JFace Java Project 向导，单击【下一步】按钮，输入项目名为chap02。单击【下一步】按钮，接着单击【完成】按钮。

（3）在包资源管理器中单击chap02项目，在主菜单中单击【文件】|【新建】|【其他】菜单项，选择 WindowBuilder|SWT Designer|SWT|Application Window 向导。单击【下一步】按钮，输入包名为chap02，输入类名为SimAdd。单击【完成】按钮。

（4）单击编辑器左下角的 Design 标签切换到设计视图。

（5）在组件面板单击 Controls 组中的 Label 组件，将光标移到设计视图的窗体中，当坐标显示为85×30时单击。接着输入文字"第一个数："，按回车键确定。

(6) 在组件面板单击 Controls 组中的 Label 组件,将光标移到设计视图的窗体中,当出现与第一个标签左对齐的标示竖线,坐标显示为 85×70 时单击。接着输入文字"第二个数:",按回车键确定。

(7) 在组件面板单击 Controls 组中的 Text 组件,将光标移到窗体中第一个标签右边,当出现与第一个标签首选间距标示竖线及基线对齐标示水平线时单击。

(8) 在组件面板单击 Controls 组中的 Text 组件,将光标移到窗体中第二个标签右边,当出现与第二个标签首选间距标示竖线及基线对齐标示水平线时单击。

(9) 按下 Ctrl 键,在组件面板单击 Controls 组中的 Button 组件,将光标移到窗体中底边框上方左边合适位置时单击,水平向右移动光标单击,水平向右移动光标单击,按两次 Esc 键。

(10) 在设计视图窗体上单击【第一个数:】标签,在属性面板的 Variable 值列单击,输入 labelNum1。如果属性面板顶行显示有 按钮,单击它。

(11) 对【第二个数:】标签重复步骤(10),将 Variable 值修改为 labelNum2。

(12) 按住 Shift 键,在设计视图窗体上单击两个 Text 组件,将光标指针移动到第一个组件右边框中间的调控柄,按下左键向右拖动,当坐标显示 130×91 时松开。

(13) 在设计视图窗体上单击第一个 Text 组件,在属性面板的 Variable 值列单击,输入 textNum1。如果属性面板顶行显示有 按钮,单击它。

(14) 对第二个 Text 组件重复步骤(13),将 Variable 值修改为 textNum2。

(15) 在设计视图窗体上单击第一个 Button 组件,在属性面板的 Variable 值列单击,输入 btnAdd,在 text 值列输入"相加"。如果属性面板顶行显示有 按钮,单击它。

(16) 对第二个和第三个 Button 组件重复步骤(15),将 Variable 值分别修改为 btnClear 和 btnExit,将 text 值分别修改为"清除"和"退出"。

(17) 在设计视图窗体上单击第一个 Button 组件,将光标指针移动到右边框的调控柄处,按下左键向右拖动,当坐标显示 80×34 时松开。

(18) 对第二个和第三个 Button 组件重复步骤(17)。

(19) 在设计视图窗体上单击第一个 Button 组件,按下鼠标左键拖动,当坐标显示 55×178 时松开。

(20) 对第二个和第三个 Button 组件重复步骤(19),将坐标分别设置为 165×178 和 275×178。

(21) 单击组件面板上 System 组的 Marquee 工具,将光标移到窗体中第一行组件左上方,按下左键拖动框选第一行的两个组件 labelNum1 标签和 textNum1 文本框,然后右击,选择快捷菜单的【复制】菜单项。

(22) 在窗体上右击,选择快捷菜单的【粘贴】菜单项,在窗体上移动鼠标,当出现与两个文本框右边框对齐标示线,黄色提示框位于第二行组件下方,且距第二行组件垂直间距与第一二行的垂直间距基本相等时单击左键(见图 2.24)。

(23) 选取步骤(22)生成的标签,修改变量名为 labelResult,text 属性值为"计算结果:"。

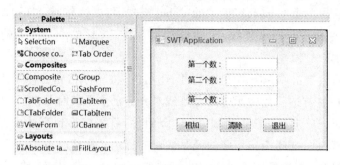

图 2.24 例 2.1 界面预览窗口

（24）选取步骤（22）生成的文本框，修改变量名为 textResult。单击属性窗口中的 Style 属性前面的 ⊞ 按钮，展开后单击 read_only 值列的复选框，改变其值为 true（复选框中打勾）。

完成上述操作步骤后单击设计窗口顶行工具栏上的 ▣ 按钮（快速测试/预览），出现程序界面预览窗口。

2.4.7 代码（Source）视图及 Java 代码编辑

设计 Java GUI 程序不可避免地要编写程序代码，如例 2.1 程序的相加计算、清除输入等功能必须编写相应的程序代码才能实现。Eclipse 的 JDT 提供了强大而方便的 Java 代码编辑功能，使程序编码更加轻松、高效和快捷。

1.【组织导入】命令

【组织导入】命令将添加缺失的导入文件并在源文件代码中添加缺失的 import 语句。可以使用 Ctrl+Shift+O 组合键在当前编辑器中运行这条命令。要将【组织导入】命令应用到整个项目中，可右击项目浏览器中的项目并选择【源代码】|【组织导入】命令。

假若在 Java 文件中的某个位置使用了一个类，但是忘记导入该类，那么【组织导入】命令可以自动导入该类。如果该命令不确定类的位置，则将打开一个窗口并显示一列可以进行选择的选项。例如，如果在代码中使用了 List 类，当运行【组织导入】命令时，则可能弹出一个窗口，要求在 java.util.List 与 javax.swing.List 之间选择。

组织导入将常用的 .* 样式的导入声明分解并替换为独立的导入语句。例如，假定文件中有一个诸如 import java.util.* 之类的导入语句，并且仅使用了来自该包的 List 类，那么【组织导入】命令会把初始的 import 语句替换为 import java.util.List。

在输入某个类的名称而没有导入该类时，在该行的前边会出现一个错误标记（红色圆中心带叉），在该标记上单击，出现辅助编码列表（见图 2.25），选择一个合适的选项，如选择【导入"LinkedList"（java.util）】，则自动在文件头部生成"import java.util.LinkedList；"语句。

2. 自动创建局部变量

经常需要调用方法并将返回值赋给新局部变量。使用 Eclipse 可以自动创建局部变量，具体可参照以下步骤：

图 2.25　组织导入辅助编码

（1）键入方法调用。

list.get(0);

（2）不要移动插入标记，按 Ctrl+1 组合键，在出现的辅助编码提示框中选择把方法调用的返回值指定给一个新局部变量，或新建一个类的实例变量并赋值（见图 2.26）。Eclipse 将创建与该方法的返回值类型相匹配的新局部变量（或实例变量），并提供相应的名称。根据需要更改名称，按回车键接受。

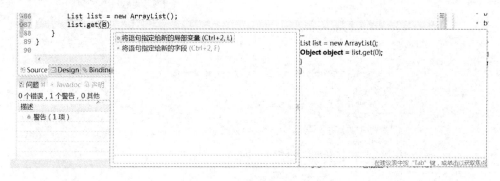

图 2.26　自动创建局部变量

3．自动生成代码

首先，可以自动生成常用的方法，包括 Getter 和 Setter（访问器）、toString()、hashCode() 和 equals() 方法（见图 2.27）。

以访问器的自动生成为例，创建新类时不用花时间编写 setter 和 getter（访问器），也不用编写大部分的构造器。只需创建类并快速在类中输入私有变量，然后选择【源代码】|【生成 Getter 和 Setter】菜单项，在出现的【生成 Getter 和 Setter】对话框中选择要创建访问器的变量和方法、插入点位置、排序依据、访问修饰符等（见图 2.28），确定之后即可自动生成这些方法。

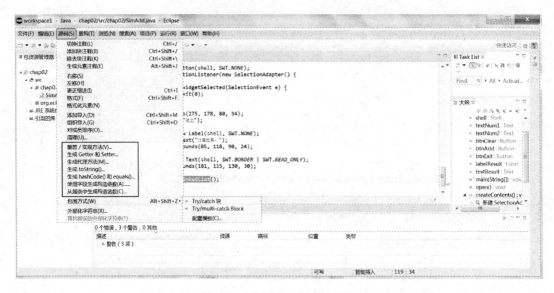

图 2.27 代码的自动生成功能

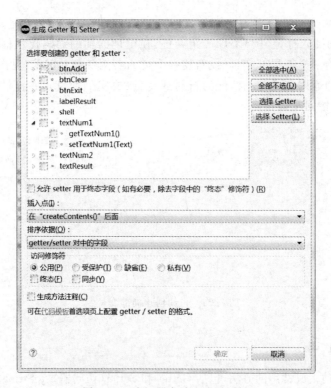

图 2.28 访问器自动生成对话框

其次，可以自动生成某些常用代码块，如 try…catch 块。

最后，对一些十分常用的语句，可以自动进行代码补全。如输入"syso"，按 Alt＋/组合键后，会自动补全为"System.out.println();"。

4. 自动格式化

优美规则的代码格式对于阅读和调试程序很有帮助。有时因为修改代码而弄乱了代码格式,这时使用 Eclipse 的自动格式化功能可以自动重排文档的格式。为此,可右击【包资源管理器】中的文档并选择【源代码】|【格式】。在【包资源管理器】中右击项目(而非单个文件)可以设置整个项目的格式。

5. 代码折叠

使用代码折叠可以将一个类、方法、代码块等代码段折叠起来,这样更容易查看程序结构和阅读程序,编辑器也不会显得过于混乱。要折叠一个方法,单击左侧标尺中的⊖图标。在折叠代码后,⊖图标将变为⊕,再次单击⊕可展开方法。在方法处于折叠状态时把光标停在⊕号上,弹出窗口将显示方法中的文本。

6. 快速 Javadoc

如果希望了解某种方法的用途,将光标停到该方法上,即可打开 Javadoc 窗口。把光标移到弹出窗口中,该窗口将变为可滚动窗口(见图 2.29)。位于底部的按钮允许在外部窗口中打开 Javadoc 并转到正在查看其 Javadoc 的元素声明处。

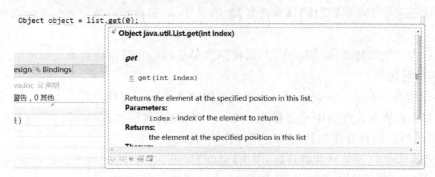

图 2.29 对 get()方法弹出的帮助文档窗口

7. 快速概要

概览视图十分有用,在文件的代码行数很多时效果更明显,通过它可以轻松地跳到 Java 文件中的指定方法。但是此视图将占用大量宝贵的屏幕区域。快速概要视图将提供概览视图的所有功能,而无须占据屏幕区域。在编辑器内按 Ctrl+O 组合键会激活快速概要视图,系统显示一个弹出式窗口,显示文件概要(见图 2.30)。可以使用箭头键浏览所有方法。要更快速地跳到某种方法,可输入方法名称,列表将开始过滤,只显示以所输入字符为开头的方法。

8. 重构

重构就是重新组织程序逻辑、快速整体修改代码。通过重构,更改一个位置处的代码后,在相关代码出现的其他位置处会自动显示这些更改。Eclipse 包含许多重构功能,以下

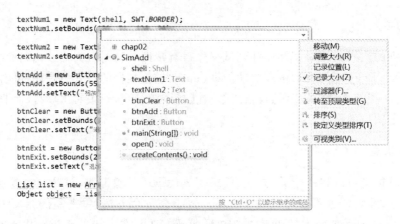

图2.30 快速概要视图

介绍最常用的重构功能。

1）重命名重构

重命名重构是所有重构中最常用的，使用它可重命名项目、文件夹、包、方法、变量或类。以更改变量名为例，操作步骤如下：

（1）在编辑器中选择变量。

（2）在主菜单中单击【重构】|【重命名】菜单项，Java编辑器将对所有存在的该变量名加框显示。

（3）输入变量的新名称，按回车键，则使用该变量的所有位置将自动改为使用新名称。

2）移动重构

此类重构在将类从一个包移到另一个包中时尤为有用。操作步骤如下：

（1）右击包资源管理器中需要移动的类，单击【重构】|【移动】菜单项。系统打开【移动】对话框，显示当前项目及该项目依赖的任何其他项目中的包。

（2）选择需要将该类移到的目标，单击【确定】按钮。该类将被物理地移到新包中，并且代码中对它的所有引用（例如import语句）会自动修改为引用其新位置。

将类从一个包拖放到另一个包中时移动重构会自动执行。

例2.2 为例2.1所设计的简单加法GUI程序编写程序代码，实现【相加】【清除】和【退出】按钮的功能。当单击【相加】按钮时将文本框textNum1和textNum2的数值相加，结果显示到textResult文本框中；当单击【清除】按钮时清空3个文本框中的内容；单击【退出】按钮则关闭窗口，退出程序。

解：使用本节所述代码编辑技术，按照以下步骤操作。

（1）在设计视图单击窗体上的【相加】按钮，然后在属性面板单击顶行的按钮。

（2）在属性面板第一列单击selection左端的按钮，然后在widgetSelected右侧列双击。

（3）将插入点置于代码行"public void widgetSelected(SelectionEvent e){"的右端，按回车键。

（4）在方法体内输入代码Integer.p，在代码辅助窗口选择parseInt(String s)。将插入点置于代码parseInt(s)的()内删除字符s，输入"textNum1."；选择getText()，接着输入".tr"，选择 trim()。

(5) 按 Ctrl+1 键,选择第一项"将语句指定给新的局部变量"。接着选择变量名为 int1,类型为 int。按回车键。

(6) 重复步骤(4)和步骤(5),将输入"textNum1."更换为输入"textNum2.",变量名为 int2。

(7) 输入"textResult.",选择 setText(),在()内输入"(int1+int2)+""。

(8) 切换到设计视图,单击窗体上的【清除】按钮,重复步骤(2)和步骤(3)。

(9) 输入"textNum1.",选择 setText(),在()内输入"""。

(10) 重复步骤(9)两次,将"textNum1."分别更换为"textNum2."和"textResult."。

(11) 切换到设计视图,单击窗体上的【退出】按钮,重复步骤(2)和步骤(3)。

(12) 输入"System.",选择 exit(),再选择 0。

完成上述步骤后,就设计了一个完整的简单 Java SWT GUI 程序。

2.4.8 运行 Java 项目

Eclipse 没有编译(Compile)命令,但只要保存文件,Eclipse 就会在后台编译它以及与之相关的所有其他文件。如果需要,在包资源管理器视图中右击项目文件夹,选择【构建项目】菜单项,Eclipse 即会对该项目中的所有 Java 文件进行重新编译。

运行 Java 项目的最简单方法是打开包含 main 方法的文件,单击工具栏上的 ▶▼(运行)按钮,这将创建启动配置,并显示运行结果。下一次需要运行项目时,可单击 ▶▼ 按钮右端的 ▼,选择包含 main 方法的类名的配置。

有些项目运行后不会自动终止,这将消耗一些内存,应该单击控制台窗口上方的 ■(终止)按钮停止它。

2.4.9 调试项目

在 Eclipse 上平台进行 Java 程序开发时,编辑过程中会自动进行语法检查,同时也会自动检测并辅助编写可检测异常的处理代码。因此,这里的项目调试指的是程序逻辑错误的调试。

在编辑器中单击需要放置断点的行的左侧标尺列,即可在该行语句上设置一个断点。启动调试模式与运行项目类似,但要单击工具栏中的 ❋▼(调试 Debug)而非 ▶▼ 按钮。在到达一个断点时,Eclipse 窗口将切换到前台并且自动切换到调试透视图,其中包含有助于调试程序的视图(见图 2.31)。

调试透视图包括以下视图:

调试视图。该视图将控制当前运行的程序,可查看堆栈和步骤,也可以使用该视图暂停或停止程序。

变量视图。该视图将显示当前方法中的局部变量。变量值将随着程序中的运行位置变换而更改。

断点视图。该视图将列出当前断点。通过选择或清除列表中的断点来启用或禁用断点。

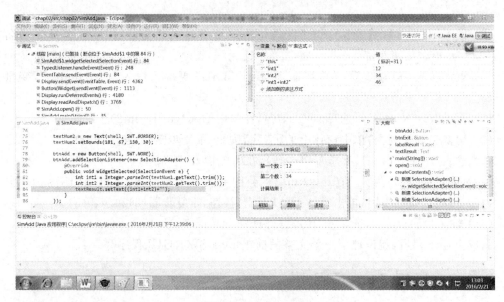

图 2.31 调试透视图

表达式视图。该视图允许输入任意的 Java 表达式,并且在程序执行的当前上下文中查看它的值。要将 Java 表达式添加到该视图中,可按以下步骤操作:

在变量视图中某个变量上右击,选择【创建查看表达式】菜单项,出现表达式选项卡。在表达式视图中单击 ![添加新的表达方式] ,直接输入表达式即可将其添加到表达式视图中。表达式的值将随着代码的运行逐步更新。

注意:输入修改一些变量值的表达式可能会对代码造成意外的影响。

2.5 Java GUI 项目的打包与发布

一个软件项目开发完成之后,应该脱离开发环境独立发布运行,并且尽可能没有或少有附加的运行要求。通过上述步骤开发的 Java 程序可以脱离 Eclipse 平台独立运行。与一般的 Java 程序相同,Java GUI 程序的运行需要 Java 运行时环境(JRE)的支持。相当一部分系统安装了 JRE,但也有一部分没有安装。为了保证 JRE 版本与 Java 项目的要求一致,一般应随自己的 Java 项目提供 JRE 环境。

Eclipse 提供了打包功能,可以把项目中的众多文件和引用库等以一个标准 JAR 包的形式包装起来。

2.5.1 导出可运行的 JAR 文件

选择【文件】|【导出】菜单项,在【导出】对话框中选择 Java 文件夹下的【可运行的 JAR】文件。单击【下一步】按钮之后在【可运行的 JAR 文件导出】对话框中指定可运行的 JAR 文件规范(见图 2.32),其中【启动配置】用于指定项目及其主类,【导出目标】用于指定导出的 JAR 文件存放的目录和文件名,【库处理】用于指定管理库的方式,如抽取需要的库到产生

的 JAR 文件(Extract required libraries into generated JAR),然后单击【完成】按钮。

图 2.32 【可运行的 JAR 文件导出】对话框

生成的 JAR 文件是 zip 格式的一个打包压缩文件,可以用解压缩程序,如 unzip、unrar 等解压检查其中的内容。

2.5.2 发布打包的 Java 项目

为了确保 Java 项目运行时需要的 JRE 环境,应将开发时系统中用到的 JRE 目录与其中的文件和子目录复制到打包生成的 JAR 文件所在的目录中。可编写一个批处理文件,内容是:

Start .\jre\bin\javaw – jar JAR 文件名

该批处理文件应存放在打包文件所在的目录下,文件基本名与项目名相同,扩展名是.bat。之后,将 JAR 文件所在的目录作为一个整体发布。

执行该批处理文件,即可运行打包的 Java 项目。

2.6 习题

1. 简述 Eclipse 和 WindowBuilder 的安装与配置步骤。
2. 什么是 Eclipse 的视图？什么是 Eclipse 的透视图？它们有什么关系？
3. Eclipse WindowBuilder 的编辑窗口有哪些视图？它们各自有什么作用？
4. 简述在 Eclipse WindowBuilder 环境下用可视化方法开发 Java GUI 程序的主要步骤。
5. 在 Eclipse WindowBuilder 环境下用可视化开发方法,仿照例 2.2 程序编写一个向同学问好的 Java GUI 程序。

第 3 章 程序窗体及基本控件的使用

前两章介绍了 Java GUI 可视化设计的概念、基本原理、Eclipse WindowBuilder 程序界面、使用 Eclipse WindowBuilder 可视化开发 Java GUI 的基本过程及各个环节使用的一些基本技巧。从本章开始将逐步介绍使用 WindowBuilder 可视化开发 Java GUI 所用到的各种组件的设计方法、相关原理和技巧。

本章介绍 Java GUI 中最基本组件的设计。为了便于介绍，也使读者明确设计目标，以一个用户登录界面设计为实例进行叙述。该界面如图 3.1 所示，在一个窗体上有 4 个标签、2 个文本框、2 个命令按钮和 1 个下拉列表框。下拉列表框中包含管理员、学生和教师 3 个选项。

图 3.1 登录界面原型

3.1 程序窗体的设计

Java GUI 程序在运行时一般首先会出现一个窗口，在设计过程中把这个窗口称为窗体。其他组件放置在窗体里面。

3.1.1 窗体的创建

当在 Java 项目中创建一个 SWT Application Window 时，Eclipse WindowBuilder 就自动生成了一个窗体。此外，选择【文件】|【新建】|【其他】菜单项，在【新建】对话框的【向导】列表中选择 WindowBuilder|SWT Designer|SWT|Shell 节点，单击【下一步】按钮，在 New SWT Shell 对话框中输入包名和类名，单击【完成】按钮，也可以创建一个程序窗体。

对窗体的主要设计工作是设置该窗体的各种属性。

例 3.1 设计图 3.1 所示的用户登录窗体。

操作步骤：

（1）选择【文件】|【新建】|【其他】菜单项，在【新建】对话框的【向导】列表中选择 WindowBuilder|SWT Designer|SWT/JFace Java Project 节点，单击【下一步】按钮，在【创建 Java 项目】页中输入项目名 StdScoreManager，接着单击【下一步】按钮，最后单击【完成】按钮。

（2）在包资源管理器视图右击 src 文件夹，选择【文件】|【新建】|【包】菜单项，在【新建 Java 包】对话框的【名称】文本框中输入 book.stdscore.ui，单击【完成】按钮。

（3）在包资源管理器视图右击该项目的 book.stdscore.ui 包名，在快捷菜单中选择【新建】|【其他】菜单项，在【新建】对话框的【向导】列表中选择 WindowBuilder|SWT Designer|SWT |SWT Application 节点，单击【下一步】按钮，在 Create SWT Application 页中的【名称】文本框中输入类名 UserLogin，单击【完成】按钮。

在代码编辑窗口看到，WindowBuilder 生成了创建窗体的代码（代码中删除了注释以节省篇幅，以后不再说明）。

程序清单 3.1：

```java
package book.stdscore.ui;
import org.eclipse.swt.widgets.Display;
import org.eclipse.swt.widgets.Shell;
public class UserLogin {
    protected Shell shell;
    public static void main(String[] args) {
        try {
            UserLogin window = new UserLogin();
            window.open();
        } catch (Exception e) {
            e.printStackTrace();
        }
    }
    public void open() {
        Display display = Display.getDefault();
        createContents();
        shell.open();
        shell.layout();
        while (!shell.isDisposed()) {
            if (!display.readAndDispatch()) {
                display.sleep();
            }
        }
    }
    protected void createContents() {
        shell = new Shell();
        shell.setSize(450, 300);
        shell.setText("SWT Application");
    }
}
```

类 UserLogin 中的 createContents 方法实际创建窗体 org.eclipse.swt.widgets.Shell shell，open 方法中的语句"shell.open();"调用 Shell 对象的 open()方法显示窗体。一个窗口就是 Shell 类的一个对象。如果选择 Create contents in 为第二项 open()方法或第三项 main()方法，则代码会有所不同。

3.1.2 窗体的属性

将编辑窗口切换为设计视图，并在设计视图单击窗体，则在结构视图的属性面板中会显示窗体的属性（见图 3.2）。以下利用这个属性面板设计窗体属性。

1．窗体标题

窗体标题是程序运行时出现在窗口标题栏上的文字。

在设计视图单击窗体，在面板中找到属性列中的 **text** 所在的行，单击该行的值列，输入窗体标题。对例 3.1 所设计窗体该属性应输入"用户登录"，之后可以看到设计视图中的窗体标题变成了此处输入的文字。

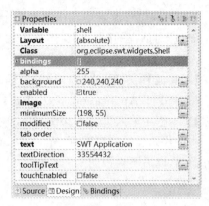

图 3.2　窗体属性列表

代码中可看到 createContents() 方法的语句"shell.setText("SWT Application");"被修改为"shell.setText("用户登录");"。可见，窗口对象的标题使用 Shell 实例对象的 setText 方法设置。

2．位置和大小

窗口的初始位置由属性 location 的值控制，该属性的值是两个整数，分别指定窗口左上角的水平和垂直坐标。在设计视图的属性面板顶行单击按下 按钮，找到 location 属性所在的行，单击该行的值列右端的…按钮，弹出 location 对话框（见图 3.3 左），在【X:】和【Y:】文本框中分别输入窗体左上角的初始水平坐标和垂直坐标，单击【确定】按钮完成窗口初始位置的设置。

窗口的初始大小由属性 size 的值控制，该属性的值是两个整数，单击 size 属性值列右端的…按钮，在 size 对话框的【X:】和【Y:】文本框中分别输入窗体的宽度和高度值（见图 3.3 右，单位为像素），单击【确定】按钮完成设置。

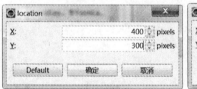 

图 3.3　location 和 size 对话框—设置窗口位置和大小

此外，在属性面板看到有 minimumSize 属性，该属性设置窗口最小尺寸。单击该行的值列右端的…按钮，弹出点编辑器（Point Editor，见图 3.4），在【X:】和【Y:】文本框中分别输入窗体的最小宽度(X)和高度(Y)（以像素为单位），单击【确定】按钮。例 3.1 的【用户登录】窗口设置该属性值为"(400,280)"，说明运行该程序时可以缩小窗口尺寸，但是当窗口缩小到宽度 400 像素，高度 280 像素时就再也不能缩小了。

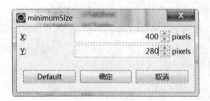

图 3.4　最小尺寸编辑器

3. 背景颜色与透明度

窗体背景颜色通过属性面板中的 background 属性设置。单击该属性值列右端的…按钮，弹出颜色选择器对话框（见图 3.5）。这个颜色选择器提供了 3 个选项卡，分别供用户选取 SWT 库命名的颜色（System colors，每种颜色都由一个 SWT 常量对应）、常用的有名颜色（Named colors）和网络安全色（Web safe colors），每类提供几十种到 200 多种颜色。当鼠标指向其中的一种颜色时，在该对话框的 Selected color 区域即显示出该种颜色的 RGB 值（十六进制）以及色相（H）、饱和度（S）和亮度值（L），同时，Color under cursor 区显示系统对该种颜色的命名、预视色条和预览文本。单击合适的颜色系统标签（如 System colors），鼠标指向颜色列表中所需要的颜色块双击，即设置了背景颜色，同时对话框关闭。

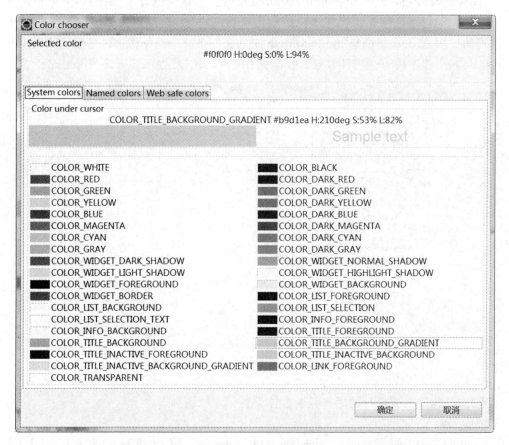

图 3.5 颜色选择器对话框—背景颜色之 RGB 标签

例 3.2 为例 3.1 设计的窗体设置背景色为非活动标题背景色。

操作步骤：

（1）选择窗体，单击属性面板的 background 属性值列右端的…按钮。

（2）在 Color chooser 对话框中选择 System colors 标签，双击颜色列表框中的 COLOR_TITLE_INACTIVE_BACKGROUND。

查看源代码，可看到 createContents()方法的源代码出现语句：

```
shell.setBackground(SWTResourceManager.getColor(SWT.COLOR_TITLE_INACTIVE_BACKGROUND));
```

可见，COLOR_TITLE_INACTIVE_BACKGROUND 是 SWT 中定义的一个颜色常量。

属性 alpha 设置窗口的透明度，取值范围是 0～255。当设置为 0 时，窗口完全透明，看不到窗口；设置为 255 则该窗口遮挡了下层界面，该窗口的界面显示完整。设置方法是：在属性面板 alpha 属性的值列单击，输入一个合法的整数值。通常还是保持默认值 255 为宜。

4．image 属性

image 属性为窗口的标题栏设置图标，该图标出现在窗口标题文字的前面。当在属性面板单击 image 属性的值列右端的…按钮时，弹出图像选择器对话框（见图 3.6），其中提供了 4 种图像选择模式，其中 Classpath resource 可以从项目中选择一幅图片，但应该在这个操作之前刷新项目（在包资源管理器视图右击项目文件夹，选择快捷菜单中的【刷新】菜单项）。而第二项 Absolute path in file system 则从文件系统选择图像文件。程序代码中前者使用相对路径，程序代码通用性较强；后者使用绝对路径，对程序部署路径有绝对要求。

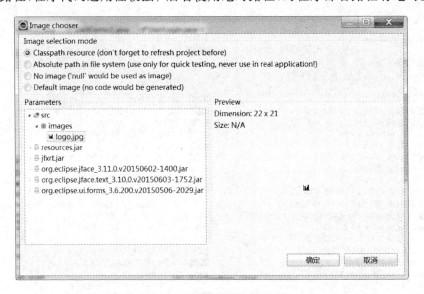

图 3.6　图像选择器对话框

例 3.3　为例 3.2 设计的用户登录窗体设置标题栏图标。

操作步骤：

（1）在包资源管理器视图右击 StdScoreManager 项目的 src 文件夹，选择【新建】|【文件夹】菜单项，文件夹名取为 images。

（2）制作或寻找一个适当的 JPEG 格式的图片文件 logo.jpg，然后复制图片文件到步骤（1）所创建的 images 文件夹下。

（3）在属性面板单击 image 属性的值列右端的…按钮，在 Image chooser 对话框中选择 Image selection mode 为 Classpath resource，在 Parameters 列表中选择文件夹 src\images\logo.jpg 文件，单击【确定】按钮（见图 3.6）。

此时，createContents()方法的代码中出现语句：

```
shell.setImage(SWTResourceManager.getImage(UserLogin.class, "/images/logo.jpg"));
```

在窗体左上角可以看到出现了这个图标。

5．其他窗体属性

窗口 enabled 属性设置为 true 时，单击该窗口右上角的【关闭】按钮可关闭窗口；设置为 false 时，单击该窗口右上角的【关闭】按钮不能关闭窗口。toolTipText 设置的文本作为即时提示，在鼠标移入到窗口区域时显示一个悬浮提示方框。显示高级属性后，可以通过 backgroundImage 属性设置窗口的背景图像，这在某些界面中十分有用。

3.1.3 主要操作

SWT 为窗体提供了用程序进行控制的手段——Shell 对象的 20 多个方法，每个方法都提供了对窗体某个方面的控制或操作。以下介绍最常用的方法。

1．打开

方法：

```
public void open()
```

该方法使窗口显示在屏幕的最顶层并获得焦点，让系统的窗口管理器将该窗口置为活动状态。

2．激活

方法：

```
public void setActive()
public void forceActive()
```

如果窗口为可见状态（visible 属性为 true），那么这两个方法会使窗口显示在桌面的顶层，并使该窗口处于活动状态。

3．关闭

方法：

```
public void close()
```

该方法请求系统的窗口管理器关闭该窗口，其效果与用户单击窗口右上角的【关闭】按钮、使用运行平台指定的关闭窗口组合键（如 Windows 系统使用 Alt ＋ F4 组合键）的效果相同，都是使该窗口不再显示且被删除。

4．销毁

方法：

```
public void dispose()
```

该方法使该窗口及其子组件放弃操作系统为它们分配的资源并关闭,它们的 isDisposed()方法返回 true,与该窗口连接的组件被删除,并促进垃圾收集。

此外,主要属性都有设值和取值方法,布尔型属性则有相应的 isXxx 方法。如可以用方法 public boolean isVisible()判断窗口是否可见。

3.2 标签设计

标签(Label)用于显示文本或图像。在组件面板单击 Controls 组下的 Label 组件,将鼠标移到窗体中适当位置单击,然后输入文字即可生成一个标签。例如,标签 用户名: 相应的生成代码是:

```
Label label = new Label(shell, SWT.NONE);
label.setBounds(58, 72, 90, 24);
label.setText("用户名:");
```

3.2.1 文字与图像

标签的 text 属性设置标签上显示的文字,除了创建时输入外,也可以在属性面板修改该属性值,即单击 text 属性右侧的值列,输入标签文字即可。此外,也可以在选取标签后按空格键,然后输入或修改文字以设置该属性。

标签的 image 属性设置标签上显示的图像。在属性面板单击 image 属性的值列右端的…按钮,弹出图像选择器对话框(见图 3.6),从中选取图像选择模式,一般选用第一种模式,然后选择预先准备好的图像文件即可。

如果同时设置了 text 和 image 属性,则只显示文字。因此,如果要使标签同时显示文字和图像,应该把文字制作到图像上,然后只设置 image 属性,text 属性设置为空即可。

此外,还可以在显示了高级属性后,设置标签的 backgroundImage 属性,使标签以指定的图像作为背景。

3.2.2 字体、前景色、背景色

单击 font 值列右端的…按钮,出现字体选择器(见图 3.7),可以选择 Family(字体名)、Style(样式)和 Size(大小),Selected Font 是所选字体的预览。单击【确定】按钮之后即可改变标签文字的字体。图 3.7 的选择在 createContents()方法中生成的语句是:

```
label.setFont(SWTResourceManager.getFont("楷体", 10, SWT.NORMAL));
```

前景色 foreground 属性设置标签文字的颜色,设置方法跟前述窗体中背景色的设置方法一致。

背景色 background 属性设置标签组件的颜色,标签的背景色应与窗体背景色一致,比较自然美观。

图 3.7 字体选择器对话框

3.2.3 对齐方式与换行

属性 alignment 设置标签上文字和图像的对齐方式,有 LEFT、CENTER 和 RIGHT 共 3 种,如图 3.8 所示,分别设置文字左对齐、居中和右对齐。在属性面板单击 alignment 属性值列,出现下拉列表,单击所需的列表项即可。在 createContents()方法中对应的语句类似"label.setAlignment(SWT.RIGHT);"形式。

单击 Style 属性左端的【+】按钮,可以看到 wrap 属性,单击该属性的值列可以选取该属性,使得当标签中的文本宽度超过标签宽度时文字自动换行。事实上,即使不选取该属性,当标签中的文本宽度超过标签宽度时文字也会自动换行。

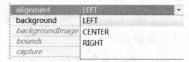

图 3.8 字体设置列表

3.2.4 分隔符、朝向和阴影

Style 属性下的子属性 separator 被选取时指定该标签是一个分隔符,显示为一条线。此时,属性 dir 设置为 VERTICAL 表示是一条竖线,HORIZONTAL 则是一条水平线。属性 shadow 设为 SHADOW_IN,则这条线是一条凹下去的线(阴线),设为 SHADOW_OUT 则是一条凸起来的线(阳线),不设置该属性或设为 NONE 则无阴影。

3.2.5 其他属性

Style 属性下的子属性 border 属性值为 true 使标签以凹陷框状显示。对于设置了

image 的标签，enabled 属性设置为 false，则图像变暗。visible 设置是否显示该标签，toolTipText 的作用与窗体中的相同。

例 3.4 设计 4 个文字标签，第一个标签名为 labelCaption，前景色为红色（RED），字体为"楷体"，14，SWT.BOLD，标签文字为"学生成绩管理系统用户登录"。后面 3 个标签名分别为 labelUser、labelPass、labelActor，前景色均为黑色（BLACK），字体为"幼圆"，12，SWT.BOLD，标签文字分别为"用户名："" 密　码：""我是一个"。另设计一条水平分隔线和一个图像标签。

设计步骤：

(1) 单击组件面板 Controls 组中的 Label 组件，在窗体的第 1 行第 1 列单击，输入"学生成绩管理系统用户登录"，按回车键。

(2) 单击该标签，在属性面板的 Variable 属性值列输入组件名 labelCaption。

(3) 单击属性面板中 foreground 属性值列右端的…按钮，在 Color chooser 对话框中双击 COLOR_RED。

(4) 单击属性面板中 font 属性值列右端的…按钮，在 Font chooser 对话框的 Family 列表中选择【楷体】，在 Style 列表中选择 BOLD，在 Size 列表中选择 14，单击【确定】按钮。之后调整标签大小和位置。

(5) 单击组件面板 Controls 组中的 Label 组件，在窗体第一个标签的下一行单击，并设置 Variable 属性值为 labelT。

(6) 单击属性面板 Style 属性下的 separator 属性的值列，选取该属性。

(7) 单击属性面板 Style 属性下的 dir 属性值列，选择 HORIZONTAL。

(8) 同时选取 labelCaption 和 labelT 标签，然后单击编辑窗口设计视图上方工具栏中的 按钮使它们左对齐，再单击 按钮调整标签宽度一致。

(9) 使用与(1)~(4)步相同的方法，分别创建标签 labelUser、labelPass、labelActor，设置题目指定的属性。

(10) 单击组件面板 Controls 组中的 Label 组件，在窗体的 labelActor 标签左边单击，设置组件名(Variable 属性)为 labelActorImg。

(11) 在属性面板单击 image 属性值列右端的…按钮，在 Image chooser 对话框中选择 Image selection mode 为 Classpath resource，在 Parameters 列表中选择文件夹 src\images\actor.jpg 文件，单击【确定】按钮。其中 actor.jpg 图像文件需提前准备好，并存入该项目的 src\images 文件夹中。

(12) 在属性面板 text 属性的值列单击，删除其中的文字。

完成上述操作步骤后，运行 UserLogin 文件，程序界面如图 3.9 所示。

在组件面板的 Controls 组还有一个功能更强的标签组件 CLabel，可以同时设置文字和图像，可以设置渐变背景色等效果，请自行研究其用法。

图 3.9 添加标签的登录界面

3.3 按钮设计

按钮在 Java GUI 中提供了快速执行命令的简便方法,以便响应用户操作。本节介绍按钮的创建和属性设计,对用户操作的响应在第 4 章介绍。

本节介绍的按钮包括组件面板的 3 个组件:Button、CheckBox 和 RadioButton。

Button 是最常见的事件源。单击该组件,一般会立即引起特定指令的执行。

单击组件面板的 Button,然后在窗体中单击,接着输入文字,即可生成一个按钮。对应的程序语句形如"Button button = new Button(shell,SWT.NONE);"。

该组件的属性较为简单(见图 3.10),用于设置按钮的外观等。

1. 类型(style|type)

Style 属性的子属性 type 设置按钮的类型,可以为下列样式中的任意一个(见图 3.11):

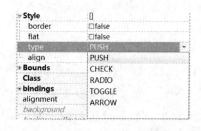

图 3.10 按钮主要属性列表　　　　图 3.11 Style 属性下拉列表

PUSH:瞬时按钮(最常见的事件源),显示如 Button 。

CHECK:复选框(也称复选按钮),显示如 Check Button 。

RADIO:单选框(也称单选按钮),具有排他性的黏性标记(sticky mark),相关单选按钮都在相同的组中,一般将同一个容器中的单选按钮视为一组,显示如 Radio Button 。

TOGGLE:黏性按钮,显示形状弹起时如 Button ,按下时如 Button 。

ARROW:显示为一个指向指定方向的箭头。

如果设置按钮的类型为 ARROW,则 Style 属性的子属性 align 属性和 alignment 属性将用于设置箭头方向。在不设置 alignment 属性(值列为空)时,align 属性值设置为 LEFT 和 CENTER 都显示为一个向上的箭头,设置为 RIGHT 则显示为向右的箭头。alignment 属性值设置为 LEFT 和 CENTER 都显示为一个向左的箭头,设置为 RIGHT 则显示为向右的箭头。

单击组件面板 Controls 组的 ☑Check Button 在窗体上创建的组件,与 Style 的 type 属性设置为 CHECK 时的 Button 组件完全相同,代码也一样。

单击组件面板 Controls 组的 ⊙Radio Button 在窗体上创建的组件,与 Style 的 type 属性设置为 RADIO 时的 Button 组件完全相同,代码也一样。

2. 外框(style|border)

属性 style|border 可以设置使按钮在一个凹框内显示,该属性的值可以是 BORDER 或不设置。生成的语句中,常量 SWT.BORDER 作为参数传递给 Button 的构造方法。

3. 图像(image)

属性 image 为按钮设置一个图像,该图像与文字一起显示在按钮上。设置方法是单击 image 的值列右边的…按钮,然后在图像选择器对话框中选择一个图片文件。

4. 选择(selection)

对于 CHECK 和 TOGGLE 类型的按钮,属性 selection 用于设置按钮初始状态是否为选中状态。该设置生成的代码是"buttonOK.setSelection(true);"。

组件面板的 CheckBox 生成的复选框实际就是 Button 组件实例,只不过直接设置 Style 属性的 type 子属性为 CHECK。同样,组件面板的 RadioButton 生成的单选框按钮实际也是 Button 组件实例,只是直接设置 Style 属性的 type 子属性为 RADIO。

5. 其他属性

text 属性设置按钮上显示的文字,如果同时设置了 image 属性,则左边显示图像,右边显示文字。font 属性设置按钮上文字的字体,foreground 属性设置按钮上文字的颜色,background 属性设置按钮的颜色。alignment 属性设置文字和图像的对齐方式。enabled 属性设置为 false,则该按钮不会响应用户单击操作,也不能获得焦点,且显示为灰色。可以通过设置高级属性 backgroundImage 使按钮上显示图像作为背景。

例 3.5 在图 3.9 界面标签的下面设计两个按钮,左边按钮上的文字为"登录",右边按钮上的文字为"取消",并在两个按钮上各设置一幅图像。

操作步骤:

(1) 单击组件面板 Controls 组的 Button 组件,在窗体的左下部单击,输入文字"登录"。

(2) 在属性面板修改 Variable 属性值为 buttonOK。

(3) 制作图片 ok.JPG,并复制到项目的 src\images 文件夹下。选择 image 属性,单击值列右端的…按钮,在图像选择器对话框中选择项目的 src 文件夹下的 images 子文件夹,选取图像文件 ok.JPG,确定。

(4) 重复步骤(1)~(3),其中按钮名为 buttonCancel、按钮上的文字为"取消"、图像文件名为 cancel.JPG。

3.4 文本框设计

文本框(Text)是 GUI 中提供给用户输入文字的一个矩形框,在组件面板的 Controls 组中包括两个文本输入组件:Text 和 StyledText。本节介绍 Text 组件的设计方法。

单击组件面板 Controls 组的 Text 组件,在窗体上单击,即出现一个白色方框——文本框。源代码中生成的语句形如"textUser = new Text(shell,SWT.BORDER);"。

下面介绍 Text(文本框)组件的主要属性(见图 3.12)。

图 3.12 文本框组件属性列表

3.4.1 文本、显示字符和密码

属性 text 设置文本框中初始文字。单击窗体中的文本框组件,按空格键,然后输入需要在程序开始运行时就显示出来的文字,按回车键之后即设置了 text 属性的值。这个设置使用语句"textUser.setText("text");"。

单击属性面板顶行的 按钮,显示的高级属性 echoChar 指定文本框的显示字符。当指定了显示字符之后,不论输入什么文字,在显示的文本框中总是使用该字符代替每个输入的字符。初始文本也用该显示字符代替。如指定 echoChar 为"♯",则运行时输入的任意一个字符都被显示为♯。注意,文本框的 text 属性值仍为输入或设置的文字。该设置使用语句"textUser.setEchoChar('♯');"。

Style 下的子属性 password 设置文本框为密码框,单击该属性的值列,当复选框中出现对勾时,初始字符和运行时输入的字符都显示为使用属性 echoChar 指定的显示字符,默认显示"·"。该属性的设置通过给 Text 的构造方法传递常量"SWT.PASSWORD"指定。

3.4.2 字体、背景色和前景色

属性 font 设置文本框中文字的字体。单击该属性的值列右边的按钮,出现字体设置对话框(见图 3.7),选择字体名、样式和大小即可指定文本框中文字的显示字体。

属性 foreground(前景色)指定文本框中文字的显示颜色。单击该属性值列的按钮,出现颜色选择器对话框(见图 3.5),可以按照 3.2.2 节所述方法选择一种合适的前景颜色。

属性 background(背景色)设置文本框的背景颜色。设置方法与前景色相同。

注意:设置的背景颜色会改变整个文本框的背景颜色,而不仅仅改变文字的背景色。

3.4.3 可编辑、只读和生效

属性 editable 设置文本框的内容可否编辑。如该属性值设置为 true,则用户可以编辑文本框中的内容,设置为 false 则不能编辑文本框内容。对应的语句是"textUser. setEditable(false);"。注意,设置该属性为 false 后,仍然可以向文本框移入插入点,即单击文本框时其中出现一条闪动的细竖线。

Style 的子属性 readOnly 将设置文本框为只读状态,但会将 SWT. READ_ONLY 常量传递给 Text 的构造方法。注意,将 readOnly 和 editable 属性值都设置为 true,则可以编辑文本框中的内容。将 readOnly 和 editable 属性值都设置为 false,则不可编辑文本框中的内容。当 readOnly 与 editable 属性设置冲突时,以 editable 属性设置为准。

属性 enabled 设置组件是否为生效状态。若 enabled 设置为 false,则文本框内容不可编辑,显示为暗色,且不可移入插入点。对应语句为"textUser. setEnabled(false);"。Style 的子属性 cancel 设置为 true,那么即使 enabled 设置为 true,文本框内容也不可编辑,且不可移入插入点,但显示为亮色。当 cancel 与 enabled 属性设置冲突时,以 enabled 属性设置为准。

3.4.4 对齐方式和字数限制

Style 的子属性 align 指定文本框中文字的对齐方式,可取 LEFT、CENTER 和 RIGHT (见图 3.13),分别设置文本为左对齐、居中和右对齐。该对齐方式作为常量(如 SWT. CENTER)传递给 Text 的构造方法。

高级属性 textLimit 设置文本框中最多可以输入的字符个数(文本框的字符宽度)。该属性的对应设置语句是"textUser. setTextLimit(14);"。

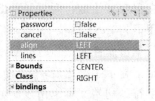

图 3.13 Style 的子属性 align 下拉列表

注意:一个汉字也是一个字符。

3.4.5 多行文本框及其相关属性

Style 的子属性 lines 设置该文本框是单行还是多行。如果设置为 SINGLE,则是单行文本框;如果设置为 MULTI,则为多行文本框。该属性值作为常量 SWT. MULTI 传递给

Text 构造方法。

Style 的子属性 h_scroll 指定文本框出现水平滚动条,其值为 SWT. H_SCROLL,传递给 Text 构造方法。单行文本框不必设置该属性。

Style 的子属性 v_scroll 指定文本框出现竖直滚动条,其值为 SWT. V_SCROLL,传递给 Text 构造方法。单行文本框不必设置该属性。

Style 的子属性 wrap 指定文本自动换行,其值为 SWT. WRAP,传递给 Text 构造方法。

典型的文本区域是设置 SWT. MULTI|SWT. WRAP|SWT. V_SCROLL 的 Text 对象,即"textArea = new Text(sShell, SWT. MULTI|SWT. WRAP|SWT. V_SCROLL);"。

例 3.6 设计学生成绩管理系统登录界面的用户名输入单行文本框,背景色为黄色、前景色为组件前景色,最大宽度 14,字体为宋体、12 号。设计密码输入框,要求与用户名相同。

操作步骤:

(1) 在组件面板的 Controls 组单击 Text 组件,在用户登录窗体的【用户名:】标签右边单击,修改 Variable 属性值为 textUser。

(2) 选择 textUser 文本框,单击 background 属性值右边的…按钮,在颜色选择器中双击 System colors 中的 COLOR_YELLOW,即设置了文本框的背景色为黄色。

(3) 单击 foreground 属性值右边的…按钮,在颜色选择器中双击 System colors 中的 COLOR_WIDGET_FOREGROUND,即设置了文本框的前景色为组件前景色。

(4) 单击 textLimit 属性的值列,输入 14。

(5) 单击 font 属性值列右边的…按钮,选择 Family 为【宋体】、Style 为 Normal、Size 为 12。单击【确定】按钮。

(6) 在组件面板的 Controls 组中单击 Text 组件,然后在用户登录窗体的【密码:】标签右边单击,将文本框名字设置为 textPass。

(7) 选择 textPass 文本框,在属性面板单击 Style 的 password 子属性的值列,选中该属性(值为 true)。

(8) 对 textPass 文本框重复步骤(2)~(5)。

设计密码文本框更简单的方法是,在设计好 textUser 文本框之后在该文本框上右击,在快捷菜单中选择【复制】菜单项。之后再次右击,选择【粘贴】菜单项,将光标移到【密码:】标签右边单击,修改组件名字为 textPass。最后设置 password 属性值为 true 即可。

Text 组件支持纯文本的输入和显示,组件 StyledText 则可以提供更高级的文本表示形式,如文本包含不同的颜色和字体修饰,比如下画线、删除线、粗体和斜体,该组件将在后面有关章节介绍。

3.4.6 常用方法简介

文本框组件的方法众多,上述介绍的属性基本都有对应的设值和取值方法。此外,以下介绍一些常用方法。

public void append(String string):将参数 string 给定的字符串添加到文本框中字符串的末尾。

public int getCaretPosition():返回当前插入点在第多少个字符处。

public void setSelection(int start):选取文本框中从第 start+1 个字符开始直到最后

的所有字符,第1个字符的索引为0。

public void setSelection(int start,int end):选取文本框中从第start+1个字符开始到第end+1个的字符。

public void selectAll():选取文本框中的所有字符,被选文本反相显示(蓝底白字)。

public void insert(String string):将字符串string插入到文本框中当前插入点处,处于选取状态的字符被新插入的字符替换。

public void copy():把当前选择的字符复制到剪贴板中。

public void cut():把当前选择的字符复制到剪贴板中,并从文本框中删除被选字符。

public void paste():从剪贴板粘贴字符,即将剪贴板中的字符复制到文本框的当前位置。

public int getCharCount():返回文本框中的字符数。

3.5 组合框设计

通常,如果希望GUI的用户从预先确定的值列表中进行选择,则可以使用列表框(List)或组合框(Combo)。列表框显示了一组预先定义的、用户可以从中进行选择的字符串值。列表框通常需要较大的屏幕空间。使用组合框,列表通常被折叠起来以便节省屏幕空间,需要的时候单击其右端箭头,让列表处于下拉状态,显示出全部(如果屏幕空间允许)或部分选项。组合框还允许用户在类似文本框的字段中输入文字,从而在下拉展开列表时使选择项定位在与输入文字匹配的第一个列表项上。

列表框和组合框的设计方法比较相似,本节介绍组合框的设计,列表框以后介绍。源代码中生成组合框的语句形如"Combo combo = new Combo(shell, SWT. NONE);"。

在组件面板的Controls组中单击Combo组件,在窗体中单击,即自动生成一个组合框。下面介绍组合框主要属性的设置。

3.5.1 items属性与列表项的添加

组合框组件列表项的添加可以通过设置items属性完成。方法是在属性面板单击items属性右端的…按钮,在弹出的items对话框(String Array Editor)的Elements中输入列表项,每个列表项输入在一行(见图3.14)。

3.5.2 text

属性text设置组合框初始显示的文字。如果没有修改组合框中的文字,则下拉组合框列表时自动选定匹配该属性文字的第一个列表项,并且该列表项反相显示。一旦程序运行,用户可以修改组合框中的文字,且拉下列表后将自动匹配用户输入的内容。

图3.14 组合框的列表项添加对话框

例 3.7 在学生成绩管理系统用户登录界面中的标签 labelActor 右侧添加一个组合框,名字为 comboActor,其中有 3 个列表项:"学生""教师"和"管理员"。

操作步骤:

(1) 单击组件面板 Controls 组的 Combo 组件,在标签 labelActor 的右侧单击,修改 Variable 属性值为 comboActor。

(2) 在属性面板单击 text 属性值列,输入"?"。

(3) 在属性面板单击 items 属性右端的…按钮,在弹出的 items 对话框的 Elements 中输入列表项"学生""教师"和"管理员",最后单击【确定】按钮(见图 3.14)。

3.5.3 可视列表项数

属性 visibIeItemCount 指定组合框被拉下展开时显示的最多列表项数。如果组合框拥有的列表项数超过该值,则列表框右边将出现垂直滚动条。设置该属性生成的语句形如"comboActor.setVisibleItemCount(2);"。

3.5.4 只读与文本限制

组合框的顶行有一个文本输入框,没有设置 Style 属性的子属性 readOnly 时允许用户输入文字,以便加快查找列表项的速度,且可以通过 text 属性设置初始文字。但当 readOnly 属性值设置为 READ_ONLY 时,则不会显示初始文字,用户也不能在该文本框输入内容。属性值 SWT.READ_ONLY 会作为参数传递给组合框的构造方法。

属性 textLimit 限制用户在组合框的文本行中输入的最多字符数。在该属性的值列单击,输入整数即可。生成的对应语句形如"comboActor.setTextLimit(2);"。

3.5.5 select

属性 select 设置程序运行时初始选择的列表项索引。第一个列表项的索引为 0。如果不改变其默认值−1,则初始不会选择任何一个列表项。如果该属性值大于最后一个列表项的索引,初始也不会选择任何列表项。

如果同时设置了 text 属性值(非空)和 select 属性,则有可能会发生冲突,此时程序源代码中代码行在后的那个设置起作用。

3.5.6 字体、前景颜色和背景颜色

属性 font 设置组合框中文字的字体。单击该属性的值列右边的按钮,出现字体选择器对话框(见图 3.7),选择字体名、样式和大小即可。

属性 foreground 指定组合框中文字的显示颜色。单击该属性的值列右侧的…按钮,出现颜色选择器对话框(见图 3.5),可以按照前述方法选择一种合适的前景颜色。

属性 background 设置组合框的背景颜色。设置方法与前景色相同。设置的背景颜色会改变整个列表框的背景颜色,而不只是文字的背景色。

例 3.8 设置例 3.7 设计的组合框的属性,使该列表框可视选项数为 2、文本框中最多可以输入 10 个字符,字体为宋体、普通、10 磅,前景色为系统列表前景颜色,背景色为黄色。

操作步骤：

（1）选择组合框 comboActor，单击属性 visibIeItemCount 的值列，输入整数 2。

（2）单击属性 textLimit 的值列，输入整数 10。

（3）单击属性 font 的值列右边的…按钮，在字体选择器中选择 Family 为【宋体】、Style 为 Normal、Size 为 10，单击【确定】按钮。

（4）单击属性 foreground 的值列右边的…按钮，在颜色选择器对话框中双击 System colors 中的 COLOR_LIST_FOREGROUND。

（5）单击属性 background 的值列右边的…按钮，在颜色选择器对话框中双击 System colors 中的 COLOR_YELLOW。

至此，完成了本章开始要求的学生成绩管理系统用户登录界面的组件设计（见图 3.15 和图 3.16）。从设计视图看到，组件排列还算协调。而程序运行时改变了窗口的大小，则组件的位置和间距就不一定协调美观了，这个问题将在第 5 章解决。此外，单击按钮尚无响应，这个问题将在第 4 章解决。

图 3.15　学生成绩管理系统用户
　　　　　登录界面设计视图

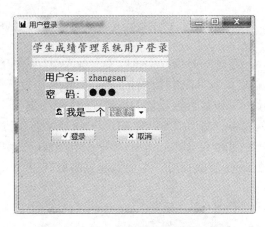

图 3.16　学生成绩管理系统用户登录
　　　　　界面运行截图（放大窗口后）

3.5.7　常用方法简介

除了上述属性的设置和取值方法外，以下方法也十分常用。

public String getItem(int index)：返回参数 index 为索引的列表项字符串。索引从 0 开始。

public String[]getItems()：返回组合框中所有列表项的字符串数组。

public int getItemCount()：返回列表项个数。

public int getSelectionIndex()：返回当前所选的列表项索引。无选择则返回-1。

public int indexOf(String string)：从第一个列表项开始，查找文字与参数 string 相同的列表项索引。没有匹配的列表项时返回-1。

public int indexOf(String string, int start)：从第 start 个列表项开始，查找文字与参数 string 相同的列表项索引。没有匹配的列表项时返回-1。

public void select(int index):选择列表中的第 index 项。索引超出范围则忽略该操作。

public void setItem(int index,String string):设置索引为 index 的列表项的文字为 string。

public void setItems(String[] items):设置组合框的各列表项为 items 数组的各元素。

public void remove(int index):删除索引为 index 的列表项。

public void remove(int start,int end):删除索引从 start 到 end 的列表项。

public void remove(String string):删除文字为 string 的首个列表项。

public void removeAll():删除所有列表项。

3.6 Java SWT GUI 程序的基本结构

使用 Eclipse WindowBuilder 以可视化方法设计 Java SWT GUI 的同时,也生成了对应的 Java 代码。Java GUI 程序设计除了图形用户界面设计外,还要设计程序的业务处理代码,包括事件处理、辅助方法以及辅助内部类等,因此有必要认识和熟悉自动生成的代码结构,以便准确快速地找到有关位置和代码。

本章实例界面的相应代码如程序清单 3.2 所列。通过对该程序清单的分析,可以了解 Java SWT GUI 程序的基本结构。

3.6.1 Eclipse WindowBuilder 生成的 Java SWT GUI 程序清单分析

1. 程序清单 3.2

```
001    package book.stdscore.ui;

002    import org.eclipse.swt.widgets.Display;
003    import org.eclipse.swt.widgets.Shell;
004    import org.eclipse.swt.graphics.Point;
005    import org.eclipse.wb.swt.SWTResourceManager;
006    import org.eclipse.swt.SWT;
007    import org.eclipse.swt.widgets.Label;
008    import org.eclipse.swt.widgets.Button;
009    import org.eclipse.swt.widgets.Text;
010    import org.eclipse.swt.widgets.Combo;

011    public class UserLogin {

012        protected Shell shell;
013        private Text textUser;
014        private Text textPass;

       /**
        * Launch the application.
        * @param args
        */
```

```java
015    public static void main(String[] args) {
016        try {
017            UserLogin window = new UserLogin();
018            window.open();
019        } catch (Exception e) {
020            e.printStackTrace();
021        }
022    }

    /**
     * Open the window.
     */
023    public void open() {
024        Display display = Display.getDefault();
025        createContents();
026        shell.open();
027        shell.layout();
028        while (!shell.isDisposed()) {
029            if (!display.readAndDispatch()) {
030                display.sleep();}
031        }
032    }

    /**
     * Create contents of the window.
     */
033    protected void createContents() {
034        shell = new Shell();
035        shell.setToolTipText("请输入用户名和密码");
036        shell.setImage(SWTResourceManager.getImage(UserLogin.class,
                                                    "/images/logo.jpg"));
037        shell.setSize(new Point(450, 350));
038        shell.setLocation(new Point(400, 300));
039        shell.setBackground(SWTResourceManager.getColor(
                                SWT.COLOR_TITLE_INACTIVE_BACKGROUND));
040        shell.setMinimumSize(new Point(450, 350));
041        shell.setSize(450, 300);
042        shell.setText("用户登录");

043        Label labelUser = new Label(shell, SWT.HORIZONTAL);
044        labelUser.setFont(SWTResourceManager.getFont("幼圆", 12,SWT.BOLD));
045        labelUser.setBounds(69, 96, 101, 26);
046        labelUser.setText("用户名: ");

047        Label labelCaption = new Label(shell, SWT.NONE);
048        labelCaption.setFont(SWTResourceManager.getFont("楷体", 14, SWT.BOLD));
049        labelCaption.setForeground(SWTResourceManager.getColor(SWT.COLOR_RED));
050        labelCaption.setBounds(36, 22, 348, 33);
051        labelCaption.setText("学生成绩管理系统用户登录");

052        Label labelT = new Label(shell, SWT.SEPARATOR | SWT.HORIZONTAL);
```

```
053        labelT.setBounds(36, 61, 348, 24);
054        labelT.setText("New Label");

055        Label labelPass = new Label(shell, SWT.NONE);
056        labelPass.setFont(SWTResourceManager.getFont("幼圆", 12,SWT.BOLD));
057        labelPass.setBounds(70, 139, 100, 24);
058        labelPass.setText("密码：");

059        Label labelActor = new Label(shell, SWT.NONE);
060        labelActor.setFont(SWTResourceManager.getFont("幼圆", 12,SWT.BOLD));
061        labelActor.setBounds(123, 184, 100, 24);
062        labelActor.setText("我是一个");

063        Label labelActorImg = new Label(shell, SWT.NONE);
064        labelActorImg.setImage(SWTResourceManager.getImage(
                                           UserLogin.class, "/images/actor.jpg"));
065        labelActorImg.setBounds(96, 186, 21, 24);

066        Button buttonOK = new Button(shell, SWT.CENTER);
067        buttonOK.setImage(SWTResourceManager.getImage(UserLogin.class,
                                           "/images/ok.JPG"));
068        buttonOK.setBounds(84, 240, 114, 34);
069        buttonOK.setText("登录");

070        Button buttonCancel = new Button(shell, SWT.NONE);
071        buttonCancel.setImage(SWTResourceManager.getImage(UserLogin.class,
                                           "/images/cancel.JPG"));
072        buttonCancel.setBounds(253, 240, 114, 34);
073        buttonCancel.setText("取消");

074        textUser = new Text(shell, SWT.BORDER);
075        textUser.setFont(SWTResourceManager.getFont("宋体", 12, SWT.NORMAL));
076        textUser.setTextLimit(14);
077        textUser.setForeground(SWTResourceManager.getColor(
                                           SWT.COLOR_WIDGET_FOREGROUND));
078        textUser.setBackground(SWTResourceManager.getColor(SWT.COLOR_YELLOW));
079        textUser.setBounds(176, 95, 152, 30);

080        textPass = new Text(shell, SWT.BORDER | SWT.PASSWORD);
081        textPass.setForeground(SWTResourceManager.getColor(
                                           SWT.COLOR_WIDGET_FOREGROUND));
082        textPass.setTextLimit(14);
083        textPass.setFont(SWTResourceManager.getFont("宋体", 12, SWT.NORMAL));
084        textPass.setBackground(SWTResourceManager.getColor(SWT.COLOR_YELLOW));
085        textPass.setBounds(176, 133, 152, 30);

086        Combo comboActor = new Combo(shell, SWT.NONE);
087        comboActor.setBackground(SWTResourceManager.getColor(SWT.COLOR_YELLOW));
088        comboActor.setForeground(SWTResourceManager.getColor(
                                           SWT.COLOR_LIST_FOREGROUND));
089        comboActor.setFont(SWTResourceManager.getFont("宋体", 10, SWT.NORMAL));
```

```
090            comboActor.setTextLimit(10);
091            comboActor.setVisibleItemCount(2);
092            comboActor.setItems(new String[] {"学生", "教师", "管理员"});
093            comboActor.setBounds(231, 185, 97, 32);
094            comboActor.setText("?");
095            comboActor.select(0);
096        }
097    }
```

2. 程序代码分析

第 1 行定义了该程序所在的 Java 包。

第 2～10 行导入了程序中用到的 Java 类，这些类都是 org.eclipse.swt 包及其子包中的类。子包 org.eclipse.swt.widgets 包含了 SWT 的各种窗口小部件（本书统一称为组件）类，org.eclipse.swt.graphics 则包含了图像、字体、颜色等系统资源。

第 11～97 行定义了类 UserLogin。其中，第 12～14 行是实例变量的定义，用户界面的一些组件都被定义为类的实例变量。

第 33～96 行定义了方法 createContents()，该方法创建程序 GUI 组件，包括程序窗体和其中包含的各个组件，并完成窗体和组件的属性设置。主要包括：

(1) 第 34～42 行创建窗体，并设置窗体的有关属性。

(2) 第 43～46 行创建【用户名：】提示标签，并设置其属性。

(3) 第 47～51 行创建登录标题行的标签，并设置了该标签的有关属性。

(4) 第 52～54 行创建了一个水平线标签，并设置其属性。

(5) 第 55～58 行创建【密　码：】提示标签，并设置有关属性。

(6) 第 59～62 行创建并设置选择用户身份的提示文字标签【我是一个】。

(7) 第 63～65 行创建和设置用户身份图像标签。

(8) 第 66～69 行创建【登录】按钮，并设置有关属性。

(9) 第 70～73 行创建【取消】按钮，并设置有关属性。

(10) 第 74～79 行创建用户名输入文本框，并设置有关属性。

(11) 第 80～85 行创建密码输入文本框，并设置有关属性。

(12) 第 86～95 行创建用户身份选择组合框，并设置有关属性。

第 23～32 行定义了方法 open()，以初始化并打开程序 GUI。主要内容是：

(1) 第 24 行获取 Display 对象。

(2) 第 25 行调用 createContents() 方法，执行创建程序窗口及其包含的组件的操作。

(3) 第 26 行打开窗口。

(4) 第 27 行刷新窗口的显示，使其中的各个组件显示完全。

(5) 第 28～31 行是事件循环。

第 15～22 行是 main() 方法的定义。主要内容是：

(1) 第 17 行创建 UserLogin 类的对象 window。

(2) 第 18 行调用 window 对象的 open() 方法（第 23～32 行定义的），创建并显示程序的图形用户界面。

可见，程序代码是按照组件创建的先后顺序依次生成的，而并不是按照组件在界面上的排放次序组织的。对同一个组件的属性设置也是按照设置操作的顺序排列代码的，对于有可能发生冲突的属性设置尤其需要注意这个特点。还应注意，每个组件总是先创建，再设置其属性，而 Style 属性的子属性是应用到组件创建方法的实参中，因此就有可能被后续设置的一些属性覆盖。理解了这一点，在组件属性设置没有按照预想发挥作用时，就应该检查程序的有关源代码，特别注意有冲突属性的设置语句次序问题。此外，Java GUI 程序中的组件总是先声明和创建，然后再设置和引用，有时可能在前面创建的组件事件处理方法中引用后面创建的组件，这就会出现语法错误，此时应该手工调整代码位置。

3.6.2 在其他方法中创建 UI 内容组件的代码组织

如果在创建 SWT Application 时选择了 Create Controls in 的其他方法（见图 2.9），则生成的代码与程序清单 3.2 有所不同。

(1) 选择 Create Controls in 的 ⊙ public open() method 选项，则对于例 3.8 完成的用户登录窗口程序 UserLogin，程序代码中没有 createContents() 方法，程序清单 3.2 的第 34～95 行代码全部放在 open() 方法的获取 Display 对象与打开程序窗口两条语句之间，即会放到第 24 行与第 26 行之间，取代第 25 行的方法调用。

(2) 选择 Create Controls in 的 ⊙ public static main() method 选项，则对于例 3.8 完成的用户登录窗口程序 UserLogin，程序代码中没有 createContents() 方法和 open() 方法，main() 方法首先是获取 Display 对象的语句（程序清单 3.2 的第 24 行），接着是第 34～95 行代码，随后是第 26～31 行语句。此时的 main() 方法的代码结构如下：

```
public static void main(String[] args) {
    Display display = Display.getDefault();
    Shell shell = new Shell();
    shell.setImage(SWTResourceManager.getImage(UserLogin.class, "/images/logo.jpg"));
    shell.setSize(new Point(450, 350));
    shell.setLocation(new Point(400, 300));
    shell.setBackground(SWTResourceManager.getColor(SWT.COLOR_TITLE_INACTIVE_BACKGROUND));
    shell.setMinimumSize(new Point(450, 350));
    shell.setSize(450, 300);
    shell.setText("用户登录");

    Label labelUser = new Label(shell, SWT.HORIZONTAL);
    //……省略一些组件的创建与属性设置代码
    comboActor.setText("?");
    comboActor.select(0);
    shell.open();
    shell.layout();
    while (!shell.isDisposed()) {
        if (!display.readAndDispatch()) {
            display.sleep();
        }
    }
}
```

3.6.3 创建 SWT Shell

创建一个 SWT GUI 程序的窗口时，除了 2.4.2 节所述的创建 Application Window 外，还可以通过 SWT 的 Shell 创建一个程序窗口（见图 3.17）。方法是选择【文件】|【新建】|【其他】菜单项，在【新建】对话框的【向导】列表中下移滚动条，单击 WindowBuilder 左边的【>】按钮展开，然后进一步展开 SWT Designer 子树，继续展开 SWT 子树，选择 Shell 节点，单击【下一步】按钮，在【名称】文本框中输入类名（如 LoginShell），看到该类的超类是 org.eclipse.swt.widgets.Shell，单击【完成】按钮，即创建了一个 Shell 类的子类。

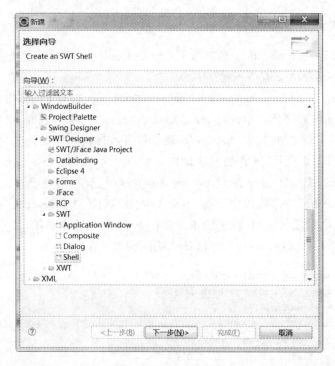

图 3.17 创建 SWT Shell 窗口

切换到设计视图（Design），会看到有一个窗体显示。可以按照前述方法在这个窗体上创建和设计各种组件。

对于例 3.8 完成的用户登录窗口程序 UserLogin，若程序窗口采用 Shell，则程序结构如图 3.18 所示。窗口中的组件创建和属性设置代码都在构造方法 LoginShell() 中，createContents() 方法中只包含窗体对象（this）的部分属性设置。main() 方法包含程序的初始化和事件循环。

图 3.18 Shell 窗口 UserLogin 类的构成

程序清单 3.3：

```
package chap03;

import org.eclipse.swt.SWT;
import org.eclipse.swt.widgets.Display;
```

```java
import org.eclipse.swt.widgets.Shell;
import org.eclipse.wb.swt.SWTResourceManager;
import org.eclipse.swt.widgets.Label;
import org.eclipse.swt.widgets.Text;
import org.eclipse.swt.widgets.Combo;
import org.eclipse.swt.widgets.Button;

public class LoginShell extends Shell {
    private Text textUser;
    private Text textPass;

    /**
     * Launch the application.
     * @param args
     */
    public static void main(String args[]) {
        try {
            Display display = Display.getDefault();
            LoginShell shell = new LoginShell(display);
            shell.open();
            shell.layout();
            while (!shell.isDisposed()) {
                if (!display.readAndDispatch()) {
                    display.sleep();
                }
            }
        } catch (Exception e) {
            e.printStackTrace();
        }
    }

    /**
     * Create the shell.
     * @param display
     */
    public LoginShell(Display display) {
        super(display, SWT.SHELL_TRIM);
        setImage(SWTResourceManager.getImage(LoginShell.class, "/images/logo.jpg"));

        Label labelCaption = new Label(this, SWT.NONE);
        labelCaption.setForeground(SWTResourceManager.getColor(SWT.COLOR_RED));
        labelCaption.setFont(SWTResourceManager.getFont("楷体", 14, SWT.BOLD));
        labelCaption.setBounds(48, 10, 348, 28);
        labelCaption.setText("学生成绩管理系统用户登录");

        Label labelT = new Label(this, SWT.SEPARATOR | SWT.HORIZONTAL);
        labelT.setBounds(48, 46, 348, 24);
        labelT.setText("New Label");

        Label labelUser = new Label(this, SWT.NONE);
        labelUser.setFont(SWTResourceManager.getFont("幼圆", 12, SWT.BOLD));
```

```java
        labelUser.setBounds(82, 76, 90, 24);
        labelUser.setText("用户名：");
        
        textUser = new Text(this, SWT.BORDER);
        textUser.setBackground(SWTResourceManager.getColor(SWT.COLOR_YELLOW));
        textUser.setBounds(178, 76, 167, 30);
        
        Label labelPass = new Label(this, SWT.NONE);
        labelPass.setFont(SWTResourceManager.getFont("幼圆", 12, SWT.BOLD));
        labelPass.setBounds(82, 118, 90, 24);
        labelPass.setText("密　码：");
        
        textPass = new Text(this, SWT.BORDER);
        textPass.setBackground(SWTResourceManager.getColor(SWT.COLOR_YELLOW));
        textPass.setBounds(178, 112, 167, 30);
        
        Label labelActorImg = new Label(this, SWT.NONE);
        labelActorImg.setImage(SWTResourceManager.getImage(LoginShell.class,
                                                          "/images/actor.jpg"));
        labelActorImg.setBounds(106, 157, 21, 24);
        
        Label labelActor = new Label(this, SWT.NONE);
        labelActor.setFont(SWTResourceManager.getFont("幼圆", 12, SWT.BOLD));
        labelActor.setBounds(133, 157, 100, 24);
        labelActor.setText("我是一个");
        
        Combo comboActor = new Combo(this, SWT.NONE);
        comboActor.setBackground(SWTResourceManager.getColor(SWT.COLOR_YELLOW));
        comboActor.setTextLimit(10);
        comboActor.setVisibleItemCount(2);
        comboActor.setItems(new String[] {"学生", "教师", "管理员"});
        comboActor.setBounds(239, 149, 97, 32);
        comboActor.select(0);
        comboActor.setText("?");
        
        Button buttonOK = new Button(this, SWT.NONE);
        buttonOK.setImage(SWTResourceManager.getImage(LoginShell.class,
                                                     "/images/ok.JPG"));
        buttonOK.setBounds(94, 201, 114, 34);
        buttonOK.setText("登录");
        
        Button buttonCancel = new Button(this, SWT.NONE);
        buttonCancel.setImage(SWTResourceManager.getImage(LoginShell.class,
                                                         "/images/cancel.JPG"));
        buttonCancel.setBounds(249, 201, 114, 34);
        buttonCancel.setText("取消");
        createContents();
    }
    
    /**
     * Create contents of the shell.
     */
    protected void createContents() {
```

```
        setText("用户登录");
        setSize(450, 300);
    }

    @Override
    protected void checkSubclass() {
        //Disable the check that prevents subclassing of SWT components
    }
}
```

3.6.4 组件该设为字段变量还是局部变量

从程序清单3.2和程序清单3.3中看出,在Eclipse WindowBuilder生成的程序界面主类(包含main()方法)中,界面组件有些是字段变量,如程序清单3.2中的shell、textUser和textPass,以及程序清单3.3中的textUser和textPass(事实上还有Shell子类LoginShell的实例this),有些则是局部变量,如登录窗口中的其他组件(包括6个标签组件、1个组合框和2个按钮)。众所周知,组件是字段变量(也就是实例变量)时可以在其所在类中直接访问(默认通过this引用)。但是,组件定义为局部变量时如果超出了定义它的方法体,则访问起来要复杂一些,必须在方法结束之前将该组件的引用传递给需要使用它的代码单元中的一个引用变量。

本章的例子程序中textUser和textPass组件接收用户输入。一般程序中对用户输入的数据会做一些后续处理,因此可以理解WindowBuilder将这两个组件定义为字段是为了方便使用。此用户登录程序中对用户身份comboActor的值会有许多引用和处理,但是该组件却是createContents()方法中的局部变量(程序清单3.3在构造方法LoginShell()中),显然将comboActor组件转换为字段变量更好使用。为此,选择该组件后,可以通过单击属性面板顶行的 ⚙ (Convert local to field)将其转换为字段变量。

对于在创建之后不需要处理且很少引用的组件,设置为局部变量可以使程序代码更为整洁。如果这种组件被创建为字段变量,那么可以在选择该组件后,通过单击属性面板顶行的 ⚙ (Convert field to local)将其转换为局部变量。如果某个局部变量组件在其所在方法运行结束后需要引用和处理,则可以通过它所在容器(如Shell对象)的getChildren()方法找到,进一步进行必要的处理。图3.19所示代码段演示了这种用法。

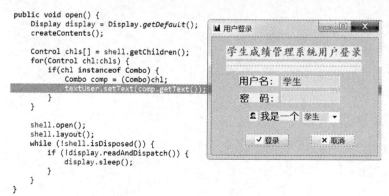

图3.19 通过getChildren()方法使用局部变量组件

3.7 习题

1. 设置窗口初始大小时 Size 对话框(见图 3.3)中的 X 和 Y 值是窗口左上角坐标还是窗口的宽度和高度？单位是什么？
2. 本章所述的哪些组件的哪些属性设置会用到颜色选择器对话框？
3. 本章所述的哪些组件的哪些属性设置会用到图像选择器对话框？
4. 如何在窗口中显示一幅 JPG 格式的照片？
5. SWT 的按钮(Button)组件有哪几种类型？列表总结它们的主要异同点。
6. 文本框组件有哪些主要属性？如何设置？
7. 如何为组合框设置列表选项？如何获取用户选择的列表项文字？
8. 如何把一个组件设置为字段变量？如何把一个组件设置为局部变量？

第4章 GUI交互功能设计——事件处理

Java GUI 程序通过对用户操作的响应实现与用户的交互,主要工作就是对由于用户操作触发的 GUI 事件进行处理。本章介绍 Java SWT GUI 程序的事件处理概念和机制,详细介绍事件监听器的设计方法,通过例子介绍常用事件及其监听器接口的实现方法。

4.1 事件处理的概念及委托事件处理模型

正如 1.3.4 节所述,Java SWT GUI 程序通过事件循环反复检测用户在界面上的操作来处理程序与用户的交互。程序清单 1.1 中处理用户单击按钮操作,并对该操作进行响应——执行 widgetSelected 方法,弹出一个对话框显示问候信息。尽管这个程序非常简单,但具有 Java GUI 程序的主要成分和运行过程。该程序的运行流程如图 4.1 所示。

4.1.1 事件

所谓事件,就是发送给 GUI 系统的消息,该消息通知 GUI 系统某种事情已经发生,要求做出响应。用户在界面组件上执行了动作,将导致事件发生。

Java 中的事件用对象描述——描述事件的发生源、事件的类别、事件发生前和发生后组件状态的变化等。如程序清单 1.1 的 HelloWorld 类中,当用户在 button 按钮上单击时,发生一个 SelectionEvent 类型的事件,此时 Java 运行时环境自动产生一个 SelectionEvent 类的对象。

引发产生事件的组件对象称为事件源,如上例的 button 对象即是事件源。根据来源事件可分为以下几种:

(1) 计算机输入输出设备产生的中断事件,如鼠标和键盘与 GUI 系统的交互操作。这种事件是最原生的"底层"事件,一般都需要组件做进一步处理,由此触发更高抽象层次的逻辑事件。

(2) GUI 系统触发的逻辑事件。这种事件是上面所说的原始事件经过组件的处理后派发的高级事件,如程序清单 1.1 中单击 button 产生的 SelectionEvent e、通知界面重绘的事件等。

(3) 应用程序触发的事件。有两种方式:

① 通过将事件添加到系统事件队列进行派发。Swing 中通过 postEvent、repaint 及

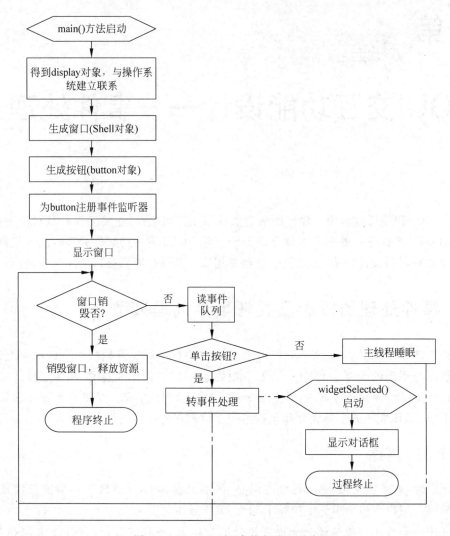

图 4.1 Java GUI 程序执行流程示意

invokeLater 等方法,向系统事件队列添加事件。这种触发机制实质上是调度,触发事件的线程和事件派发线程可以不是同一个线程。事件被添加到系统事件队列后触发过程结束,之后要在事件派发线程上等待执行事件的处理代码。

② 通过调用组件的派发方法(Swing 中是 fireEventXxx)触发。使用这种方法,事件对象不会发送到系统事件队列,而是直接传递给事件处理方法进行处理。它的触发机制实质上是方法调用。这种事件触发方式要求事件处理线程必须同时是事件派发线程。

4.1.2 事件处理模型

Java GUI 系统对用户在组件上的某些操作(即发生的事件)执行特定方法或运行特定程序,从而使用户与 Java GUI 应用程序进行数据交换,或对程序的运行过程进行控制,Java 中把这种交互称为事件处理。

Java 2(即 JDK1.1)及之后的版本使用委托事件模型对组件上发生的事件进行监听和

处理(见图 4.2)。事件监听器是一个实现了监听器接口的类的实例。在监听器接口的实现类中编写发生某种事件的相关动作需要执行的代码。在事件源上通过 addXxxListener 方法给该组件注册发生特定类型事件时对其进行处理的事件监听器。如程序清单 1.1 中的语句:

button.addSelectionListener(new SelectionAdapter() { … });

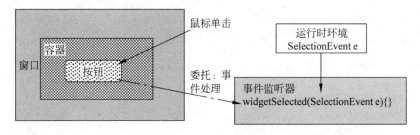

图 4.2 Java 委托事件模型

Java GUI 程序的运行过程中,用户在事件源上做了动作(如在按钮上单击),GUI 平台操作系统生成 GUI 事件并添加到该程序的事件队列,同时 Java 运行时环境即产生特定事件对象(如 SelectionEvent 对象 e)。Java SWT GUI 程序的事件循环按以下步骤进行处理(见图 4.3):

(1) Display 对象执行 readAndDispatch()方法,用 msg(接收到事件对象中的信息)字段顺序遍历操作系统事件队列,处理底层操作系统的消息队列。

(2) 如果发现任何与该进程相关的事件,就将这个事件发送到顶级 Shell 对象,决定哪些组件应该接收该事件。

(3) Shell 发送事件到用户操作的那个组件——事件源,并把事件发生的信息传递给事件监听器。

(4) 事件监听器根据用户的具体动作调用相应的方法(如 widgetSelected(SelectionEvent e)),同时把事件对象作为实参传递给该方法,或调用其他的方法处理用户的操作,即进行事件处理。

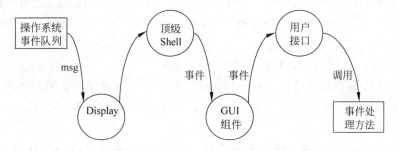

图 4.3 SWT 应用程序从操作系统读取并处理事件

4.1.3 SWT 的事件处理机制

SWT 有两种不同的事件处理机制,即无类型的事件处理机制和有类型的事件处理机制。

1. 无类型事件处理机制

事件监听器通过 Display 对象注册自己并指定相应的事件,当相关事件发生时,监听器的 handleEvent() 方法被调用。SWT 的实现中使用了这种机制,很多工作台向导页的实现也使用了这种机制,但应用程序很少使用。

无类型事件机制使用一个常量标识事件类型,并为此定义了一个通用的监听器,可以实现"case 样式"的监听模式。下列程序段说明了这种用法:

```
//一个通用监听器类,实现了 handleEvent()方法
    class Listener {
        public void handleEvent(Event e) {
            switch(e.type) {
                case SWT.Resize:
                    System.out.println("Resize received");
                    break;
                case SWT.Paint:
                    System.out.println("Paint received");
                    break;
                default:
                    System.out.println("Unknown event received");
            }
        }
    }
//使用该监听器
    Shell shell = new Shell();
    Listener listener = new Listener();
    shell.addListener(SWT.Resize, listener);            //case SWT.Resize:
    shell.addListener(SWT.Paint, listener);             //case SWT.Paint:
```

2. 有类型的事件处理机制

有类型的事件监听器只对特定类型的用户事件进行监听,在特定类型的事件发生时被通知。注册这些事件监听器以监听实现了 EventListener 子接口的事件。一般遵循以下事件处理模式:

(1) 定义一个 XxxEvent,描述 GUI 的 Xxx 事件。

(2) 定义一个事件处理器接口 XxxListener,声明所有与该事件相关的处理方法。

(3) 在触发事件的组件中定义处理 Xxx 事件的注册方法 addXxxListener 和注销方法 removeXxxListener。

SWT 的 Control 类是窗口组件类的基类,实现了一些事件监听器的注册方法,其子类一般通过这些方法注册鼠标和键盘事件监听器。这些方法是:

```
addControlListener
addFocusListener
addHelpListener
addKeyListener
```

```
addMouseListener
addMouseTrackListener
addMouseMoveListener
addPaintListener
addTraverseListener
```

(4) 编写实现事件监听器接口的类,实现具体的事件处理方法。

其中,事件类、事件监听器接口和组件的注册及注销方法已经在 SWT 的类库中有明确的定义和完整的实现,可以直接使用,编写事件监听器接口的实现类则是应用程序设计者的主要任务。

以下介绍有类型的事件监听器事件处理的实现,其核心是事件监听器接口中方法的实现,即有关事件处理器接口实现类的设计。

4.2 事件处理的设计

在 Java SWT GUI 程序设计中,所谓事件处理的设计,就是事件监听器接口实现类的设计。以下从两个方面进行介绍。

4.2.1 事件监听器的两种实现方式

1. 实现监听器接口

Java 语言的语法规定,不能直接生成一个接口的对象,但能够以一个或多个接口(interface)为基础设计一个类,在该类中实现接口的方法。如果实现了接口的所有方法,则可以生成这个类的对象,即生成一个事件监听器。

例 4.1 在学生成绩管理系统的用户登录界面中,规定用户名必须是由字母、数字和下画线组成,否则为非法用户名。给用户名文本框 textUser 设计并注册一个校验器,防止输入非法字符。

分析:文本框(Text)组件有一个事件 ModifyEvent,当组件的文本内容改变时触发。该事件的监听器 ModifyListener 有一个方法 ModifyText(),在文本内容发生改变时执行。因此,可以设计 ModifyEvent 事件的监听器,在 ModifyText()方法中监测用户输入内容,防止输入非法用户名。

设计步骤:

(1) 打开 StdScoreManager 项目,在项目名上右击,在快捷菜单中单击【复制】菜单项。在包资源管理器窗口再次右击,在快捷菜单中单击【粘贴】菜单项,在【复制项目】对话框中修改项目名为 StdScoreManager0.1,单击【确定】按钮关闭对话框。

(2) 打开 StdScoreManager0.1 项目的文件 UserLogin.java,在设计视图中右击 textUser 文本框(见图 4.4),选择 Add event handler|modify|modify Text 菜单项。

(3) Eclipse 自动生成以下代码:

```
1    textUser.addModifyListener(new ModifyListener() {
2        public void modifyText(ModifyEvent arg0) {
```

```
3    }
4  });
```

在第 2 行和第 3 行之间输入以下语句:

```
1  String txt = textUser.getText() == null?"":textUser.getText().trim();
2  if(!"".equals(txt) &&!txt.matches("[\\w]+")) {
3    MessageBox msgBox = new MessageBox(shell);
4    msgBox.setMessage("有非法字符!\n用户名只能由字母和数字构成.");
5    msgBox.open();
6    textUser.setText("");
7  }
```

其中,第 2 行使用正则表达式进行字符串文本模式的检测,一旦检测到字母、数字和下画线之外的字符出现,则执行 if 块。该 if 块中首先显示一个对话框(3~5 行),对输入内容进行提示,然后清除文本框内容(第 6 行)。运行结果如图 4.5 所示。

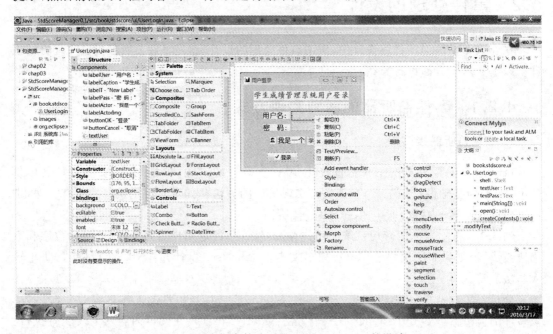

图 4.4　文本框事件监听器 ModifyListener 的设计

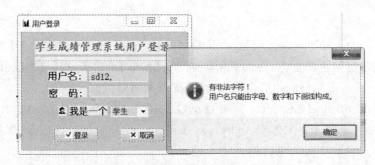

图 4.5　文本框输入内容校验运行结果

2. 从事件适配器派生

一些事件监听器接口声明了多个方法,如鼠标事件监听器接口 MouseListener 就有鼠标双击、鼠标键按下和鼠标键弹起 3 个方法声明,但有时应用程序只关心一种或少数几种操作,如鼠标双击动作的处理,而不需要处理其他操作。若设计这种事件监听器接口的实现类,就必须实现所有方法,尽管有些方法并不关心,否则就无法产生该事件监听器实现类的对象,也就无法生成事件监听器。为解决这个问题,SWT 类库对具有两个或两个以上方法的事件监听器接口都设计了一个对应的事件适配器类,对各个方法做了空实现。这样,SWT 应用程序的事件监听器就可以从相应的事件适配器类派生,在事件监听器类中只实现需要的方法,从而减轻了设计工作量。

例 4.2 在学生成绩管理系统的用户登录界面中,为【登录】按钮设计一个事件监听器,检查输入的用户名和密码是否合法,如果合法,则关闭登录窗口,显示一个新窗口欢迎该用户使用该系统;否则,清除用户名和密码文本框,让用户重新输入。

分析:

(1) 在一个系统中,同一身份的用户名应该是唯一的。因此,使用一个文本文件存放该系统中合法的用户,一行一个用户账户,格式是"用户名:密码:身份"。

(2) 单击一个按钮(Button)时会产生 SelectionEvent 事件,该事件的监听器是 SelectionListener,有两个方法:widgetSelected 和 widgetDefaultSelected。单击按钮执行的是 widgetSelected 方法,只实现该方法即可。SWT 为该监听器提供了适配器类 SelectionAdapter,因此可以从该类派生一个 SelectionEvent 事件监听器类。

(3) 在 widgetSelected 方法中,查找输入的用户名、密码和身份是否在用户账户文件中有匹配的记录。如果有,就关闭登录窗口并显示欢迎窗口,否则清空用户名和密码文本框。

(4) 用面向对象的程序设计方法,将用户信息设计为一个类 User,包含用户名、密码和身份及相关方法。全部用户账户设计为一个类 UsersSet,各个用户信息存放在一个 Set 中,该类提供查找特定用户的方法,找到则该方法返回 boolen:true。

设计步骤:

(1) 准备账户文件 users.txt。

右击项目名 StdScoreManager0.1,选择【新建】|【文件】菜单项,文件名输入 users.txt,单击【完成】按钮关闭对话框。在该文件中输入下列 4 行文字:

```
zhangsan:123:0
lisi:456:1
lisi2:123:0
wangwu:456:2
```

(2) 设计用户信息类 User。

右击项目 StdScoreManager0.1 的文件夹 src,单击【新建】|【包】菜单项,在【新建 Java 包】对话框中输入名称 book.stdscore.data,单击【完成】按钮关闭对话框。接着右击包名 book.stdscore.data,选择【新建】|【类】菜单项,类名输入 User,单击【确定】按钮。

在类中定义两个 String 类型私有实例变量 name 和 password,一个 int 类型私有变量 job,分别存放用户名、密码和身份。

生成3个变量的取值方法。选择【源码】|【生成 Getter 和 Setter】菜单项,在新对话框中选择3个变量的 get 方法,单击【确定】按钮。

生成该类的 equals 方法。选择【源码】|【生成 hashCode()和 equals()】菜单项,在新对话框中选择3个变量,单击【确定】按钮。

生成该类的 toString 方法。选择【源码】|【生成 toString()】菜单项,在新对话框中选择3个变量,单击【确定】按钮。

在 job 字段下一行处右击,选择【源码】|【使用字段生成构造函数】菜单项,单击【确定】按钮。

(3) 设计类 UsersSet。

右击包名 book.stdscore.data,选择【新建】|【类】菜单项,输入类名 UsersSet,单击【确定】按钮。

在类中定义一个 HashSet<User>类型私有实例变量 usersSet。

在下一行右击,选择【源码】|【从超类中生成构造函数】菜单项,单击【确定】按钮。在生成的构造方法体中输入以下代码:

```
usersSet = new HashSet<User>();
String str = null;
String[] userStr = null;
try {
    FileReader fir = new FileReader("users.txt");
    BufferedReader bir = new BufferedReader(fir);
    while((str = bir.readLine())!= null) {
        userStr = str.split(":");
        usersSet.add(new User(userStr[0].trim(),
                    userStr[1].trim(), Integer.parseInt(userStr[2])));
    }
} catch (FileNotFoundException e) {
    //TODO Auto-generated catch block
    e.printStackTrace();
} catch(IOException e) {
    e.printStackTrace();
}
```

在输入过程中,可以使用 Eclipse 的功能。如导入类、自动生成 try/catch 块(选择菜单【源代码】|【包围方式】|【try/catch 块】菜单项)。

在该类中编写判断是否合法用户的方法,代码如下:

```
public boolean isValid(User user) {
    return usersSet.contains(user);
}
```

(4) 设计欢迎窗口。

在 book.stdscore.ui 包中新建一个 SWT Application Window,类名为 ScoreMana,默认设置,注释掉 main()方法。

为 ScoreMana 类添加字段变量 private User user,导入 book.stdscore.data.User 类。使用字段生成构造函数,只选 user 字段。

生成 Getter()和 Setter()方法,只选 shell 的 get()方法。
(5) 为登录界面的【登录】按钮添加事件监听器。

在登录界面中右击设计视图的【登录】按钮,选择 Add event handler | selection | widgetsSelected 菜单项。可以看到以 SelectionAdapter 为父类生成了一个匿名监听器,且只重写 widgetsSelected()方法。

在 widgetsSelected()方法体中输入以下代码:

```
1  User user = new User(textUser.getText().trim(),
              textPass.getText().trim(),comboActor.getSelectionIndex());
2  if(new UsersSet().isValid(user)) {
3      shell.dispose();
4      ScoreMana sm = new ScoreMana(user);
5      sm.open();
6      shell = sm.getShell();
7  } else {
8      textUser.setText("");
9      textPass.setText("");
10 }
```

其中,第1行使用在登录界窗口中用户输入的信息构造一个 User 对象。如果有错误,则查看并升级 comboActor 为字段变量。第2行使用 UsersSet 中的 isValid 方法判断该用户是否合法。若为一个合法用户,则执行 if 块。第3行销毁用户登录窗口,第4行生成一个欢迎窗口 ScoreMana。第5行打开欢迎窗口,第6行将程序的主窗口换成该新窗口,确保后续的事件循环可以继续。

4.2.2 事件监听器类的3种编写方法

事件监听器类是实现了事件监听器接口或自事件适配器类派生的类。从 Eclipse 自动生成的代码来看,这个类是一个匿名内部类。事实上,事件监听器类还可以定义为有类名字的内部类和外部类。这3种定义方式各有不同的特点和用途。

1. 匿名内部事件监听器类

如前面所述,对于学生成绩管理系统的用户登录界面,Eclipse WindowBuilder 给输入用户名的文本框 textUser 生成了如下监听器:

```
1  textUser.addModifyListener(new ModifyListener() {
2      public void modifyText(ModifyEvent arg0) {
3      }
4  });
```

这实际上是通过 new 操作符生成了一个对象,该对象所属的类实现了 ModifyListener 接口,该类没有命名,该对象作为实参直接传递给了 addModifyListener()方法,作为文本框 textUser 的监听器。

同样,在学生成绩管理系统的用户登录界中,Eclipse WindowBuilder 为【登录】按钮生成的事件监听器:

```
1   buttonOK.addSelectionListener(new SelectionAdapter() {
2       @Override
3       public void widgetSelected(SelectionEvent arg0) {
4       }
5   });
```

也是用 new 操作符生成了一个对象并传递给方法 addSelectionListener()作为按钮 buttonOK 的监听器。该对象的类从父类 SelectionAdapter 派生而来，重写了父类的方法 widgetSelected()，但类没有名字。

观察这两个匿名类的位置发现，它们都是在类 UserLogin 的内部定义的，且在该外部类的方法 createContents()中定义，因此它们是匿名局部内部类。Java 的语法规定，内部类的对象可以无限制地访问其所在外部类的任何成员变量和方法。

分析例 4.2 完成后的 UserLogin.java 的程序代码，有如下结构：

```
  ⋮
public class UserLogin {
    protected Shell shell;
    private Text textUser;          ─┐
    private Text textPass;            ├ ①
    private Combo comboActor;       ─┘

    public static void main(String[] args) {  ─┐
        try {                                   │
            UserLogin window = new UserLogin(); │
            window.open();                      ├ ②
        } catch (Exception e) {                 │
            e.printStackTrace();                │
        }                                       │
    }                                          ─┘

    public void open() {                          ─┐
        Display display = Display.getDefault();    │
        createContents();                          │
        shell.open();                              │
        shell.layout();                            │
        while (!shell.isDisposed()) {              ├ ③
            if (!display.readAndDispatch()) {      │
                display.sleep();                   │
            }                                      │
        }                                          │
    }                                             ─┘

    protected void createContents() {
        shell = new Shell();
        shell.setToolTipText("请输入用户名和密码");
        ⋮
        Button buttonOK = new Button(shell, SWT.CENTER);
```

```java
        buttonOK.addSelectionListener(new SelectionAdapter() {
            @Override
            public void widgetSelected(SelectionEvent arg0) {
                User user = new User(textUser.getText().trim(),
                    textPass.getText().trim(), comboActor.getSelectionIndex());
                    Shell oldShell = null;
                    if(new UsersSet().isValid(user)) {
                        shell.dispose();
                        ScoreMana sm = new ScoreMana(user);         ④
                        sm.open();
                        shell = sm.getShell();
                    } else {
                        textUser.setText("");
                        textPass.setText("");
                    }
            }
        });
        ⋮
    textUser = new Text(shell, SWT.BORDER);
    textUser.addModifyListener(new ModifyListener() {
        public void modifyText(ModifyEvent arg0) {
            String txt = textUser.getText() == null ? "" :
                                        textUser.getText().trim();
            if(!"".equals(txt) && !txt.matches("[\\w]+")) {
                MessageBox msgBox = new MessageBox(shell);
                msgBox.setMessage(                                  ⑤
                    "有非法字符!\n用户名只能由字母、数字和下画线构成.");
                msgBox.open();
                textUser.setText("");
            }
        }
    });
    ⋮
}
```

程序运行从块②即 main 方法开始，先创建了一个 UserLogin 的对象 window（语句 "UserLogin window = new UserLogin();"），通过该对象调用块③即 open()方法（语句 "window.open();"），在 open()方法中调用 createContents()方法创建和显示程序界面。在输入用户名或单击【登录】按钮时调用块④或块⑤执行。执行块④或块⑤时创建了匿名局部内部类的对象并执行该匿名对象的方法。即执行顺序是：创建外部类对象→执行外部类的方法→创建内部类对象→执行内部类方法。

当创建了一个内部类对象时，该内部类对象获得了其所在方法所属的外部类对象的引用，内部类对象通过这个引用可以无限制地访问外部类对象的成员。块④和块⑤中直接访问块①即外部类成员变量正是通过这个引用进行的。

注意：局部内部类对象不可以访问其所在方法的非 final 局部变量。如块④和块⑤不可以访问 createContents 方法中的 buttonOK 局部变量。确需访问时，必须给该局部变量加上 final 修饰符，或者将该变量转换为外部类的字段变量。

匿名内部类只能创建一个对象，某些情况下不能满足需要。如对组合框 comboActor 组件也需要阻止非法内容的输入，此时编写的监听器与用户名输入文本框基本相同，但由于没有办法再次引用块⑤创建的对象，所以需要重新编写基本相同的代码块，造成了代码冗余。显然，解决方法是为这个内部类取一个类名，这样就可以创建多个对象来多次使用这个内部类。

2. 实名内部监听器类

可以定义一个具有类名的内部类，这种类称为实名内部类。例如，可以将 UserLogin 类中块⑤的匿名内部监听器类改写为如下具有类名 MyModifyListener 的内部监听器类：

```java
public class UserLogin {
    ⋮
    protected void createContents() {
        ⋮
        comboActor = new Combo(shell, SWT.NONE);
        comboActor.setBackground(SWTResourceManager.getColor(SWT.COLOR_YELLOW));
        comboActor.setForeground(SWTResourceManager.getColor(
                                   SWT.COLOR_LIST_FOREGROUND));
        comboActor.setFont(SWTResourceManager.getFont("宋体",10,SWT.NORMAL));
        comboActor.setTextLimit(10);
        comboActor.setVisibleItemCount(2);
        comboActor.setItems(new String[] {"学生", "教师", "管理员"});
        comboActor.setBounds(231, 185, 97, 32);
        comboActor.setText("?");
        comboActor.select(0);
    }                                                                    ⑥

    class MyModifyListener implements ModifyListener{
        String regex = null;
        String guide = null;
        MyModifyListener(String regex,String guide) {
            this.regex = regex;
            this.guide = guide;
        }
        public void modifyText(ModifyEvent e){
            String[] cn = e.getSource().toString().split(",");
            if(cn[0].equals("Text")) {
                String txt = ((Text)e.getSource()).getText() ==
                              null?"":((Text)e.getSource()).getText().trim();
                if(!"".equals(txt) &&!isValidChar(txt)) {
                    ((Text)e.getSource()).setText("");
                }
            } else if(cn[0].equals("Combo")) {
                String txt = ((Combo)e.getSource()).getText() ==
                              null?"":((Combo)e.getSource()).getText().trim();
                if(!"?".equals(txt) &&!isValidChar(txt)) {
                    ((Combo)e.getSource()).setText("?");
                }
            }
```

```
            }
        }
        boolean isValidChar(String cont) {
            boolean isV = true;
            if(!cont.matches(this.regex)) {
                MessageBox msgBox = new MessageBox(sShell);
                msgBox.setMessage(this.guide);
                msgBox.open();
                isV = false;
            }
            return isV;
        }
    }
}
```

这样,块⑤可以修改为:

```
String usrR = "[\\w]+";
String usrG = "有非法字符!\n用户名只能由字母、数字和下画线构成.";
MyModifyListener textUserListener = new MyModifyListener(usrR, usrG);
textUser.addModifyListener(textUserListener);
```

在块⑥中添加以下几行语句:

```
String actR = "[学生教师管理员]*+";
String actG = "有非法字符!\n只能输入【学生教师管理员】中的字或词.";
MyModifyListener myModifyListener = new MyModifyListener(actR, actG);
comboActor.addModifyListener(myModifyListener);
```

就给下拉列表框 comboActor 添加了事件监听器,使程序对下拉列表框 comboActor 的输入进行合法性校验。

从上例可见,使用实名内部类使多个组件可以共用一个事件监听器类,从而减少了代码冗余,也使 createContents() 方法变得更加简洁,并且使整个程序的结构更加清晰。

在实名内部事件监听器类中可以无任何限制地访问其所在的外部类中的成员变量和方法。Java 对实名内部类的使用具有以下语法规定:

(1) 可以给实名内部类的定义加上 static 修饰符,称为静态实名内部类。静态实名内部类对象的创建语法是:

new 外部类名.实名内部类名(构造方法实参列表);

使用这种语法可以在实名内部类所在的外部类之外创建实名内部类对象。如果在静态实名内部类所在的外部类中访问,则可以省略外部类名,即可以使用:

new 实名内部类名(构造方法实参列表);

形式创建一个静态实名内部类的对象。

(2) 未加 static 修饰符的实名内部类对象的创建语法是:

外部类引用.new 实名内部类名(构造方法实参列表);

即非静态实名内部类一定与其所在的外部类的一个具体对象相联系。上例在块⑥中添加的语句"MyModifyListener myModifyListener = new MyModifyListener(actR,actG);"全写应该是：

UserLogin.MyModifyListener myModifyListener = this.new MyModifyListener(...);

这个 this 就是该语句所在方法 createContents()的调用对象，即块②中(main()方法)创建的外部类对象 window。调用过程如图 4.6 所示。

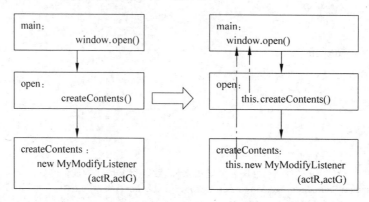

图 4.6　外部类 main()方法中 window 对象的传递

由于该语句所在的方法 createContents()与实名内部类 MyModifyListener 处于一个共同的外部类 UserLogin 中，所以可以省略外部类名及 this 引用(总是可以省略 this 引用)。

可见，对实名内部监听器类的使用在其所在的外部类中是十分方便的，但是在其外部类之外要使用却并不方便，况且还有对有关变量访问的复杂限制。

3．独立监听器类

把事件监听器类定义为一个独立的类，不在任何类的内部。这种监听器类可以为包中或任何 Java SWT GUI 类的有关组件创建监听器(对象)。一般会在监听器类中访问主调对象的成员变量或方法，此时需要把这个主调对象的引用传递给这个监听器，对监听器来说叫做持有对方的引用。通过持有对方的引用，在监听器中可以方便地访问主调对象的成员，这些成员许多是界面中的组件。

把监听器类 UserLogin.MyModifyListener 改写为一个独立监听器类 MyModifyListener，则程序清单如下。

程序清单 4.1：

```
import org.eclipse.swt.widgets.Text;
import org.eclipse.swt.events.ModifyEvent;
import org.eclipse.swt.events.ModifyListener;
import org.eclipse.swt.widgets.Combo;
import org.eclipse.swt.widgets.MessageBox;

class MyModifyListener implements ModifyListener {
    Shell shell = null;                              //窗口的引用
    String regex = null;
    String guide = null;
```

```java
    MyModifyListener(Shell shell,String regex,String guide) {
        this.shell = shell;
        this.regex = regex;
        this.guide = guide;
    }
    public void modifyText(ModifyEvent e) {
        String[] cn = e.getSource().toString().split(" ");
        if(cn[0].equals("Text")) {
            String txt = ((Text)e.getSource()).getText() == null?"":
                            ((Text)e.getSource()).getText().trim();
            if(!"".equals(txt) && !isValidChar(txt)) {
                ((Text)e.getSource()).setText("");
            }
        } else if(cn[0].equals("Combo")) {
            String txt = ((Combo)e.getSource()).getText() == null?"":
                            ((Combo)e.getSource()).getText().trim();
            if(!"?".equals(txt) && !isValidChar(txt)) {
                ((Combo)e.getSource()).setText("?");
            }
        }
    }
    boolean isValidChar(String cont) {
        boolean isV = true;
        if(!cont.matches(this.regex)) {
            MessageBox msgBox = new MessageBox(shell);
            msgBox.setMessage(this.guide);
            msgBox.open();
            isV = false;
        }
        return isV;
    }
}
```

修改 UserLogin 类,使用独立监听器类 MyModifyListener 的对象为用户名输入文本框和用户身份选择组合框注册 ModifyListener 事件监听器。主要修改语句如下:

```java
public class UserLogin {
    ⋮
    private void createContents(){
        ⋮
        String usrR = "[\\w]+";
        String usrG = "有非法字符!\n用户名只能由字母、数字和下画线构成.";
        MyModifyListener textUserListener = new MyModifyListener(shell,usrR,usrG);
        textUser.addModifyListener(textUserListener);
        ⋮
        String actR = "[学生教师管理员]*+";
        String actG = "有非法字符!\n只能输入【学生教师管理员】中的字或词.";
        MyModifyListener myModifyListener = new MyModifyListener(shell,actR,actG);
        comboActor.addModifyListener(myModifyListener);
        ⋮
    }
}
```

⋮
} //UserLogin 类结束

一般地,如果监听器只是应用于一个组件,则应采用匿名内部类实现,这样代码紧凑,安全性很高;如果监听器类要被同一个界面中的多个组件用到,则应该采用实名内部类,这样既可以减少代码冗余,又具有较高的安全性;如果多个不同的界面都使用了同样的监听器类,则宜采用独立监听器类,这样可以较大幅度地缩减代码量。

4.3 常用事件监听器

一般而言,Java GUI 程序的设计,大量创造性工作是编写事件监听器类。GUI 程序中用户与程序交互的主要事件是用鼠标和键盘对窗口及窗口内的组件操作触发的。在 Eclipse WindowBuilder 的设计窗口中单击不同类型组件的属性面板中的显示事件按钮,展开各类事件查看事件列表(见图 4.7 和图 4.8)。可以看出,所有组件的事件类型大

图 4.7 属性面板显示事件列表

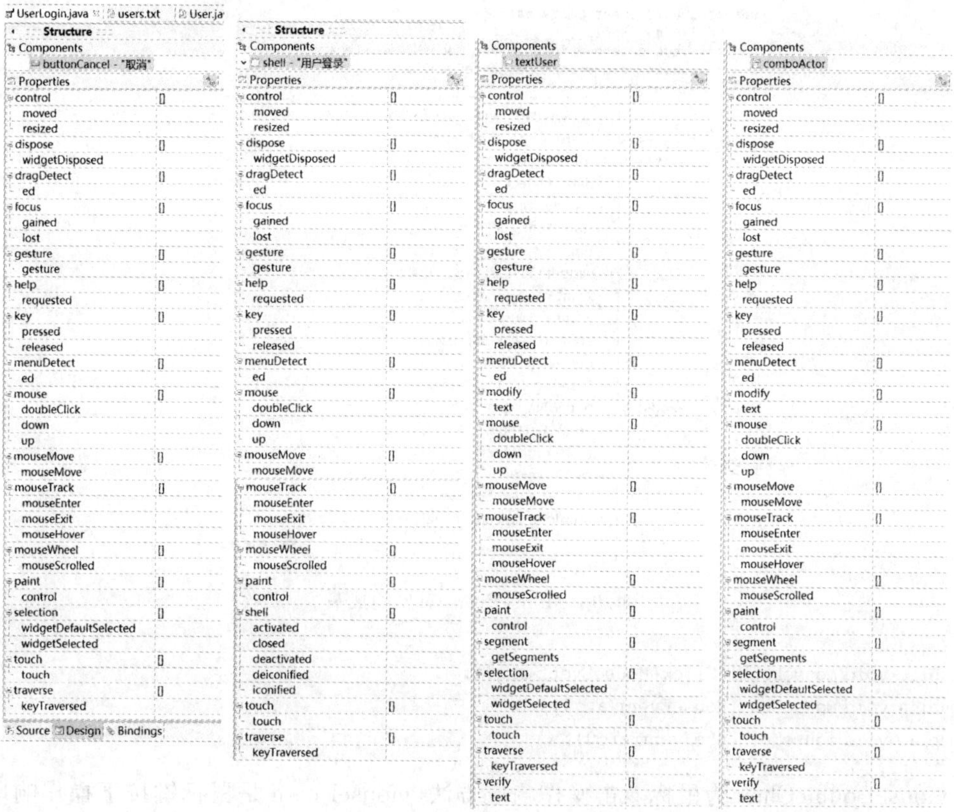

图 4.8 Button、Shell、Text 和 Combo 组件的事件列表比较

部分都是相同的，关于鼠标的事件组有 Mouse、Mouse Move、Mouse Track 和 Mouse Wheel，关于键盘的事件组为 Key 和 Traverse，关于界面组件的有 Control、Dispose、Focus、Paint 以及 Help 等事件。当然，不同的组件也有其特有的事件，如窗口有 Shell 组事件，按钮、文本框和下拉列表框有 Selection 事件，文本框和下拉列表框有 Modify 和 Verify 事件。

以下对主要事件进行简单介绍。

4.3.1 鼠标事件

在窗口系统中，鼠标几乎是必备设备。一般来说，窗口中鼠标操作有鼠标单击、鼠标双击、鼠标进入窗口、鼠标退出窗口、鼠标移动及鼠标滚轮等，在 SWT 中用 MouseEvent 类型表示鼠标事件。给组件添加鼠标事件的监听器对鼠标操作进行响应。有 4 个相应的监听器接口用于监听 MouseEvent 类型的事件。

在 MouseEvent arg0 作为参数的方法中输入"arg0."之后，弹出 MouseEvent 成员变量和方法列表（见图 4.9）。

1. MouseListener 接口

对 MouseEvent 事件通过实现 MouseListener 接口的实例来响应，鼠标键的按下、松开及双击事件会触发 MouseEvent 事件。该接口有下列 3 个方法：

图 4.9 MouseEvent 对象的成员

```
public void mouseDoubleClick(MouseEvent arg0);
public void mouseDown(MouseEvent arg0);
public void mouseUp(MouseEvent arg0);
```

其中，mouseDoubleClick 为鼠标双击操作响应方法，mouseDown 是鼠标键按下操作响应方法，mouseUp 是鼠标键弹起操作响应方法。

MouseEvent arg0 为系统传入鼠标事件的参数，MouseEvent 中的 button 属性表示鼠标的按钮值，例如 arg0.button 等于 1，表示鼠标左键按下，按钮值对应鼠标按钮如表 4.1 所示。

表 4.1 鼠标按钮对应值

鼠标按钮	值	鼠标按钮	值
鼠标左键	1	鼠标右键	3
鼠标中键	2		

在程序中可以根据 arg0.button 的值判断当前用户按的是哪一个鼠标键，从而确定采用什么操作。

2. MouseMoveListener 接口

通过实现 MouseMoveListener 接口类的实例响应鼠标移动时发生的 MouseEvent 事件。MouseMoveListener 接口提供 public void mouseMove(MouseEvent arg0)方法，用来响应鼠标移动事件。

3. MouseTrackListener 接口

通过实现 MouseTrackListener 接口类的实例响应鼠标进入、退出和停放在窗口等组件

上时发生的 MouseTrackEvent 事件。MouseTrackListener 接口提供 3 个方法:

```
public void mouseEnter(MouseEvent arg0);
public void mouseExit(MouseEvent arg0);
public void mouseHover(MouseEvent arg0);
```

其中,mouseEnter 表示鼠标进入组件操作的响应方法,mouseExit 表示鼠标退出组件操作的响应方法,mouseHover 表示鼠标停放在组件上操作的响应方法。

4. 鼠标事件实例

例 4.3 为了更深入地理解鼠标事件,下面通过具体的实例演示如何响应鼠标事件。
操作步骤:
(1) 新建 SWT/JFace Java 项目,项目名为 chap04。
(2) 在项目 chap04 的 src 文件夹中新建 SWT Application Window,类名为 ExMouseEvent。
(3) 切换到设计视图,向窗体中添加组件:一个按钮,设置 Variable 为 button,text 为 "初始按钮";一个文本框,设置 Variable 为 textArea,Style 的 wrap、h_scroll 和 v_scroll 为选取状态,lines 为 MULTI,bounds 属性 layoutData 之 height 为 120、width 为 300。
(4) 处理鼠标在 button 上的 MouseEvent 事件。

为按钮注册鼠标事件监听器。右击按钮,选择 Add event handler | Mouse | MouseDoubleClick 菜单项。为生成的匿名事件监听器的 mouseDoubleClick 方法编写事件处理代码。代码如下:

```
button.addMouseListener(new MouseAdapter() {
        public void mouseDoubleClick(MouseEvent e){
            textArea.setText("鼠标双击了" + e.getSource().toString());
        }
});
```

(5) 右击按钮,选择 Add event handler | Mouse | MouseDown 菜单项。为生成的匿名事件监听器的 mouseDown 方法编写事件处理代码。代码如下:

```
public void mouseDown(MouseEvent e) {
    String btno = e.button == 1?"左键":(e.button == 2?"中键":"右键");
    textArea.setText("鼠标在" + e.getSource().toString() + "按下");
    textArea.append("\n 你按下的是:" + btno);
}
```

使用同样的操作,为 mouseUp 方法编写事件处理代码。代码如下:

```
public void mouseUp(MouseEvent e) {
    String btno = e.button == 1?"左键":(e.button == 2?"中键":"右键");
    textArea.setText("鼠标在" + e.getSource().toString() + "键被松开");
    textArea.append("\n 你松开的是:" + btno);
}
```

注意:mouseDoubleClick、mouseDown 和 mouseUp 方法在同一个匿名监听器类中。
运行程序可以看到,当鼠标双击按钮时,文本框中显示按钮的名称(第二次单击的鼠键未松开时可以看到)。当按下鼠标键时,文本框显示所按鼠标键的名字。当松开鼠标键时,显示鼠标键名。

(6) 处理鼠标在窗口 shell 中的移动事件。右击窗体标题栏,选择 Add event handler | mouseMove | mouseMove 菜单项。编写事件处理代码如下:

```
shell.addMouseMoveListener(new MouseMoveListener() {
    public void mouseMove(MouseEvent arg0) {
        textArea.setText("鼠标移动到窗口中(" + arg0.x + "," + arg0.y + ")位置.");
    }
});
```

运行程序看到,当鼠标在窗口中移动时,文本框显示鼠标当前坐标。

(7) 处理鼠标在 textArea 的进入、退出和停放事件。右击文本框,分别选择 Add event handler | mouseTrack 菜单中的 mouseEnter、mouseExit 和 mouseHover 菜单项。编写事件处理代码如下:

```
textArea.addMouseTrackListener(new MouseTrackAdapter() {
    @Override
    public void mouseEnter(MouseEvent e) {
        textArea.setText("\n鼠标进入" + e.getSource().toString());
    }
    @Override
    public void mouseExit(MouseEvent e) {
        textArea.append("\n鼠标退出" + e.getSource().toString());
    }
    @Override
    public void mouseHover(MouseEvent e) {
        textArea.append("\n鼠标悬停在" + e.getSource().toString());
    }
});
```

运行程序可以看到,鼠标进入、退出和在文本域停放时,文本域中显示相应信息。

(8) 右击窗体标题栏,选择 Add event handler | mouseWheel | mouseScrolled 菜单项。编写事件处理代码如下:

```
shell.addMouseWheelListener(new MouseWheelListener() {
    public void mouseScrolled(MouseEvent arg0) {
        if(arg0.count == 3) {
            shell.setSize(shell.getSize().x + 10, 300);
        }
        if(arg0.count == -3) {
            shell.setSize(shell.getSize().x - 10, 300);
        }
    }
});
```

运行程序可以看到,当在窗口中向上拨动鼠标滚轮时窗口宽度增大,向下拨动鼠标滚轮时窗口宽度减小。

该例运行效果如图 4.10 所示。

图 4.10 例 4.3 鼠标事件监听器运行效果截图

4.3.2 键盘事件

键盘事件是最简单、最常用的事件，键盘相关事件类型包括 KeyEvent 和 TraverseEvent 两种。一般来说，主要有两种键盘操作：键按下和键松开。有下列两个键盘相关接口。

1. KeyListener 接口

在 SWT 中，对 KeyEvent 事件通过实现 KeyListener 接口来响应，键被按下和松开都会触发该事件。KeyListener 接口提供两个方法：

```
public void keyPressed(KeyEvent e);
public void keyReleased(KeyEvent e);
```

其中，keyPressed 方法处理键按下操作，keyReleased 处理键松开操作，KeyEvent e 为系统传入的键盘事件的参数，用户可以通过参数 e 找到相应的按键值。

2. KeyEvent 的成员

在以 KeyEvent e 作为参数的 KeyListener 监听器方法中，Eclipce WindowBuilder 弹出的提示框列出的 KeyEvent 成员变量和方法如图 4.11 所示。

在 KeyEvent 事件对象 e 中，e.character 是按键对应的字符，e.keyCode 是键码。

可以通过 stateMask 利用位与运算判断是否按下了某个修饰键。实际开发中常用来检测是否同时按下了 Alt、Ctrl 或 Shift 键。SWT 中对于各个键都定义了一个常量（见表 4.2）。

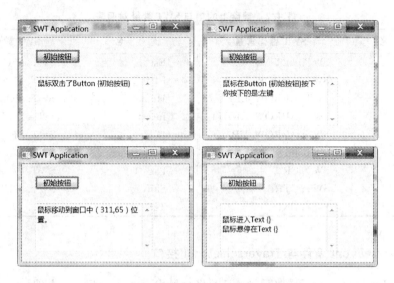

图 4.11 KeyEvent 成员变量和方法

表 4.2 键盘上的键与 SWT 常量对照表

键 名	SWT 键码常量	键 名	SWT 键码常量
Alt	SWT.ALT	Esc	SWT.ESC
↓	SWT.ARROW_DOWN	F1-F12	SWT.F1-SWT.F12
←	SWT.ARROW_LEFT	Home	SWT.HOME
→	SWT.ARROW_RIGHT	Insert	SWT.INSERT
↑	SWT.ARROW_UP	换行	SWT.LF
BackSpace	SWT.BS	Page Down	SWT.PAGE_DOWN
Enter	SWT.CR	Page Up	SWT.PAGE_UP
Ctrl	SWT.CTRL	Shift	SWT.SHIFT
End	SWT.END	Tab	SWT.TAB

3. TraverseEvent 事件与 TraverseListener 接口

按 Tab、Enter、Arrow 等键(见图 4.12)将会触发 TraverseEvent 事件。一般 GUI 中如果有多个组件,按这些键会引起界面焦点移动到下一个组件。该事件除了有与 KeyEvent 相同的成员外,还有 detail 等变量。其中,doit 指示要不要对这个事件做出响应,即用户按这些键时是否移动焦点。detail 指出这是什么事件。

该事件对应监听器接口是 TraverseListener,有一个方法:

```
public void keyTraversed(TraverseEvent e);
```

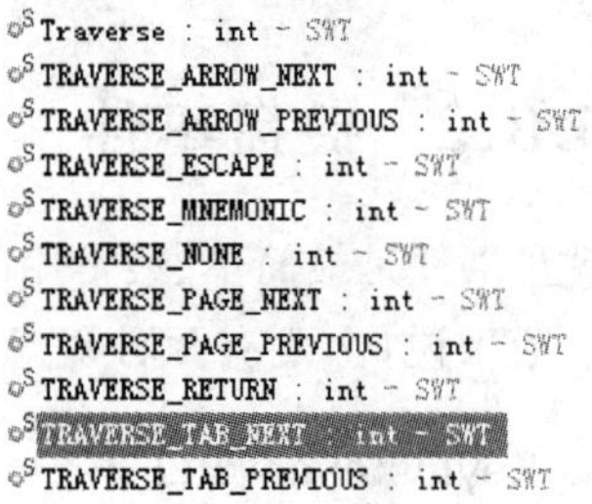

图 4.12 SWT 中触发 TraverseEvent 事件的键

例如,在多行文本框中,Tab 键一般是把 GUI 焦点转移到下一个组件,但如果对该组件注册了 TraverseEvent 事件监听器,在 TraverseListener 接口的实现方法中设置该事件的 doit 属性为 false,则在该文本框中按下 Tab 键就不再移动焦点,而可以插入一个制表位字符。

4. 键盘事件实例

例 4.4 为了更深入地理解键盘事件,下面通过具体的实例演示如何响应键盘事件。

操作步骤:

(1) 在项目 chap04 的 src 文件夹中新建 SWT Application Window,类名为 ExKeyEvent,完成。

(2) 在窗体上创建一个多行文本框和一个单行文本框,组件名分别为 text 和 text1。设置多行文本框的宽为 200 像素,高为 100 像素。

(3) 为多行文本框 text 添加 KeyEvent 事件监听器。代码为

```
text.addKeyListener(new KeyAdapter() {
    @Override
    public void keyPressed(KeyEvent e) {
        text.setText("你按下了键 " + e.character);
```

```
            text.append(", 该键的键码是: " + e.keyCode);
            if((e.stateMask & SWT.ALT)!= 0) {
                text.setText("你按下了 Alt 键。");
                text.append(", 该键的键码是: " + e.keyCode);
            } else if((e.stateMask & SWT.CTRL)!= 0) {
                text.setText("你按下了 Ctrl 键。");
                text.append(", 该键的键码是: " + e.keyCode);
            } else if((e.stateMask&SWT.SHIFT)!= 0) {
                text.setText("你按下了 Shift 键。");
                text.append(", 该键的键码是: " + e.keyCode);
            }
            if((e.stateMask & SWT.ALT)!= 0 && (e.stateMask & SWT.CTRL)!= 0) {
                text.setText("你按下了 Alt 和 Ctrl 键。");
            }
        }
        @Override
        public void keyReleased(KeyEvent e) {
            text.append("\n你松开了键 " + e.character);
            text.append(", 该键的键码是: " + e.keyCode);
        }
    });
```

运行程序时看到,在文本域中按下键盘上的一个键时,显示该键的字符和键码,判断是 Alt、Ctrl 和 Shift 中的哪个键并显示。释放该键时,同样显示键的字符和键码。

(4) 取消文本框中 Tab 键的移动焦点功能。为文本框 text1 添加 TraverseKey 事件监听器,代码如下:

```
text1.addTraverseListener(new TraverseListener() {
    public void keyTraversed(TraverseEvent arg0) {
        arg0.doit = false;
    }
});
```

此段代码设置该文本框中 Tab 键不再移动焦点。

4.3.3 焦点事件

在窗口系统中,当组件获得焦点或失去焦点时触发 FocusEvent 事件。SWT 通过 FocusListener 监听焦点事件。

1. FocusListener 接口

在 SWT 中,通过实现 FocusListener 接口来响应获得焦点和失去焦点的事件。FocusListener 接口有以下两个方法:

```
public void focusGained(FocusEvent e);
public void focusLost(FocusEvent e);
```

其中,focusGained 表示组件获得焦点的响应方法,focusLost 表示组件失去焦点的响应方法,FocusEvent e 为系统传入的焦点事件参数,该参数只包含所有事件类对象通用的成员。

2. 焦点事件实例

例 4.5 为例 4.4 项目的 text1 文本框添加焦点事件，当 text1 组件获得焦点时在 text 文本域显示组件 text1 获得焦点的信息，失去焦点也显示有关信息。

右击 text1 文本框，选择 Add event handler|focus|focusGained 菜单项。在生成的事件监听器的 focusGained 方法体中输入语句"text.append(e.getSource() + "获得焦点.");"。

右击 text1 文本框，选择 Add event handler|focus|focusGained 菜单项，完成。在 focusLost 方法体中输入语句"text.append(e.getSource() + "失去焦点.");"。

事件监听器的完整代码如下：

```java
text.addFocusListener(new FocusAdapter() {
    @Override
    public void focusGained(FocusEvent e) {
        text.append(e.getSource() + " 获得焦点.");
    }
    @Override
    public void focusLost(FocusEvent e) {
        text.append(e.getSource() + " 失去焦点.");
    }
});
```

该程序运行时，每当单行文本框 text1 获得焦点时，就在文本域 text 中显示"Text {}获得焦点。"；当单行文本框 text1 失去焦点时显示"Text {}失去焦点。"

4.3.4 组件控制事件

在 SWT 的 GUI 中，当组件被移动或改变大小时触发 ControlEvent 类型的事件。SWT 通过 ControlListener 监听器监听组件控制事件。该接口有两个方法：

```java
public void controlMoved(ControlEvent e);
public void controlResized(ControlEvent e);
```

其中，controlMoved 表示组件移动操作的响应方法，controlResized 表示组件改变大小操作的响应方法，ControlEvent e 为系统传入的组件控制事件的参数，该参数只包含所有事件类对象通用的成员，用户可以通过参数 ControlEvent e 找到相应的组件。

例 4.6 设计一个窗体，该窗体中央有一个按钮。当窗口移动时，按钮上显示窗口左上角的位置坐标。当窗口改变大小时，按钮总是保持在窗口中央。

设计步骤：

(1) 在项目 chap04 中新建一个 SWT Application Window，类名为 ExControlEvent。

(2) 窗体的 Variable 为 shell，设置窗体的 location 属性为(0,0)，layout 取默认（为 Absolute layout）。

(3) 在窗体上创建一个 Button，名字为 button。设置其位置为(0,0)，Bounds 属性的 width 为 200，height 为 30，text 为"居中按钮"。将该局部变量 button 转换为字段变量。

(4) 右击窗体，选择 Add event handler|control|controlMoved 菜单项。编写事件处理方法 controlMoved，源代码如下：

```java
public void controlMoved(ControlEvent e) {
    button.setText("窗口移到 (" + shell.getBounds().x + "," + shell.getBounds().y +")");
}
```

(5) 右击窗体，选择 Add event handler|control|controlResized 菜单项。编写事件处理方法 controlResized，源代码如下：

```java
public void controlResized(ControlEvent e) {
    int widthShell = shell.getBounds().width;
    int heightShell = shell.getBounds().height;
    int widthButton = button.getBounds().width;
    int heightButton = button.getBounds().height;
    int buttonX = widthShell/2 - widthButton/2;
    int buttonY = heightShell/2 - heightButton;
    button.setLocation(buttonX, buttonY);
    button.setVisible(true);
}
```

注意：为窗体注册 ControlEvent 事件监听器的语句应该移到 createContents()方法中所有组件创建和设置语句的后面，否则可能发生空指针异常。

4.3.5 选择事件

SWT 的很多组件都实现了组件选择事件的监听机制，例如前面用过的按钮、组合框，以及以后要介绍的菜单项等。当选择了相关的菜单项或组件时，将触发 SelectionEvent 事件。

1. SelectionListener 接口

在 SWT 中，通过实现 SelectionListener 接口响应组件选择事件。SelectionListener 接口有两个方法：

```java
public void widgetSelected(SelectionEvent e);
public void widgetDefaultSelected(SelectionEvent e);
```

其中，widgetSelected()表示单击组件操作的响应方法。如在按钮上单击，或当按钮获得焦点时按回车键均可触发该事件。又如用户登录窗口例子中的组合框选择列表项也会触发该事件。widgetDefaultSelected()表示组件默认选择事件的响应方法。有些很少触发 SelectionEvent 事件的组件，如文本框回车事件，此时 widgetSelected()方法无效，只能用 widgetDefaultSelected()方法处理。SelectionEvent e 为系统传入的选择事件的参数。

2. 选择组件事件实例

在设计学生成绩管理系统的用户登录界面时，已经用到 SelectionEvent 事件的处理，给登录按钮和组合框添加了选择事件的处理。下面设计一个使用 widgetDefaultSelected()的例子。

例 4.7 设计一个文本框，当在该文本框输入内容之后按回车键时，弹出一个对话框显示文本框中的内容。

设计步骤：

(1) 在项目 chap04 的 src 文件夹中新建 SWT Application Window，类名命名为 ExSeleEvent。

(2) 在窗体上创建一个单行文本框,组件名为 text。

(3) 右击文本框 text,选择 Add event handler | selection | widgetDefaultSelected 菜单项。编写事件处理方法 widgetDefaultSelected(),源代码如下:

```
text.addSelectionListener(new SelectionAdapter() {
    @Override
    public void widgetDefaultSelected(SelectionEvent e) {
        MessageDialog.openInformation(shell, "文本框内容", text.getText());
        text.selectAll();
    }
});
```

运行该程序,在文本框中输入文字(如"大家好!"),按回车键之后弹出对话框(见图 4.13)。

图 4.13 例 4.7 运行结果界面

请为第 3 章学生成绩管理系统的用户登录界面中的【取消】按钮设计事件监听器,当用户单击【取消】按钮后退出该程序。

4.3.6 组件专用事件监听器

许多组件有其专用的事件和事件监听器。如例 4.1 和例 4.2 中提到的文本框和组合框的 ModifyEvent 及其监听器 ModifyListener,又例如窗口 Shell 的 ShellEvent 事件及其监听器 ShellListener。在设计视图选取组件,单击按下属性面板顶行的(show events) 按钮,即可以在属性面板中找到该组件的所有事件,包括其专有事件。

4.3.7 通用事件监听器

使用 4.1.3 节介绍的无类型事件处理机制可以给组件设计通用事件监听器。在 SWT 的 org.eclipse.swt.widgets 包中提供了一个接口 Listener,其中有一个方法:public void handleEvent(Event event),通过实现这个接口为组件提供不属于组件专有和系统通用类型的自定义事件监听器。该包中也有一个通用事件类 Event 描述通用事件。

为一个组件注册通用事件监听器格式是:

组件名.addListener(事件类型,通用监听器);

其中,事件类型是一个 SWT 常量,形如 SWT.***,类型是大小写混合,如 SWT.KeyUp。

一般情况下,一个事件监听器只监听一种事件,但通过通用事件监听器可以让它监听多种事件。

例 4.8 为例 4.7 的文本框 text 添加通用事件监听器,使用 F6、F7 和 F8 键分别输入"姓名:""年龄:"和"家庭地址:"文字,鼠标双击则清除文本框。

设计步骤:

(1) 设计一个通用事件监听器类。在 ExSeleEvent.java 文件的 ExSeleEvent 类中,编写一个内部类,类名为 MyListener。代码如下:

```
class MyListener implements Listener {
    public void handleEvent(Event event) {
        if (event.type == SWT.KeyUp) {
            switch (event.keyCode) {
                case SWT.F6:
                    text.append("姓名:");
                    break;
                case SWT.F7:
                    text.append("年龄:");
                    break;
                case SWT.F8:
                    text.append("家庭地址:");
                    break;
            }
        } else if(event.type == SWT.MouseDoubleClick) {
            text.setText("");
        }
    }
}
```

(2) 为文本框 text 添加通用事件监听器。在 createContents()方法中,添加如下语句:

```
MyListener listener = new MyListener();
text.addListener(SWT.MouseDoubleClick, listener);
text.addListener(SWT.KeyUp, listener);
```

4.3.8 事件及其监听器小结

以上介绍了大部分常用事件及其监听器,此外还有一些事件及其监听器没有涉及,但都可以在 Eclipse WindowBuilder 的快捷菜单中得到帮助。

下面把 SWT 的事件、事件监听器及其方法和所使用的组件总结于表 4.3 中。

表 4.3 SWT 事件监听器

事 件	监 听 器	监听器方法	组 件
ArmEvent	ArmListener	widgetArmed()	MenuItem
ControlEvent	ControlListener	controlMoved(), controlResized()	Control, TableColumn, Tracker
DisposeEvent	DisposeListener	widgetDisposed()	Widget
FocusEvent	FocusListener	focusGained(), focusLost()	Control

续表

事　件	监　听　器	监听器方法	组　件
HelpEvent	HelpListener	helpRequested()	Control，Menu，MenuItem
KeyEvent	KeyListener	keyPressed()，keyReleased()	Control
MenuEvent	MenuListener	menuHidden()，menuShown()	Menu
ModifyEvent	ModifyListener	modifyText()	CCombo，Combo，Text，StyledText
MouseEvent	MouseListener	mouseDoubleClick()，mouseDown()，mouseUp()	Control
MouseEvent	MouseMoveListener	mouseMove()	Control
MouseEvent	MouseTrackListener	mouseEnter()，mouseExit()，mouseHover()	Control
PaintEvent	PaintListener	paintControl()	Control
SelectionEvent	SelectionListener	widgetDefaultSelected()，widgetSelected()	Button，CCombo，Combo，CoolItem，CTabFolder，List，MenuItem，Sash，Scale，ScrollBar，Slider，StyledText，TabFolder，Table，Table Cursor，TableColumn，TableTree，Text，ToolItem，Tree
ShellEvent	ShellListener	shellActivated()，shellClosed()，shellDeactivated()，shellDeiconified()，shellIconified()	Shell
TraverseEvent	TraverseListener	keyTraversed()	Control
TreeEvent	TreeListener	treeCollapsed()，treeExpanded()	Tree，TableTree
VerifyEvent	VerifyListener	verifyText()	Text，StyledText

4.4　习题

1. 解释下列名词：
事件；事件源；事件处理；事件监听器

2. 简述 SWT Java GUI 程序对单击按钮事件的处理机制。

3. 事件适配器与事件监听器有什么关系？它们是否一一对应？

4. Eclipse WindowBuilder 自动生成的事件监听器如何访问类变量、实例变量和局部变量？对它们有什么限制或要求？

5. 请比较匿名内部事件监听器类、实名内部事件监听器类和独立监听器类的优缺点。它们各适合在什么条件下使用？

第 5 章 布局设计

第 1 章述及,进行 Java GUI 设计时,可以对组件的大小和在界面上的位置进行设置,称为界面组件布局。例 3.8 完成的学生成绩管理系统用户登录界面,若对登录窗口进行缩放,则组件布局会变得不协调(见图 3.16),即尽管组件间次序关系没有错误,需要的功能都具备,但大部分组件的大小、占据的空间及在界面上的位置等细节并没有设计时那么理想,界面不再美观。SWT 为界面布局设计提供了设置布局类型(layout)和组件布局数据(layoutData)的类和组件,在 Eclipse WindowBuilder 中也提供了 Layouts 组件以便进行可视化布局设计。本章以 Layouts 组件的使用和 layoutData 属性的设置为线索,介绍各种布局管理器的特点、各个属性的含义和用法,以及布局数据类各个属性的含义和用法等内容。

5.1 布局管理器概述

在使用 SWT 及 Eclipse WindowBuilder 进行布局设计时使用了一套专有术语。容器的 Layout 属性设置容器的布局,组件的 LayoutData 属性则用于设置一个组件的布局细节。

5.1.1 布局术语

讨论布局时通常会用到一些术语,图 5.1 说明了这些术语及其之间的关系。Composite 如 Shell 一样可以容纳其他组件,是一个容器。该容器有 location(位置)、客户区 (clientArea)和边空(trim)。容器的大小是客户区加上边空的大小。这个容器(Composite) 有两个并排布置的子组件。子组件之间有间距(spacing),子组件和其父容器边缘之间有边距(margin)。布局的大小和容器的客户区的大小一样。

SWT GUI 组件的首选大小是显示它的内容所需要的最小大小。在这个 composite 容器的例子中,首选大小是包含所有子组件的最小矩形。如果子组件已经被应用程序定位,那么容器会基于这些子组件的大小和位置计算它自己的首选大小。

5.1.2 布局方法

在 SWT 的 GUI 设计中,组件的定位和尺寸缩放不能自动发生。用方法 setBounds(int x, int y, int width, int height)等来指定该组件相对于父组件的位置和组

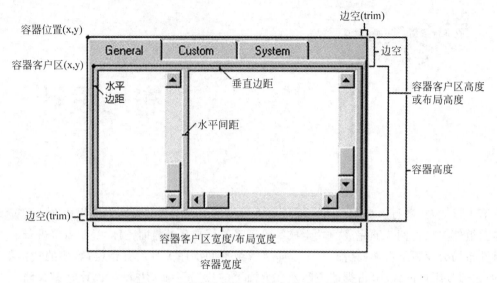

图 5.1　SWT GUI 布局区域划分及术语示意

件的大小,从而对组件进行绝对定位。对于绝对定位后由于窗口位置和大小发生改变而可能造成的问题,可以通过为其父容器组件设计和注册有关事件监听器进行动态调整和处理,如例 4.6 所示。

使用绝对定位并以设计事件监听器动态调整布局的方式来管理组件的布局,在界面中组件较少和排列比较简单的情况下是可行的。但是,如果界面中组件较多,或者组件排列较为复杂,绝对定位就会变得十分复杂,有时甚至难以满足要求。SWT 为 Java GUI 设计提供了布局管理器,依据所给类型的特定规则控制容器中组件的位置和大小,从而对组件布局进行托管定位。这样,应用程序的设计者就可以把组件布局交给布局管理器,集中精力进行业务逻辑的处理,从而提高开发效率和程序的质量。

在 Eclipse WindowBuilder 的设计视图的组件面板中提供了 9 种布局管理器(见图 5.2),基本可以满足各种布局需要。使用方法是:在设计视图选取容器组件后,单击组件面板中的一种布局组件,然后在容器上单击,即可将所选容器的布局管理器设置为所选布局。

图 5.2　Eclipse WindowBuilder 的布局管理器组件

当为容器设置了布局管理器后,查看源代码,可以看到 Eclipse WindowBuilder 使用 setLayout 方法为容器组件设置布局管理器。例如,如果单击组件面板上的 GridLayout,然后在窗体上单击,即生成以下语句设置窗体 shell 为 GridLayout 布局:

```
shell.setLayout(new GridLayout(1, false));
```

在属性面板上也可以看到容器组件有 Layout 属性。单击容器的 Layout 属性值列的右边下三角按钮,选择其中之一即可设置容器的布局管理器(见图 5.3)。此外,展开 Layout 属性的子属性列表,可以对布局管理器进行属性设置(见图 5.3)。

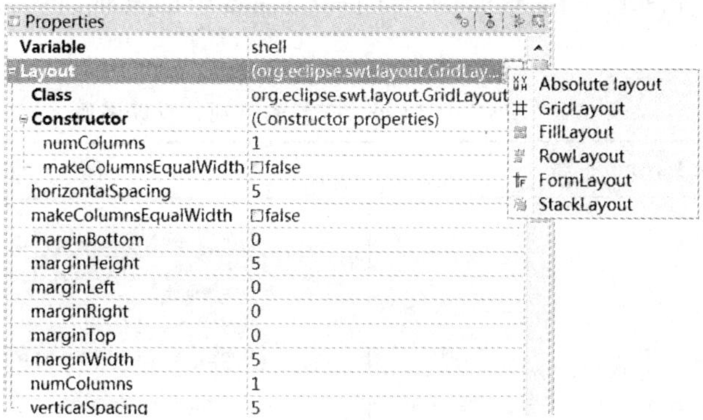

图 5.3 Eclipse WindowBuilder 属性面板的布局管理器设置

5.1.3 布局数据类

在组件面板所提供的布局中，GridLayout、FormLayout 和 RowLayout 这 3 种布局对于容器中的每一个组件都可以创建一个布局数据类 LayoutData 对象，以便对该组件在容器中的布局进行详细设计和细节控制。在容器中有多个组件时，可以为每一个组件单独创建一个 LayoutData 对象，且多个组件不能重用同一个布局数据类对象。

要为某个组件设置布局数据，先在设计视图中选择该组件，然后在属性面板中单击 LayoutData 属性前的【+】号，设置子属性的值即可。例如，要为一个按钮组件设置布局数据，WindowBuilder 会生成如下格式的程序代码：

```
Button btnNewButton = new Button(shell, SWT.NONE);
GridData gd_btnNewButton = new GridData(SWT.CENTER, SWT.CENTER, true, false, 1, 1);
gd_btnNewButton.minimumWidth = 120;
gd_btnNewButton.minimumHeight = 30;
btnNewButton.setLayoutData(gd_btnNewButton);
btnNewButton.setText("New Button");
```

在简单的布局中，使用 FillLayout 和 RowLayout 也许就够用了，但是通常的布局都比较复杂，而且要求很精确。无论多么复杂的布局，都可以由 GridLayout 或 FormLayout 与容器中组件的 LayoutData 配合完成。通常 GridLayout 与 FormLayout 可以做成同样的效果，但是使用 FormLayout 更有效，不会像 GridLayout 产生 resize 导致的布局错位。此外，有些布局管理器是专为某一个容器组件设计的。

5.2 绝对布局

绝对布局（Absolute Layout）或空布局（Null）是一个简单的用于设定组件屏幕（x,y）坐标的布局。在设计视图下，单击组件面板中 Layouts 组的 Absolute Layout 组件，然后在窗体或其他容器中单击，即设置该容器为绝对布局。

在布局过程中，WindowBuilder 现场显示一个工具提示以提示组件的当前位置或大小，并动态地提供吸附线或对齐线，以便使组件方便地与其他组件或窗口对齐。调整一个组件大小时也能辅助对齐到其首选尺寸,或与同一父容器中的其他组件垂直或水平对齐(见表5.1)。

表 5.1　Absolute Layout 布局的可视化反馈图例

Absolute Layout 布局	图　　例
对齐吸附线——基线对齐 目标位置标示框(128×55)	
对齐吸附线——顶边对齐 大小标示框	
对齐吸附线——垂直对齐	
水平缩进标示线	

续表

Absolute Layout 布局	图 例
对齐到边框	
相同宽度	
相同高度	

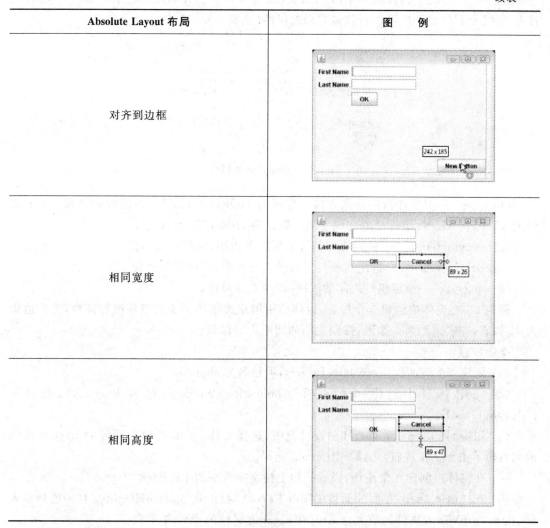

当选取容器中的组件后，设计区顶行出现工具栏，分别设置组件水平对齐、垂直对齐、相同宽度/高度、等间距及在窗口中居中。也可以通过属性面板中的 size、location 和 bounds 属性进行组件的布局设置。

5.3 填充式布局

填充式布局(FillLayout)管理器是 SWT 库中最简单的标准布局类。使用该布局的容器在单行或者单列中放置组件，强制这些组件为同一大小。组件初始状态下都与最高的容器组件一样高，与最宽的组件一样宽。组件不会换行，且不能定制单个组件的边距(margin)和间距(spacing)。当使用 FillLayout 布局的容器中只有一个子组件时，该子组件填充整个容器空间。

为一个容器指定填充式布局的方法是：选择该容器组件，单击属性面板 Layout 属性值列右边的下三角按钮,选择列表中的 FillLayout 布局即可。在属性面板单击属性 Layout 项目左侧的【+】号,展开后可以看到该布局的属性(见图 5.4),其中:

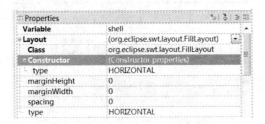

图 5.4 FillLayout 子属性

(1) type——为组件指定排列方向。取值为 HORIZANTAL 时,组件排列在一行;取值为 VERTICAL 时,组件排列在同一列。默认为 HORIZANTAL。

(2) marginHeight——指定组件与容器的上下边距,以像素为单位。

(3) marginWidth——指定组件与容器的左右边距,以像素为单位。

(4) spacing——指定组件之间的间距,以像素为单位。

例 5.1 在窗体中创建 3 个按钮,窗体使用填充式布局。要求组件按行排列,上下边距为 10 像素,左右边距为 5 像素,按钮之间的间距为 8 像素。

操作步骤:

(1) 创建一个 SWT/JFace Java Project,项目名为 chap05。

(2) 在该项目中创建一个 SWT Application Window,包名为 chap05,类名为 FillLayoutTestH。

(3) 切换到 FillLayoutTestH 的设计视图,选择窗体 shell,在属性面板的 Layout 属性值列右边单击下三角按钮,选择 FillLayout 布局。

(4) 在窗体中创建 3 个按钮,设置按钮上的文字分别为 B1、B2 和 Button3。

(5) 选择窗体 shell,在属性面板中展开 Layout 属性,在 marginHeight 属性的值列输入 10,在 marginWidth 属性的值列输入 5,在 spacing 属性的值列输入 8。

在源代码视图看到生成的代码如下:

```
    ⋮
protected void createContents() {
    shell = new Shell();
    shell.setSize(450, 300);
    shell.setText("SWT Application");
    FillLayout fl_shell = new FillLayout(SWT.HORIZONTAL);
    fl_shell.spacing = 8;
    fl_shell.marginWidth = 5;
    fl_shell.marginHeight = 10;
    shell.setLayout(fl_shell);
    Button btnB = new Button(shell, SWT.NONE);
    btnB.setText("B1");
    Button btnB_1 = new Button(shell, SWT.NONE);
    btnB_1.setText("B2");
    Button btnButton = new Button(shell, SWT.NONE);
```

```
        btnButton.setText("Button3");
    }
    ...
```

若设置 type 属性值为 VERTICAL,则生成的创建布局管理器的语句变为"FillLayout fl_shell = new FillLayout(SWT.VERTICAL);"。

填充式布局 FillLayout 没有对应的布局数据类,因此选择该程序窗体中的按钮时,在属性面板中不出现 LayoutData 属性。

在包资源管理器的 chap05 项目的 src 文件夹的 chap05 包中右击 FillLayoutTestH.java 文件,在快捷菜单中选择【复制】菜单项,再次右击,选择【粘贴】菜单项,修改新生成的文件名为 FillLayoutTestV.java。右击文件 FillLayoutTestV.java,在快捷菜单中选择【打开方式】| WindowBuilder Editor 菜单项。选择窗体 shell,在属性面板中展开 Layout 属性,单击 type 子属性值列右侧的下三角按钮,选择列表中的 VERTICAL。

运行 FillLayoutTestH.java 和 FillLayoutTestV.java,对窗体进行缩放,得到表 5.2。

表 5.2 FillLayout 布局应用效果

FillLayout 布局	初 始 状 态	缩 放 后
type = SWT.HORIZONTAL（默认）		组件大小一致,始终在同一行放置
type = SWT.VERTICAL		组件大小一致,始终在同一列放置

5.4 行列式布局

行列式布局(RowLayout)按行或列排列包含在容器中的组件。但与 FillLayout 不同,它不会强制所有的组件采用同一大小,超出一行(列)空间时会自动换行(列)。容器中的每个组件可以使用 LayoutData 进行个性化布局设置。

在设计视图下单击组件面板中的 Layouts 组的 RowLayout 组件,然后在设计区的容器组件上单击,即可设置该容器采用行列式布局。

5.4.1 RowLayout 的属性

单击属性面板属性列 Layout 项目前的【+】号,展开后可以看到该布局的属性(见图 5.5)。

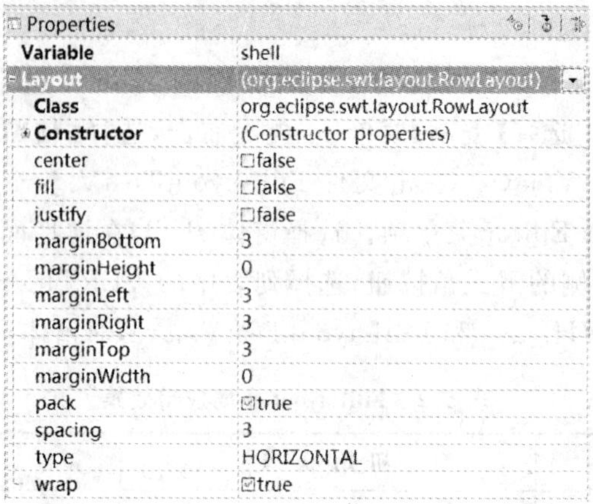

图 5.5 RowLayout 布局的属性列表

(1) type:控制 RowLayout 在水平行中(HORIZANTAL)还是在竖直列中(VERTICAL)放置组件。默认情况下 RowLayout 是水平方式的。

(2) wrap:控制 RowLayout 当前行中没有足够的空间时,是(true)否(false)把组件换行放置到下一行。默认情况下 RowLayout 采用换行方式。

(3) pack:如果 pack 为 true,RowLayout 中的组件会采用它们的首选大小,而且会尽可能左对齐。如果 pack 为 false,各个组件大小与最大组件一致。默认情况下 RowLayout 的 pack 为 true。

(4) justify:如果 justify 域为 true,RowLayout 中的组件从左到右在可用的空间中分散开。如果父容器变大,那么额外的空间会均匀地分布在组件之间。如果 pack 和 justify 都为 true,组件采用它们的首选大小,而且额外的空间被放置在这些组件之间以保持它们完全散开(justify)。默认情况下 RowLayout 不进行散开排布。

(5) fill:该属性设置为 true,以行方式(HORIZANTAL)排列的组件保持与最高的组件具有相同的高度,按列方式(VERTICAL)排列的组件与最宽的组件具有相同的宽度。与 pack 设置为 false 的不同之处在于,行方式的组件宽度或列方式的高度不受 fill 属性的影响,而 pack 属性使所有组件具有相同的高度和宽度。该属性设置为 false(默认值),以行方式(HORIZANTAL)排列的组件高度或列方式(VERTICAL)排列的组件宽度均为首选尺寸。

(6) MarginLeft、MarginTop、MarginRight、MarginBottom 和 Spacing:这些属性以像素为单位控制组件之间的间距(spacing)及组件与父容器的边界之间的边距(margin)。默认情况下 RowLayout 为边距(margin)和间距(spacing)保留 3 个像素(见图 5.6)。

此外,选取窗体(或其他容器),单击设计视图顶行的 ▣ (Layout Assistant)按钮,弹出一个单独的布局设置对话框窗口(见图 5.7)。在该对话框的 Layout 选项卡中对容器布局的各项属性进行了分类,可以更加方便地设置以上各项可配置属性。其中,Margin width 同时设置左右边距,Margin height 同时设置上下边距,而 Margin left、Margin right、Margin top 和 Margin bottom 则分别设置左、右、上和下边距。

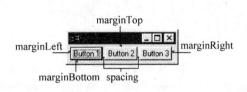

图 5.6 边距和间距图示

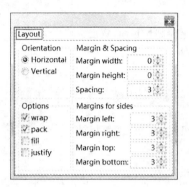

图 5.7 定制布局对话框

例 5.2 在窗体中创建 4 个按钮和 1 个多行文本框。通过设置不同属性值的组合,研究各主要属性对界面的影响。

操作步骤:

(1) chap05 项目的 src 文件夹的 chap05 包中创建一个 SWT Application Window,类名为 RowLayoutTest。

(2) 单击组件面板中的 Layouts 组的 RowLayout 组件,然后在窗体上单击。

(3) 在窗体中分别创建名为 button1、button2、button3、text4 和 button5 的组件,其中 text4 为一多行文本框,其余为按钮,按钮上的文字分别设置为 B1、B2、Button3 和 btn5。

(4) 设置 text4 的 Style 子属性 wrap 为 true、lines 为 MULTI,text 属性值为"一个测试文本框。有 3 行文字,占据空间较大。"。选取后拖动文本框的调控柄,使它的宽度为 150 像素,高度为 85 像素。

(5) 选择窗体,按表 5.3 分别设置 wrap、pack、justify 和 fill 等属性的值,运行程序,比较界面变化,结果如表 5.3 所示。

表 5.3 RowLayout 属性设置对组件排列的影响

RowLayout 属性	初 始 状 态	缩 放 后
wrap = true、pack = true justify = false、fill = false type=SWT. HORIZONTAL		
wrap = false (没有足够的空间则进行修剪)		
pack=false、wrap=false (所有的组件都有相同的大小)		

续表

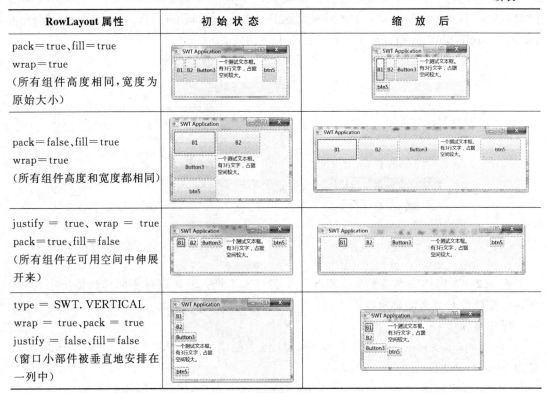

RowLayout 属性	初 始 状 态	缩 放 后
pack＝true、fill＝true wrap＝true （所有组件高度相同，宽度为原始大小）		
pack＝false、fill＝true wrap＝true （所有组件高度和宽度都相同）		
justify ＝ true、wrap ＝ true pack＝true、fill＝false （所有组件在可用空间中伸展开来）		
type ＝ SWT.VERTICAL wrap ＝ true、pack ＝ true justify ＝ false、fill＝false （窗口小部件被垂直地安排在一列中）		

例 5.2 对应代码如下：

```
⋮
protected void createContents() {
    shell = new Shell();
    shell.setSize(450, 300);
    shell.setText("SWT Application");
    RowLayout rl_shell = new RowLayout(SWT.HORIZONTAL);
    rl_shell.fill = true;
    rl_shell.justify = true;
    rl_shell.pack = false;
    shell.setLayout(rl_shell);
    ⋮
```

5.4.2 布局数据 LayoutData

在使用 RowLayout 布局的容器中选择组件后，在属性面板中会发现 LayoutData 属性，展开该属性可看到有 height 和 width 两个子属性，分别设置组件的宽度和高度。例如，选择例 5.2 的 text4 组件，展开它的 LayoutData 属性，可以看到其子属性 height 为 85，width 为 150，这是在拖动该文本框的调控柄时自动生成的。也可以在属性面板直接设置该属性的 height 和 width 属性值，从而明确设置组件的高度和宽度。例如，选择例 5.2 的 button2 组件，展开它的 LayoutData 属性，在子属性 height 值列输入 50，width 值列输入 80，保持

wrap=true、pack=true、justify=false、fill=false 的默认值,运行程序,看到 button2 以设定的高度和宽度显示(见图 5.8(a))。但当修改 fill=true 后运行程序,发现 button2 的宽度为设定值,但高度调整为与最高的组件 text4 相同(见图 5.8(b))。这说明,组件的布局数据设置效果受布局管理器属性设置的影响。

图 5.8 设置列表框宽度和高度后的运行效果

对应的代码如下:

```
protected void createContents() {
    ⋮
    Button button2 = new Button(shell, SWT.NONE);
    button2.setLayoutData(new RowData(80, 50));
    button2.setText("B2");

    Button button3 = new Button(shell, SWT.NONE);
    button3.setText("Button3");

    Text text4 = new Text(shell, SWT.WRAP | SWT.MULTI);
    text4.setLayoutData(new RowData(150, 85));
    text4.setTouchEnabled(true);
    text4.setText("一个测试文本框.有3行文字,占据空间较大.");
    ⋮
```

5.5 网格式布局

网格式布局(GridLayout)是实用且功能强大的 SWT 标准布局,它把容器分成网格,把组件放置在网格中。GridLayout 有较多可配置的属性,且对每一个组件也可以设置布局数据 LayoutData,以便对其外观形状进行精细控制。

在设计视图下,单击组件面板中 Layouts 组的 GridLayout 组件,然后在设计区的容器组件上单击,即可设置该容器采用网格式布局。之后,单击组件面板上的某个组件,光标移动到容器上时,容器中会出现行列交织的网格,光标指针所指的网格单元以绿色显示,并在鼠标指针下出现行列坐标,单击,则会在该网格单元创建组件(见图 5.9)。

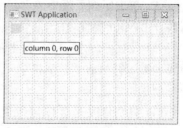

图 5.9 容器的 GridLayout 布局

5.5.1 GridLayout 的属性

为一个容器设置网格式布局,展开 Layout 属性组后列出了其中的子属性(见图 5.3)。单击设计视图顶行的 ▦(Layout Assistant)按钮,弹出一个单独的布局设置窗口(见图 5.10)。

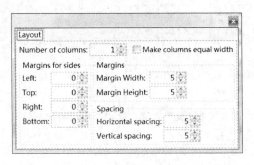

图 5.10 容器网格式布局设计窗口

1. numColumns

numColumns 属性设置网格的列数,在网格式布局设置对话框中(见图 5.10)是 Number of columns。组件从左到右放置在不同的列中,当第 numColumns+1 个组件被加到容器中时,添加一个新行排布该组件。默认列数为 1。

当选取创建有组件的采用网格式布局的容器时,在容器顶部和左边会出现网格的列号和行号,右击列号或行号会弹出快捷菜单(见图 5.11),可以设置该列组件的对齐方式、抢占属性,还可以删除整列或整行。

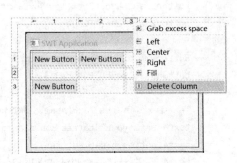

图 5.11 网格式布局设计窗口的列号和行号及快捷菜单

例 5.3 创建带有 5 个不同宽度按钮(Button)的窗体,设置 GridLayout 为该窗体的布局管理器。

操作步骤:

(1) 在 chap05 项目中新建 SWT Application Window,类名为 GridLayoutTest1。

(2) 单击组件面板中的 Layouts 组的 GridLayout 组件,然后在窗体上单击。在属性面板展开 Layout 属性,在子属性 numColumns 值列输入 3。

(3) 按住 Ctrl 键,单击组件面板中 Controls 组中的 Button,连续在第一行前 3 个网格单元和第二行的前 2 个网格单元单击,在窗体中依次创建 5 个按钮,连续按几次 Esc 键退出连续创建模式。

(4) 分别修改 5 个按钮组件的 Variable 属性值为 button1、button2、button3、button4 和 button5,text 属性值分别设置为 B1、Wide Button 2、Button 3、Btn 4 和 B5。

(5) 运行程序。分别将 Layout 的 numColumns 子属性值修改为 2 和 1,反复运行。

表 5.4 显示了当 numColumns 被设为 1、2 或者 3 时的运行结果。

表 5.4 不同列数的网格式布局 5 个按钮的排列

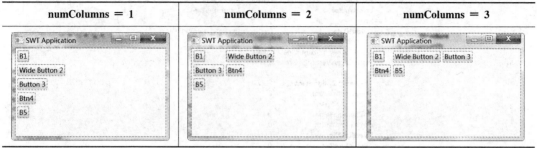

2. makeColumnsEqualWidth

makeColumnsEqualWidth 属性设置为 true 时,强制让所有列都具有相同的宽度。默认值为 false。设置例 5.3 的 numColumns 为 3,运行程序。再设置 makeColumnsEqualWidth 属性为 true,运行程序。结果比较如表 5.5 所示。

表 5.5 makeColumnsEqualWidth 设置对网格式布局的影响

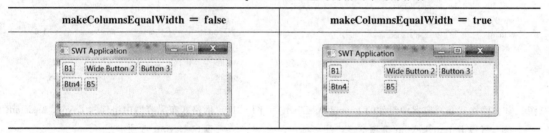

3. marginWidth、marginHeight、horizontalSpacing 和 verticalSpacing

GridLayout 中的 margin 和 spacing 属性与 RowLayout 中的含义相同。不同之处在于,左边和右边的边距(margin)被组合成 marginWidth,而顶部和底部的边距被组合成 marginHeight。而且,在 GridLayout 中,可以独立地指定水平间距(horizontalSpacing)和竖直间距(verticalSpacing),然而在 RowLayout 中,间距(spacing)应用于水平或者垂直样式取决于 RowLayout 的类型。

marginLeft、marginRight、marginTop 和 marginBottom 分别设置左、右、上和下边距。

5.5.2 布局数据 LayoutData

选择网格式布局中的某个组件后,展开属性面板中的 LayoutData 属性组,可看到有十几个子属性,可以从多个方面对该组件的布局细节进行设置(见图 5.12)。选取组件,单击设计视图顶行的 图(Layout Assistant)按钮,弹出一个单独的布局设置对话框窗口,其中选项卡 Parent Layout 用于设置该组件所在容器的网格式布局参数(见图 5.13),选项卡 Layout Data 用于设置组件本身的布局数据参数(见图 5.14)。

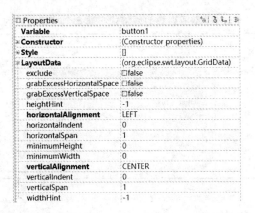

图 5.12　网格式布局容器中组件的 LayoutData 属性组

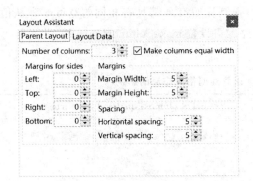 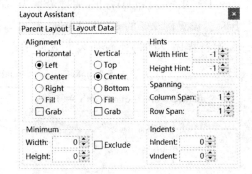

图 5.13　网格式布局容器中组件的 Layout Assistant 窗口 Parent Layout 选项卡　　图 5.14　网格式布局容器中组件的 Layout Assistant 窗口 Layout 选项卡

1. horizontalAlignment 和 verticalAlignment 属性

Alignment 属性指定一个网格单元中组件的对齐方式。从图 5.14 可见,水平方向有 4 种对齐方式:Left、Center、Right 和 Fill,分别设置组件在网格中靠左对齐、居中放置、靠右对齐和水平填充网格。垂直方向也有 4 种对齐方式:Top、Center、Bottom 和 Fill,分别设置组件在网格中靠网格顶端、垂直居中、靠网格底边放置和垂直填充。默认的 horizontalAlignment 值是 Left,verticalAlignment 值是 Center。

选取组件时上边框右部会出现 和 按钮(　　　　　　　),单击它们会出现设置组件对齐方式的快捷菜单,对例 5.3 的程序界面,设置 numColmuns 为 3,makeColumnsEqualWidth 为 false。然后对 B5 按钮设置不同的 horizontalAlignment 属性值,运行效果如表 5.6 所示。

表 5.6　horizontalAlignment 不同取值对 B5 布局的影响

horizontalAlignment 不同取值	结果
horizontalAlignment＝GridData.LEFT（默认）	

续表

horizontalAlignment 不同取值	结　　果
horizontalAlignment=GridData.CENTER	
horizontalAlignment=GridData.RIGHT	
horizontalAlignment=GridData.FILL	

2. horizontalIndent 和 verticalIndent 属性

horizontalIndent 属性通过指定一个特定数目的像素数把一个组件的起始位置右移，即向右进行缩进。该属性只在 horizontalAlignment 值为 LEFT 时有用。同理，VerticalIndent 属性通过指定一个特定数目的像素数把一个组件起始位置下移，即向下进行缩进。该属性只在 horizontalAlignment 值为 TOP 时有用。

如对例 5.3 的 B5 按钮设置默认对齐方式后，设置 horizontalIndent 为 20，verticalIndent 为 10，效果如图 5.15 所示。

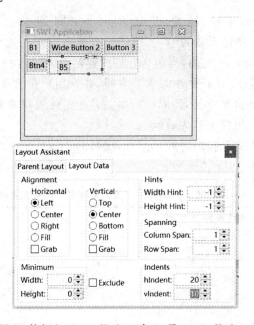

图 5.15　设置 B5 按钮 horizontalIndent 为 20 及 verticalIndent 为 10 的效果

3. horizontalSpan 和 verticalSpan 属性

horizontalSpan 设置组件占用的列数，默认值为 1。为该属性设置大于 1 的值，使一个组件水平占据一行中多列网格。verticalSpan 设置组件占用的行数，默认值为 1。为该属性设置大于 1 的值，使一个组件竖直占据一列中的多行网格。它们通常和 FILL 对齐（aligment）一起使用。

例 5.4 对例 5.3 的 B5 按钮，设置 horizontalSpan 属性值为 2，horizontalAlignment 属性值为 FILL。再次恢复 B5 按钮属性为默认值，设置 Button3 按钮的 verticalSpan 属性值为 2，verticalAlignment 属性值为 FILL。运行结果如表 5.7 所示。

表 5.7 button3 的 Span 属性对布局的影响

Span 属性	结　　果
horizontalSpan＝2 horizontalAlignment＝FILL	
verticalSpan＝2 verticalAlignment＝FILL	

4. grabExcessHorizontalSpace 和 grabExcessVerticalSpace 属性

grabExcessHorizontalSpace 属性设置为 true，则组件水平抢占容器空间，grabExcessVerticalSpace 属性设置为 true，组件竖直抢占空间。这两个属性经常被较大的组件如 Text、List 或者 Canvas 使用，当包含它们的容器变大时这些组件也相应增大。如果一个组件（如 Text）抢占（grab）了额外的水平空间，并且用户扩大了窗口的宽度，那么这个组件会占用所有这些新的水平空间，而同一行中的其他组件维持原来的宽度。反之，当窗口缩小时抢占了额外空间的组件也最先收缩。

对例 5.4 进行对齐方式和抢占方式的组合，保持 Button3 竖直占据两行，运行程序得到表 5.8 中的布局效果。

表 5.8 不同对齐方式和抢占方式对组件 Button3 的影响

不同对齐方式和抢占方式	布 局 效 果
verticalAlignment＝FILL horizontalAlignment＝FILL grabExcessHorizontalSpace＝false grabExcessVerticalSpace＝false （窗口变大，组件大小不变）	

续表

不同对齐方式和抢占方式	布 局 效 果
verticalAlignment＝FILL horizontalAlignment＝FILL grabExcessHorizontalSpace＝true grabExcessVerticalSpace＝false （窗口变大，Button3 组件水平抢占增加的宽度）	
verticalAlignment＝FILL horizontalAlignment＝FILL grabExcessHorizontalSpace＝false grabExcessVerticalSpace＝true（窗口变大，Button3 组件竖直抢占增加的高度，但其宽度不变）	
verticalAlignment＝FILL horizontalAlignment＝FILL grabExcessHorizontalSpace＝true grabExcessVerticalSpace＝true B1 和 Btn4 双向填充而不抢占（窗口变大，Button3 组件水平和竖直抢占增加的宽度和高度，最后一行变高，最后一列变宽，其余行高度不变，其余列宽度不变）	
B1 和 Button3：verticalAlignment＝FILL horizontalAlignment＝FILL grabExcessHorizontalSpace＝true grabExcessVerticalSpace＝true（窗口变大，B1 和 Button3 均分放大的空间）	
verticalAlignment＝BOTTOM horizontalAlignment＝RIGHT grabExcessHorizontalSpace＝true grabExcessVerticalSpace＝true B1 和 Btn4 恢复原设置（窗口变大，Button3 组件的宽度和高度不变，但在增大的空间中排列）	

在一个典型的 GUI 应用程序窗口中，通常至少需要一个抢占属性的组件。如果有多个抢占属性的组件，则窗口放大增加的额外空间会被均匀地分配到这些抢占式的组件中。如果一个组件抢占了额外的水平空间并且它的父容器变宽了，那么包含这个组件的整个列都会变宽。如果一个组件抢占了额外的垂直空间并且它的父容器变高了，那么包含这个组件的整个行都会变高。也就是说，如果任何在同一受影响的列或行中的组件具有填充对齐（fill alignment）属性，那么它也会伸展。具有开始（LEFT 或 TOP）、居中（CENTER）或末

尾（RIGHT 或 BOTTOM）对齐属性的组件不会伸展，它们会维持在变宽的这一列或者变高的这一行的开始、中间或者末尾处。

5. widthHint 和 heightHint 属性

在不与 GridLayout 的约束系统中的其他需求发生冲突的情况下，widthHint 和 heightHint 属性以像素为单位指定一个组件的宽和高。

注意：在跨平台的应用中硬编码组件的大小通常不是布局窗口的最好办法，因为在一个平台上看起来很好的设计在另一个平台就未必，因此，应尽可能少使用。

设置例 5.4 的 B5 按钮的 widthHint＝50、heightHint＝40 及 horizontalAlignment＝LEFT 运行。然后，设置 horizontalAlignment＝FILL，再次运行，结果如表 5.9 所示。

表 5.9　B5 组件宽度和高度建议效果与水平对齐设置有关

水平对齐设置	结　　果
widthHint＝50 heightHint＝40 horizontalAlignment＝LEFT （B5 的宽度和高度按建议的大小显示）	
widthHint＝50 heightHint＝40 horizontalAlignment＝FILL（B5 的宽度建议与水平填充的设置冲突，建议值未生效）	

5.5.3　设计实例

例 5.5　对例 3.9 完成的图 3.16 窗体，即学生成绩管理系统的用户登录界面进行布局设计，使其在窗口大小变化时功能组件总能保持在窗口中部。

分析：登录窗口（见图 3.16）在设计时并未设置布局管理器，WindowBuilder 采用了绝对布局，绝对定位各个组件。因此，在窗口变大时，窗口的右部和下部出现较大空白，组件在偏左上部位置，当窗口变小时右部和下部收缩，可能会使部分组件出现在窗口之外。对此，可以设置窗体采用网格式布局，在窗体的最左边保留一个空列，最右边增加一个空列。在网格的左上角和右下角分别设置填充标签，并让它们具有填充和抢占属性，以占据两边及上下空白空间，将内容组件"挤"到窗体的中央区域。

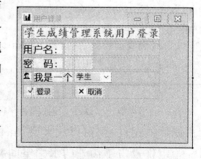

图 5.16　例 3.8 完成的登录界面转换的网格式布局

设计步骤：

(1) 在包资源管理器窗口右击 StdScoreManaV0.1 项目,在快捷菜单中单击【复制】菜单项,再次右击,选择捷菜单中的【粘贴】菜单项,项目名文本框输入 StdScoreManaV0.2。

(2) 打开项目 StdScoreManaV0.2 下的 UserLogin.java,切换到设计视图选择窗体,在属性面板单击 Layout 属性值列右侧的下三角按钮,选择 GridLayout 列表项。设计界面出现网格线,发现许多组件占据了多列。图 5.16 是例 3.8 完成的登录界面转换的网格式布局,读者所设计界面转换后的网格式布局细节不一定与此一致,但一般都需要调整。

(3) 选取图 5.16 视图中的第 4 行【我是一个】标签,打开 Layout Assistant 窗口,设置它的 Layout Data 的 Column Span 为 1。以同样方法设置【用户名:】和【密　码:】标签的 Column Span 为 1。完成这几步调整后的界面布局如图 5.17 所示。

对图 5.17 界面布局,选取 comboActor 组合框,按住鼠标向右拖动一个网格单元,同样将【我是一个】标签向右拖动一个网格单元,将 labelActorImg 标签拖动到【我是一个】标签的左侧。选取【登录】按钮,设置 Column Span 为 1。选取 labelCaption 标签,设置 Column Span 为 3。完成这几步调整后的界面布局如图 5.18 所示。

图 5.17　采用网格式布局部分调整后的登录界面

图 5.18　采用网格式布局部分调整后的登录界面

(4) 在网格的第 1 行第 1 列和第 6 行第 4 列各创建一个标签,设置 Variable 属性分别为 lt 和 rb,标签上无文字。设置它们的前景色和背景色与窗体的背景色相同,水平和竖直抢占。

(5) 本例发现第 2 行的线型标签多占用右边一列,选取该标签,鼠标指向右边框上的绿色调整控柄,按下鼠标左键向左拖动直至留出最右边一列。设置该标签 horizontalAlignment 值为 FILL。

(6) 将第 6 行的【登录】和【取消】按钮分别向右移动一列。设置【取消】按钮的 horizontalAlignment 值为 RIGHT。

(7) 设置文本框 textUser 和 textPass 的 horizontalSpan 值为 2,horizontalAlignment 值为 FILL。

(8) 设置标签 labelActorImg 和 labelActor 的 horizontalAlignment 值为 CENTER。

设计完成后的用户登录界面如图 5.19 所示,运行程序初始界面如图 5.20 所示,放大窗口后界面如图 5.21 所示。可见,运行效果基本符合要求。

图 5.19　用户登录界面设计截图　　　　图 5.20　用户登录界面运行截图—初始窗口

图 5.21　用户登录界面运行截图—放大窗口

5.6　表格式布局

　　表格式布局(FormLayout)是一种非常灵活、精确的布局方式,也是最复杂的布局方式,功能十分强大,几乎可以模拟其他任意布局。表格式布局管理器采用面向约束的机制,可以单独控制组件 4 个边的大小变化,组件的顶边框、底边框、左边框和右边框可以采用固定或相对位移,各边独立地依附父容器的边或同一个容器中其他组件的边,或以其他组件为参照相对布局,并采用像素或者容器宽高的百分比来指定组件的位置与大小。

　　为一个容器设置表格式布局的方法是:选择容器之后,在属性面板的 Layout 属性值列右边单击下三角按钮,选择 FormLayout 布局即可。也可以单击组件面板中的 Layouts 组中的 FormLayout 组件,然后在容器中单击。

5.6.1 FormLayout 的属性

FormLayout 布局管理器属性十分简单,只需指定边距和间距。展开应用 FormLayout 布局管理器容器的 Layout 属性组,可以看到该布局的属性有 marginHeight、marginWidth、marginBottom、marginLeft、marginRight、marginTop 和 spacing。

marginWidth:设置组件与容器边缘的水平距离,默认值为 0。

marginHeight:设置组件与容器边缘的垂直距离,默认值为 0。

spacing:设置相邻组件之间的间距,默认值为 0。

marginBottom、marginLeft、marginRight、marginTop:分别设置组件与容器底边框、左边框、右边框和顶边框的距离,默认值为 0。

当指定采用表格式布局容器的边距和间距为非 0 值后,目标组件距容器边框的距离是边距加上偏移量,目标组件距参照组件的距离是间距加上偏移量。

5.6.2 设置参照物与锚点

在采用表格式布局的容器中布局组件时,首先要确定一个参照物。参照物一般是与被布局组件处于同一父容器中的相邻组件。可以为被布局组件的每一个边设置一个参照物。4 个边的参照物可以是同一个组件,也可以是不同的组件。

设置参照物的方法是:选取被布局组件(如 button3)后展开属性面板中的 LayoutData 属性,进一步展开被定位边(如 left)的子属性列表,单击 control 属性值列,选取其中的一个组件(如 button2),则被选组件是参照组件(见图 5.22),可以看到在属性面板该边的值列会显示这个参照组件名(如 left (button2, 49))。

参照组件的参照边称为锚点。设置锚点的方法是:单击被布局组件属性面板中 LayoutData 属性下被定位边(如 top)的 alignment 属性值列,选择列表其中一项(如 TOP,见图 5.23)。也可以在设计区选取组件后,对于上下边框单击组件上边框右部的 ↑ 按钮,对于左右边框单击 ← 按钮,在弹出菜单中选取其中一项(见图 5.24)。锚点以 或 标示。设置锚点后,被定位组件的被定位边与锚点即建立了关联。关联边以 或 标示,其中处于选择状态的边(或)是被定位边。

如果被定位边是上下边框,那么可以设置 SWT.TOP、SWT.CENTER 和 SWT.BOTTOM。如果被定位边是左右边框,可以设置 SWT.LEFT、SWT.CENTER 和 SWT.RIGHT。该属性一般在指定的参照物不是组件所在的父容器时使用,否则无效。

如果没有明确设置 control 属性,且 control 属性值为空,则该边的参照物为组件所在的容器,且不可设置锚点。如图 5.23 所示的 button3 组件 right 边的参照物就是窗体。WindowBuilder 采用 Autosize control 模式时自动确定参照物和锚点。

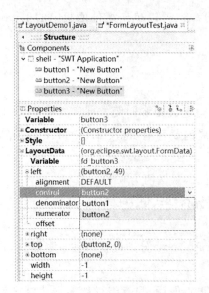
图 5.22 设置参照组件

图 5.23 设置锚点

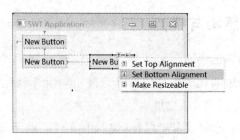
图 5.24 设置锚点快捷菜单

5.6.3 设置偏移量

当设置了参照物和锚点后,为组件设置一个以像素为单位的关联边的偏移量定位组件。设置方法是:单击被布局组件属性面板中 LayoutData 属性下被定位边(如 top)的 offset 属性值列,输入偏移量像素值(如 20,见图 5.25)。偏移量也可以是通过拖放组件产生的,如图 5.25 中组件 button3 的 left 边的 offset。当然可以通过修改 offset 的值改变偏移量。

5.6.4 相对于父容器的快速约束设置

如果以组件所在的父容器为参照物,则可以采用快速设置约束的方法定位组件。设置方法是:右击被布局组件,在快捷菜单中选择 Quick constraints 菜单下的一个菜单项,然后通过拖动组件或在属性面板设置约束边距父容器对应边的偏移量。可以选择2个、3个甚至4个约束边,相应菜单项前面的图标图示了约束边。例如, Bottom Left 菜单项表示选用组件的底边和左边为约束边,图 5.26 设置 bottom 边的 offset 为 −25,指示 button4 的底边框距窗体的底边框向上偏移 25 个像素;left 边的 offset 为 55,指示

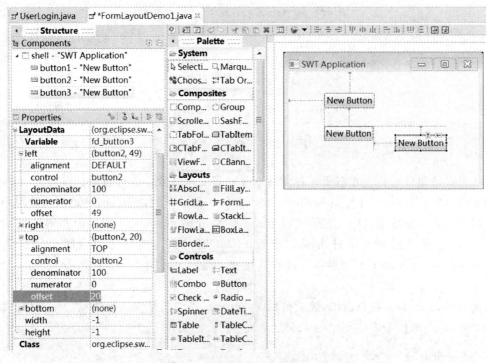

图 5.25　设置关联边的偏移量 offset

button4 的左边框距窗体的左边框向右偏移 55 个像素。运行程序，缩放窗口，button4 按钮总是保持底边框距窗体的底边框向上偏移 25 个像素，左边框距窗体的左边框向右偏移 55 个像素（见图 5.27）。

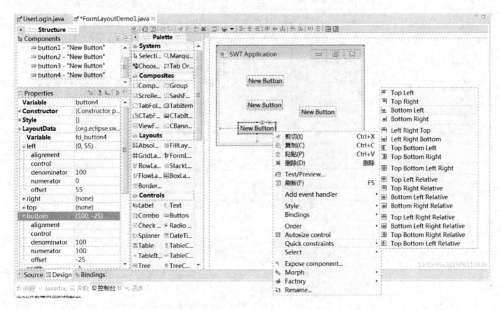

图 5.26　通过 Quick constraints 布局组件

图 5.27.1　初始窗口　　　　　图 5.27.2　窗口增宽增高　　　　图 5.27.3　窗口变窄变低

还可以使组件的边框相对于父容器的宽度和高度以百分比进行布局。设置方法是：右击被布局组件，在快捷菜单中选择 Quick constraints 菜单下的以 Relative 结尾的菜单项，然后在属性面板设置约束边距父容器关联边长度的百分比 numerator 属性值及偏移量 offset 值。之后，可以通过拖动组件可视化设置 offset 属性值。被定位边距锚点的位置是：numerator/denominator ×父容器宽度或高度＋ offset ＋边距。denominator 一般保持默认值 100。

运行图 5.28 程序可以看出，缩放窗口时 button4 按钮总是保持顶边框位于窗体高度的 75%之处，右边框位于窗体宽度的 42%之处（见图 5.29）。

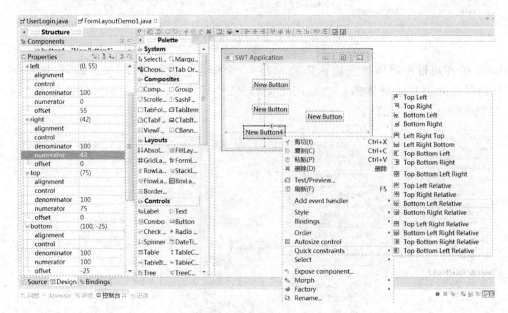

图 5.28　通过 Quick constraints 相对布局组件

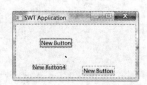

图 5.29.1　初始窗口　　　　　图 5.29.2　窗口增宽增高　　　　图 5.29.3　窗口变窄变低

5.6.5 布局数据 LayoutData 的属性

采用表格式布局的容器中组件的 LayoutData 属性首先有 Variable 子属性，设置该组件布局数据对象的变量名。此对象是布局数据类 FormData 的实例，创建组件时由 WindowBuilder 自动生成。例如，对图 5.25 的 button3 组件，在属性面板中看到它的 Variable 属性值为 fd_button3，查看源代码发现，对应的语句"FormData fd_button3 = new FormData();"创建了该布局数据类对象，属性名 fd_button3 是该对象的引用。

对应于组件 4 个边的 LayoutData 子属性 left、right、top 和 bottom，分别用于设置对组件 4 个边框的约束。对组件边框的约束内容在其子属性中列出，包括 alignment、control、denominator、numerator 和 offset，各自的作用如前所述。查看源代码发现，对于每个子属性设置，WindowBuilder 都自动生成一个 FormAttachment 类的对象，并将其设置为该组件布局数据对象的 left、right、top 和 bottom 字段值。例如，对图 5.25 的 button3 组件设置了 left（创建组件时自动设置）和 top 属性，对应的语句如下：

```
fd_button3.top = new FormAttachment(button2, 20, SWT.TOP);
fd_button3.left = new FormAttachment(button2, 49);
```

FormAttachment 类是布局数据类 FormData 的辅助类，通过该类的对象指定组件在父容器中的贴附位置。该类有 7 个构造方法可以灵活地进行布局，它们是：

(1) FormAttachment()——组件紧贴父容器的左边缘和上边缘，如果父容器设置了 FormLayout 属性 marginWidth 和 marginHeight，则距父容器的上边缘和左边缘为 marginHeight 和 marginWidth 的设定值。

(2) FormAttachment(Control control)——以指定的组件 control 为参照物。这个参照物既可以是父容器，也可以是其他组件。

(3) FormAttachment(Control control, int offset)——以指定的组件 control 为参照物，相对指定组件的偏移量为 offset。

(4) FormAttachment(Control control, int offset, int alignment)——以指定的组件 control 为参照物，偏移量为 offset，alignment 值为锚点。alignment 的取值为 SWT.TOP、SWT.BOTTOM、SWT.LEFT、SWT.RIGHT、SWT.CENTER。

(5) FormAttachment(int numerator, int denominator, int offset)——以组件相对于父容器宽度或高度的百分比（numerator/denominator × 100）定位组件。offset 是偏移量。

(6) FormAttachment(int numerator, int offset)——以组件相对于父容器宽度或高度的百分比（numerator）定位组件，numerator 为分子，分母为默认值 100，offset 是偏移量。

(7) FormAttachment(int numerator)——以组件相对于父容器宽度或高度的百分比（numerator）定位组件，numerator 为分子，分母为默认值 100，偏移量为默认值 0。

WindowBuilder 采用其中一个合适的构造方法自动生成 FormAttachment 类的对象。例如，对于图 5.25 的 button3 组件 left 采用了构造方法(3)，对 top 采用了构造方法(4)。对于图 5.28 的 button4，4 个边的约束对应的语句是：

```
fd_button4.top = new FormAttachment(75);
fd_button4.right = new FormAttachment(42);
```

```
fd_button4.bottom = new FormAttachment(100, -25);
fd_button4.left = new FormAttachment(0, 55);
```

分别采用了构造方法(7)和(6)。

LayoutData 的子属性 width 设置组件的宽度,height 设置组件的高度,单位是像素。如果 width 和 height 设置的宽度和高度与 FormAttachment 设置的约束发生冲突,则按照 FormAttachment 设置,width 和 height 的设定值被忽略。

5.6.6 表格式布局的设计实例

例 5.6 将例 5.5 完成的学生成绩管理系统的用户登录窗体中的【取消】按钮修改为【修改密码】按钮,并应用表格式布局设计修改密码窗口,使用户能够对自己的账户密码进行修改。

分析:修改密码界面与用户登录界面比较相似。为了确保用户密码输入和记忆正确,需要两个输入密码的文本框。在修改密码界面中用户名和用户身份不允许修改,其值从登录界面传入。该界面中使用的 SWT GUI 组件共有 12 个。窗体初始宽度为 400 像素、高度为 300 像素。原型中组件排列为 6 行(第二个密码输入文本框占一行)。为美观起见,界面上方、下方、左边和右边各留 15%空白。标题标签定位之后,其余各组件依次以相邻组件为参照进行定位。

设计步骤:

(1) 在包资源管理器窗口右击 StdScoreManaV0.2 项目,在快捷菜单中单击【复制】菜单项,再次右击,选择快捷菜单中的【粘贴】菜单项,项目名文本框输入 StdScoreManaV0.3。以下操作步骤全部在项目 StdScoreManaV0.3 中进行。

(2) 右击 book.stdscore.ui 包中的 UserLogin.java 文件,在快捷菜单中单击【复制】菜单项,再次右击,选择快捷菜单中的【粘贴】菜单项,输入新的名称 ModifyPassword,单击【确定】按钮。

(3) 打开 ModifyPassword 窗体,在源代码视图下添加字段"private User user;",单击【源码】|【使用字段生成构造函数】菜单项,选择 user 字段,单击【确定】按钮。用类似操作为 shell 生成 Getter 方法。

(4) 打开 UserLogin 窗体,修改原【取消】按钮的 Variable 属性值为 buttonModiPass,text 属性值为【修改密码】,image 属性值为 null。右击【修改密码】按钮,在快捷菜单中选择 Add event handler|selection|widgetSelected 菜单项,在 widgetSelected 方法体中输入以下代码:

```
User user = new User(textUser.getText().trim(), textPass.getText().trim(),
                                       comboActor.getSelectionIndex());
Shell oldShell = null;
if (new UsersSet().isValid(user)) {
    shell.dispose();
    ModifyPassword mp = new ModifyPassword(user);
    mp.open();
    shell = mp.getShell();
} else {
```

```
        textUser.setText("");
        textPass.setText("");
    }
```

（5）打开 ModifyPassword 窗体，选择窗体，在属性面板中设置窗体的 minimumSize 为 (450,500)，size 为 (450,500)，Layout 属性为 FormLayout，text 属性值修改为"账户密码修改"。

（6）选择 labelCaption 标签，在属性面板修改 text 属性值为"账户密码修改"，alignment 属性值为 CENTER。右击该标签组件，在快捷菜单中选择 Quick constraints | Top Left Right Relative 菜单项。展开 LayoutData 属性组，修改 top 的子属性 numerator 值为 15，offset 值为 0；修改 bottom 的子属性 numerator 值为 15，offset 值为 30；修改 left 的子属性 offset 值为 127((40+214)/2)，right 的 offset 子属性值为 127。

（7）选择 labelT 标签，展开 LayoutData 属性组，修改 top 的子属性 control 值为 labelCaption，offset 值为 10；修改 left 的子属性 offset 值为 0，numerator 值为 8；right 的子属性 offset 值为 0，numerator 值为 92。

（8）选择 labelUser 标签，展开 LayoutData 属性组，修改 top 的子属性 control 值为 labelT，offset 值为 20；修改 left 的子属性 numerator 值为 15，offset 值为 0。

（9）选择 textUser 文本框，展开 LayoutData 属性组，修改 left 的子属性 control 值为 labelUser，offset 值为 10；修改 right 的子属性 numerator 值为 85，offset 值为 0；修改 top 的子属性 control 值为 labelUser，alignment 属性值为 TOP，offset 值为 0；修改 bottom 的子属性 control 值为 labelUser，alignment 属性值为 BOTTOM，offset 值为 0。修改该组件的 editable 属性值为 false。切换到源代码视图，手工添加语句"textUser.setText(user.getName());"。

（10）选择 labelPass 标签，展开 LayoutData 属性组，修改 left 的子属性 control 值为 labelUser，alignment 属性值为 LEFT，offset 值为 0；修改 top 的子属性 control 值为 labelUser，offset 值为 20。

（11）选择 textPass 文本框，展开 LayoutData 属性组，修改 left 的子属性 control 值为 labelPass，offset 值为 10；修改 right 的子属性 numerator 值为 85，offset 值为 0；修改 top 的子属性 control 值为 labelPass，alignment 属性值为 TOP，offset 值为 0；修改 bottom 的子属性 control 值为 labelPass，alignment 属性值为 BOTTOM，offset 值为 0。

（12）右击 textPass 文本框，在快捷菜单中选择【复制】菜单项。再次右击 textPass 文本框，在快捷菜单中选择【粘贴】菜单项，并修改新生成的文本框的 Variable 属性值为 textPass2。

（13）选择 textPass2 文本框，展开 LayoutData 属性组，修改 left 的子属性 control 值为 textPass，alignment 属性值为 LEFT，offset 值为 0；修改 right 的子属性 control 值为 textPass，alignment 属性值为 RIGHT，offset 值为 0；修改 top 的子属性 control 值为 textPass，offset 值为 20。

（14）选择 labelActorImg 标签，展开 LayoutData 属性组，修改 left 的子属性 control 值为 labelPass，alignment 属性值为 LEFT，offset 值为 30；修改 right 的子属性 control 值为 labelPass，alignment 属性值为 RIGHT，offset 值为 −30；修改 top 的子属性 control 值为 textPass2，offset 值为 30。

（15）选择 labelActor 标签，展开 LayoutData 属性组，修改 left 的子属性 control 值为 labelActorImg，offset 值为 10；修改 top 的子属性 control 值为 labelActorImg，alignment 属性值为 TOP，offset 值为－3；修改 bottom 的子属性 control 值为 labelActorImg，alignment 属性值为 BOTTOM，offset 值为 3。

（16）选择 comboActor 组合框，展开 LayoutData 属性组，修改 left 的子属性 control 值为 labelActor，offset 值为 10；修改 right 的子属性 control 值为 textPass2，alignment 属性值为 RIGHT，offset 值为－20；修改 top 的子属性 control 值为 labelActor，alignment 属性值为 TOP，offset 值为 0；修改 bottom 的子属性 control 值为 labelActor，alignment 属性值为 BOTTOM，offset 值为 0。修改该组件的 enabled 属性值为 false。切换点源代码视图，手工添加语句"comboActor.select(user.getJob());"。

（17）修改原【登录】按钮的 Variable 属性值为 buttonSave，text 属性值为"保存"；修改原【取消】按钮的 Variable 属性值为 buttonClose，text 属性值为"关闭"。

（18）右击【关闭】按钮，在快捷菜单中选择 Quick constraints|Bottom Right Relative 菜单项。展开 LayoutData 属性组，修改 right 的 numerator 为 75，offset 为 0；修改 bottom 的 numerator 为 85，offset 为 0。

（19）右击【保存】按钮，在快捷菜单中选择 Quick constraints|Bottom Right Relative 菜单项。展开 LayoutData 属性组，修改 right 的 numerator 为 75，offset 为－130；修改 bottom 的 numerator 为 85，offset 为 0。

（20）为 textPass 和 textPass2 注册 ModifyListener，代码如下：

```
String usrR = "[\\w]+";
String usrG = "有非法字符!\n只能使用字母、数字和下画线.";
MyModifyListener textUserListener = new MyModifyListener(shell, usrR, usrG);
textUser.addModifyListener(textUserListener);
textPass.addModifyListener(textUserListener);
textPass2.addModifyListener(textUserListener);
```

（21）在设计视图右击 textPass2 组件，在快捷菜单中选择 Add event handler|focus|focusLost 菜单项，在事件处理方法"public void focusLost(FocusEvent e){}"中输入如下语句：

```
String pass1 = textPass.getText().trim();
String pass2 = textPass2.getText().trim();
if(pass2 == null || "".equals(pass2) || !pass2.equals(pass1)) {
    textPass.setText("");
    textPass2.setText("");
    textPass.setFocus();
} else {
    user.setPassword(pass2);
}
```

（22）打开 book.stdscore.dada 包中的 User.java 文件，为 password 字段生成 Setter 方法。

(23) 打开 book.stdscore.dada 包中的 UsersSet.java 文件，添加一个 updateUsers 方法，以便将修改密码后的用户账户信息重新写入文件 users.txt。该方法源代码如下：

```java
public void updateUsers(User user) {
    try {
        FileWriter fw = new FileWriter("users.txt");
        Iterator<User> it = usersSet.iterator();
        User u = null;
        while(it.hasNext()) {
            u = it.next();
            if(u.getName().equals(user.getName())&&u.getJob() == user.getJob()) {
                u.setPassword(user.getPassword());
            }
            fw.write(u.getName() + ":" + u.getPassword() + ":" + u.getJob() + "\r\n");
        }
        fw.flush();
        fw.close();
    } catch (IOException e) {
        //TODO 自动生成的 catch 块
        e.printStackTrace();
    }
}
```

(24) 为修改密码窗口 ModifyPassword 的【保存】按钮注册 Selection 事件监听器，源代码如下：

```java
buttonSave.addSelectionListener(new SelectionAdapter() {
    @Override
    public void widgetSelected(SelectionEvent arg0) {
        new UsersSet().updateUsers(user);
    }
});
```

(25) 为修改密码窗口 ModifyPassword 的【关闭】按钮注册 Selection 事件监听器，源代码如下：

```java
buttonClose.addSelectionListener(new SelectionAdapter() {
    @Override
    public void widgetSelected(SelectionEvent e) {
        shell.dispose();
    }
});
```

完成上述步骤后运行本项目的 UserLogin.java 程序，在登录窗口中输入一个合法账户信息（见图 5.30.1），单击【修改密码】按钮进入到修改密码窗口（见图 5.30.2）。放大修改密码窗口，组件的布局更加协调美观（见图 5.30.3），达到了设计要求。修改密码后单击【保存】按钮，查看 users.txt 文件内容，发现该账户的密码也是新修改的。

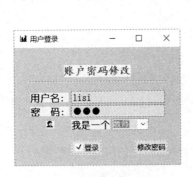

图 5.30.1 用户登录窗口

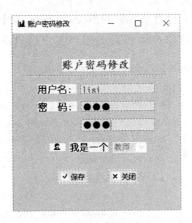

图 5.30.2 修改密码初始窗口

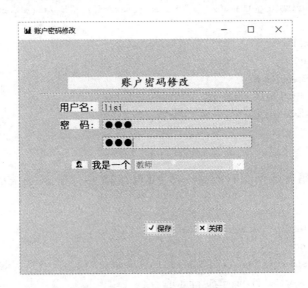

图 5.30.3 扩大修改密码窗口

5.7 堆栈式布局

堆栈式布局(StackLayout)设置容器内所有组件的位置、大小相同,然后层叠在一起,只有位于最上面的组件可见。StackLayout 类定义了一套方法,使应用程序调配这些组件的次序或显示一个特定的组件。

选取窗体或其他容器,在属性面板的 Layout 属性值列右侧单击下三角按钮,选择列表中的 StackLayout,即设置该容器采用堆栈式布局。在组件面板单击 Layouts 组中的 StackLayout 组件,在容器上单击,也会设置该容器采用堆栈式布局。

5.7.1 StackLayout 的属性

在设计视图单击采用 StackLayout 布局的容器,在属性面板展开 Layouts 属性,可以看到两个属性。

marginHeight：设置容器中组件距容器上下边框的边距,单位为像素。

marginWidth：设置容器中组件距容器左右边框的边距,单位为像素。

5.7.2 添加组件及控制组件的显示

在设计视图下单击组件面板中的某一个组件,然后将鼠标指针移到采用了StackLayout布局的容器中,容器中出现绿色方框,且出现绿色下带加号的鼠标指针时单击,即创建了一个组件。

容器内组件上边框的右端会出现【↑】和【↓】按钮,在容器中有多个组件时单击它们改变容器中组件的内部次序。

许多情况下需要在程序运行过程中动态改变显示的组件,这只需要改变StackLayout布局管理器的属性topControl,指定哪个组件位于堆栈最上层并可见。这个属性默认值是null,也就是说,如果不进行明确设置,没有组件会显示在窗体上。设置topControl为null并不会将使用StackLayout布局的容器中的组件删除。

查看生成的代码发现,设置容器采用堆栈式布局的语句是"shell.setLayout(new StackLayout());",没有为布局管理器对象定义引用。但是后续代码需要使用这个对象,因此选取"new StackLayout()"代码,右击后在快捷菜单中选择【重构】|【抽取局部变量】菜单项,在【抽取局部变量】对话框中选取两个复选框(见图5.31),单击【确定】按钮关闭对话框。之后可以使用该对象的引用变量改变显示的组件(例如"stackLayout.topControl = button1;",见图5.32)。

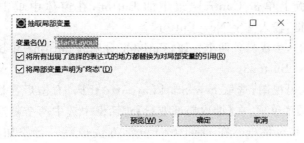

图5.31 重构——抽取表达式为局部变量

5.7.3 应用示例

例5.7 设计一个窗体,其中有3个按钮叠在一起。任何时刻只有一个按钮显示出来。当单击按钮时,显示下一个按钮。

分析：设置窗体的布局为堆栈式布局(StackLayout),可以使3个按钮大小和位置相同,且叠在一起。通过给按钮设计事件监听器修改堆栈式布局管理器的topControl属性,从而控制显示下一个按钮。注意,在设置了应该显示的按钮后,调用容器的layout方法使该组件显示出来。3个按钮SelectionEvent的处理一致,都是显示堆栈的下一个按钮,可以设计一个内部监听器类,以便重用代码。

```
protected void createContents() {
    shell = new Shell();
    shell.setModified(true);
    shell.setSize(450, 300);
    shell.setText("SWT Application");
    final StackLayout stackLayout = new StackLayout();
    shell.setLayout(stackLayout);
    
    Button button1 = new Button(shell, SWT.NONE);
    button1.setSelection(true);
    button1.setText("New Button1");
    
    Button button2 = new Button(shell, SWT.NONE);
    button2.setText("New Button2");
    shell.setTabList(new Control[]{button1, button2});
    stackLayout.
    
}
```

图 5.32 堆栈式布局变量的生成及显示组件的设置

设计步骤：

（1）右击 chap05 项目的 chap05 包，选择【新建】|SWT Application Window 菜单项，单击【下一步】按钮，名称输入 StackLayoutDemo，单击【完成】按钮。

（2）在设计视图下单击组件面板上 Layouts 组的 StackLayout 组件，在窗体上单击。

（3）在组件面板上单击 Controls 组中的 Button，在窗体中单击，设置 Variable 为 button1。按下空格键，输入文字 New Button1。

（4）重复步骤（3），生成另外两个按钮，Variable 分别为 button2 和 button3，文字分别为 New Button2 和 New Button3。

（5）切换到源代码视图，选取 new StackLayout()代码，右击后在快捷菜单中选择【重构】|【抽取局部变量】菜单项，在【抽取局部变量】对话框中选中两个复选框（见图 5.31），单击【确定】按钮关闭此对话框。在 createContents 方法最后一行添加语句"stackLayout.topControl = button1;"。

（6）在 StackLayoutDemot 类的内部设计一个 SelectionEvent 事件监听器类，代码如下：

```
class MySelectionListener extends SelectionAdapter {
    StackLayout stackLayout = null;
    MySelectionListener(StackLayout stackLayout) {
        super();
        this.stackLayout = stackLayout;
    }
    public void widgetSelected(SelectionEvent e) {
        Control[] child = sShell.getChildren();
        if(i < child.length - 1 ){
            i++;
        } else {
```

```
                i = 0;
            }
            stackLayout.topControl = child[i];           //堆栈顶为下一个按钮
            sShell.layout();                              //显示栈顶的按钮
        }
    }
```

作为组件显示序号的控制，在类 StackLayoutDemo 中设置一个成员计数变量"static int i = 0;"。

（7）在 createContents 方法中为 3 个 Button 添加事件监听器，添加以下 4 行语句：

```
MySelectionListener mySelectionListener = new MySelectionListener(stackLayout);
button1.addSelectionListener(mySelectionListener);
button2.addSelectionListener(mySelectionListener);
button3.addSelectionListener(mySelectionListener);
```

运行该程序，初始窗口显示按钮 New Button1，单击该按钮马上显示按钮 New Button2，单击 New Button2 后立即显示按钮 New Button3，单击 New Button3 后又立即显示按钮 New Button1，如此循环。

5.8 流式布局

流式布局（FlowLayout）是最简单的一种布局，也就是能力最弱的布局。按照组件加入的次序从左到右安排组件，当空间不足时，就移到下一行。在改变容器大小时，其中的组件可能移到下一行或上一行显示，但是组件次序不变。

要设置容器采用流式布局，在组件面板单击 Layouts 组中的 FlowLayout 组件，在容器上单击即可。流式布局有 3 个属性可以设置（见图 5.33）。

1. vgap（垂直间距）

vgap 设置上一行组件的下边框到下一行组件的上边框之间的距离。

2. hgap（水平间距）

hgap 设置左边组件的右框到相邻的右边组件的左框之间的距离。

3. alignment（对齐）

alignment 设置在向一行空间添加组件时该组件出现的位置。默认为 CENTER（居中）对齐，即第一个组件出现在行的中间。如果设置 RIGHT（右）对齐，则第一个组件在第一行最右边，添加第二个组件时，第一个组件向左平移，第二个组件变成该行最右边的组件，即组件依次从左向右进行排列，但靠右对齐。从图 5.33 可见，有 5 种对齐方式：CENTER（居中）、LEFT（左）、RIGHT（右）、LEADING（前导）和 TRAILING（尾随）。

在流式布局容器中通过 WindowBuilder 可视化添加组件时，一个组件可以放置在前一个组件的左边，也可在右边，还可以放置在已存在的两个组件的中间。具体位置有一个红色竖线指示(见图 5.34)。

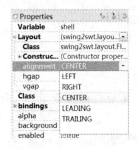
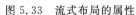
图 5.33 流式布局的属性

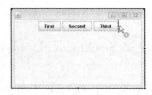 
图 5.34 位置指示竖线

在设计视图中组件排在一行,但是运行时随着窗口的缩放,组件自动排到下一行,或移动到上一行(见图 5.35)。

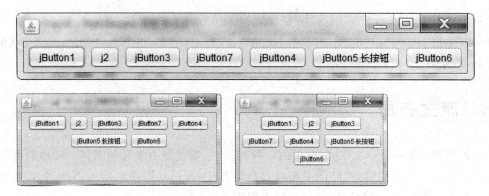
图 5.35 流式布局中组件随窗口大小变化自动重排

5.9 边框式布局

边框式布局(BorderkLayout)管理器将布局空间划分为北、东、南、西、中 5 个区域(见图 5.36),每个区域最多可以容纳一个组件。

要设置容器采用边框式布局,在组件面板单击 Layouts 组中的 BorderLayout 组件,在容器上单击即可。

边框式布局的属性只有垂直间距(vgap)和水平间距(hgap)两个,用于设置相邻组件之间的空白空间。

单击组件面板中的某个组件,将光标移到容器上时,或者在一个组件上按下鼠标左键拖动时,要放置组件的那个区域以黄色方块显示,其余区域以绿色显示。不能在已经有组件的区域中再放置组件。

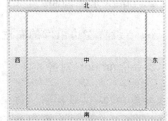
图 5.36 边框式布局的空间划分

如果四边的某一个位置没有组件,其空间被与该组件处在同一方向的中间组件占用。例如,删除图 5.36 中的【北】按钮,则【西】、【中】和【东】按钮向上增高占用了【北】按钮的空间。如果删除【东】按钮,则【中】加宽占据空间。如果四边组件删除,则【中】按钮增高并加宽占据全部布局空间。

5.10 盒式布局

盒式布局（BoxLayout）在一个水平行或一个垂直列中排列多个组件，与行式布局（RowLayout）及流式布局（FlowLayout）不同的是，当容器大小变化时组件不能换行。

在组件面板单击 Layouts 组中的 BoxLayout 组件，在窗体（或其他容器）上单击，设置窗体（或其他容器）采用 BoxLayout 布局。

BoxLayout 布局只有一个属性——axis（轴），用于指定组件的排列方向，设置为 X_AXIS 由左至右配置组件，设置为 Y_AXIS 由上至下配置组件。

当盒式布局管理器进行布局时，它将所有组件依次按照组件的首选尺寸依序进行水平或者垂直放置。假如布局的整个水平或者垂直空间的尺寸不能放下所有控件，那么盒式布局管理器会试图调整各个控件的大小来填充整个布局的水平或者垂直空间。

流式布局 FlowLayout、边框式布局 BorderLayout 和盒式布局 BoxLayout 是 Swing 组件库中的主要布局管理器，在 SWT 库中是在 swing2swt.layout 包中定义的。BoxLayout 在 Swing 中要灵活和复杂得多，且经常与 Swing 的填充器一起使用，但在 WindowBuilder 中则比较简单。

5.11 习题

1. 解释下列名词：

布局；布局管理器；位置（location）；客户区（clientArea）；区标（trim）；间距（spacing）

2. 什么是绝对定位？什么是托管定位？用这两种方法对组件进行布局管理各有什么优、缺点？

3. 窗体中有一个多行文本框，设计事件监听器，当窗口大小发生改变时，使文本框总是显示在窗口中央。

4. RowLayout 布局的 pack、justify 和 fill 属性对组件排列各有什么影响？它们之间互有什么影响？

5. GridData 的子属性 verticalAlignment、horizontalAlignment、grabExcessHorizontalSpace 和 grabExcessVerticalSpace 对组件布局有什么影响？

6. FormLayout、FormData 和 FormAttachment 各有什么功能？它们之间有什么关系？

第 6 章 容器的使用

SWT 采用自顶向下的方式构建 GUI，即先创建容器，再向容器中添加组件。通常父容器一旦创建并且添加了组件，以后便不能随意改变。组件在创建时添加到父容器中，销毁时从父容器中删除。容器也是进行界面设计和布局的重要工具。在设计复杂界面时，可以切分成几个板块，不同板块使用不同类型的容器组织组件，从而简化设计。

窗体 Shell 是最顶层的容器，运行时构成程序的窗口。关于 Shell 的设计在 3.1 节做了较为详细的介绍。SWT 中还有其他 10 种容器组件，在组件面板（Palette）的 Composites 组可看到 WindowBuilder 提供的 SWT 容器组件（见图 6.1）。本章介绍其中主要容器组件的使用方法、属性设置及应用。

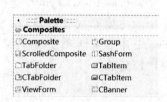

图 6.1　WindowBuilder 组件面板包含的容器组件

6.1　面板容器

面板（Composite）是 SWT 中最常用的容器，创建面板容器后设置适当布局，向其中添加其他子组件，从而作为重要的界面布局工具使用。

6.1.1　Composite 的属性

选择 Composite，属性面板中列出它的属性（见图 6.2）。大部分属性的含义与一般组件相同，如 background 属性指定面板的背景颜色，foreground 属性设置前景色等。本节重点介绍以下几个属性：

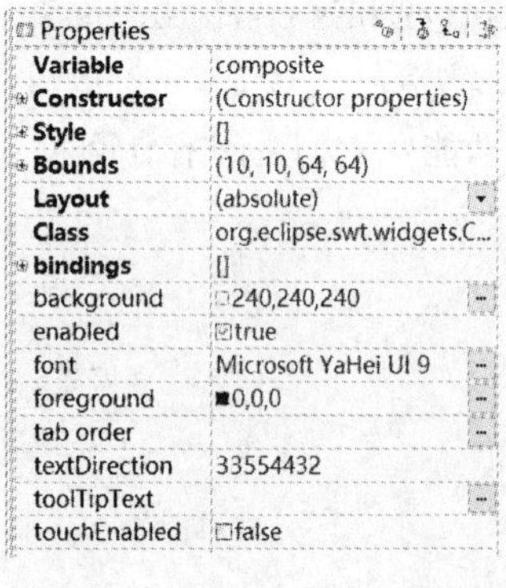

（1）Style | border——在 Style 属性下有一个子属性 border，若设置为 true（选取），则面板显示边框。这样就可以明确地与其他部分区分。

（2）layout——指定该面板的布局。可以是该属性值列下拉列表提供的 6 种布局，也可以是未列出的其他布局。

（3）LayoutData——如果面板组件所在的父容器采用了 GridLayout、FormLayout 和 RowLayout 这 3 种布局之一，则其 LayoutData 属性指定该面板组件的布局数据。该

图 6.2　Composite 的属性视图

设置决定了面板在父容器(如 Shell)中的显示效果。

(4) h_scroll——是 Style 属性下的子属性,该属性设置为 true 时,面板出现水平滚动条(见图 6.3.1)。

(5) v_scroll——是 Style 属性下的子属性,该属性设置为 true 时,面板出现竖直滚动条(见图 6.3.2)。

注意:如果面板中的组件占用的面积超过了面板的可视区域,拖动该面板的滚动条并不能使超出可视区域的部分显示出来(见图 6.3.2)。

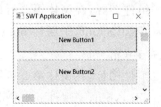
图 6.3.1　带有滚动条的面板

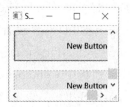
图 6.3.2　拖动面板的滚动条不能使遮挡组件显示出来

6.1.2　应用举例

以下通过例子介绍面板(Composite)容器的使用。

在前面几章开始设计的学生成绩管理系统中,例 4.2 处理登录成功时显示一个欢迎窗口。如果是学生登录进入系统,则显示该学生的成绩信息,并提供在不同课程间的导航功能;如果是教师,则应该提供成绩输入、修改和统计分析等功能;如果是管理员,则应该提供班级设置、课程设置、用户管理、数据备份与恢复等功能。

本节设计学生成绩信息显示界面,运行效果如图 6.4 所示。其中学号、姓名、课程名及成绩等数据填入文本框内的工作以后完成。

例 6.1　设计学生成绩管理系统的学生成绩信息显示界面。

分析:从图 6.4 看出,该界面难以用单一的容器和布局实现。可以把窗体(Shell)用网格式布局分为上下两部分:上边显示欢迎信息,下边显示成绩数据和操作菜单。欢迎信息放在窗体的第一个网格中。下边组件用两个面板放置,成绩数据和操作菜单也各用一个面板放置。布局结构如图 6.5 所示。

图 6.4　学生成绩信息显示界面

图 6.5　学生成绩信息显示界面的布局结构

操作步骤：

（1）打开 StdScoreManaV0.3 项目的 ScoreMana.java 文件，单击窗体后，在属性视图设置 size 及 minimumSize 为（500，360），设置 Layout 为 GridLayout，Layout 的子属性 numColms 值为 1，horizontalSpacing 和 verticalSpacing 的值为 20。

（2）在窗体第 1 行第 1 列创建标签显示欢迎信息。在 createContents 方法的语句"Label label = new Label(shell, SWT. NONE);"下一行添加语句"label. setText("欢迎"＋user. getName()＋"同学使用学生成绩管理系统");"。

（3）单击组件面板中 Composites 组下的 Composite 组件图标，在窗体第 2 行第 1 列单击，命名为 compositeStdData。设置该面板的 Layout 为 GridLayout，子属性 numColms 为 2，verticalSpacing 为 15。LayoutData 为水平和竖直抢占与填充。

（4）单击组件面板中 Composites 组下的 Composite 组件图标，在窗体第 2 行第 2 列单击，命名为 compositeStdOp。设置该面板的 Layout 为 GridLayout，子属性 numColms 为 1，verticalSpacing 为 15。LayoutData 为水平和竖直抢占与填充。

（5）设计 compositeStdData 中的组件。

① 单击组件面板 Controls 组中的 Label 图标，在 compositeStdData 面板中的第 1 行第 1 列单击，取名为 labelStdData。设置 text 属性为"成绩数据"，alignment 为 CENTER，LayoutData 为水平填充，水平和竖直抢占，horizontalSpan 为 2。

② 单击组件面板 Controls 组中的 Label 图标，在 compositeStdData 面板中的第 2 行第 1 列单击，取名为 labelStdDataNum。设置 text 属性为"学号："，LayoutData 的 horizontalAlignment 为 CENTER。

③ 单击组件面板 Controls 中组的 Text 图标，在 compositeStdData 面板中的第 2 行第 2 列单击，取名为 textStdDataNum。设置 LayoutData 的 horizontalAlignment 为 LEFT。

重复步骤②和步骤③，在第 3 行设计姓名标签及文本框。标签名为 labelStdDataName，text 为"姓名："，文本框名为 textStdDataName。

④ 单击组件面板 Controls 组中的 Label 图标，在 compositeStdData 面板中的第 4 行第 1 列单击，取名为 labelStdDataLine。设置 Style 属性的子属性 separator 为选取，dir 为 HORIZONTAL，LayoutData 的 verticalAlignment 为 CENTER，水平抢占，horizontalAlignment 为 FILL，horizontalSpan 为 2。

重复步骤②，在第 5 行设计"课程名"和"成绩"标签。

重复步骤③，在第 6 行设计课程名和成绩文本框。LayoutData 的 horizontalAlignment 均为 CENTER，不抢占。

⑤ 单击组件面板 Controls 组中的 Label 图标，在 compositeStdData 面板中的第 7 行第 1 列单击，取名为 labelStdDataFill。设置 text 属性为空，LayoutData 为水平和竖直填充与抢占。

（6）设计 compositeStdOp 中的组件。

① 单击组件面板 Controls 组中的 Label 图标，在 compositeStdOp 面板中的第 1 行第 1 列单击，取名为 labelStdOP。设置 text 属性为"操作菜单"，alignment 为 CENTER，

LayoutData 为水平填充,水平和竖直抢占。

② 单击组件面板 Controls 组中的 Button 图标,在 compositeStdOp 面板中的第 2 行第 1 列单击,取名为 buttonStdOPFirst。设置 text 属性为"第 1 门课程",alignment 属性为 CENTER,LayoutData 的 horizontalAlignment 为 CENTER。

重复该步骤,依次设计 3 个按钮,按钮文字依次为"下一门课程""上一门课程"和"最后一门课程"。

③ 单击组件面板 Controls 组中的 Combo 图标,在 compositeStdOp 面板中的第 6 行第 1 列单击,取名为 comboStdOPSele。设置 text 属性为"课程名?",LayoutData 的 horizontalAlignment 为 CENTER。

④ 单击组件面板 Controls 中的 Label 图标,在 compositeStdOp 面板中的第 7 行第 1 列单击,取名为 labelStdOPFill。设置 text 属性为空,LayoutData 为水平和竖直填充与抢占。

6.2 分组框

在 SWT 中,分组框(Group)组件把内容上相关的组件组合在一起,例如某一类人、某一种水果等。如果分组中包含的组件个数不多,则分组框是从预先确定的列表中进行选择的较为直观和快捷的方式。

6.2.1 Group 的属性

分组框有多种属性控制外观和布局(见图 6.6)。其中 text 属性指定分组框的标题文字,font 属性设置标题文字的字体,background 设置分组框的背景颜色,Style 属性下的子属性 border 为 true(选取)则为分组框显示边框(见图 6.7.2)否则不显示边框(见图 6.7.1),从第二个 border 右边的下拉列表框中指定分组框边框的样式(见图 6.6)。

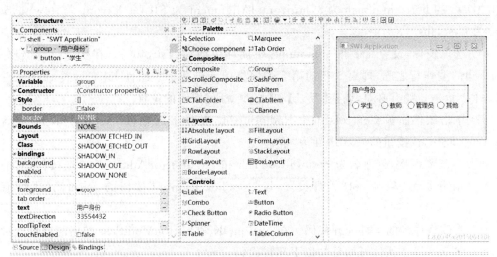

图 6.6　Group 的属性

图 6.7.1 Group 的 Style|border 属性为 false　　　图 6.7.2 Group 的 Style|border 属性为 true

6.2.2 应用举例

例 6.2 修改学生成绩管理系统的用户登录界面,将组合框更改为一组单选框。

分析:该界面中组合框的列表项较少,且每次只能有一个身份,可以考虑在一个分组框中设置 3 项单选框列表。

操作步骤:

(1) 右击 StdScoreManaV0.3 项目,在快捷菜单中选择【复制】菜单项,在包资源管理器窗口再次右击,在快捷菜单中选择【粘贴】菜单项,项目名输入 StdScoreManaV0.4。

(2) 以 WindowBuilder Editor 方式打开 StdScoreManaV0.4 项目中的 UserLogin.java 文件,在设计视图下(见图 5.19)删除 labelActorImg、labelActor 和 comboActor 这 3 个组件。此时会删除布局网格原第 5 行。注释 buttonOK 和 buttonModiPass 按钮的 widgetSelected 方法体中的代码,纠正错误。

(3) 单击组件面板 Composites 组的 Group 图标,鼠标移到布局网格的第 4 行与第 5 行之间的第 2 列并出现绿色提示框时单击,命名为 groupActor,即创建一个 Group 组件。设置该分组框的 text 属性为"我是一名:",选取 Style 属性下的子属性 border(true),LayoutData 的 horizontalSpan 为 3,horizontalAlignment 为 FILL。Layout 为 RowLayout,wrap 为 false,justify 为 true。

(4) 选取窗体,设置 size 和 minimumSize 属性值均为(450,400)。在步骤(3)所建分组框与下边的按钮行之间,即第 6 行的第 5 列网格单元创建标签组件 lblA,设置 text 属性值为空,垂直抢占。如有必要,调整【登录】和【修改密码】按钮的位置。

(5) 单击组件面板 Controls 组中 RadioButton,在分组框 groupActor 中单击,取名为 radioButtonStd,该按钮的 text 属性为"学生"。

重复本步骤两次,创建名为 radioButtonTch 和 radioButtonAdmin 的单选按钮,它们的 text 属性值分别为"教师"和"管理员"。设置 radioButtonStd 按钮的 selection 属性值为 true。

(6) 修改程序中的事件处理代码。在 buttonOK 和 buttonModiPass 按钮的事件处理方法 widgetSelected 方法体开始添加以下几行代码:

```
int jb = -1;
if(radioButtonStd.getSelection())
```

```
    jb = 0;
else if(radioButtonTch.getSelection())
    jb = 1;
else
    jb = 2;
```

然后修改 User 对象的创建语句为

```
User user = new User(textUser.getText().trim(),
    textPass.getText().trim(),jb);
```

完成上述步骤后,运行程序,界面如图 6.8 所示。

图 6.8 登录界面

6.3 带滚动条的面板

某些情况下,界面中的组件需要占用的显示面积超过了容器提供的可视区域面积,这时 GUI 一般使用滚动条让用户通过移动可视区域在组件上的位置看到以前没有显示出来的部分。从前两节看到,面板容器供了设置水平和竖直滚动条的属性,一旦设置也可以看到滚动条,但是该滚动条却不能移动观察区,即不起实际作用。SWT 中提供了带滚动条的面板 (ScrolledComposite)容器真正实现移动观察区的功能。

6.3.1 带滚动条面板的属性

在 Eclipse WindowBuilder 的组件面板 Composites 组中,单击 ScrolledComposite 组件图标,在其他容器中单击,即可生成一个带滚动条的面板。在属性视图可看到带滚动条的面板的属性(见图 6.9),其中重要的属性有:

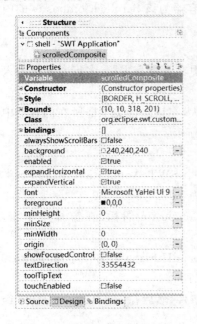

图 6.9 带滚动条面板的属性

(1) alwaysShowScrollBars——该属性设置为 true,则不论其中的组件面积是否超出该容器的可视面积,都会出现水平和竖直滚动条;设置为 false,则在其中的组件面积确实超出该容器的可视面积时才会出现滚动条。

(2) minHeight——指定带滚动条的面板开始出现垂直滚动条并滚动内容组件的最低高度。这个值只适用于设置 ExpandVertical 属性值为 true 的情况。该属性值默认是 0。

(3) minWidth——指定带滚动条的面板开始出现水平滚动条并滚动内容组件的最小宽度。这个值只适用于设置 ExpandHorizontal 属性值为 true 的情况。该属性值默认是 0。

(4) minSize——指定带有滚动条的面板组件开始滚动内容的最小宽度和高度。这个属性的值会影响属性 ExpandHorizontal 和 ExpandVertical 的设置效果。为了保证滚动条的有效性,应该将该属性值设置为可视区域的宽度和高度值。

(5) origin——该属性指定位于带滚动条面板左上角的内容组件的坐标点,如果指定点位置超出了最大滚动距离,则滚动条会滚动到末端。

(6) expandHorizontal——若该属性设置为 true,则当带有滚动条面板的宽度大于 minSize 设置的最小宽度时,调整其中内容对象的宽度使其与带有滚动条面板的宽度相同。如果带有滚动条面板宽度小于最小宽度设置值,内容对象将不会调整大小,而是出现水平滚动条以便查看整个宽度。如果该属性设置为 false,则这种行为是关闭的。默认值为 false。

(7) expandVertical——若该属性设置为 true,则当带有滚动条面板的高度大于 minSize 设置的最小高度时,调整其中内容对象的高度与带有滚动条面板的高度相同。如果带有滚动条面板的高度小于最小高度设置值,内容对象将不会调整大小,出现竖直滚动条以便查看整个高度。如果该属性设置为 false,则这种行为是关闭的。默认值为 false。

(8) Style|h_scroll——将该属性值设置为 true,则当内容超出滚动条面板大小时会出现水平滚动条。否则,即使内容面积超过带有滚动条的面板区域,也不会出现水平滚动条。

(9) Style|v_scroll——将该属性值设置为 true,则当内容超出滚动条面板大小时,滚动条面板会出现竖直滚动条。否则,即使内容面积超过带有滚动条的面板区域,也不会出现竖直滚动条。

6.3.2 带滚动条面板的使用方法

尽管带有滚动条的面板也是一种面板容器,但却不能直接向其中添加组件。应该先将组件添加到其他面板(Composite)中(Composite 的子类组件如 Group 也可以),然后设置带有内容组件的面板为带有滚动条面板的内容组件。带有滚动条面板提供 setContent(Control control)进行此设置。在 Eclipse WindowBuilder 中向带有滚动条的面板(ScrolledComposite)中添加容器时,会自动设置被添加的容器为该 ScrolledComposite 的内容,自动生成该方法的调用语句。

以下通过实例演示带有滚动条面板的使用方法。

例 6.3 设计一个简易用户留言程序,在单行文本框中输入留言主题,多行文本框输入留言内容。

分析:考虑到留言内容可能比较长,多行文本框比较大,在该多行文本框所在的容器中提供竖直和水平滚动条。界面组件之间的关系如图 6.10 所示。

操作步骤:

(1) 在项目 chap06 的 src 的 book.demo 包中创建一个 SWT Application Window,类名为 ScrolledCompositeTest。设置该窗体的 layout 属性为 FillLayout。

(2) 单击组件面板的 Composites 组中的 ScrolledComposite 图标,在窗体中单击,Variable 设置为 scrolledComposite。

设置该带有滚动条面板的 minSize 为"400,300",expandHorizontal 和 expandVertical 属性均为 true,Style|h_scroll 和 Style|v_scroll 属性均为 true。

(3) 单击组件面板的 Composites 组中的 Composite 组件,然后在 scrolledComposite 组件上单击,Variable 设置为 compositeText。

(4) 选择内容面板 compositeText,设置 Layout 属性为 GridLayout。然后单击组件面

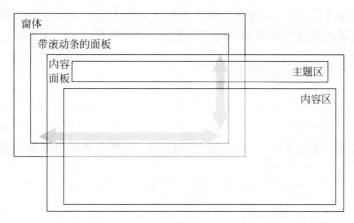

图 6.10 简易用户留言程序组件层次结构

板的 Controls 中的 Label 组件,在内容面板 compositeText 的第 1 行第 1 列上单击,Variable 设置为 labelTitle,设置 text 属性为"主题:"。单击组件面板的 Controls 中的 text 组件,在内容面板 compositeText 第 1 行第 2 列上单击,Variable 设置为 textTitle。在特性视图设置该文本框的 LayoutData 属性组的 horizontalAlignment 属性为 FILL。

(5) 单击组件面板 Controls 组中的 Label 组件,在内容面板 compositeText 第 2 行第 1 列中单击,Variable 设置为 labelText,设置 text 属性值为"正文:"。在属性面板中展开 LayoutData 组,设置其中的 verticalAlignment 属性为 TOP。然后单击组件面板 Controls 组中的 text 组件,在内容面板 compositeText 的第 2 行第 2 列上单击,Variable 设置为 textContent。在属性面板设置该文本框的 Style 属性组的 wrap 为 true、lines 为 MULTI,LayoutData 属性组的 widthHint 属性值为 360、verticalAlignment 为 FILL、horizontalAlignment 为 FILL、grabExcessVerticalSpace 为 true。

运行该程序,可以看到竖直和水平滚动条,且拖动滚动条可以使视野移动到文本框的不同区域(见图 6.11.1 和图 6.11.2)。

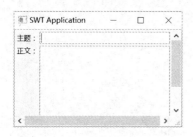

图 6.11.1 运行初始界面

图 6.11.2 拖动滚动条看到文本框的下部内容

6.4 选项卡

很多应用程序由于信息量比较大,需要使用能够显示多页信息的选项卡界面。在 SWT GUI 中,选项卡界面由选项卡文件夹(tabFolder)和选项卡(tabItem)组成。一个选项卡文件夹包含一个或多个选项卡,其中每个选项卡都是一个完整的 GUI。一次只能显示一个选项卡。使用这种界面能在有限界面空间中创建复杂的 GUI。

6.4.1 选项卡的组件结构

TabFolder 包含一些定义选项卡的 TabItem。TabFolder 还包含多个组件(通常是 Composite),每个组件都定义了选项卡的一个方面的内容。TabItem.setControl 方法将该组件与相关的选项卡连接起来。TabFolder、TabItem、容器及其他组件之间的关系如图 6.12 所示。

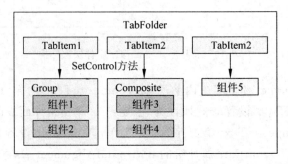

图 6.12 TabFolder 各组成组件之间的关系

6.4.2 TabFolder 属性

单击组件面板 Composites 组的 TabFolder 图标,在窗体(或其他容器)中单击,即可创建一个选项卡文件夹。选择 TabFolder(选项卡文件夹)组件,在属性面板中可看到该组件的属性列表(见图 6.13)。有几个重要的属性将影响选项卡的外观。

图 6.13 TabFolder 属性

Style 属性的子属性 dir 取值为 TOP 则选项卡标签（如图 6.13 的"爱好""简历"）放置在顶部，取值为 BOTTOM 将选项卡标签放置在底部；font 设置选项卡标签文字的字体；border 属性值为 true，则选项卡有下陷边框；selection 属性设置为 0，则程序初始界面显示第一个选项卡，设置为 1 则显示第 2 个选项卡，以此类推，但应注意为此项设置生成的语句应位于所有选项卡 TabItem 创建及属性设置有关语句之后，有时需要手工调整。此外，如果某些选项卡中的界面显示不完全，则应在 createContents 方法尾部添加显示语句，如图 6.14 所示的界面，为了使【爱好】选项卡中的所有复选框显示出来，可能需要添加"group.layout();"语句。

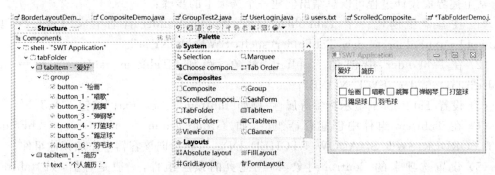

图 6.14 选项卡及其中的容器和组件

6.4.3 带有选项卡的 GUI 设计方法

先看一个最简单的带有选项卡的 SWT GUI 界面设计。新建一个 SWT Application Window，设置该窗体的布局管理器为 FillLayout。单击组件面板中 Composites 组中的 TabFolder 图标，在窗体上单击，即创建一个选项卡文件夹组件。有两种方法在选项卡文件夹中创建选项卡：

（1）单击组件面板 Composites 组中的 TabItem 组件，在选项卡文件夹上单击，即为该选项卡文件夹生成一个选项卡组件。可以在选项卡上创建容器（如分组框组件 group），再向容器中创建其他组件（如复选框【绘画】等，见图 6.14）。也可以在选项卡上直接创建非容器控件。当在组件面板上单击 TabItem 或其他组件，将鼠标指针移到选项卡文件夹中已有的多个选项卡之间或其前后时，会出现红色竖线 指示新建选项卡的位置，单击之后即可在此位置创建一个新的选项卡。

（2）在选项卡文件夹中直接创建其他组件，如文本框 text，WindowBuilder 会在该 TabFolder 组件上生成一个 TabItem 对象，同时在该 TabFolder 组件上生成一个文本框组件 text，并设置此文本框组件 text 为该 TabItem 的组件(Control)"tabItem.setControl(text);"（见图 6.15）。

选项卡 TabItem 组件的属性主要包括：

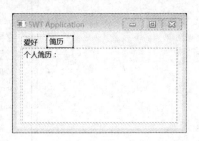

图 6.15 直接在选项卡文件夹中创建文本框 text 生成选项卡及其中的组件

(1) text——设置选项卡的标签文字,如图 6.14 中的【爱好】和【简历】。
(2) image——设置选项卡的标签图标。

例如,对于图 6.15 中的【简历】选项卡,WindowBuilder 生成的代码如下:

```
TabItem tabItem_1 = new TabItem(tabFolder, SWT.NONE);
tabItem_1.setText("简历");
text = new Text(tabFolder, SWT.BORDER);
text.setText("个人简历:");
tabItem_1.setControl(text);
```

从上述界面设计过程可以总结出创建一个选项卡的步骤:

(1) 在容器中创建一个 TabFolder 对象,WindowBuilder 自动生成的对应代码是"TabFolder tabFolder = new TabFolder(shell, SWT.NONE);"。

(2) 在 TabFolder 中创建 TabItem 对象,例如"TabItem tabItem_1 = new TabItem(tabFolder, SWT.NONE);"。

(3) 设置 TabItem 的显示标签等属性,例如"tabItem_1.setText("按钮 1");"。

(4) 在 TabItem 组件中创建容器组件,如"Group group = new Group(tabFolder, SWT.BORDER|SWT.SHADOW_ETCHED_IN);",然后向该容器中添加其他组件。

(5) 设置选项卡的 Control 对象,即在此页的顶层组件,一般是容器,如"tabItem.setControl(group);";也可以是一个非容器组件,例如"tabItem_1.setControl(text);"。

6.4.4 设计实例

例 6.4 学生成绩管理系统的用户主要分为学生、任课教师和管理员(如教学领导、班主任等)。管理员负责对学生和教师的系统账户进行注册。为此,需要为学生和教师设计注册模块。请为学生成绩管理系统设计用户注册界面。

分析:学生与教师的注册信息有许多内容是不相同的。另外,课程门数较多,不同教师的特长课程有所差异,学生所选课程也有所差别。因此,在注册界面中设计 3 个选项卡:教师注册、学生注册和课程选择,其界面如图 6.16~图 6.18 所示。

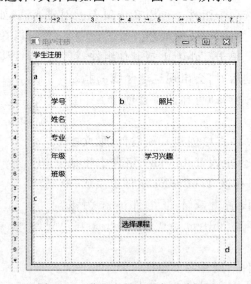

图 6.16 学生注册选项卡设计视图

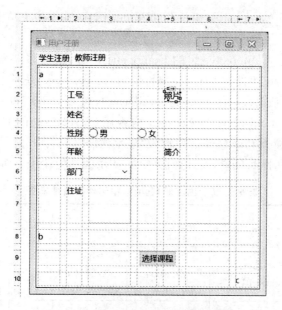

图 6.17 教师注册选项卡设计视图

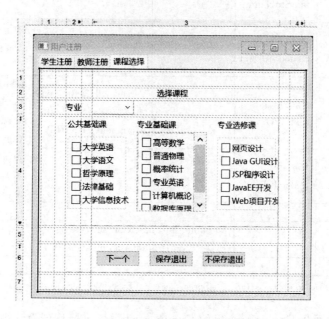

图 6.18 课程选择选项卡设计视图

操作步骤：

（1）打开项目 StdScoreManaV0.4，右击包 book.stdscore.ui，选择【新建】|【其他】菜单项，在出现的对话框中选择 SWT Application Window，类名称输入 RegisterTabFolder，单击【完成】按钮。

（2）选择窗体 RegisterTabFolder，在属性面板的 text 属性值列输入"用户注册"，单击 Layout 值列，选择 FillLayout。

(3) 单击组件面板 Composites 组的 TabFolder 图标,在窗体上单击,Variable 属性值为 tabFolder。

(4) 单击组件面板 Composites 组的 Composite 图标,鼠标移入窗体内的 tabFolder 组件中单击,修改 Composite 组件的 Variable 属性值为 compositeStd,选项卡组件的 Variable 属性值为 tabItemStd。设置该面板的 Layout 为 GridLayout,在 Layout 组设置 horizontalSpacing 和 verticalSpacing 为 15,numColms 为 7。在结构视图(Structure)的 Components 面板选择 tabItem 组件,在属性面板 text 属性值列输入"学生注册"。

按照表 6.1 所列属性和位置,设计如图 6.16 所示的学生注册界面。

表 6.1 【学生注册】选项卡中组件的属性设置

	1	2	3	4	5	6	7
1	注 1						
2		Variable:lblStdID,text:学号	Variable:textStdID	Variable:lblSB,text:,widthHint:50	Variable:lblStdPicL,text:照片,horizontalAlignment:RIGHT	Variable:lblStdPic,horizontalAlignment:FILL,verticalAlignment:FILL,verticalSpan:3,text:	
3		Variable:lblStdName,text:姓名	Variable:textStdName				
4		Variable:lblStdDept,text:专业	Variable:comboStdDept				
5		Variable:lblStdGrade,text:年级	Variable:textStdGrade		Variable:lblStdItr,text:学习兴趣,horizontalAlignment:RIGHT	Variable:textStdItr,horizontalAlignment:FILL,verticalAlignment:FILL,verticalSpan:2,text:	
6		Variable:lblStdClass,text:班级	Variable:textStdClass				
7	注 1						
8				Variable:buttonSelCourseS,text:选择课程,horizontalAlignment:LEFT			
9							注 1

注 1:Variable:lblSA,grabExcessHorizontalSpace:true,grabExcessVericalSpace:true,text:

(5) 单击组件面板 Composites 组的 Composite 图标,鼠标移到设计视图【学生注册】选项卡的右边,当出现 位置指示符时单击,修改 Composite 组件的 Variable 属性值为 compositeTch,选项卡组件的 Variable 属性值为 tabItemTch。设置该面板的 Layout 为 GridLayout,在 Layout 组设置 horizontalSpacing 和 verticalSpacing 为 15,numColms 为 7。在结构视图(Structure)的 Components 面板选择新创建的 tabItem 组件,在属性面板 text 属性值列输入"教师注册"。

按照表 6.2 所列属性和位置,设计如图 6.17 所示的教师注册界面。

表6.2 【教师注册】选项卡中组件的属性设置

	1	2	3	4	5	6	7
1	注1						
2		Variable：lblTchID，text：工号	Variable：textTchID		Variable：lblTchPicL，text：照片，horizontalAlignment：RIGHT	Variable：lblTchPic，horizontalAlignment：FILL，verticalAlignment：FILL，verticalSpan：3，text：	
3		Variable：lblTchName，text：姓名	Variable：textTchName				
4		Variable：lblTchSex，text：性别	Variable：buttonTchMale	Variable：buttonTchFemale			
5		Variable：lblTchAge，text：年龄	Variable：textTchAge		Variable：lblTchIntro，text：简介，horizontalAlignment：RIGHT	Variable：textTchIntro，horizontalAlignment：FILL，verticalAlignment：FILL，vertical Span：3，text：	
6		Variable：lblTchDept，text：部门	Variable：comboTchDept				
7		Variable：lblTchAddr，text：住址，verticalAlignment：TOP	Variable：textTchAddr，horizontalAlignment：FILL，heightHint：80				
8	注1						
9					Variable：buttonSelCourseT，text：选择课程，horizontalAlignment：RIGHT		
10							注1

注1：Variable：lblTA，grabExcessHorizontalSpace：true，grabExcessVericalSpace：true，text：

（6）单击组件面板Composites组的Composite图标，将光标移到设计视图【教师注册】选项卡的右边，当出现 位置指示符时单击，修改Composite组件的Variable属性值为compositeCourse，选项卡组件的Variable属性值为tabItemCourse。设置该面板的Layout为GridLayout，在Layout组设置numColms为4。在结构视图（Structure）的Components面板选择新创建的tabItem组件，在属性面板text属性值列输入"课程选择"。

设计如图6.18所示的界面。其中第1行第1列、第5行第1列、第7行第4列分别创建一个标签Label,并设置其LayoutData为水平、竖直抢占。

在第2行第2列创建一个标签,单击后输入文字"选择课程",设置该标签的Variable属性值为lblCourseSel,LayoutData组的horizontalSpan属性值为2,horizontalAlignment为CENTER。

在第3行第2列创建标签,文字属性值为"专业",Variable属性值为lblCourseDept;在第3行第3列创建组合框,Variable属性值为comboCourseDept。

在第4行第2列创建一个面板,名字取为compositeCourseList。设置该面板的Layout为GridLayout,horizontalSpacing为25,numCloms为3。LayoutData属性组的heightHint为240,horizontalSpan为2,水平和竖直填充与抢占。在该面板的第1行第1列、第1行第2列和第1行第3列分别创建标签,文字分别为"公共基础课""专业基础课"和"专业选修课",Variable属性值为分别为lblCourseAllBase、lblCourseDeptBase和lblCourseDeptSel。在第2行的第1列和第3列分别创建分组框,设置它们的Variable属性值分别为groupCourseAllBase和groupCourseDeptSel,LayoutData属性组的heightHint为150,widthHint为130,verticalAlignment为TOP。按照图6.18的设计,在这两个分组框中分别创建若干个Chek Button(复选框)。

在面板compositeScoreList的第2行第2列创建一个带滚动条的面板ScrolledComposite,设置Variable属性值scrolledCompositeScoresDeptBases,minSize为(120,200),expandHorizontal和expandVertical为true,设置LayoutData组的heightHint为150、widthHint为130、verticalAlignment为FILL。在该带滚动条的面板中创建一个面板,取名为compositeCourseDeptBasesList。向该面板添加10个ChekBox组件,分别列出如图6.18所示的专业基础课程。

在compositeCourse面板组件的第6行第2列创建composite组件,设置Variable属性值为compositeCourseCom,Layout为FormLayout,创建3个按钮:【下一个】【保存退出】【不保存退出】,设置Variablet属性值分别为buttonNext、buttonSaveExit和buttonExit,设置buttonNext按钮LayoutData组的left为(15)、right为(15,100),buttonSaveExit按钮LayoutData组的left为(50,-50)、right为(50,50),buttonExit按钮LayoutData组的left为(85,-100)、right为(85)。

由于该例用户注册界面中的组件较多,本节只是叙述了关键步骤,详细操作请读者自己按照以上所述实际练习和体会。

6.5 分割窗

分割窗(SachForm)是一个容器组件,它把父容器的空间分割成多个部分,每个部分都可以包含多个组件。可以通过拖动分割线调整各部分的大小,甚至可以使其中的一个部分占据整个空间。在多数情况下,分割窗中的组件是Composite。为了使框格(Sash)看起来更清楚,Composite应当有边框。分割窗可以嵌套在其他分割窗中,从而形成复杂的分割空间。

在Eclipse WindowBuilder组件面板的Composites组中,单击SashForm图标,然后在窗体或其他父容器中单击,即可创建一个SashForm容器。

6.5.1 分割窗的属性

sashWidth：设置相邻分割框格之间分割条的宽度，单位为像素。
Style|dir：该属性指定 SashForm 对空间的分割方式。如果设置为 HORIZONTAL，则水平方向排列框格；设置为 VERTICAL，则竖直方向排列框格。

6.5.2 在分割窗中创建组件

选择分割窗组件，单击组件面板中的组件图标，然后在分割窗组件上单击，即可在分割窗中创建组件。但是，如果在分割窗中创建了一个容器组件（如 Composite 组件），还要向该分割窗中用鼠标单击的方法创建其他组件时，可能会使新创建组件成为分割窗中容器组件的子组件。这时，在组件面板中单击所需组件后，将光标移到结构视图的 Components 面板中分割窗（sashForm）组件或已有框格组件下方同一级别位置（如 ）单击，即可添加一个分割框格。

6.5.3 分割窗的控制

在 Eclipse WindowBuilder 的结构视图属性面板中，分割窗能够设置的有用属性很少。但通过以下方法可以对分割窗进行有效控制。

1．设置分割比例

当向分割窗添加了框格组件后，在属性面板会出现 weights 属性，用于指定分割窗中各组件占据可视区的比例。在该属性值列以空格分隔输入与框格数相等个数的整数即可。

当进行水平分割时，该属性指定各个框格占据分割窗总宽度的比例；竖直分割时，指定各个框格占据分割窗总高度的比例。

例如，一个分割窗 sashForm 中有两个框格，组件水平排列，如果在 weights 属性值列输入"1 2"，指定两个组件占据分割窗宽度的比例为 1∶2，也就是左边框格占 1/3 空间，右边框格占 2/3 空间。

2．使某个组件最大化

调用如下方法使参数 control 指定的组件占据分割窗的整个客户空间。

public void setMaximizedControl(Control control)

如果已有最大化组件，则使用该方法使新指定的组件最大化，则以前那个最大化的组件最小化。取消分割窗中组件最大化的方法是以 null 为参数调用该方法，此时各组件按照 setWeights 方法所设定的比例显示。

3．取得被最大化的组件

如下方法返回当前被最大化的组件。若没有组件最大化，则返回值为空值 null。

public Control getMaximizedControl()

6.5.4 List 控件的初步使用

列表组件 List 与组合框 Combo 非常相似,但没有可供输入的文本框,不会出现下三角按钮,只是一个展开的矩形列表框,其中显示了可供用户选择的字符串类型的列表条目。

单击组件面板上 Controls 组中的 List 组件图标,在父容器(如窗体)上单击,即可创建一个列表组件。

列表组件的 items 属性用于设置列表项。单击该属性值列右侧的…按钮,在出现的 items 对话框的 Elements 框中每一行输入是一个列表项。完成各个列表项的输入后单击【完成】按钮即可为列表组件设置列表项。

Style|selection 属性设置为 SINGLE 则只能在列表中选择一项,设置为 MULTI,则允许选择多个列表项。

使用列表组件的 add(String string)方法可以添加一个列表项,setItems(String[] string)方法则设置其参数数组为列表组件的列表项,getSelectionIndex()返回用户所选的列表项索引(第一个列表项的索引为 0),getSelection()返回用户所选列表项的字符串数组,removeAll()方法删除所有列表项。除了这些方法之外,列表组件还有大量其他方法,可以通过在列表组件名之后输入小数点,在稍后出现的提示框中选择。

列表常用事件是列表项选择事件 SelectionEvent,在列表项上单击执行事件监听器 SelectionListener 的 widgetSelected()方法,在列表项上双击则执行 widgetDefaultSelected()方法(先会执行一次 widgetSelected()方法)。

6.5.5 应用举例

例 6.5 设计一个类似于资源管理器界面的文件阅读器程序,把窗体的整个客户区划分为左右两部分,左边占 30%,右边占 70%。左边列出文件目录,右边显示所选文件内容,当在文件列表双击文本文件时,即在右边文本框中显示文件内容,双击文本框则使该文本框最大化显示或还原。运行结果如图 6.19 所示。

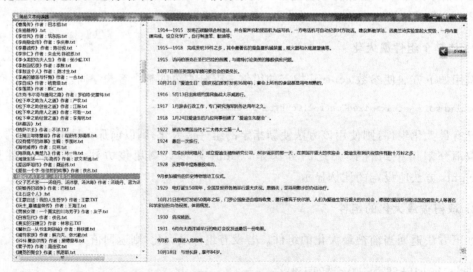

图 6.19 资源管理器界面的文件阅读器程序运行界面

分析：窗体客户区的两部分划分可以使用分割窗(SashForm)实现，文件列表可以使用 List 组件实现，右边窗格使用多行文本框显示文件内容。对文件列表框注册 SelectionEvent 事件监听器，当在某一列表项双击时，如果该列表项是一个文件，则读出文件内容并在右边的多行文本框中显示。如果是一个子文件夹，则将列表框中的内容更替为该文件夹下的目录列表；对右边的多行文本框注册 MouseEvent 事件监听器，当在该文本框上双击时，如果右边的窗格非最大化，则设置其为最大化状态。如果右边的窗格已经是最大化状态，则恢复为非最大化状态。

操作步骤：

(1) 单击【文件】|【新建】|【其他】菜单项，在【新建】对话框中选择 WindowBuilder|SWT Designer|SWT/JFace Java Project，单击【下一步】按钮，项目名输入 MyFileReader0.1，单击【完成】按钮。以下操作全部在该项目中进行。

(2) 右击 src 文件夹，选择【新建】|【其他】菜单项，在【新建】对话框中选择 WindowBuilder|SWT Designer|SWT|Application Window，单击【下一步】按钮，包输入 book.mfrui，名称输入 MyFileReader，单击【完成】按钮。

(3) 设置 MyFileReader 窗体的 Layout 为 FillLayout，text 属性值为"简易文本阅读器"。

(4) 单击组件面板 Composites 组中的 SashForm 图标，在窗体上单击，Variable 设置为 sashForm。

(5) 单击组件面板 Composites 组中的 Composite 图标，在 SashForm 上单击，取名为 compositeFiles。设置该面板的 Style|border 属性值为 true，Layout 为 FillLayout。

(6) 单击组件面板 Composites 组中的 Composite 图标，在 SashForm 上单击，取名为 compositeText，设置该面板的 Style|border 属性值为 true，Layout 为 FillLayout。

(7) 在结构视图的 components 面板选取 sashForm 组件，在属性面板 weights 属性值列输入"3 7"。

(8) 单击组件面板 Controls 组中的 List 图标，在左边窗格的 compositeFiles 上单击，设置 Variable 属性为 listFiles，Style 的子属性 border、h_scroll 和 v_scroll 均为 true。并将该组件转化为字段。

(9) 单击组件面板 Controls 组中的 Text 图标，在右边框格的 compositeText 上单击，设置 Variable 属性为 textArea，Style 的子属性 border、read_only、wrap、h_scroll 和 v_scroll 均为 true、lines 为 MULTI。

(10) 在源代码视图下为 MyFileReader 类添加字段变量"private String filePath;"。在设计视图下右击列表组件 listFiles，选择 Add event handler|selection |widgetDefaultselected，事件监听器代码如下：

```
listFiles.addSelectionListener(new SelectionAdapter() {
    @Override
    public void widgetDefaultSelected(SelectionEvent e) {
        String filesName = (listFiles.getSelection())[0];
        if(filesName.startsWith("[DIR]")||filesName.startsWith("[上一级]")) {
            filePath = filesName.substring(5);
            addFilesList();
        } else if(filesName.toLowerCase().endsWith(".txt")) { {
```

```java
                    File readFile = new File(filePath + filesName);
                    try {
                        FileReader fr = new FileReader(readFile);
                        BufferedReader bfr = new BufferedReader(fr);
                        textArea.setText("");
                        String content = bfr.readLine();
                        while(content!= null) {
                            textArea.append(content + "\r\n");
                            content = bfr.readLine();
                        }
                    } catch (FileNotFoundException e1) {
                        //TODO Auto-generated catch block
                        e1.printStackTrace();
                    } catch (IOException e2) {
                        //TODO Auto-generated catch block
                        e2.printStackTrace();
                    }
                }
            
        }
    });
```

在 createContents 方法的最后一行添加对 addFilesList 方法的调用。
addFilesList 方法具体处理向目录列表中添加目录列表项。代码如下：

```java
public void addFilesList() {
    listFiles.removeAll();
    File[] files;
    if(filePath == null||filePath.equals("")) {              //程序初启时列出盘符
        files = File.listRoots();
    } else {
        filePath = filePath.endsWith("\\")?filePath:filePath + "\\";
        File dirFiles = new File(filePath);
        listFiles.add("[上一级]" + (dirFiles.getParent() == null?"": dirFiles.getParent()));
        files = dirFiles.listFiles();
    }
    if(files!= null) {
        for(File file : files) {
            if(file.isFile())
                listFiles.add(file.getName());
            else if(file.isDirectory())
                listFiles.add("[DIR]" + file.getPath());
        }
    }
}
```

（11）在设计视图下右击文本框组件 textArea，选择 Add event handler | Mouse | mouseDoubleClick，事件监听器代码如下：

```java
textArea.addMouseListener(new MouseAdapter() {
    @Override
```

```
        public void mouseDoubleClick(MouseEvent e) {
            if (sashForm.getMaximizedControl() == null) {
                sashForm.setMaximizedControl(compositeText);
            } else {
                sashForm.setMaximizedControl(null);
            }
        }
    });
```

注意：测试该程序时，所显示的文本文件内容最好采用 UTF-8 编码格式，其他格式可能出现乱码。

6.6 ViewForm 容器

ViewForm 是一种特殊容器，其中的子组件位置和大小等布局和边界参数已被明确规划为如图 6.20 所示，且不能改变该布局。该容器常用于布局用户界面的标签、菜单和工具栏。

使用 ViewForm 容器有助于创建和控制工具栏。一般可以把工具栏放在顶行（topLeft、topCenter 或 topRight），而在内容区（content area）放置其他界面组件。

一般用法是设置窗体 Layout 为 FillLayout，单击 Composites 组的 ViewForm 图标，在窗体上单击，即可生成 ViewForm 容器。

ViewForm 容器的属性较少（见图 6.21），其中 topCenterSeparate 属性值设置为 true 时，topCenter 区可以在一个单独行显示。设置 borderVisible 为 true 则该容器四周显示蓝色边框，Style|border 属性有同样作用。Style|flat 默认为 false，该容器显示有凸起效果，但当该属性设置为 true，则设置其显示边框时不再出现蓝色边框。marginHeight 设置该容器中的组件与容器上下边框的边距，marginWidth 则设置左右边距。horizontalSpacing 设置顶行组件之间的水平间距，verticalSpacing 则设置顶行组件与内容区组件之间的垂直间距。

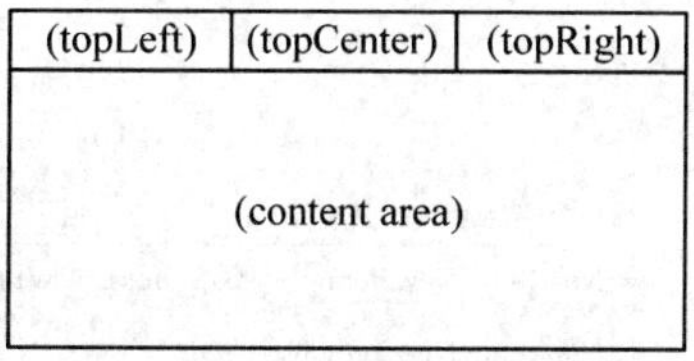

图 6.20 ViewForm 的布局

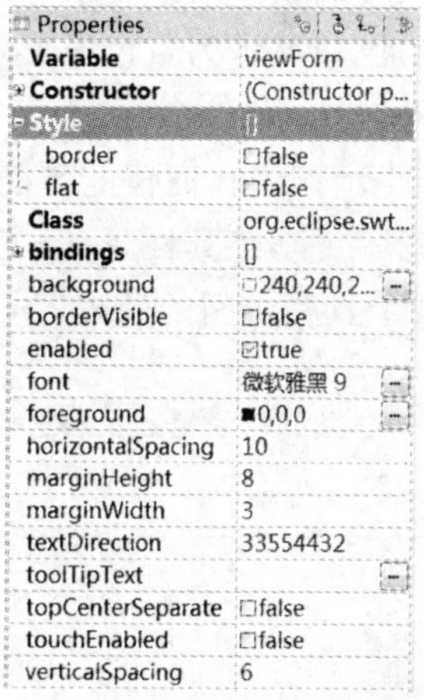

图 6.21 ViewForm 容器的属性

单击组件面板中的某个组件,将光标移到该容器中时,没有组件的区域以绿色显示,将要放置组件的区域显示为黄色矩形块且显示目标区域名(见图6.22),单击则会在该区域创建一个组件。

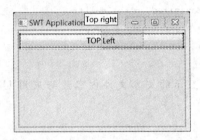

图 6.22　ViewForm 容器组件位置标示(黄色)矩形框

直接在 ViewForm 容器上只能创建 4 个组件。因此一般选用配合使用其他容器,如工具栏等。

6.7　CBanner 容器

CBanner 也是一种带有定制、预定义布局的特殊 Composite。该容器空间分为 3 个区域:Left、Right 和 Bottom,可以在任一区域放置组件,通常使用的是 Left 和 Right 区域。一般来说,在这些区域创建工具栏(ToolBar)。CBanner 在 Eclipse 中被用来使主工具区恰好位于主菜单下。

像 SashForm 一样,CBanner 提供了分隔器,可以容易地移动,从而对 Left 和 Right 区域的空间进行分隔。一般分隔器采用粗曲线形式,形状像一个拉平的"S"样曲线，如果设置 simple 属性为 true,则分隔器采用竖线形状。

属性 rightMinimumSize 设置 Right 区域的最小尺寸,rightWidth 则设置 Right 区域的最小宽度。

单击组件面板中的某个组件,鼠标移到该容器中时,没有组件的区域以绿色显示,将要放置组件的区域显示为黄色矩形块且显示目标区域名(见图6.23),单击则会在该区域中创建一个组件。

图 6.24 示例中在窗体上创建了一个 CBanner 容器,在 Left、Right 和 Bottom 这 3 个区域分别创建了一个工具栏,每个工具栏上有 2 个或 3 个工具按钮。运行时可以拖动 Left 与 Right 区域工具栏之间的分隔器,从而改变两个工具栏的宽度。

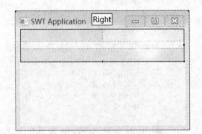

图 6.23　CBanner 容器组件位置标示(黄色)矩形框

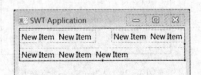

图 6.24　CBanner 容器示例

6.8 高级选项卡容器

高级选项卡 CTabFolder 和 CTabItem 比 6.4 节所述的选项卡组件提供了更加精细的控制,可以从多个方面对选项卡的外观和行为进行定制。

6.8.1 CTabFolder 的属性

除了在 6.4 节列出的那些属性外,CTabFolder 还有大量可以设置的属性(见图 6.25)。

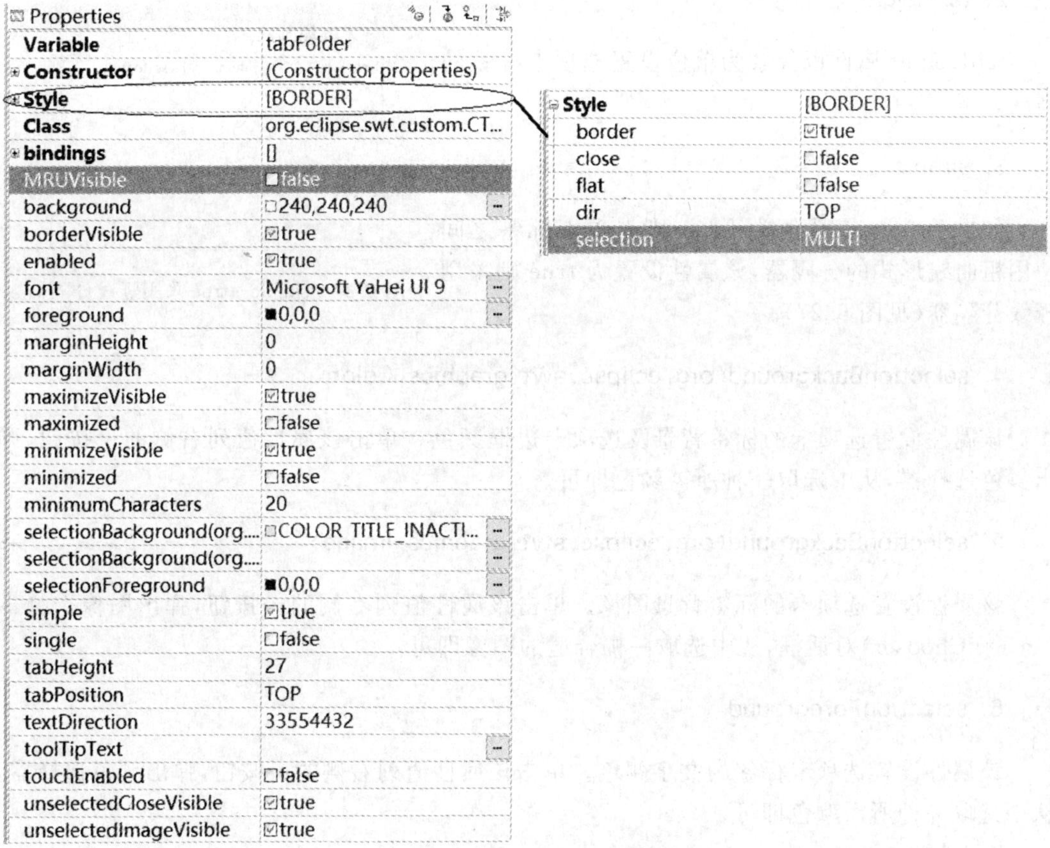

图 6.25 CTabFolder 的属性面板

1. single

一般选项卡标签尽量并排显示在选项卡的顶边或底边位置(见图 6.26.1 和图 6.26.2),如果设置 single 属性为 true,则只显示一个选项卡标签,其余标签折叠起来并在显示标签的右侧显示一个【》ₙ】按钮,其中 n 为折叠的选项卡标签个数(见图 6.26.3),单击该按钮时下拉选项卡列表,可以选择其中一个使其显示出来,而原来显示的那个选项卡折叠起来。

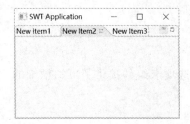
图 6.26.1　single=false 宽窗口

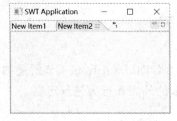
图 6.26.2　single=false 窄窗口

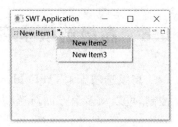
图 6.26.3　single=true

2. tabHeight

tabHeight 属性以像素为单位设置选项卡标签的高度。

3. simple

如果 simple 属性值为 false，则选项卡标签之间使用粗曲线形式的分隔器，该属性设置为 true 则采用竖线分隔器（见图 6.27）。

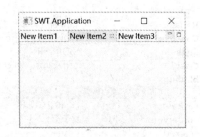
图 6.27　simple=true 采用竖线分隔器

4. selectionBackground(org.eclipse.swt.graphics.Color)

该属性设置选项卡的标签背景及选项卡边框颜色。单击该属性值列右侧的…按钮，弹出颜色选择器，从中选取一种所需颜色即可。

5. selectionBackground(org.eclipse.swt.graphics.Image)

该属性设置选项卡的标签背景图像。单击该属性值列右侧的…按钮，弹出图像选择器（Image Chooser）对话框，从中选取一幅合适的图像即可。

6. selectionForeground

该属性设置选项卡标签的文字颜色。单击该属性值列右侧的…按钮，弹出颜色选择器，从中选取一种所需颜色即可。

7. borderVisible

设置 borderVisible 为 true，则选项卡四周显示蓝色边框，Style|border 属性有同样作用。

8. maximizeVisible

设置该属性值为 true，则选项卡右上角出现最大化按钮 □（见图 6.26）。

9. minimizeVisible

设置该属性值为 true，则选项卡右上角出现最小化按钮 ⁻（见图 6.26）。

10. maximized 与 minimized

maximized 属性值设置为 true，则选项卡在程序初始运行时以最大化尺寸显示，选项卡右上角的最大化按钮变为还原按钮；minimized 为 true，则以最小化尺寸显示，选项卡右上角的最小化按钮变为还原按钮。这两个属性是互斥的，如果同时设置为 true，则选项卡最大化显示。

11. unselectedCloseVisible

如果设置了选项卡 CTabItem 组件的 showClose 属性值为 true，该属性设置为 true，则当光标移入或选取该选项卡标签时，在该选项卡标签的右侧会显示一个关闭按钮。

12. unselectedImageVisible

如果设置了选项卡 CTabItem 组件的 image 属性为一幅图片，该属性设置为 true，在该选项卡处于未选取状态时在其标签上显示这幅图片。该属性设置为 false，则在该选项卡处于未选取状态时在其标签上不显示这幅图片，但该选项卡被选取时将显示这幅图片。

13. Style|close

如果设置了选项卡 CTabItem 组件的 showClose 属性值为 false，设置该属性为 true，则在该选项卡处于选取状态时在其标签右侧显示关闭按钮。如果设置该属性为 false，在该选项卡处于选取状态时其标签上不会显示关闭按钮。

14. MRUVisible

MRU 即 Most Recently Used 这 3 个单词的首字母，该属性设置是否尽可能使最近使用（选择）过的选项卡标签保持显示。一般地，当水平空间不足以显示所有选项卡标签时，默认按照选项卡索引顺序从左向右依次显示。当设置该属性值为 true 时，显示最近选择过的选项卡标签。例如，一个 CTabFolder 包含了标签文字为 Tab 1、Tab 2、Tab 3 和 Tab 4 的 4 个选项卡，索引也依次为 0、1、2 和 3，如果缩小窗口使 CTabFolder 组件只能显示两个标签，当前选择的选项卡是 Tab 3，默认情况下 Tab 2 和 Tab 3 选项卡会显示出来（与 Tab 3 选项卡索引紧邻的前一个选项卡是 Tab 2）；当设置 MRUVisible 为 true 时，如果在本次选择之前刚选择过 Tab 1 选项卡，则界面中显示的是 Tab 1 和 Tab 3 选项卡。

15. marginHeight 与 marginWidth

设置选项卡内容组件边框距选项卡上下边框及左右边框的边距。

6.8.2 CTabItem

CTabItem 组件是 CTabFolder 中的一个选项卡，它的使用方法与 TabItem 在 TabFolder 中的用法相同，它的 text 属性和 image 属性也与 TabItem 的具有相同的作用。此外，CTabItem 还有以下几个属性。

1. showClose

该属性设置为 true，则该选项卡处于未被选取状态而鼠标移入其标签上或该选项卡被选取时，其标签都会出现关闭按钮。

2. disabledImage

该属性设置选项卡处于失效（不能进行被选取等操作）时选项卡标签上显示的图像。单击该属性值列右侧的…按钮，弹出图像选择器（Image Chooser）对话框，从中选取一幅合适的图像即可。

3. font

该属性设置选项卡标签文字的字体。单击该属性值列右侧的…按钮，弹出字体选择器（Font chooser）对话框，从中选取合适的 Family、Style 和 Size 即可。

6.9 习题

1. 什么是容器？容器组件位于 WindowBuilder 组件面板的哪个组？
2. 举例说明应用面板容器 Composite 进行布局的方法。
3. 如何确定用户选取的是同一分组框中的哪个单选按钮组件？
4. 举例说明带滚动条面板的使用方法。
5. 举例说明选项卡界面的组成。
6. 如何创建水平拆分为 3 部分的分割窗界面？如何设置 3 个部分为 1∶2∶3 的拆分比例？
7. 画图说明 ViewForm 容器的固有布局，并举例说明该容器的典型应用。
8. CBanner 容器与选项卡 UI 有什么异同之处？
9. 高级选项卡 CTabFolder/CTabItem 对选项卡 TabFolder/TabItem 界面做了哪些扩充和改进？

第7章 工具栏、菜单及其他控件的设计

工具栏和菜单是几乎所有的 GUI 程序都需要设计的界面元素，它们为应用程序提供了快速执行特定方法和程序功能的用户接口。除了前面学过的标签、按钮、文本框等控件外，SWT 库还提供了更为丰富的控件。本章介绍工具栏和菜单的设计，伸缩面板、数值组件、浏览器和系统托盘等控件的设计与使用。

7.1 工具栏设计

GUI 程序中的工具栏(ToolBar)是显示位图式按钮的控制条，每个位图式按钮称为一个工具项(ToolItem)，用来执行程序中的一个命令。一般出现在工具栏上的按钮所执行的是一些比较常用的命令，方便了用户的使用。

7.1.1 工具栏和工具项的设计方法

组件面板的 Controls 组中有一个 ToolBar 图标(见图 7.1)，单击这个图标之后在窗体上单击，即可在窗体上生成一个工具栏。

图 7.1 组件面板中的 Controls(控件)

从图7.1发现,有5个标有ToolItem字样的控件,单击其中之一,然后在工具栏上单击即可生成一个工具项。

7.1.2 工具栏和工具项的属性设置

在设计视图下选择工具栏组件,从属性面板可以看到工具栏(ToolBar)包括背景色、前景色、边框等常用属性(见图7.2),它们的含义和设置方法与前面介绍的其他组件相同。其中,Style|dir属性可以设置为VERTICAL,使工具栏以竖直方式排列工具项;Style|wrap属性设置为true,可以在工具栏宽度(或高度)不足以显示所有工具项时换行(或列)显示。

选择工具项(ToolItem)组件后,在属性面板中看到有以下重要属性(见图7.3):

图7.2 工具栏控件的属性　　　　图7.3 工具项属性面板

(1) Style|type——工具项的样式。包括以下5种样式(见图7.3):

CHECK——通常为一组工具项,可连续选择其中的多个项目(复选)。组件面板中的控件 Check ToolItem 产生的工具项即为此种类型。有两种状态:选取状态(selection属性值为true)和非选取状态(selection属性值为false)。

RADIO——此类工具项通常为一组,只能选择其中一项(单选)。组件面板中的控件 Radio ToolItem 产生的工具项即为此种类型。有两种状态:选取状态(selection属性值为true)和非选取状态(selection属性值为false)。

DROP_DOWN——该工具项通常显示下拉菜单。组件面板中的控件 DropDown ToolItem 产生的工具项即为此种类型。下拉菜单的实现需要使用菜单组件,7.3节再介绍。

PUSH——该工具项作为按钮,可直接引发动作,是最常见的工具项。

SEPARATOR——在工具项组之间充当分隔符,通常是一个条。组件面板中的控件 Separator ToolItem 产生的工具项即为此种类型。

(2) selection——设置工具项是否为选中状态,设为true或false。对style为CHECK或RADIO的工具项有效。

(3) image——设置能够响应用户操作的工具按钮上可能出现的图标。当该工具项的enabled属性被设置为true时显示。

（4）disabledImage——设置不能响应用户操作的工具按钮上可能出现的图标。当该工具项的 enabled 属性被设置为 false 时显示。

（5）hotImage——设置获得热点的工具按钮上可能出现的图标。当光标移入该工具按钮时显示。

（6）text——设置工具项按钮上显示的文字。如果设置了 image、disabledImage 和 hotImage，则同时显示文字和图标。

（7）enabled——设置为 true 对用户操作进行响应；设置为 false 对用户操作无响应，且按钮变为灰色。

（8）width——设置 SEPARATOR 工具项的宽度。

（9）toolTip Text——设置工具项按钮的提示文字。鼠标指针在该工具按钮停放片刻后出现。

7.1.3 工具按钮事件

右击工具按钮，选择 Add event handle 菜单项，发现工具按钮只有选择事件（SelectionEvent）和销毁事件（DisposeEvent）。单击工具项时发生 SelectionEvent 事件，需要在其中的 widgetSelected 方法中编写处理逻辑代码执行有关操作。

7.1.4 应用实例

例 7.1 前面章节开发的学生成绩管理系统中，管理员的工作应包括专业与课程设置模块、用户注册模块和为教师分派学生模块等。当管理员登录进入系统后应该可以使用其中任何一个模块工作。为管理员设计一个入口界面，可以从此调用其中任意一个模块。

分析：由于只有 3 项功能模块，采用工具栏给出选择界面比较简洁。课程设置模块尚未开发，可以设置该工具项的 enabled 属性值为 false。

操作步骤：

（1）在包资源管理器窗口右击项目名 StdScoreManaV0.4，在快捷菜单中选择【复制】菜单项。再次在包资源管理器窗口右击，在快捷菜单中选择【粘贴】菜单项，项目名输入 StdScoreManaV0.5，单击【确定】按钮。以下操作在该项目中进行。

（2）右击包名 book.stdscore.ui，在快捷菜单中选择【新建】|【其他】菜单项，在【新建】对话框中选择 SWT Application Window，名称输入 AdminScoreMana，单击【完成】按钮。

（3）单击组件面板 Controls 组的 ToolBar 图标，然后在窗体上部单击，为该窗体生成工具栏。通过拖动调控柄调整工具栏的大小。

（4）在组件面板的 Control 组选择 ToolItem 组件，然后在工具栏上单击，修改 Varialble 属性为 toolItemDeptSet，清除 text 属性值为空。设置该工具按钮的 image 属性，选择一个合适的图像文件。本例制作了名为 dept.JPG 的图像文件存储在项目的 src/images 文件夹下，选择它。设置 toolTipText 属性值为"专业与课程设置"。

（5）重复步骤（4），修改 Varialble 属性值为 toolItemUsersReg，清除 text 属性值为空，设置 image，toolTipText 属性值设为"用户注册"。再次重复步骤（4），修改 Varialble 属性值为 toolItemStdSet，清除 text 属性值为空，设置 imege，toolTipText 属性值设置为"分派学

生"。

(6) 设置第一个工具按钮 toolItemDeptSet 的 enabled 属性值为 false。

(7) 右击第二个工具按钮 toolItemUsersReg，选择 Add event handler | selection | widgetSelected。在事件监听器的 widgetSelected 方法中输入代码"new RegisterTabFolder(). getShell().open();"。为 RegisterTabFolder 类的 shell 字段生成 Getter 方法。

(8) 设置第三个工具按钮 toolItemStdSet 的 enabled 属性值为 false。

(9) 在窗体中部创建标签组件，text 属性值设置为"欢迎使用简易学生成绩管理系统"，font 属性设置为"楷体 12 BOLD"，foreground 设置为 COLOR_DARK_GREEN，alignement 设置为 CENTER。

(10) 在窗体底部创建标签组件，text 属性值设置为"系统管理"，font 属性设置为"黑体 14 BOLD"，foreground 设置为 COLOR_BLUE，alignement 设置为 CENTER。

该程序运行界面如图 7.4 所示。

图 7.4 具有工具栏的管理员主界面

7.2 动态工具栏

许多应用程序具有多个工具栏，且工具栏可以被拖到不同的位置（如从窗口上部拖到底部），甚至可以拖离原位置而成为单独的窗口，可以重新安排工具栏中的工具项，可拖曳分隔条，工具按钮可以换行等。SWT 提供的动态工具栏（CoolBar、CoolItem）具有类似的特性，用户可以重新安排动态工具栏中的工具栏或工具项，可以拖曳工具栏或工具项之间的分隔条、对于动态工具栏中的工具栏或工具项如何换行以及工具项显示的顺序等进行控制。

7.2.1 SWT 动态工具栏的结构

SWT 使用动态工具栏组件 CoolBar 和动态工具项 CoolItem 配合 ToolBar 为 GUI 构建动态工具栏。CoolBar 是一个容器组件，它为 SWT 中的多个工具栏（ToolBar）提供了统一的底层容器，每个工具栏可以看作是该容器中的一个组件，并以 CoolItem 为媒介加入到动态工具栏中（见图 7.5）。

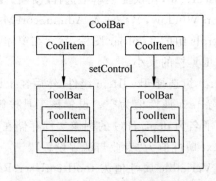

图 7.5 SWT 动态工具栏构成示意图

7.2.2 动态工具栏的设计方法

单击组件面板 Controls 组中的 CoolBar 按钮,在窗体适当位置单击,即生成了一个动态工具栏。在为它设置了合适的高度和宽度之后,即可在窗体上看到该动态工具栏。

单击组件面板 Controls 组中的 CoolItem 按钮,然后在窗体的动态工具栏上单击,即生成一个动态工具项 CoolItem。之后单击组件面板 Controls 组中的 ToolBar 按钮,在 CoolItem 组件上单击,即设置该 ToolBar 为该 CoolItem 的 Control。设置 CoolBar、CoolItem 和 ToolBar 组件的 size 及 minimumSize 等属性。之后,在工具栏(ToolBar)上创建工具项(ToolItem),即可设计出所需的动态工具栏。

生成的代码如下:

```
CoolBar coolBar = new CoolBar(shell, SWT.FLAT);
coolBar.setBounds(10, 10, 618, 32);
CoolItem coolItem1 = new CoolItem(coolBar, SWT.NONE);
ToolBar toolBar1 = new ToolBar(coolBar, SWT.FLAT | SWT.RIGHT);
coolItem1.setControl(toolBar1);
ToolItem toolItem111 = new ToolItem(toolBar1, SWT.NONE);
toolItem111.setText("按钮 11");
…
```

7.2.3 动态工具栏的属性

动态工具栏组件 CoolBar 的绝大部分属性是其他组件都共有的一些属性。需要关注以下两个特有属性:

(1) Style | type——该属性设置动态工具栏中的工具栏排列方式,默认值为 HORIZONTAL,其中的工具栏水平排列(见图 7.6.1);设置为 VERTICAL,则其中的工具栏垂直排列(见图 7.6.2)。在水平空间或垂直空间不够时会换行或换列放置。

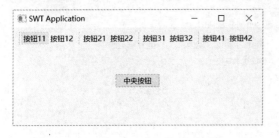

图 7.6.1 Style|type=HORIZONTAL　　　　图 7.6.2 Style|type=VERTICAL

(2) locked——该属性设置为默认值 false,动态工具栏是可配置的,即用户可以调整工具栏之间的分隔线,改变顺序和位置等。设置为 true,则该动态工具栏被锁定,用户不能对其进行重新配置。

(3) wrapIndices——设置能够成为一个新行的工具栏的索引。该索引以整数数组形式给出,索引值对应工具栏当前显示的次序,其中第一项总是在第一行显示且不计入换行索引之中。如果该索引数组为空,则所有工具栏放置在一行。设置方法是:在属性面板,该属性值列以空格分隔输入每个工具栏应显示的行索引(如输入"0 0 2 2")。在属性面板设置该属性后,如果运行时出现数组越界异常,应在源代码视图将此属性的设置语句("coolBar.setWrapIndices(new int[]{0,0,2,2});")手工移到所有动态工具栏创建语句之后。

表 7.1 是不同的 wrapIndices 设置效果示例。

表 7.1 wrapIndices 的设置效果

设 置 参 数	效 果
coolBar.setWrapIndices(new int[]{0,1,2,3});	按钮11 按钮12 按钮21 按钮22 按钮31 按钮32 按钮41 按钮42
coolBar.setWrapIndices(new int[]{0,0,2,2});	按钮11 按钮12 按钮21 按钮22 按钮31 按钮32 按钮41 按钮42 中央按钮
coolBar.setWrapIndices(new int[]{0,1,1,3});	按钮11 按钮12 按钮21 按钮31 按钮32 按钮41 按钮42 中央按钮
coolBar.setWrapIndices(new int[]{0,0,0,3});	按钮11 按钮12 按钮21 按钮31 按钮32 按钮41 按钮42 中央按钮
coolBar.setWrapIndices(new int[]{0,1,1,1});	按钮11 按钮12 按钮21 按钮31 按钮32 按钮41 按钮42 中央按钮

CoolItem 的主要属性包括：

（1）minimumSize——设置用户调整工具条大小时该工具条的最小尺寸，单击该属性值列右侧的…按钮，在 minimumSize 对话框中输入值（见图 7.7）。

（2）preferredSize——设置工具条的首选尺寸（作为初始预设值），在对话框中以"宽度,高度"的格式指定。

（3）size——设置工具栏（ToolBar）或独立工具按钮的大小，在对话框中以"宽度,高度"的格式指定。

图 7.7　设置动态工具项的 minimumSize 对话框

在动态工具栏的设计过程中，需要计算 CoolBar、CoolItem 和 ToolBar 等组件的大小，并对它们进行合理设置，以便使这些组件能够正确显示。硬编码方法尽管可行，但在用户对工具栏进行动态调整后就可能显示得不很协调了。为此，一般采用以下方法让程序进行动态计算和调整：

```
toolBar.pack();                          //调整 ToolBar 大小
Point size = toolbar.gatSize();          //计算 ToolBar 的实际大小
coolItem.setSize(size);                  //设置 CoolItem 大小刚好容纳 ToolBar
coolItem.setMinimumSize(size);           //设置 CoolItem 最小尺寸刚好容纳 ToolBar 防止被遮住
```

7.3　菜单设计

几乎所有的 GUI 应用程序都提供菜单（Menu），菜单增加了程序的可用性。菜单是动态呈现的选择列表，菜单可以包含其他菜单或者菜单项（MenuItem），而 MenuItem 也可以包含菜单，形成分层的菜单。MenuItem 表示可以执行的命令或所选择的 GUI 状态。菜单可以与应用程序（即 Shell）的菜单栏相关，也可以漂浮在应用程序窗口之上，形成弹出式菜单。

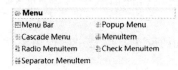

图 7.8　Eclipse WindowBuilder 组件面板的 SWT Menus 组

EclipseWindowBuilder 的组件面板上专门提供了 Menu 组（见图 7.8），使用该组提供的工具可直观地设计出 Java SWT GUI 程序的各种菜单。

7.3.1　菜单栏

单击组件面板 Menu 组的 MenuBar 图标，鼠标移到窗体上时顶部出现提示以指示菜单栏的位置（见图 7.9），在窗体上单击，即可在窗体的标题栏下方内容面板的顶部创建一个菜单栏（Menu Bar）。菜单栏是创建窗体主菜单项的容器。

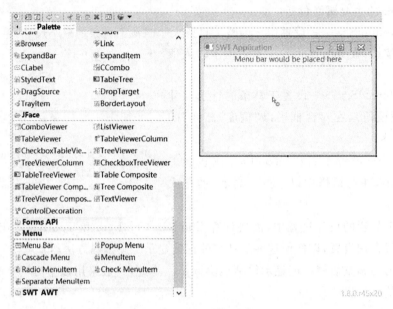

图 7.9 创建菜单栏

7.3.2 菜单与菜单项

创建了菜单栏之后,在组件面板上单击 MenuItem 组件,将光标移到窗体的菜单栏上时出现位置指示符,单击即可在菜单栏上创建一个菜单项(MenuItem),同时创建了一个菜单(Menu)。

选取菜单组件,在属性面板中看到 Constructor|style|style 属性有 3 种取值,对应了菜单的 3 种类型:

(1) BAR——指定该菜单为窗口的菜单栏。但是一般使用组件面板中的 Menu Bar 创建。

(2) CASCADE——级联菜单,包含一个以下拉方式出现的菜单。但是一般使用组件面板中的 Cascade Menu 创建。

(3) POP_UP——从窗口弹出的菜单,必须针对一个特定的组件设计。但是一般使用组件面板中的 Popup Menu 创建。

一个菜单项(MenuItem)是依附于菜单(Menu)、子菜单或弹出式菜单的可视组件。在菜单项的属性面板中可以看到(见图 7.10),能够设置菜单项的多方面属性,主要包括:

(1) Style|style——指定菜单项的样式,为以下 5 种互斥样式之一:

CHECK——具有选取和未选取两种状态的菜单项(即复选的)。此种菜单项一般通过组件面板中的 Check MenuItem 组件直接创建。

CASCADE——包含一个以下拉方式出现的菜单(级联菜

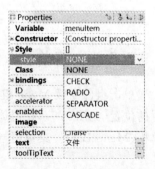

图 7.10 创建菜单栏

单)的菜单项。此种菜单项一般通过组件面板中的 Cascade Menu 组件直接创建,在创建菜单项组件的同时,还创建了一个下级菜单组件。

PUSH——该类型菜单项行为类似于某一直接动作的按钮。

RADIO——一般多个该类型菜单项形成一组,用户只能选取其中之一。此种菜单项一般通过组件面板中的 Radio MenuItem 组件直接创建。

SEPARATOR——充当菜单项组之间的隔离符(通常是一条线),没有其他功能。此种菜单项一般通过组件面板中的 Separator MenuItem 组件直接创建。

(2) accelerator——指定该菜单项的快捷键,一般是键盘上的一个组合键,可以使用该组合键直接选定该菜单项,而不需要进行鼠标单击操作。在属性面板上,该属性值是一个整数,这个整数是一个键值。但如果是组合键(如 Ctrl + X),则计算键值并不容易,因此还是随意输入一个整数,然后直接修改代码更为方便。例如,如果快捷键是 Ctrl + X,可以使用如下语句设置:

```
menuItem.setAccelerator(SWT.CTRL + 'X');
```

该属性值默认为 0,表示没有设置快捷键。

(3) image——设置出现在该菜单项左边的图标。

(4) text——该属性值为该菜单项在菜单上的显示文字。在其中一个字符前加"&"符号,指明该字符为菜单项的助记字符(或称命令字符),并且在该字符下会出现下画线。在键盘上按下 Alt 键同时按下该字符,则相当于单击该菜单,并会触发 SelectionEvent 事件。

如果要在菜单文字中显示菜单项的快捷键,在菜单项文字之后输入转义字符"\t",后面跟上提示字符串(如 Ctrl+N)。一般快速键的提示文字靠菜单项文字的右边对齐。注意,在 WindowBuilder 属性面板中的 text 属性值列直接输入"\t",生成的代码会转换为"\\t",因此,需要切换到源代码视图手工删除其中的一个反斜线"\"字符;此外,这样做只是显示快捷键的提示字符,以便让用户知晓,快捷键还是需要设置 accelerator 属性定义。

(5) selection——当菜单项的样式为 CHECK 或 RADIO 时,设置该菜单项的初始状态,该属性值为 true,指明该菜单项初始为选择状态。

(6) enabled——该属性值设置为 false 使该菜单项失效,即对操作无响应。

7.3.3 设计步骤

(1) 创建一个 Menu Bar 或 Popup Menu 组件。

如前所述,单击组件面板 Menu 组的 MenuBar 或 Popup Menu 图标之后,在窗体上单击。

(2) 添加 Menu 和 MenuItem 组件。

单击组件面板 Menu 组的 MenuItem(包括 MenuItem、Radio MenuItem、Check MenuItem、separator MenuItem 和 Cascade Menu)组件,在 Menu Bar、Popup Menu 或 Menu 组件上单击。

(3) 为有下级菜单的 MenuItem(style 必须为 SWT.CASCADE)的 Menu 对象创建下级菜单项。方法是单击组件面板 Menus 组 MenuItem 组件,然后在该下级 Menu 组件上单击,为其生成子菜单项。

例 7.2 设计如图 7.11 所示的菜单界面。

图 7.11 例 7.2 的菜单界面

分析：窗体上有一个主菜单栏，包含两个菜单项【文件】和【帮助】。【文件】菜单项有一个下拉菜单，包含【新建】和【退出】两个菜单项，它们均有命令字符。其中【新建】菜单项有子菜单，该子菜单包含【项目】【包】【类】【接口】【其他】和两个分隔条，且【新建】菜单项有快捷键 Ctrl+N。【帮助】菜单项有一个下拉菜单，包含【关于】菜单项。该菜单系统的结构如图 7.12 所示。

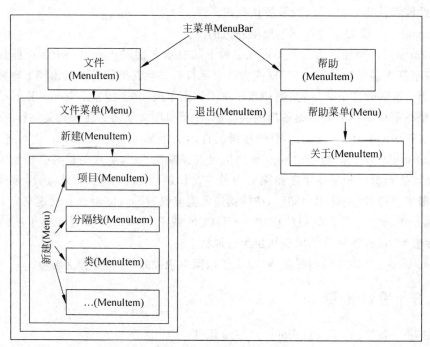

图 7.12 例 7.2 的菜单系统结构

操作步骤：

（1）新建 SWT/JFace Java Project，命名为 chap07。

（2）在该项目的 src 文件夹右击，选择【新建】|【其他】菜单项，在【新建】对话框中选择 SWT Application Window，包输入 book.demo，名称输入 MenuDemo1，单击【完成】按钮。设置该窗体 Layout 为 FillLayout。

（3）在组建面板的 Menu 组单击 Menu Bar 图标，再单击窗体创建菜单栏。

（4）单击组件面板的 Menu 组的 Cascade Menu 组件，将光标移到菜单栏上单击。设置生成的 menuItem 组件的 Variable 属性值为 submenuItemFile，text 属性值为"文件(&F)"；设置 submenuItemFile 组件的子 menu 组件的 Variable 属性值为 submenuFile。

（5）单击组件面板的 Cascade Menu 组件，将光标移到结构视图的 Components 面板的 submenuFile 组件上单击。设置生成的 menuItem 组件的 Variable 属性值为 submenuItemNew，其子组件的 Variable 属性值为 submenuNew。选择菜单项 submenuItemNew，在属性面板的 text 属性值列输入文字"新建(&N)"。

（6）单击组件面板的 MenuItem 图标，将光标移到结构视图的 Components 面板中的 submenuNew 组件上单击。设置生成的 menuItem 组件的 Variable 属性值为 prjItem，在 text 属性值列输入文字"项目　CTRL＋N"，在 accelerator 属性值列输入任意一个整数（例如 4），然后切换到源代码窗口，修改语句"prjItem.setAccelerator(4);"中的参数 4 为该菜单项的快捷键"SWT.CTRL＋'N'"。

（7）单击组件面板的 Separator MenuItem 图标，鼠标移到结构视图的 Components 面板的 submenuNew 组件上单击。

（8）重复步骤（6）3 次，分别创建菜单项 packageItem-"包"、classItem-"类"和 interfItem-"接口"。重复步骤（7），创建分隔条 separatorOther。重复步骤（6），创建菜单项 otherItem-"其他(&O)"。

（9）单击组件面板中的 MenuItem 图标，将光标移到结构视图的 Components 面板中的 submenuFile 组件上单击。设置生成的 menuItem 组件的 Variable 属性值为 pushExit，在 text 属性值列输入文字"退出(&E)"。

（10）单击组件面板的 Cascade Menu 组件，将光标移到菜单栏上单击。设置生成的 menuItem 组件的 Variable 属性值为 submenuItemHelp，text 属性值为"帮助(&H)"；设置 submenuItemHelp 组件的子 menu 组件的 Variable 属性值为 submenuHelp。

（11）单击组件面板的 MenuItem 图标，将光标移到结构视图的 Components 面板的 submenuHelp 组件上单击。设置生成的 menuItem 组件的 Variable 属性值为 aboutItem，在 text 属性值列输入文字"关于…"。

至此，完成了如图 7.12 所示菜单界面的创建，运行结果如图 7.11 所示。该程序的菜单组件结构视图如图 7.13 所示。

图 7.13　例 7.2 程序的菜单组件结构视图

7.3.4　处理菜单事件

GUI 应用程序中的菜单是用户使用程序所提供功能的最主要接口，大多数菜单项被选择时都会执行实现该菜单项功能的一个或多个方法，而这些方法的执行则是由菜单或菜单项的相关事件触发的。

在结构视图的 Components 面板中的某个菜单（Menu）组件上右击，弹出式菜单的 Add event handler 菜单有 3 个子菜单（见图 7.14），也就是菜单有 3 种事件；在一个菜单项上右击,可看到菜单项有 4 种事件(见图 7.15)。

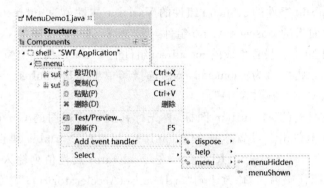

图 7.14 菜单 Menu 事件

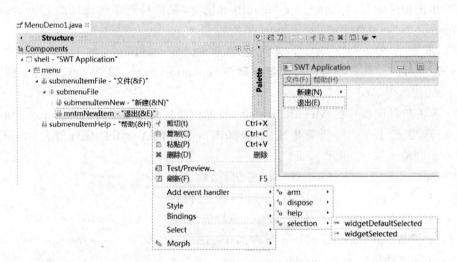

图 7.15 菜单项 MenuItem 事件

1. menu 事件

当下拉菜单或者弹出菜单将要显示时,触发 MenuEvent 事件,执行 menuShow 方法;反之,当一个菜单被关闭时,也会触发 MenuEvent 事件,执行 menuHidden 方法。

菜单除了能够承载一定的用户行为所触发的程序段运行之外,另一个潜在的功能是提供程序的使用提示。因此,可以把菜单设计成根据上下文环境的不同,其中的一些菜单项被禁用或不显示,这种功能通过 MenuEvent 事件处理实现,事件源是 Menu(注意不同于 MenuItem)。可以监听到 Menu 是打开还是关闭了。

2. arm 事件

当菜单项高亮显示时,ArmEvent 事件被触发,widgetArmed 方法被执行。arm 事件并不常用,一个主要应用是当鼠标移到某个菜单项时,在状态栏显示一条帮助信息,用于描述该菜单项的功能。

3. selection 事件

当用户单击菜单项,或按菜单项的快捷键时,触发 SelectionEvent 事件,一般执行 widgetSelected 方法。菜单的事件处理最主要的是响应用户选择菜单项的动作,显然该事件是最常用的 SWT 事件,尤其对于 PUSH 样式的菜单项,单击它总是会伴随一些行为发生。

4. help 事件

当用户向该组件发出帮助请求(按键盘的 F1 键)时,该事件被触发,执行 helpRequested 方法。若与该事件对应的帮助没有找到,则 Shell 组件的帮助事件会被触发。

5. 事件处理实例

例 7.3 设计一个留言板程序,运行界面如图 7.16 所示。要求设计一个弹出式菜单,当用户在文本框右击时弹出该菜单。其中,【全选】菜单项是一个开关式按钮,当该菜单项被选择时选取文本框中的全部文字;【编辑】菜单的子菜单项【复制】把选择的文本送入系统剪贴板,【粘贴】菜单项把剪贴板文字复制到该程序文本框中的插入点处,【剪切】菜单项把文本框中所选的内容放到剪贴板并清除所选文字。

图 7.16 留言板程序运行界面

分析:该程序界面设计的关键是创建弹出式菜单系统,绝大部分可以使用可视化方法完成,全选菜单的功能也可以使用文本框的方法实现。编辑菜单则需要使用系统剪贴板,Text 组件本身提供了 copy、paste 和 cut 方法以便直接使用系统剪贴板,因此编辑菜单的各子菜单项功能也容易实现。

设计步骤:

(1) 在项目 chap7 的 book.demo 包中创建 SWT Application Window,名称输入 MenuDemo2。设置窗体的 Layout 属性为 GridLayout。

(2) 在窗体的第 1 行第 1 列创建一个标签,文字为"留言:"。

(3) 在窗体的第 2 行第 1 列创建一个文本框(Text)组件,取名为 textArea。设置 Style 属性的子属性 wrap 为 true、lines 为 MULTI、h_scroll 为 true、v_scroll 为 true,LayoutData 为水平和竖直填充与抢占。

(4) 在窗体的第 3 行第 1 列创建一个按钮,文字为"提交",设置 LayoutData | horizontalAlignment 为 CENTER。

(5) 在组件面板的 Menu 组单击 Popup Menu 图标,将光标移到窗体中的文本框组件 textArea 上单击,设置 Variable 属性值为 menuPopup。

(6) 单击组件面板 Menus 组中的 Check MenuItem 图标,将光标移动到设计视图的 menuPopup 下方,出现如图 7.17 所示指示符时单击,并输入文字"全选\tCTRL+A",在源代码视图删除字母 t 前面的一个反斜线字符。切换到设计视图,在属性面板中修改

Variable 属性值为 pushSelAll，accelerator 属性值输入 4，然后切换到代码视图，修改语句"pushSelAll.setAccelerator(4);"中的参数 4 为该菜单项的快捷键"SWT.CTRL+'A'"。

右击 pushSelAll 菜单项，选择 Add event handler|selection|widgetSelected 菜单项，然后为生成的事件监听器的 widgetSelected 方法输入以下代码：

```
if(pushSelAll.getSelection()){ //该复选菜单项被选中
    textArea.selectAll();
} else { //该复选菜单项未被选中
    textArea.clearSelection();
}
```

(7) 单击组件面板的 Separator MenuItem 图标，将光标移到结构视图的 Components 面板的 menuPopup 组件上单击。

(8) 单击组件面板的 Cascade Menu 图标，将光标移到设计视图弹出式菜单的分隔条菜单项下，出现红色位置指示线时单击。输入文字"编辑"，设置 Variable 属性值为 menuItemEdit，它的子节点 Variable 属性值为 menuEdit。

(9) 单击组件面板的 MenuItem 图标，将光标移到设计视图弹出式菜单的【编辑】菜单项右侧的菜单 menuEdit 上（见图 7.18）时单击。输入文字"复制"，设置 Variable 属性值为 pushCopy。

图 7.17 向弹出式菜单添加菜单项

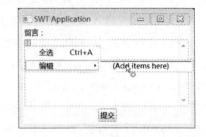

图 7.18 为【编辑】子菜单添加菜单项

(10) 重复步骤(9)，为子菜单 menuEdit 创建菜单项 pushPaste-"粘贴"和 pushCut-"剪切"。

(11) 在设计视图中右击 pushCopy 菜单项，在快捷菜单中选择 Add event handler|selection|widgetSelected 菜单项，为该菜单项设计事件监听器如下：

```
pushCopy.addSelectionListener(new SelectionAdapter() {
    @Override
    public void widgetSelected(SelectionEvent e) {
        textArea.copy();
    }
});
```

用同样的方法为 pushPaste 设计事件监听器如下：

```
pushPaste.addSelectionListener(new SelectionAdapter() {
    @Override
    public void widgetSelected(SelectionEvent e) {
```

```
            textArea.paste();
        }
    });
```

为 pushCut 设计事件监听器如下：

```
pushCut.addSelectionListener(new SelectionAdapter() {
    @Override
    public void widgetSelected(SelectionEvent e) {
        textArea.cut();
    }
});
```

至此，完成了例 7.3 的程序界面设计及所要求的功能实现代码编写。该程序的组件关系如图 7.19 所示。

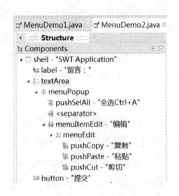

图 7.19　例 7.3 菜单组件结构视图

7.3.5　DropDown ToolItem 的设计

在工具栏上创建带有下拉菜单的工具项 DropDown ToolItem 组件，主要设计工作是设计单击该工具项时出现的菜单。这个菜单一般是弹出式菜单（Popup Menu），可以使用本节所述的可视化方法创建，然后设计与其关联的 DropDown ToolItem 组件事件处理程序，使用户单击该工具项时显示弹出式菜单。

这种弹出式菜单的父组件一般选择与其关联的工具项所在的工具栏，菜单的显示位置是该工具项的正下方。在工具项的单击事件处理程序中计算菜单的显示位置。首先，使用该工具项的 getBounds 方法获取其在界面上显示的矩形区域，然后计算在工具栏上显示该弹出式菜单的坐标点，最后在该点定位并显示菜单。但是，除了单击该下拉工具项弹出这个菜单外，右击工具栏也会弹出这个菜单，删除或注释语句"toolBar. setMenu(menu);"即可解决这个问题。

例 7.4　为例 6.4 设计的资源管理器式文件阅读器程序添加工具栏，并在工具栏中设计一个下拉菜单工具项，菜单显示并可以打开用户最近使用过的前 5 个文件。

分析：保持例 6.4 设计的程序窗体的填充式布局，在窗体上创建 ViewForm 容器，顶行创建工具栏，内容区放置例 6.4 设计好的 sashForm 组件。使用一个文本文件保存最近打开过的 5 个文件的全路径，使用 DropDown ToolItem 组件提供对这 5 个文件的访问接口，其中每个文件都是该按钮的下拉菜单项。

操作步骤：

（1）在包资源管理器窗口右击项目名 MyFileReader0.1，在快捷菜单中选择【复制】菜单项。在包资源管理器窗口再次右击，选择快捷菜单中的【粘贴】菜单项，在【复制项目】对话框的项目名输入 MyFileReader0.2，单击【确定】按钮。以下操作在 MyFileReader0.2 项目中进行。

（2）在组件面板的 Composites 组单击 ViewForm 组件，将光标移到结构视图 Components 面板的 shell 组件上单击。然后拖动 sashForm 组件节点到 viewForm 组件节点下的 setContent 节点中。

（3）在组件面板的 Controls 组单击 ToolBar 组件，将光标移到结构视图 Components

面板的 viewForm 组件节点下的 setLeft 节点上单击。

(4) 在组件面板的 Controls 组单击 DropDown ToolItem 组件,将光标移到设计视图窗体左上角的工具栏上单击,输入文字"最近打开"。设置 Variable 值为 toolItemRecentFiles。

(5) 在组件面板的 Menu 组单击 Popup Menu 组件,将光标移到设计视图窗体左上角的工具栏上单击,设置 Variable 值为 menuRecentFiles。注释"toolBar.setMenu(menuRecentFiles);"语句。

(6) 右击包资源管理器窗口的项目名节点,选择快捷菜单的【新建】|【文件】菜单项,在对话框中文件名输入 recent.rcd,单击【完成】按钮。

(7) 右击包 book.mfrui 节点,选择快捷菜单的【新建】|【类】菜单项,在对话框中【名称】输入 RecentRecord,单击【完成】按钮。该类包含两个字段变量"private String currFile;"和"private String[] files;",构造方法从文件 recent.rcd 读取各行内容并存储到 files 数组中。为这两个字段生成 Getter 方法。设计 addMenuFile 方法,将当前打开文件的全路径名(参数传入)存储到文件 recent.rcd 中第一行。该类源代码如下(删除了注释行和空行)。

```java
package book.mfrui;
import java.io.*;
public class RecentRecord {
    private String currFile;
    private String[] files;
    public RecentRecord() {
        files = new String[5];
        String str;
        try {
            FileReader fr = new FileReader("recent.rcd");
            BufferedReader bfr = new BufferedReader(fr);
            for (int i = 0; i < 5; i++) {
                str = bfr.readLine();
                if(str!= null && !"".equals(str)) {
                    files[i] = str;
                } else {
                    break;
                }
            }
        } catch (FileNotFoundException e) {
            e.printStackTrace();
        } catch (IOException e) {
            e.printStackTrace();
        }
    }
    public void addMenuFile(String file) {
        currFile = file;
        try {
            FileWriter fw = new FileWriter("recent.rcd");
            fw.write(file);
            boolean skip = false;
            for(int i = 0; i < 4 && files[i]!= null; i++) {
                if(files[i].equals(file)) {
```

```
                skip = true;
                continue;
            }
            fw.write("\r\n" + files[i]);
        }
        if(skip && files[4]!= null)
            fw.write("\r\n" + files[4]);
        fw.flush();
        fw.close();
    } catch (IOException e) {
        e.printStackTrace();
    }
}
public String getCurrFile() {
    return currFile;
}
public String[] getFiles() {
    return files;
}
}
```

（8）修改文件列表组件 listFiles 的 SelectionEvent 事件处理方法 widgetDefaultSelected，在"else if (filesName.toLowerCase().endsWith(".txt")) {"语句块的末尾添加语句"new RecentRecord().addMenuFile(filePath + filesName);"，将当前打开的文件名"filePath + filesName"写入记录文件 recent.rcd 之中。

（9）右击工具项【最近打开】组件 toolItemRecentFiles，在快捷菜单中选择 Add event handler|selection|widgetSelected 菜单项。在事件处理方法 widgetSelected 中动态创建弹出式菜单，根据最近使用文件列表动态创建菜单项，在该工具项下方显示菜单，以及用户单击某个菜单项时打开对应文件。该方法源代码如下：

```
toolItemRecentFiles.addSelectionListener(new SelectionAdapter() {
    @Override
    public void widgetSelected(SelectionEvent e) {
        //创建显示最近打开文件的弹出式菜单 menuRecentFiles
        Menu menuRecentFiles = new Menu(toolBar);
        //为文件 recent.rcd 中的每一行创建一个单选菜单项并添加到菜单中
        String[] tmstr = new RecentRecord().getFiles();
        for (int i = 0; i < 5 && tmstr[i] != null; i++) {
            MenuItem mntmNewRadiobutton = new MenuItem(menuRecentFiles, SWT.RADIO);
            mntmNewRadiobutton.setText(tmstr[i]);
            //单击该菜单中的一个菜单项时打开并显示对应的文本文件
            mntmNewRadiobutton.addSelectionListener(new SelectionAdapter() {
                @Override
                public void widgetSelected(SelectionEvent e) {
                    String readFile = ((MenuItem) e.getSource()).getText();
                    try {
                        FileReader fr = new FileReader(readFile);
                        BufferedReader bfr = new BufferedReader(fr);
                        textArea.setText("");
```

```
                    String content = bfr.readLine();
                    while (content != null) {
                        textArea.append(content + "\r\n");
                        content = bfr.readLine();
                    }
                    //将当前打开的文件名 readFile 写入记录文件 recent.rcd
                    new RecentRecord().addMenuFile(readFile);
                } catch (FileNotFoundException e1) {
                    e1.printStackTrace();
                } catch (IOException e2) {
                    e2.printStackTrace();
                }
            }
        });
    }
    //显示下拉工具项 toolItemRecentFiles 的菜单 menuRecentFiles
    Rectangle bound = toolItemRecentFiles.getBounds();
    Point point = toolBar.toDisplay(bound.x, bound.y + bound.height);
    menuRecentFiles.setLocation(point);
    menuRecentFiles.setVisible(true);
    }
});
```

运行程序，单击窗口工具栏中的【最近打开】按钮，弹出菜单中列出了最近打开过的文件名列表（最多5项，见图7.20）。该程序演示了下拉式工具项的动态创建和显示方法，编写程序代码动态生成菜单的方法，以及动态生成的菜单项单击事件处理方法的设计等技巧。

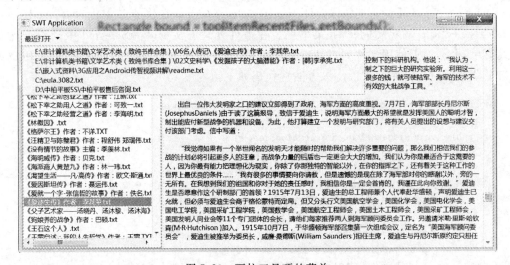

图 7.20　下拉工具项的菜单

7.4　伸缩面板与链接控件

伸缩面板 ExpandBar 是管理可选择的伸缩条项的容器。其中的每个伸缩条项是一个伸缩面板项 ExpandItem 组件。使用伸缩面板可以在有限的 UI 区域组织和显示比较多的伸缩条项。

7.4.1 伸缩面板

在设计视图下单击组件面板 Controls 组的 ExpandBar 组件图标，在窗体或其他容器中单击，即可创建一个伸缩面板（ExpandBar）组件。在结构视图的属性面板（见图 7.21）中可以看到，该组件的属性较少。

Style|v_scroll：该属性设置为 true，则伸缩面板出现竖直滚动条，当某个伸缩条项占用的空间较大时，通过滚动条可看到其他伸缩条项。

Style|border：该属性设置为 true，则伸缩面板会出现较宽的边框，且有下凹的感觉。

Spacing：该属性以像素为单位设置此伸缩面板的边距及伸缩条项之间的间距。

7.4.2 伸缩条项

在设计视图下单击组件面板 Controls 组的 ExpandItem 组件图标，将光标移到伸缩面板上，当红色的位置指示线出现在所需要的位置时单击，即可创建一个伸缩条项（ExpandItem）组件。在结构视图的属性面板（见图 7.22）中可以看到该组件的属性也很少。

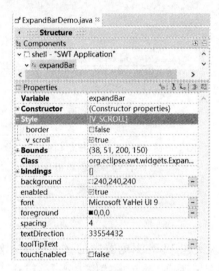

图 7.21　伸缩面板 ExpandBar 的属性

图 7.22　伸缩条项 ExpandItem 属性

text：该属性设置伸缩条项上显示的文字。

image：该属性设置伸缩条项上显示的图标。设置该属性后，伸缩条上会同时显示文字和图标。

expanded：该属性设置为 true，此伸缩条在设计视图和程序初始界面中处于展开状态。该属性设置为 false（默认），此伸缩条在设计视图和程序初始界面中处于收起状态。

height：该属性设置伸缩条的展开高度。一般此高度值与该伸缩条中内容容器的高度一致。

7.4.3 伸缩面板界面的设计

伸缩面板界面的设计采用如图 7.23 所示的结构,即在伸缩面板中设计多个伸缩条组件,每个伸缩条中包含一个内容容器,内容容器中则包含了多个控件。在某些情况下,伸缩条中也可以包含一个占用面积较大的非容器控件,例如包含一个文本区域。当一个伸缩条展开时,显示其中包含的组件,当伸缩条收缩时则只显示该伸缩条的文字和图标。

在创建了伸缩面板及其包含的伸缩条之后,在设计视图下单击组件面板中的某个容器或控件,将光标移到伸缩条组件上,当绿色方框框住该伸缩条时单击,即可为该伸缩条创建一个内容组件。之后就可以在内容容器中创建其他控件。向内容容器中创建组件时,可以展开结构视图的 Components 面板中该伸缩条节点,单击组件面板中的所需控件,鼠标移到该容器组件下,当黑色位置指示横线出现在适当位置时单击(见图 7.24),即可精确地在该容器中创建一个组件。

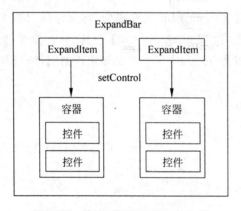

图 7.23 伸缩面板界面的组件结构

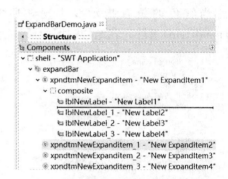

图 7.24 利用 Components 面板在内容容器中创建组件

7.4.4 链接控件

链接控件 Link 与 PUSH 按钮类似,但是看起来更像 Web 浏览器中的文本链接。如果使用 A 标记的语法,那么 Link 看起来就像 Web 链接;否则,看起来就像 Label。Link 只支持文本内容,其中的文本通过 text 属性指定。Text 属性值可以是普通文本或 HTML 的 A 标记。A 标记通常采用＜a href="某个 url"＞某些文本消息＜/a＞的形式。

链接控件 Link 的主要事件是 SelectionEvent,单击时触发。事件处理方法与按钮的此事件相同。如果该控件的 text 属性是 HTML 的 A 标记,往往需要解析该属性值获取 A 标记的 url 字符串,并在浏览器程序或浏览器组件中打开该 url 所指的网页或其他网络资源。

例 7.5 窗体中的一个链接组件的 text 属性指向一个网站,编写程序使用户单击该链接组件时在 IE 浏览器中显示该网页。

分析: 通过 java.lang.Runtime 类的 getRuntime 方法获取当前 Java 应用程序相关的运行时对象,使用该对象的 exec(String command)方法在单独的进程中执行指定的字符串命令。本例可以在 Link 组件的 Selection 事件中使用此方法启动 IE 浏览器。浏览器要打开的网页 url 则通过 Link 组件的 text 属性获取。但是真正的 url 只是其中的 A 标记的 href 属性的值。href 属性值一般使用""(双引号)定界,也有可能使用''(单引号)或不用定界符。因此,解析 Link 组件 text 属性中 A 标记的 href 属性值并不是一件容易的事情,为此需要编写一个实用方法。

操作步骤:

(1) 打开 chap07 项目,单击 Eclipse 常用工具栏中的 (create new visual classes) 工具按钮,在下拉菜单中选择 SWT | Application Window 菜单项(见图 7.25),在对话框中类名称输入 LinkDemo,单击【完成】按钮。

(2) 在设计视图下单击组件面板 Controls 组中的 Link 图标,将光标移到窗体的适当位置单击。Varialble 属性值为 link,text 属性值输入"<a href="http://www.sohu.com/">搜狐网站</a>"。

图 7.25 工具栏创建新的可视类

(3) 切换到源代码视图,在 LinkDemo 类中设计解析 Link 组件 text 属性中 A 标记的 href 属性值的方法。该方法源代码如下:

```java
public String parseLinkUrl(String str) {
    String url = null;
    if(str.startsWith("<a")) {
        char pre = str.charAt(str.indexOf("href=") + 5);
        int startp = -1;
        int endp = -1;
        if(pre == '"' || pre == '\'') {
            startp = str.indexOf("href=") + 6;
            endp = str.indexOf(pre, startp + 1);
        } else {
            startp = str.indexOf("href=") + 5;
            endp = str.indexOf(" ", startp + 1);
            if(endp == -1)
                endp = str.indexOf(">", startp + 1);
        }
        url = str.substring(startp, endp - 1);
    }
    return url;
}
```

(4) 在设计视图右击窗体中的 link 组件,选择 Add event handler | Selection | widgetSelected 菜单项,设计如下事件处理方法:

```java
link.addSelectionListener(new SelectionAdapter() {
    @Override
    public void widgetSelected(SelectionEvent e) {
        try {
            String url = parseLinkUrl(link.getText());
            Runtime.getRuntime().exec("C:\\Program Files (x86)\\Internet " +
                    "Explorer\\iexplore.exe " + url);
```

```
        } catch (IOException e1) {
            //TODO 自动生成的 catch 块
            e1.printStackTrace();
        }
    }
});
```

运行程序，当单击 Link 组件 搜狐网站 链接时，及打开一个 IE 浏览器窗口，并显示搜狐网站的主页。

7.5 进度条和数值组件的设计

GUI 程序中经常使用进度条指示工作进度，此外也需要以形象的图形化方式输入一些离散数值。SWT 提供了几种输入离散值的组件。本节介绍这些组件的可视化设计方法。

7.5.1 进度条

一般地，在计算机进行较长时间处理而又不与用户交互时，进度条提供了渐进的变化提示，告诉用户系统并未死锁，并实时显示了当前的处理进度和剩余的工作量或时间。

单击组件面板 Controls 组的 ProgressBar 图标，在窗体或其他容器中单击，即生成一个进度条组件。选择窗体上的进度条组件，在属性面板可以看到这种组件的属性列表（见图 7.26）。

（1）Style|dir：指定进度条的方向，该属性值为 HORIZONTAL 指定为水平进度条，VERTICAL 指明该进度条为竖直方向。

（2）minimum 和 maximum：指定进度条的最大值和最小值，从而确定了进度条的变化范围。

（3）selection：指定程序运行时进度条增长的停止位置。

（4）Style|smooth：设置该属性为 true，指定进度条是从起始端向终点端平滑增长的，否则一小格一小格增长。

图 7.26 ProgressBar 的属性

（5）Style|unknown：该属性值设置为 true，进度条反复从一端向另一端滚动。未设置该属性值时，进度条从起始端增长到 selection 点即停止。

在执行长时间的处理任务时，为了使进度条能反映当前的工作进度，进度条经常配合线程使用，以免发生阻塞影响界面的操作。

例 7.6 一个 Java GUI 程序计算十段自然数之和，分段为 0～1000、1000～2000、2000～3000、……、9000～10000。用一个进度条显示计算进度，每计算一段进度条前进 10%。当单击【开始】按钮时程序开始计算并让进度条开始工作。

分析：程序的运行界面如图 7.27 所示。为了使长时间的计算不影响用户界面的及时响应，将计算处理代码设计为一个单独的线程。Display 对象的方法 public void asyncExec

(Runnable runnable)被非用户界面线程在适当时机调用,执行其参数 Runnable 接口实现类的 run 方法,该 run 方法的运行线程与调用者(用户界面线程)并发运行。因此,在该 run 方法中就可以更新进度条。

图 7.27　例 7.6 程序运行界面(未开始计算、计算中间段、计算结束)

设计步骤:

(1) 在包资源管理器窗口单击 chap07 项目,单击主工具栏 按钮(create new visual classes),选择下拉菜单的 SWT│Application Window 菜单项(见图 7.28),对话框中包名输入 book.demo,类名称输入 ProgressBarDemo。

(2) 在组件面板的 Controls 组的 ProgressBar 图标上单击,然后在窗体的顶行单击,设置 Variable 属性值为 progressBar,并转换为字段变量。在特性视图的 selection 属性值列输入 0、minimum 和 maximum 属性值列分别输入 0 和 100。

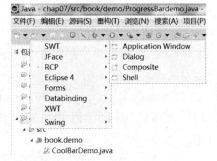

图 7.28　创建新可视类下拉工具项

(3) 在组件面板的 Controls 组的 Button 图标上单击,然后在窗体的 progressBar 组件右侧单击,设置 Variable 属性值为 buttonPrbStart,text 属性值列输入"开始"。

(4) 在该类中选取 open 方法中的 display 局部变量,右击,在快捷菜单中选择【重构】│【将局部变量转换为字段】菜单项,保持原字段名,单击【确定】按钮。

(5) 设计一个内部类,类名为 ProgressBarRunning,代码如下:

```
class ProgressBarRunning extends Thread {
    public void run() {
        //执行一个长时间的加法任务
        int startNum = 0, endNum = 1000, sum = 0;
        for (int k = 0;k < 10;k++) {
            for(int i = startNum;i < endNum;i++) {
                sum += i;
            }
            System.out.println("从 " + startNum + "到" + endNum + "自然数之和为" + sum);
            startNum = endNum;
            endNum = endNum + 1000;
            sum = 0;
            display.asyncExec(new Runnable(){
                public void run() {
                    progressBar.setSelection(progressBar.getSelection() + 10);
```

            }
          });
        }
      }
    }

(6) 右击 buttonPrbStart 按钮，选择 Add event handler|selection| widgetSelected 菜单项，在事件处理方法中添加以下两条语句：

    progressBar.setSelection(0);
    new ProgressBarRunning().start();

至此，完成了该程序的设计。

7.5.2 刻度条

GUI 程序中使用刻度条(Scale)可以让用户在(通常很小的)整数范围内挑选一个值。单击组件面板 Controls 组中的 Scale 图标，然后在窗体上单击，即可生成一个刻度条组件  。

在图 7.29 中显示了刻度条(Scale)的属性列表，其中有些与进度条相同。以下介绍几个主要属性：

（1）Style|dir、minimum 和 maximum——含义与进度条的同名属性相同，它们分别制定刻度条的方向和取值范围。

（2）selection——设定刻度条的初始取值。

（3）pageIncrement——设置刻度条一个刻度单位增长的数值。如图 7.29 刻度条数值范围为 0～100，有 10 个刻度单元，每个刻度单元增长 10，则该刻度条的 pageIncrement 属性值即设置为 10。

（4）increment——设置在键盘上每按一次方向键增加（上箭头键和右箭头键）或减少（下箭头键和左箭头键）的刻度数量。如图 7.29 设置该属性值为 2，则每按一次右箭头键（或上箭头键），则刻度增加 1/5 格（increment/pageIncrement）。

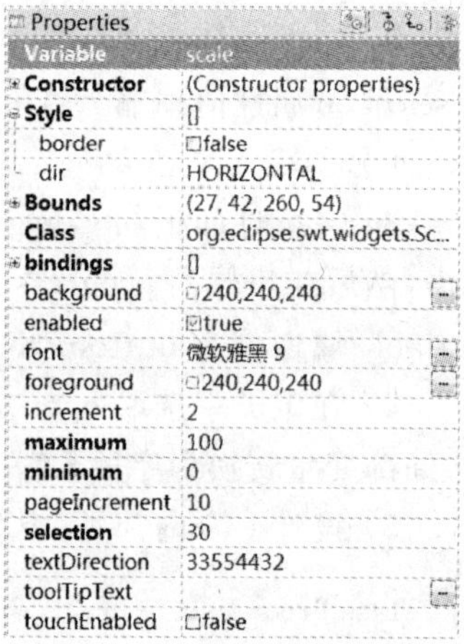

图 7.29 刻度条 Scale 属性面板

7.5.3 滑动条

滑动条(Slider)是表现一个确定范围数值的可视化组件。一个典型的滑动条由 5 个部分组成：减量箭头、以较大尺度减小值的页减量区、通过鼠标拖动修改值的滑块、以较大尺度增大值的页增量区和增量箭头（见图 7.30）。

单击组件面板的 Controls 组中的 Slider 图标，然后在窗体上单击，即可生成一个滑动条组

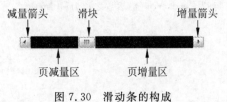

图 7.30 滑动条的构成

件。滑动条组件的绝大部分属性与刻度条相同,也具有相同的含义。但有一个特有属性:thumb,该属性相对于滑动条所表示数量的最大值和最小值之差值设置滑块的尺寸(宽度)。如果设置值小于1,则忽略该设置;如果超出了滑动条的范围,则滑块不被显示。

7.5.4 微调器

微调器(Spinner)是一个左边有输入框,右边有上下箭头按钮的组件: 。在输入框可以输入具体数值,单击右边的上箭头按钮,增加输入框中的数值,单击下箭头减小输入框中的数值。

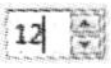

刻度条的属性该组件全部具备,此外它还有一个 digits 属性,用于设置该组件所显示数值的小数位数。在设置了小数位数后,该组件的 selection、minimum 和 maximum 均以整数形式设置和显示,但其实际值则应为右边 digits 位前加有小数点。如 digits 属性值为 2,selection 属性值为 123,则 selection 表示的实际值为 1.23。

由于微调器(Spinner)具有输入文本框,因此也具有 copy、cut、paste 方法,把该组件的值送到系统剪贴板,或从系统剪贴板获取值。

3种数值组件均使用 getSelection 方法获取当前值,均返回整数。因此,若在 Spinner 中设置了小数位数,则应注意处理数值。相应地用 setSelection 方法动态设置当前值,均使用整数作为参数。

7.5.5 日期时间控件

日期时间控件(DateTime)是显示和输入日期和时间的简单控件。单击组件面板 Controls 组的 DateTime 图标,在窗体或其他容器中单击,即生成一个日期和(或)时间输入和显示组件。

在属性面板可以看到日期时间控件有 background、foreground 和 font 属性,分别设置日期时间显示的背景颜色、前景颜色和字体。如果 enabled 属性值设置为 false,则只显示日期时间,不能修改其值。日期时间组件最重要的两个属性是 Style 组的子属性 type 和 format。

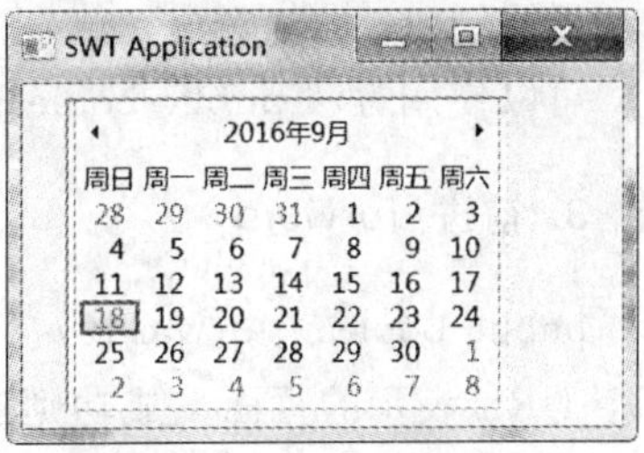

(1) Style|type:该属性值从下拉列表中选择,选择 DATE 只显示日期,选择 TIME 只显示时间,选择 CALENDAR 则显示一个月历(见图 7.31)。

(2) Style|format:该属性值从下拉列表中选择,且显示依赖于 Style|type 属性的设置。如果该属性值选择 MEDIUM,type 为 DATE 时则年与月、月与日之间用 "/"分隔 ,type 为 TIME 时时与分、分与秒之间用":"分隔 ;该属性值选择 SHORT,type 为 DATE 时只显示年月,用汉字标注 ,type 为 TIME 时则时与分之间用":"分隔,不显示秒;该属性值选择 LONG,type 为 DATE 时只显示年月日,使用汉字标注 ,type 为 TIME 时则显示时分秒,之间用":"分隔。

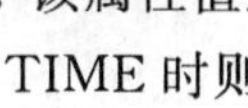

图 7.31 日期时间控件的 CALENDAR 类型

7.6 浏览器

SWT 的浏览器(Browser)组件使用了流行的 HTML 渲染引擎：在 MS 上是 IE，Linux 上是 Mozilla，Mac 上是 Safari。该组件能够解释、可视化地显示和导航 HTML(网页)文档。由于应用系统的文档和上下文帮助很多都优先考虑使用 HTML 格式，因此使用该组件可以较为容易地把 HTML 整合到 Java SWT GUI 程序，甚至可以开发自己的浏览器。

单击 Eclipse WindowBuilder 组件面板 SWT Controls 组的 Browser 图标，然后在窗体(或其他容器)上单击，即可生成一个浏览器组件。

在属性面板中可以设置该组件的水平和竖直滚动条、边框、字体、背景和前景色等通用属性。javascriptEnabled 属性值为 true，则浏览器组件能够解释执行 JavaScript 脚本程序代码。url 是该组件的特有属性，设置浏览器装载和处理资源的 URL。text 属性设置浏览器中初始显示的文字，但设置了 url 属性时则显示 url 页面。

7.6.1 主要方法

Browser 组件有许多方法，以下介绍主要方法。

1. 设置和获取 URL

public boolean setUrl(String url)：该方法设置浏览器装载资源的 URL。成功返回 true，否则返回 false。

public String getUrl()：该方法获取浏览器组件当前的 URL。如果当前没有 URL，则返回空串。

2. 后退(back)

public boolean back()：返回并装载本次会话浏览过的 URL 历史记录的上一条。后退成功返回 true。

可以使用方法 public boolean isBackEnabled()测试可否执行后退操作。

3. 前进(forward)

public boolean forward()：在浏览过程中做了后退操作，那么可以使用该方法装载下一个 URL 表示的页面。成功则返回 true。

可以使用方法 public boolean isForwardEnabled()测试可否执行前进操作。

4. 刷新(refresh)

public void refresh()：该方法刷新当前页面。

5. 渲染 HTML 字串(setText)

public boolean setText(String html)：该方法渲染参数给定的 HTML 字符串。例如，

在没有设置 url 属性值的情况下，设置 text 属性值为"<table border＝1><tr><td>张三</td><td>男</td><td>22</td></tr><tr><td>李四</td><td>女</td><td>19</td></tr></table>"，生成的语句为

```
browser.setText("<table border = 1><tr><td>张三</td><td>男</td><td>22</td></tr><tr><td>李四</td><td>女</td><td>19</td></tr></table>");
```

运行程序，浏览器组件将其解释为一个表格，有 2 行 3 列。

6. 执行脚本（execute）

public boolean execute(String script)：该方法执行参数给定的脚本，执行的脚本包含了 JavaScript 命令。例如：

```
String scriptTxt = "window.close();";
```

方法调用 execute(scriptTxt)会出现关闭浏览器窗口的确认对话框，若单击【确定】按钮，则关闭浏览器窗口。

7.6.2 应用实例

例 7.7 综合使用伸缩面板、链接组件和浏览器组件为学生成绩管理系统设计帮助系统。要求帮助文档采用 HTML 语法编写。

分析：帮助文档采用 HTML 语法编写，就是说帮助是由一系列网页构成，可以用 DreamWeaver 等网页设计软件设计制作。伸缩面板显示帮助内容的目录，每条目录使用一个链接组件显示，当用户单击某条目录的链接时，使用 Browser 组件显示该帮助页面。

设计步骤：

（1）在包资源管理器窗口右击项目名 StdScoreManaV0.5，在快捷菜单中选择【复制】菜单项。再次在包资源管理器窗口右击，在快捷菜单中选择【粘贴】菜单项，项目名输入 StdScoreManaV0.6，单击【确定】按钮。以下操作在该项目中进行。

（2）单击包名 book.stdscore.ui，接着单击 Eclipse 常用工具栏中的 工具按钮，在下拉菜单中选择 SWT|Application Window 菜单项（见图 7.25），在对话框中类名称输入 BrowserHelp，单击【完成】按钮。

（3）单击组件面板 Layouts 组的 FillLayout 组件，将光标移到窗体上单击。

（4）单击组件面板 Composites 组的 SashForm 组件，将光标移到窗体上单击。设置 weights 属性值为"3 7"（3 和 7 之间空格分隔）。

（5）单击组件面板 Controls 组的 ExpandBar 组件，将光标移到 sashForm 组件上单击。

（6）单击组件面板 Controls 组的 Browser 组件，将光标移到 sashForm 组件上单击。采用默认 variable 属性值，并将该组件转换为字段变量。

（7）单击组件面板 Controls 组的 ExpandItem 组件，将光标移到 ExpandBar 组件上单击。修改 variable 属性值为 expandItem1，text 属性值为"系统概述"。

（8）重复步骤（7）5 次，variable 属性值分别为 expandItem2、expandItem3、expandItem4、 expandItem5 和 expandItem6，text 属性值为"系统设置""用户注册""课程设置""教师帮助"和"学生帮助"。

（9）单击组件面板 Composites 组的 Composite 组件，将光标移到 expandItem1 组件上单击。设置 Variable 属性值为 composite1。

（10）单击组件面板 Controls 组的 Link 组件，将光标移到 composite1 组件上单击。修改 Variable 属性值为 link11，text 属性值为"<a href="/helppages/intro1.htm">系统功能</a>"。

在 src 文件夹下创建 helppages 子文件夹，其中存放该系统的所有 HTML 帮助文档。

复制例 7.5 步骤（3）所设计的 url 解析方法 parseLinkUrl 到 BrowserHelp 类中作为该类的一个实用方法。修改最后一条语句"return url;"为"return new File(this.getClass().getResource("/").getPath())+url;"。

为链接组件 link11 注册并设计 Selection 事件监听器，widgetSelected 方法源代码为

```
public void widgetSelected(SelectionEvent e) {
    Link link = (Link)e.getSource();
    String url = parseLinkUrl(link.getText());
    browser.setUrl(url);
}
```

（11）使用与步骤（10）相同的方法为 expandItem1 组件【系统概述】的其他帮助条目创建链接并设计事件处理程序。

（12）使用与步骤（9）～（11）相同的方法为 expandItem2～expandItem6 组件下的各个帮助条目创建内容容器及链接并设计事件处理程序。

至此，完成了学生成绩管理系统帮助子系统的设计。程序运行界面如图 7.32 所示。

图 7.32 学生成绩管理系统帮助子系统运行界面

7.7 系统托盘

一些程序在最小化时，会以一个图标形式显示在系统托盘区，而不在任务栏显示该程序的图标。一些程序在单击窗口关闭按钮时并不是退出程序，也是在系统托盘区显示一个图标。系统托盘是操作系统（如 Windows 等）管理的系统资源，Windows 系统任务栏的最右边即为系统托盘区，可能显示有日期时间、音量控制及杀毒软件等程序的图标。Linux 的 Gnome 桌面在通知区显示托盘，KDE 桌面则有一个系统托盘区。系统托盘被所有运行的桌面程序所共享。

Java 从 JDK 6.0（即 JDK 1.6）开始提供了使用系统托盘的相关类。SWT 则很早就提供了使用系统托盘的 API。Eclipse WondowBuilder 提供对系统托盘的可视化设计支持，本节介绍在 SWT GUI 程序中使用系统托盘的方法。

7.7.1 SWT 系统托盘的构成及获取

如图 7.33.1 和图 7.33.2 所示,SWT 的系统托盘上有多个托盘项,每个托盘项是一个程序的运行图标。当双击托盘项时,对应的程序可恢复为运行窗口状态。

图 7.33.1　Windows 7 的系统托盘(Tray)及托盘项(TrayItem)

图 7.33.2　Windows 10 的系统托盘(Tray)及托盘项(TrayItem)

当使用 WindowBuilder 组件面板创建了一个托盘项时,会自动产生获取系统托盘的代码"Display.getDefault().getSystemTray()",并作为实参传递给创建托盘项的构造方法。

在 SWT 中,系统托盘是 org.eclipse.swt.widgets.Tray 类的一个实例,没有显示样式参数,也无事件。该类提供了 3 个方法:

(1) public int getItemCount()。

该方法返回系统托盘中托盘项的个数。

(2) public TrayItem getItem(int index)。

该方法返回指定索引的托盘项,索引从 0 开始。如果索引超出托盘项的个数,则抛出异常 IllegalArgumentException。

(3) public TrayItem[] getItems()。

该方法返回系统托盘中的所有托盘项,并把它们存放在一个数组中。

7.7.2　托盘项

WindowBuilder 组件面板的 Controls 组中有 TrayItem 图标,单击该图标,然后在窗体中单击,即为程序窗口创建了托盘项。在结构视图的 Components 面板中看到,在程序窗口节点 shell 下创建了非可视组件节点(non-visual beans),展开可以看到系统托盘项节点(见图 7.34)。

托盘项(TrayItem)组件有以下重要属性:

image——设置该托盘项在托盘上显示的图标。单击该属性值右侧的…按钮,在 image chooser 对话框中指定所用

图 7.34　系统托盘项节点

的图像文件。

toolTipText——设置鼠标指向该托盘项时弹出的即时提示框显示的文字。

visible——该属性设置为 false，托盘中不会显示该托盘项图标。默认为 true，在设计和程序运行时都会显示该托盘图标。

托盘项 TrayItem 组件常用到以下两个主要方法：

(1) public void setToolTip(ToolTip toolTip)。

设置该托盘项的工具提示。其中参数 toolTip 是类 org.eclipse.swt.widgets.ToolTip 的对象，可以使用以下方法生成：

```
public ToolTip(Shell parent, int style)
```

若设置 style 为 SWT.BALLOON | SWT.ICON_INFORMATION，则会出现泡泡型提示。

相应的方法 public ToolTip getToolTip() 获取该托盘项的工具提示。

(2) public void addMenuDetectListener(MenuDetectListener listener)。

为托盘项注册菜单监测事件监听器。当弹出特定平台的上下文菜单时，触发 MenuDetectEvent 事件，进而执行 MenuDetectListener 接口中定义的方法

```
public void menuDetected(MenuDetectEvent e)
```

从而处理该 MenuDetectEvent 事件。

(3) public void addSelectionListener(SelectionListener listener)。

为托盘项注册选择事件监听器。当用户选择了（右击）该托盘项时，触发 SelectionEvent 事件，进而执行 SelectionListener 接口中定义的方法。

7.7.3 应用实例

例 7.8 使项目 StdScoreManaV0.6 的学生成绩管理系统的帮助程序以托盘项形式出现在系统托盘中，并设计一个弹出式菜单，其中有两个菜单项，当窗口处于打开状态时为【隐藏(h)】和【退出(x)】，已被隐藏时则为【显示(w)】和【退出(x)】（见图 7.35）。其中，单击【隐藏】菜单项隐藏帮助窗口，单击【显示】菜单项则显示帮助窗口，单击【退出】菜单项则退出帮助子系统。双击托盘中的该托盘项图标，帮助窗口打开。单击帮助窗口的【关闭】和【最小化】按钮，则窗口均被关闭，并在托盘项旁边出现泡泡型提示（见图 7.35）。

图 7.35 学生成绩管理系统的帮助子系统运行界面

分析：本题主要任务是系统托盘项的创建以及事件处理。包括 3 个方面的事件处理：

(1) 菜单项的事件处理。为【显示】或【隐藏】和【退出】菜单项分别编写选择事件监

听器。

(2) 托盘项的事件处理。为托盘项的选择事件（单击或双击）设计事件监听器，在双击时打开帮助窗口，修改【显示】或【隐藏】菜单项的文字。

(3) 帮助窗口的事件处理。为帮助窗口的窗口事件（ShellEvent）设计事件监听器，当窗口最小化和关闭时隐藏窗口，修改【显示】或【隐藏】菜单项的文字，并在该托盘项显示提示气泡。

(4) 可以采用可视化方法为帮助程序创建托盘项。

设计步骤：

(1) 切换到 BrowserHelp 窗体的设计视图，单击组件面板的 Controls 组中的 TrayItem 图标，然后在窗体中单击。修改 Variable 属性值为 trayItemHelp。

(2) 把准备好的托盘项图标文件 star.jpg（☆）复制 src/images 文件夹下。在属性面板单击 image 属性值列右边的 ⋯ 按钮，在 Image chooser 对话框中选择 Class resource 选项，在 Parameter 列表中选择该图标文件。

(3) 设置 toolTipText 属性值为"学生成绩管理系统在线帮助"。

(4) 切换到源代码视图，在 shell 变量创建及设置语句之后添加创建 ToolTip 对象和设置托盘项 trayItemHelp 组件 toolTip 属性的语句，如图 7.36 中 69 行和 70 行所示。

```
 BrowserHelp.java
62     protected void createContents() {
63         trayItemHelp.setToolTipText("学生成绩管理系统在线帮助");
64         trayItemHelp.setImage(SWTResourceManager.getImage(BrowserHelp.class, "/images/star.jpg"));
65         shell = new Shell();
66         shell.setSize(450, 300);
67         shell.setText("SWT Application");
68         shell.setLayout(new FillLayout(SWT.HORIZONTAL));
69         final ToolTip toolTip = new ToolTip(shell, SWT.BALLOON|SWT.ICON_INFORMATION);
70         trayItemHelp.setToolTip(toolTip);
```

图 7.36 设置托盘项 trayItemHelp 组件 image 属性的语句

(5) 切换到设计视图，单击组件面板 Menu 组中的 Popup Menu 组件，在窗体的 browser 组件上单击，并修改其 Variable 属性值为 menuHelpTrayItem。

(6) 单击组件面板 Menu 组中的 MenuItem 组件，将光标移到 menuHelpTrayItem 组件上单击，并修改其 Variable 属性值为 showMenuItem，text 属性值为"隐藏(&h)"。

(7) 重复步骤(6)，Variable 属性值为 exitMenuItem，text 属性值为"退出(&x)"。为该菜单项注册并设计 Selection 事件监听器。事件处理方法 widgetSelected 代码如下：

```
public void widgetSelected(SelectionEvent e) {
    boolean showFlag = shell.isVisible();
    shell.setVisible(!showFlag);
    showMenuItem.setText(showFlag ? "显示 &W" : "隐藏 &H");
    toolTip.setText("学生成绩管理系统帮助的托盘图标");
    toolTip.setMessage("右键单击图标,可以选择菜单");
    toolTip.setVisible(true);
}
```

(8) 切换到源代码视图，注释语句"browser.setMenu(menuHelpTrayItem);"。为菜单项 exitMenuItem 注册并设计 Selection 事件监听器，在事件处理方法 widgetSelected 中添

加语句"shell.dispose();"。

(9) 切换到设计视图,右击托盘项 trayItemHelp 组件,选择 Add event handler | selection | widgetDefaultSelected 菜单项,在事件处理方法 widgetDefaultSelected 中添加语句"shell.setVisible(! shell.isVisible());"。

(10) 切换到设计视图,右击托盘项 trayItemHelp 组件,选择 Add event handler | menuDetect | menuDetected 菜单项,在事件处理方法 menuDetected 中添加语句"menuHelpTrayItem.setVisible(true);"。

(11) 右击窗体,选择 Add event handler | shell | shellClosed 菜单项,设计事件处理方法 shellClosed,源代码如下:

```
public void shellClosed(ShellEvent e) {
    super.shellClosed(e);
    e.doit = false;                    //使窗口的关闭按钮无效
    shell.setVisible(false);
    showMenu.setText("显示 &W");
    tip.setText("学生成绩管理系统帮助的托盘图标");
    tip.setMessage("右击图标,可以选择菜单");
    tip.setVisible(true);
}
```

(12) 右击窗体,选择 Add event handler | shell | shellIconified,设计事件处理方法 shellIconified,源代码如下:

```
public void shellIconified(ShellEvent e) {
    super.shellIconified(e);
    shellClosed(e);
}
```

7.8 习题

1. WindowBuilder 组件面板的 Controls 组列出了哪 5 种工具项?它们各有什么特点?
2. 试述动态工具栏 UI 的设计方法。
3. WindowBuilder 组件面板的 Menu 组列出了哪 3 种菜单和哪 4 种菜单项?
4. 试述 SWT GUI 程序菜单系统的设计步骤。
5. 试述伸缩面板界面的组件结构。
6. WindowBuilder 组件面板的 Controls 组列出了哪些数值组件?它们有哪些共同属性和特有属性?
7. SWT 的浏览器组件可以对用户的浏览历史导航吗?如果能,采用什么方法进行导航?
8. 在设计 SWT GUI 程序时可以创建系统托盘吗?可以创建程序的系统托盘项吗?
9. 如何设置 SWT GUI 程序系统托盘项的图标和泡泡型提示?

第8章 SWT复杂控件的使用

Java GUI 程序有时需要对文本输入和显示进行精细控制,程序所处理的数据可能需要以二维表格的形式进行展现,数据可能具有层次逻辑和上下级隶属关系而需要以树形结构展现,数据可能需要以图形方式展现,以便能够明显地展现其规律及特点,程序内部或程序之间可能需要以简单方便的方式进行数据交换。满足这些应用需求的控件分别是样式文本控件、表格控件和树控件、画布控件及图形绘制技术、剪贴板和拖放操作,WindowBuilder 对这些控件提供了可视化设计方法。本章介绍这些控件的可视化设计与应用。

8.1 样式文本

样式文本(StyledText)是一个用于显示和编辑文本的高级控件,提供了设置文本的背景和前景颜色、文本的字体及样式、文本行的背景颜色以及自动换行等多种功能,具有标准的键盘导航和编辑行为,允许绑定用户自定义键。JFace 的文本框架提供了一个样式文本 StyledText 组件的抽象层,支持文本格式化、代码辅助和源代码查看,是 Eclipse 内部多种编辑器使用的控件。本节介绍样式文本控件 StyledText 使用中涉及的基本知识和技术。

8.1.1 属性

可以像创建文本控件 Text 一样,单击组件面板 Controls 组的 StyledText 图标,然后在窗体或其他容器中单击,创建一个样式文本 StyledText 组件。

样式文本组件有较为丰富的可定制属性。

1. Style

展开属性面板的 Style 属性组,可以看到 border、read_only、full_selection 和 wrap 都是取值为 true 和 false 的子属性,其含义与文本组件 Text 相同。子属性 type 取值为 single,则文本显示为单行;取值为 multi,则文本可以在多行中显示。

在组件面板中没有提供设置样式文本组件的滚动条的属性项,但滚动条是样式文本控件必不可少的属性。解决方法是在源代码中为 StyledText 组件的构造方法添加水平和(或)垂直滚动条参数"SWT.V_SCROLL|SWT.H_SCROLL":

```
new StyledText(shell, SWT.BORDER | SWT.WRAP |SWT.V_SCROLL | SWT.H_SCROLL)
```

颜色文本组件的垂直滚动条在属性alwaysShowScrollBars为选取状态(默认true)时总是会显示,而当alwaysShowScrollBars设置为fasle时,该滚动条在文本内容没有超过文本框大小时不会显示,只有文本内容超出文本框的大小时才会显示。该组件的水平滚动条在设置Style|wrap属性为false,且一行文本内容宽度超过文本框宽度时才会显示,否则不会显示。

2. 边距

leftMargin、rightMargin、topMargin和bottomMargin这4个属性设置文本内容距样式文本框4个边框的边距。marginColor属性设置边距的颜色。

3. 对齐方式

alignment属性设置文本内容在文本框中的对齐方式,可以选择LEFT、CENTER和RIGHT分别设置文本左对齐、居中和右对齐。

4. 缩进

indent属性以像素为单位设置段落首行缩进值。wrapIndent属性以像素为单位设置段落非首行缩进值,即悬挂缩进值。首行缩进和悬挂缩进属性同时设置时,如果首行缩进值大于悬挂缩进值,则段落显示为首行缩进,而段落左边留出悬挂缩进值指定的空白,看起来像左缩进(见图8.1);如果悬挂缩进值大于首行缩进值,则段落显示为悬挂缩进,而段落首行的左边留出首行缩进值指定的空白(见图8.2)。

图 8.1　indent＝40 及 wrapIndent＝20

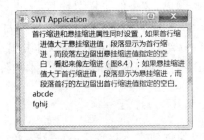
图 8.2　indent＝20 及 wrapIndent＝40

5. 文本选择设置

selectionBackground属性设置在样式文本框中选取文本的背景颜色。
selectionForeground属性设置在样式文本框中选取文本的前景颜色。
blockSelection属性设置为选取状态(true),则可以采用块选择模式;默认为false时选择区域会尽可能包含整行文本。

6. doubleClickEnabled

该属性设置为选取状态(true),则在样式文本框中双击可以选取一个单词或两个标点符号之间的一些汉字,否则双击与单击一样只是定位插入点位置在点击之处。

7. tabStops

该属性设置一行之中制表键的停靠点列表,列表中的每一个值都是以像素为单位从文档的起点到对应 Tab 键停靠位置的距离。该属性值是一个数组,输入方法是在该属性值列以空格分隔输入整数。例如,如果在该属性值列输入"60 200 250",则在一行中第一次按 Tab 键时插入点定位到本行从左边距起始向右的 60 像素处(距左边框 60＋leftMargin 像素),第二次按 Tab 键停靠在距左边距右端 200 像素处,第三次按 Tab 键停靠在距左边距右端 250 像素处。第二个和第三个制表位停靠点间距是 50 像素。

如果在同一行按 Tab 键的次数多于该属性值元素个数,则多出的列表项之间的间距采用设置的倒数两个列表项之间的差值。例如,上例第四次按 Tab 键,则插入点停在距左边距右端 300 像素处。

设置该属性值时,如果后一个列表项的值比前一个小,则程序运行时会出现 IllegalArgumentException 异常。

8. 其他属性

editable 属性设置该样式文本框中的文字是否可以编辑,background 属性设置背景颜色,foreground 设置前景颜色,font 属性设置该样式文本框中文字的字体,text 属性设置该样式文本框中的初始文字。

8.1.2 指定范围

样式文本组件的很多操作都需要指定操作范围,通常使用偏移量和长度指定。

例 8.1 创建一个 SWT/JFace Java 项目 chap08,在 src 文件夹中创建 book.demo 包,新建一个 SWT Application Window,名称为 StyledTextDemo1。设置 Variable 属性值为 styledText,text 属性值为 adcdefghij。切换到源代码视图,修改 text 属性设置语句为

```
styledText.setText("abcde\r\nfghij");
```

可以看到,现在样式文本组件中的文字在字符 e 和 f 之间分为两行(见图 8.3)。

字符、行和插入点的偏移量都是从 0 算起。例如,图 8.3 中字符 a 的偏移量是 0,第一行 adcde 的行索引是 0,插入点(在第一个字符前面)是 0,如果插入点置于字符 d 和 e 之间则其值为 4。

当计算偏移量时,行分隔符应计算在内。对于如图 8.3 所示的样式文本组件,从 text 属性的设置语句可

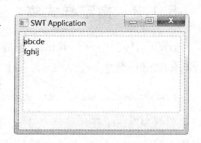

图 8.3 样式文本框中的换行

见,换行符包括回车符"\r"和新行符"\n"两个字符,它们的偏移量分别是 5 和 6。字符 f 的偏移量是 7。要使用语句把插入点置于第二行开头,需要使用"styledText.setCaretOffset(7);"语句设置。而语句"styledText.setCaretOffset(12);"将插入点置于第二行末尾,即字符 j 的后面。方法 styledText.getLineAtOffset(6) 返回 0,而 styledText.getLineAtOffset(7) 返

回 1。

从图 8.4 可见，除了使用开始偏移量和长度获取一个范围的方法 getTextRange(int start,int length)之外，也提供了使用开始偏移量和结束偏移量获取范围的方法 getText(int start,int end)。例如，语句"styledText.getTextRange(2,2);"和"styledText.getText(2,3);"都返回 cd。

方法 styledText.setSelection(int start,int end)选取偏移量从 start 到 end－1 范围的字符，方法 styledText.setSelectionRange(int start,int length)从偏移量 start 位置开始选取 length 个字符。注意，前者并不包括偏移量为 end 的字符，这容易出错，但后者没有这个问题。如图 8.5 所示，语句"styledText.setSelection(8,10);"和"styledText.setSelectionRange(8,2);"都选取字符 gh。

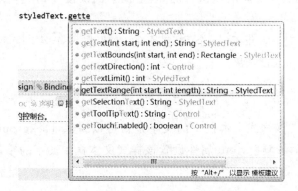

图 8.4　返回样式文本组件指定范围的方法

图 8.5　选取样式文本组件中指定范围的方法

8.1.3　指定样式集

SWT 中使用 StyleRange 类定义指定范围文本的样式集。org.eclipse.swt.custom.StyleRange 类是 org.eclipse.swt.graphics.TextStyle 类的子类，它的构造方法

StyleRange(int start, int length, Color foreground, Color background, int fontStyle)

可以设置从 start 开始长度为 length 的指定范围文本的前景和背景颜色及字体样式。其中字体样式 fontStyle 可以是普通（SWT.NORMAL）、斜体（SWT.ITALIC）、粗体（SWT.BOLD）或其组合。

StyleRange 类对象的 fontStyle 字段也可以在创建后设置或修改。StyleRange 类从其父类 TextStyle 继承了更多的字段，可以设置选定文本更多方面的属性（见表 8.1）。

表 8.1　TextStyle 类的字段

类　　型	字　　段	描　　述
Color	background	文本的背景颜色
Color	borderColor	选定文本的边框颜色
int	borderStyle	选定文本的边框样式
Object	data	文本数据
Font	font	选定文本的字体，构造方法是：Font(Device device, String name, int height, int style)
Color	foreground	文本的前景颜色
GlyphMetrics	metrics	文本的字形信息，构造方法是：GlyphMetrics(int ascent, int descent, int width)
int	rise	文本从基线上升的大小
boolean	strikeout	文本是否加删除线
Color	strikeoutColor	删除线的颜色
boolean	underline	文本是否加下画线
Color	underlineColor	下画线的颜色
int	underlineStyle	下画线的样式

使用样式文本 StyledText 组件的 setStyleRange 可以将 StyleRange 对象所定义的格式应用到指定范围的文本上，并使用新指定的格式替代原来格式。该范围之外的文本保持原有格式。可以创建多个 StyleRange 对象构成一个数组定义不同范围的各自格式，然后使用 setStyleRanges 方法设置所有这些格式。replaceStyleRanges 方法与 setStyleRanges 方法功能相似，但具有更高的性能。

例 8.2　对例 8.1 程序，在 createContents 方法中添加以下代码：

```
StyleRange sr = new StyleRange(1,3,new Color(null,255,0,0),new Color(null,0,255,0),
SWT.BOLD);
styledText.setStyleRange(sr);
sr.strikeout = true;
sr.underline = true;
sr.font = new Font(null,"Arial",16,SWT.ITALIC);
```

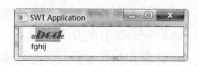

运行结果如图 8.6 所示，其中第一行文本的 bcd 这 3 个字符的背景色为绿色，前景色为红色。

图 8.6　例 8.2 程序运行界面

8.1.4　应用实例

样式文本 StyledText 组件的格式设置许多情况下并不是在设计程序时直接指定，而是需要在程序运行过程中由用户自行设置。以下例子介绍通过事件处理动态设置样式文本 StyledText 组件格式的方法。

例 8.3　为例 7.4 完成的资源管理器式文件阅读器程序添加工具栏，对右边文本框中显示的内容进行格式设置，使用户能够改变字体、字号和样式。

分析：例 7.4 显示文本内容所使用的 Text 控件不能设置字体、字号等格式，需要替换为样式文本 StyledText 组件。字体列表采用组合框提供，列表项是系统中的各种字体。使用 Java 标准类库中 GraphicsEnvironment 类对象的 getAvailableFontFamilyNames 方法获取系统字体名称数组。字号信息也采用组合框提供给用户选择,样式则采用两个复选框供用户选择。由于两个工具选项需要使用组合框,而工具栏控件中不能创建组合框,因此使用 Composite 组件充当工具栏,在其中添加组合框及复选框作为工具项。

操作步骤:

(1) 在包资源管理器窗口右击项目名 MyFileReader0.2,在快捷菜单中选择【复制】菜单项。在包资源管理器窗口再次右击,选择快捷菜单中的【粘贴】菜单项,在【复制项目】对话框的项目名处输入 MyFileReader0.3,单击【确定】按钮。以下操作在 MyFileReader0.3 项目中进行。

(2) 打开并切换到 MyFileReader 窗体的设计视图,拖动 Top left 区域中的工具栏到 Top right 区域(见图 8.7)。

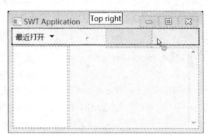

图 8.7 移动【最近打开】按钮所在的工具栏

(3) 单击组件面板 Composites 组的 Composite 组件,将光标移到窗体的 Top left 区域单击,修改 Variable 属性值为 compositeStyle。

(4) 单击组件面板 Layouts 组的 RowLayout 组件,将光标移到窗体 Top left 区域的 compositeStyle 上单击。

(5) 单击组件面板 Controls 组的 Combo 组件,将光标移到窗体 Top left 区域的 compositeStyle 上单击,拖动右边框到组件的宽度为 100。修改 Variable 属性值为 comboFontName,text 属性值为"字体",toolTipText 属性值为"选择一种字体"。

(6) 单击组件面板 Controls 组的 Combo 组件,将光标移到窗体 Top left 区域的 compositeStyle 上单击,修改 Variable 属性值为 comboFontSize,text 属性值为"字号",toolTipText 属性值为"选择一种字号"。单击属性面板中 items 属性值列右侧的…按钮,输入列表项 8 9 10 11 12 14 16 18 20 24 28 46 72。

(7) 单击组件面板 Controls 组的 Check Button 组件,将光标移到窗体 Top left 区域的 compositeStyle 上单击,修改 Variable 属性值为 buttonBold,text 属性值为"粗体"。

(8) 单击组件面板 Controls 组的 Check Button 组件,将光标移到窗体 Top left 区域的 compositeStyle 上单击,修改 Variable 属性值为 buttonItalic,text 属性值为"斜体"。

(9) 在 createContents 方法的 comboFontName 组件属性设置语句之后添加以下语句:

```
GraphicsEnvironment env = GraphicsEnvironment.getLocalGraphicsEnvironment();
String[] fonts = env.getAvailableFontFamilyNames();
comboFontName.setItems(fonts);
```

(10) 右击 textArea 组件,选择快捷菜单中的 Morph|Other 菜单项,在 Open type 对话框中输入 StyledText,选择匹配项列表框中的 StyledText-org.eclipse.swt.custom 列表项。在 createContents 方法的 shell 设置语句之后添加语句:

```
final StyleRange sr = new StyleRange();
final FontData fontData = shell.getDisplay().getSystemFont().getFontData()[0];
```

并紧接 textArea 创建语句之后添加语句"textArea.setStyleRange(sr);"。

修改 listFiles 组件的 Selection 事件处理方法 widgetDefaultSelected，在 while 语句块的后面添加以下语句：

```
sr.start = 0;
sr.length = textArea.getText().length();
```

对【最近打开】工具项的弹出式菜单项 toolItemRecentFiles 的 Selection 事件处理方法 widgetSelected 做同样修改。

（11）右击 comboFontName 组件，选择快捷菜单中的 Add event handler | selection | widgetSelected 菜单项，在事件处理方法内添加以下语句：

```
fontData.setName(comboFontName.getText());
sr.font = new Font(null,fontData);
textArea.setStyleRange(sr);
```

（12）右击 comboFontSize 组件，选择快捷菜单中的 Add event handler | selection | widgetSelected 菜单项，在事件处理方法内添加以下语句：

```
int height = Integer.parseInt(comboFontSize.getText());
fontData.setHeight(height);
sr.font = new Font(null,fontData);
textArea.setStyleRange(sr);
```

（13）右击 buttonBold 组件，选择快捷菜单中的 Add event handler | selection | widgetSelected 菜单项，在事件处理方法内添加以下语句：

```
if(buttonBold.getSelection()) {
    if(fontData.getStyle() == SWT.ITALIC) {
        fontData.setStyle(SWT.ITALIC | SWT.BOLD);
    } else {
        fontData.setStyle(SWT.BOLD);
    }
} else {
    if(fontData.getStyle() == SWT.ITALIC || fontData.getStyle() == (SWT.ITALIC|SWT.BOLD)) {
        fontData.setStyle(SWT.ITALIC);
    } else {
        fontData.setStyle(SWT.NORMAL);
    }
}
sr.font = new Font(null,fontData);
textArea.setStyleRange(sr);
```

（14）右击 buttonItalic 组件，选择快捷菜单中的 Add event handler | selection | widgetSelected 菜单项，在事件处理方法内添加以下语句：

```
if(buttonItalic.getSelection()) {
    if(fontData.getStyle() == SWT.BOLD) {
        fontData.setStyle(SWT.ITALIC | SWT.BOLD);
    } else {
```

```
                fontData.setStyle(SWT.ITALIC);
            }
        } else {
            if(fontData.getStyle() == SWT.BOLD || fontData.getStyle() == (SWT.ITALIC|SWT.BOLD)) {
                fontData.setStyle(SWT.BOLD);
            } else {
                fontData.setStyle(SWT.NORMAL);
            }
        }
        sr.font = new Font(null,fontData);
        textArea.setStyleRange(sr);
```

完成上述步骤后运行程序,在打开文本文件后,字体、字号、粗体和斜体的设置都能使显示文本发生相应变化(见图8.8),符合设计要求。

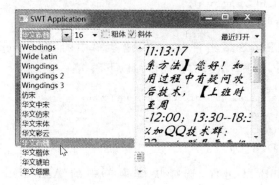

图8.8 设置字体、字号、斜休的运行效果

8.2 SWT 表格的设计

很多Java GUI程序都会涉及数据处理,许多情况下数据可以组织成行列形式的二维表格。SWT库提供了表格组件Table展现这种结构的数据。本章介绍SWT表格的初步设计及其使用。

8.2.1 创建与设置表格

表格控件(Table)是容纳表格行和列的一个容器,提供了表格的整个外观框架。在设计视图下单击组件面板Controls组中的Table图标,然后在窗体或其他容器中单击,即可创建一个表格组件。

表格组件有下列重要属性。

1. linesVisible

该属性设置为选取状态(true),则表格行显示边框线,否则不会显示表格行的边框线。

2. headerVisible

可以为表格的每一列设置一串显示在表格第一行数据上方的文本,所有列的文本标识显示在一行,称为表头行。该属性设置为选取状态(true),则显示表格的表头行,否则不会显示表头行。

3. Style

该属性设置表格的样式。包括下列子属性:

border——该属性设置为选取状态(true),则表格显示边框,看起来好像凸起于容器中,这是默认值。设置为 false,则表格与容器看起来在一个平面上。一般效果并不十分明显。

check——该属性设置为选取状态(true),则表格每行的第一列会显示一个复选框。默认为未选取状态(false)。

full_selection——该属性设置为选取状态(true),则选择表格行时会选取该行中的所有列,否则只选取该行中光标所在的列。

hide_selection——该属性设置为选取状态(true),则隐藏选择行为。默认值为 false,即不隐藏选择行为。具体来说,当选择表格某行时,该行会出现深蓝色背景。当该属性值为 false 时,一旦焦点移开,选择其他控件,则该表格原来所选行的背景色不再是深蓝色,而是灰色(从背景颜色上可以看出选择了此行)。但该属性值为 true 时,先单击表格行,再单击其他控件,就看不到原来的灰色背景了,这就是所谓的隐藏选择行为。

selection——设置该属性值为 SINGLE,则只能选择表格的一行;设置为 MULTI,则可以同时选择多行。

virtual——该属性设置为选取状态(true),则该表格可以使用虚拟表格设计技术,极大地提升了表格处理大量数据的效率和速度。

4. selection

selection(int):设置程序运行的初始界面在表格中所选择的某一行,参数是行索引。索引从 0 开始。

selection(int[]):设置程序运行的初始界面在表格中所选择的多个行,参数是所选行索引数组。

5. 其他属性

font 属性设置表格中文字的字体,background 设置表格的背景颜色,foreground 设置表格的前景颜色(即表格中文字的颜色)。

8.2.2 创建与设置表格列

表格列(TableColumn)组件展现为表格中的一个列。单击组件面板 Controls 组中的 TableColumn 图标,然后在表格组件上单击,接着输入列名字,即可创建一个表格列。通常,需要为一个表格创建多个列组件。

表格列组件有下列重要属性：

text——该表格列的描述性名字，显示在该列的表格头行。

image——该表格列的描述性图标，显示在该列的表格头行的文字左边。

width——设置该列的宽度，单位是像素。

moveable——该属性设置为 true，则程序运行时可以通过鼠标拖曳移动该列的位置，例如从第 1 列移动到第 4 列。

resizable——该属性设置为 true，则程序运行时可以通过鼠标拖曳列右边框线改变该列的宽度；设置为 false，则程序运行时不可改变该列的宽度。

alignment——设置该列中文字和图标显示的对齐方式，LEFT 左对齐、RIGHT 右对齐、CENTER 居中放置。列头行和数据行的显示都会受到影响。注意，第 1 列不受该属性设置的影响。

8.2.3 创建与设置表格行

表格行（TableItem）组件展现为表格中的一个行。单击组件面板 Controls 组中的 TableItem 图标，然后在表格组件上单击，即可创建一个表格行。每一个表格行数据都需要创建一个行组件，例如，如果用表格显示用户信息，则需要为每一个用户信息创建一个表格行。

表格行组件有下列重要属性：

text(java.lang.String)——该属性设置该表格行第 1 列的显示文字。

image——设置该表格行第 1 列中显示的图标，显示在该行第 1 列的文字左边。

text(java.lang.String[])——设置该表格行的数据。单击该属性值列右侧的⋯按钮，在 text 对话框的 Elements 列表中输入，每列的数据是其中的一个元素，单独输入在一行中（见图 8.9）。

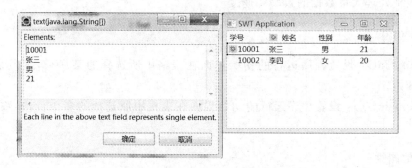

图 8.9 设置表格一行的数据

checked——该属性设置为选取状态（true），则表格行第一列出现复选框。

font——设置该行文字字体。

foreground——设置该行文字颜色。

background——设置该行背景颜色。

8.2.4 创建与设置表格游标

一般地,SWT 表格由多个行和列组成,每个行和列的交叉之处即是表格的一个单元。如果对表格中的数据进行编辑等操作,一般都是选取需要操作的表格单元,随后的操作针对这个单元进行。表格游标(TableCursor)就是用于选取和指示当前单元的组件(见图 8.10)。一个表格只能创建一个游标组件。单击组件面板 Controls 组中的 Table Composite 图标,然后在表格组件上单击,即可创建一个表格游标。

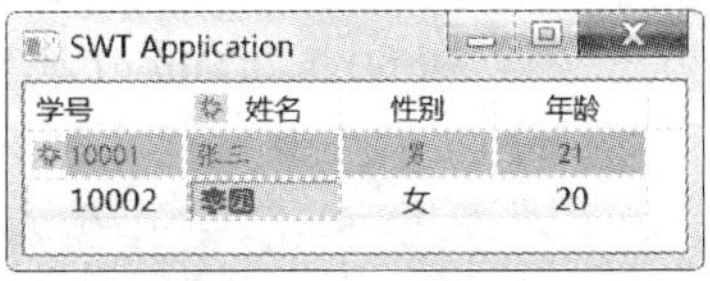

图 8.10 表格游标(第 2 行第 2 列处)

表格游标组件有下列重要属性:
Style|border——该属性设置为选取状态(true),则游标显示边框。
font——设置游标所在单元的文字字体。
foreground——设置游标所在单元的文字颜色。
background——设置游标所在单元的背景颜色。

8.2.5 创建表格面板

一些情况下,表格所在的窗体或其他容器中还会有别的组件。表格组件一般占用的面积比较大,与其他组件直接放在同一个容器中不太容易调整布局,为此可以单独将表格放在一个面板组件中。单击组件面板 JFace 组中的 Table Composite 图标,然后在容器组件上单击,即可创建包含一个表格组件的 Composite 组件。用这种方式创建的 Composite 组件和表格组件从使用和设置上与单独创建的对应组件完全一样。

首先应该设置窗体或其他父容器的布局,然后再在其中创建表格面板。否则会出现提示,要求将父容器布局设置为 FormLayout,此时直接接受建议也可以。

8.2.6 应用示例

例 8.4 文本文件 score.csv 记录了学生的成绩数据,每个学生成绩是文件中的一行,每行包括学号、姓名、课程名和成绩 4 个数据,这 4 个数据之间用逗号分隔。请设计程序将这个文件中的学生成绩用表格显示。

分析:这个表格需要 4 个列,列名分别是学号、姓名、课程名和成绩,表格的行数等于文件 score.csv 中的行数。可以将文件 score.csv 中每行解析成一个具有 4 个元素的一维数组,作为表格每行的数据。采用 ArrayList 对象存放文件 score.csv 的行数据。

操作步骤:

(1) 单击项目 chap08 的 src 文件夹中的 book.demo 包,接着单击 Eclipse 工具栏中的 create new visual class 按钮,选择 SWT|Application Window 菜单项,在对话框的名称右侧文本框中输入 TableScore,单击【完成】按钮。

(2) 切换到设计视图,单击组件面板 Layouts 组的 FillLayout 组件,将光标移到窗体上单击。

(3) 单击组件面板 Controls 组中的 Table 图标,然后在窗体中单击。设置 width 属性值为 120。

（4）单击组件面板 Controls 组中的 TableColumn 图标，然后在表格组件上单击，接着输入文字"学号"。

（5）重复步骤（4）3 次，分别输入文字"姓名""课程名"和"成绩"。设置 width 属性值分别为 80、140 和 60，alignment 属性值分别为 CENTER、CENTER 和 RIGHT。

（6）将 score.csv 文件复制到项目根文件夹中。

（7）在 TableScore 类中编写方法 getScoreList，从文本文件 score.csv 读取成绩数据并封装到 ArrayList 对象中。

```java
public ArrayList getScoreList() {
    ArrayList<String[]> scoreList = new ArrayList<String[]>();
    try {
        FileReader fr = new FileReader("score.csv");
        BufferedReader br = new BufferedReader(fr);
        String str = br.readLine();
        String[] strArr;
        while(str!= null) {
            strArr = str.split(",");
            scoreList.add(strArr);
            str = br.readLine();
        }
        if(br!= null)
            br.close();
        if(fr!= null)
            fr.close();
    } catch (FileNotFoundException e) {
        e.printStackTrace();
    } catch (IOException e) {
        e.printStackTrace();
    }
    return scoreList;
}
```

（8）在 createContents 方法中添加以下语句，动态创建表格行组件。

```java
ArrayList<String[]> scoreList = getScoreList();
TableItem item;
for(String[] strArr : scoreList) {
    item = new TableItem(table, SWT.NONE);
    item.setText(strArr);
}
```

完成上述步骤后运行程序，文本文件中的成绩数据在表格中正确显示出来。若发现【课程名】列中有些数据显示不全（见图 8.11），可双击该列与下一列之间的分隔线，自动加宽该列并使数据显示完整。如果设置【课程名】列的 moveable 属性值为 true，则可以移动该列到其他位置而调整表格中列的次序。

有关表格设计的更多内容将在专门章节介绍。

图 8.11　例 8.4 的运行界面

8.3 SWT 树的设计

一些数据需要以层次分明的树形结构可视化地展示，树(Tree)控件是展现这种结构数据的重要组件。通常，树形结构由若干个节点构成，树的一个节点有一个父节点，有若干个子节点。但是根节点没有父节点，叶子节点没有子节点。本节介绍 SWT 树组件的初步设计与使用。

8.3.1 创建与设置树

树控件 Tree 是容纳树形层次结构节点集的一个容器，提供了树的整个外观框架。在设计视图下单击组件面板 Controls 组中的 Tree 图标，然后在窗体或其他容器中单击，即可创建一个树组件。

树组件的许多属性与表格组件很相似。

1. linesVisible

该属性设置为选取状态(true)，则树的每两个节点之间显示水平分隔线，否则不会显示水平分隔线。默认为不显示水平分隔线。

2. headerVisible

如果在树组件上创建了列(TreeColumn)组件，则该属性设置为选取状态(true)会显示列头行，否则不会显示列头行。默认值为 false，即不显示列头行。

3. Style

该属性设置树的样式。包括下列子属性：

border——该属性设置为选中状态(true)，则树显示边框，看起来好像凸起于容器中，这是默认值。设置为 false，则树与容器看起来在一个平面上。一般效果并不十分明显。

check——该属性设置为选中状态(true)，则树的每一个节点前面会显示一个复选框。默认为未选中状态(false)。

full_selection——对于包含列组件的树，该属性设置为选中状态(true)，则选树节点时会选中该行中的所有列，否则只选中树节点本身。

selection——设置该属性值为 SINGLE，则只能选择树的一个节点；设置为 MULTI，则可以选择多个节点。

virtual——该属性设置为选中状态(true)，则该树可以使用虚拟树设计技术，极大地提升处理大量数据的效率和速度。

4. 其他属性

font 属性设置树节点文字的字体，background 设置树的背景颜色，foreground 设置树的前景颜色(即树节点文字的颜色)。

8.3.2 创建与设置树节点

树节点(TreeItem)是树的基本构件,可以通过为树组件创建各级节点的方法创建一棵树。单击组件面板 Controls 组的 TreeItem 图标,鼠标移到 Structure 视图的 Composites 面板中树组件或树节点组件上并出现指示箭头时单击,即可创建一个树节点组件。如果要为某个节点创建兄弟节点,可以使指示箭头指向其父节点,或在 H 状指示线与该节点左边对齐时单击。例如,图 8.12 状态时单击会创建 treeItem_3 的兄弟节点,图 8.13 状态时单击则创建 treeItem_3 的子节点。

图 8.12　新节点是 treeItem_3 的兄弟节点

图 8.13　新节点是 treeItem_3 的子节点

树节点组件 TreeItem 的主要属性有以下几个:

text(java.lang.String)——该属性设置树节点上显示的文字。

image——设置树节点上显示的图标,会显示在节点文字的左边。

expanded——该属性设置为选取状态(true),则程序初始运行界面中该树节点处于展开状态,反之处于收起状态。

checked——当该节点所在的树组件设置 Style|check 属性值为 true 时,该属性设置为选取状态(true),则该树节点前面的复选框处于选中状态,反之处于未选中状态。

grayed——当该节点所在的树组件设置 Style|check 属性值为 true 时,该属性设置为选中状态(true),则该树节点前面的复选框被选中时复选框处于灰色选择状态,表现为框内以蓝色填充,如图 8.14 中【2013级】的子节点【1 班】节点所示;该属性设置为未选中状态(false),则该树节点前面的复选框被选中时复选框内以"√"符号填充,这是默认值,如图 8.14 中的【2014级】节点所示。

font:设置该节点的文字字体。

foreground:设置该节点的文字颜色。

background:设置该节点的背景颜色。

图 8.14　grayed 属性对节点选中符号的影响

8.3.3 表格型树与表格树列组件

所谓表格型树,就是把表格和树结合起来,以便分层次展现数据信息的一种界面组件。

如图 8.15 所示即为用表格型树显示学生班级信息程序的运行界面。

这种程序界面的设计方法是：首先创建设计树组件，然后在树组件中创建设计表格树列组件，最后创建设计树节点组件。

表格树列(TreeColumn)组件的创建方法与表格列组件一样，单击组件面板 Controls 组中的 TreeColumn 图标，然后在树组件上单击，接着输入列名字，即可创建一个表格树列。通常需要为一个表格型树创建多个表格树列组件。

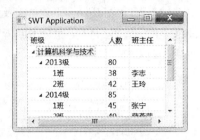

图 8.15　班级信息树型表

表格树列的属性与表格列的属性相同。

为表格型树的一个树节点设置各列显示文字的方法是：设置 text(java.lang.String[])，方法与表格行组件的同一属性相同。例如，要为【计算机科学与技术】的子节点【2013 级】节点设置图 8.15 中显示的数据，只要在类似于图 8.9 的对话框中输入"2013 级"和"80"两行数据即可，它的子节点【1 班】则需要输入"1 班""38"和"李志"3 行数据。

8.3.4　创建树面板

与表格面板类似，如果有树组件的窗体或其他容器中还会有别的组件，由于树组件一般占用的面积比较大，与其他组件直接放在同一个容器中不太好调整布局，为此可以单独将树组件放在一个面板组件中。单击组件面板 JFace 组中的 Tree Composite 图标，然后在容器组件上单击，即可创建包含一个树组件的 Composite 组件。用这种方式创建的 Composite 组件和树组件从使用和设置上与单独创建的对应组件完全一样。

首先应该设置窗体或其他父容器的布局，然后再在其中创建树面板；否则会出现提示，要求将父容器布局设置为 FormLayout，此时直接接受建议即可。

树的设计和使用是比较复杂的，更多内容将在专门章节介绍。

8.3.5　应用示例

例 8.5　改写例 8.3 完成的资源管理器式文件阅读器程序，采用树组件显示系统中的文件。

分析：文件或文件夹是树的节点，需要动态地添加到树组件中，需要编写程序代码实现。如果是一个文件夹节点，还需要为其添加子文件夹和文件节点。本题当双击或单击文件夹节点时立即为其添加子节点，双击文本文件时在右边样式文本组件中显示文件内容。

操作步骤：

(1) 在包资源管理器窗口右击项目名 MyFileReader0.3，在快捷菜单中选择【复制】菜单项。在包资源管理器窗口再次右击，选择快捷菜单中的【粘贴】菜单项，在【复制项目】对话框的项目名输入 MyFileReader0.4，单击【确定】按钮。以下操作在 MyFileReader0.4 项目中进行。

(2) 打开并切换到 MyFileReader 窗体的设计视图，右击列表组件 listFiles，选择快捷菜单中的 Morph|Other 菜单项，在对话框中输入 Tree，选择 Tree - org.eclipse.swt.widgets，单

击【确定】按钮。修改该组件的 Variable 属性值为 tree。

（3）删除 addFilesList 方法及调用该方法的语句。在 MyFileReader 类中设计辅助方法 addChildren，将给定文件夹 file 下的子文件夹和文件名添加到给定的树节点 aitem 下。该方法代码如下：

```java
private TreeItem[] addChildren(TreeItem aitem, File file) {
    File[] files = file.listFiles();
    TreeItem[] items = null;
    if(files!= null) {
        items = new TreeItem[files.length];
        for(int i = 0;i < files.length;i++) {
            items[i] = new TreeItem(aitem,SWT.NONE);
            items[i].setText(files[i].getName());
        }
    }
    return items;
}
```

（4）在 MyFileReader 类中设计辅助方法 getItemPath，构造文件树给定节点的文件路径并返回路径字符串。该方法代码如下：

```java
private String getItemPath(TreeItem selItem) {
    TreeItem parentItem = selItem.getParentItem();
    String path = selItem.getText();
    while(parentItem != null) {
        path = parentItem.getText() + "\\" + path;
        parentItem = parentItem.getParentItem();
    }
    return path;
}
```

（5）在文件树的创建语句"tree = new Tree(compositeFiles，SWT.BORDER|SWT.H_SCROLL|SWT.V_SCROLL);"之后添加以下语句，以构建树的盘符节点：

```java
File[] disks = File.listRoots();
TreeItem item;
for(File disk : disks) {
    item = new TreeItem(tree,SWT.NONE);
    if(disk.canRead()) {
        item.setText(disk.getPath().substring(0, 2));
        addChildren(item, disk);
    }
}
```

（6）右击文件树组件 tree，选择快捷菜单中的 Add event handler | selection | widgetDefaultSelected 菜单项。设计如下事件处理方法：

```java
public void widgetDefaultSelected(SelectionEvent e) {
    TreeItem selItem = tree.getSelection()[0];
    String path = getItemPath(selItem);
```

```java
            File file = new File(path);
            if(file.isDirectory() && selItem.getItemCount() == 0) {
                addChildren(selItem, file);
            } else if(file.isFile() && file.getName().toLowerCase().endsWith(".txt")) {
                try {
                    FileReader fr = new FileReader(file);
                    BufferedReader bfr = new BufferedReader(fr);
                    textArea.setText("");
                    String content = bfr.readLine();
                    while (content != null) {
                        textArea.append(content + "\r\n");
                        content = bfr.readLine();
                    }
                    sr.start = 0;
                    sr.length = textArea.getText().length();
                    //将当前打开的文件名 readFile 写入记录文件 recent.rcd
                    new RecentRecord().addMenuFile(file.getAbsolutePath());
                } catch (FileNotFoundException e1) {
                    //TODO Auto-generated catch block
                    e1.printStackTrace();
                } catch (IOException e2) {
                    //TODO Auto-generated catch block
                    e2.printStackTrace();
                }
            }
        }
```

（7）右击文件树组件 tree，选择快捷菜单中的 Add event handler | selection | widgetSelected 菜单项。在事件处理方法 widgetSelected 中添加如下代码：

```java
TreeItem selItem = tree.getSelection()[0];
String path = getItemPath(selItem);
File file = new File(path);
if(file.isDirectory() && selItem.getItemCount() == 0) {
    addChildren(selItem, file);
}
```

完成上述步骤后运行程序，文件系统以树形显示，展开盘符节点后双击文本文件（扩展名为.txt）在右边显示文件内容，且可以设置字体、字号、字形并可以在【最近打开】下拉菜单中直接打开文件。如果单击或双击的是文件夹，则在该节点前显示▷符号。

8.4 画布与图像的使用

从前面各章可以看到，许多 SWT GUI 组件都可以使用图像对组件的显示外观进行装饰。此外，SWT 也提供了丰富的图像处理功能。本书只介绍在 SWT GUI 设计过程中用到的相关知识。

8.4.1 Image 类

类 org.eclipse.swt.graphics.Image 的实例表示可以在设备上显示的图片。组件可以用 setImage 等方法使图像在界面上显示出来。

Image 创建一副图像的方法主要有以下 3 种：

1. 装载一个现有的图像

被装载的图像可以是磁盘上存放的图像文件，也可以是程序产生的图像数据。前者使用构造方法：

public Image(Device device,String filename)

需要传入文件名。例如：

new Image(sShell.getDisplay(), "icons/star.jpg");   //icons 建在项目根目录下

后者使用构造方法：

public Image(Device device,InputStream stream)

需要一个 InputStream 作为参数。例如：

new Image(Display.getCurrent(), getClass().getResourceAsStream("/images/logo.jpg"));

图像文件存放在项目的 src\images\ 目录下。

图像的格式必须是 SWT 所支持的格式之一，目前支持 BMP、GIF、JPG、PNG、Windows ICO 等格式，否则会抛出 SWTException 异常。

2. 构造一个用已经存在的 ImageData 对象初始化的图像

构造方法如下：

public Image(Device device,ImageData data)

其中 ImageData 对象 data 中存储了图像的像素数据信息。

3. 构造一个空图像

构造空图像可使用构造方法：

public Image(Device device,Rectangle bounds)

其中参数 bounds 指定空图像的大小，是指定了宽度和高度的一个矩形。具体图像可以通过 SWT 图形上下文（GC）的绘图操作（drwaXXX 方法）来绘制。例如：

```
Image i = new Image(device, boundsRectangle);
GC gc = new GC(i);
gc.drawRectangle(0, 0, 50, 50);
gc.dispose();
```

绘制了一个边长为 50 像素的正方形。

8.4.2 ImageData 类

org.eclipse.swt.graphics.ImageData 是一个包含有关图像大小、调色板、颜色值和透明度等信息的类。程序通过该类的对象可以直接读取或者修改图像的数据。

信息存储在该类实例对象的实例变量(字段)中,主要包括:

(1) width 和 height——以像素为单位,指定图像的宽和高。

(2) Depth——指定图像的颜色深度。可能的值为 1、2、4、8、16、24 或者 32,用于指定编码每一个像素的值所使用的比特数。

(3) alpha 与 alphaData——定义图像的透明度。

alpha 定义了图像的全局透明度值,默认值为-1。当 alpha 不等于-1 时,alphaData 存储了图像的透明度缓冲区,每个像素可以有一个在 0~255 之间的透明度值,数值越大,表示越不透明。应当注意的是,只有部分图像格式支持透明度,例如 GIF 和 PNG。

(4) palette——包含一个 PaletteData 对象,它存储有关图像的颜色模型信息。

SWT 的颜色模型可以是索引的或者直接的,由对象的 isDirect 域指定。如果颜色模型是索引的,那么 PaletteData 包含颜色索引,可以通过方法 getRGBs()来获取 RGB 信息。如果是直接的,那么 PaletteData 包含有转换信息,说明应当如何从像素的整数值中提取出颜色 RGB 信息。

(5) data——包含像素值的字节缓冲区。

字节编码的方法取决于所使用的颜色深度。对于一个 8 位的图像,数组中的一个字节正好表示图像中一个像素的值。对于 16 位图像,每一个像素值编码为缓冲区中的两个字节,这两个字节以最低有效字节顺序存储。对于 24 或者 32 位图像,每一个像素值以最高有效位字节顺序编码为缓冲区中的 3 个或者 4 个字节。

(6) bytesPerLine——表明缓冲区中有多少字节用于表示图像中一行像素的所有像素值。由于一个像素可能有多个字节表示,所以 bytesPerLine 可能是字段 width 值的若干倍。

构造一个 ImageData 对象主要有以下 3 种方式。

(1) 从输入流装载。

```
public ImageData(InputStream stream)
```

该构造方法从一个指定的二进制输入流创建一个 ImageData 对象。如果输入流中包含多个图像,则只有第一个图像信息被装载。例如:

```
InputStream stream = getClass().getResourceAsStream("/images/logo.jpg");
if (stream == null) return null;
ImageData imageData = null;
try {
imageData = new ImageData (stream);
} catch (SWTException ex) {
} finally {
try {
    stream.close ();
} catch (IOException ex) {}
}
```

(2) 从磁盘文件装载。

public ImageData(String filename)

该构造方法从一个磁盘文件中创建一个 ImageData 对象。

(3) 创建空 ImageData 对象。

public ImageData(int width, int height, int depth, PaletteData palette, int scanlinePad, byte[ ] data)

该构造方法用给定的参数构建一个空的 ImageData 对象。该对象将来被程序填充和处理，以便动态生成图像。

8.4.3 画布

画布(Canvas)是 Eclipse WindowBuilder 组件面板 Controls 组中提供的一个组件。尽管所有组件上都可以使用 GC 画图，但是画布却是专门针对图形操作设计的组件，它提供了可以绘制任意图形的平面。

在组件面板的 Controls 组中单击 Canvas 图标，然后在父容器(如窗体)上单击，即可创建一个画布。画布是一个容器组件，可以设置布局，默认布局为 AbsoluteLayout。

画布 Canvas 组件的属性与容器组件的大部分属性相同，需要注意以下属性。

1. background 与 Style|no_background

background 属性设置画布组件的背景颜色，背景色在 Style 的子属性 no_background 设置为未选取状态(false)时才能显示出来，若 no_background 设置为选取状态(true)，则背景颜色不会显示。

2. Style|no_radio_group

Style 的子属性 no_radio_group 默认为未选中状态(false)，此时画布中的一组 Radio Button 按钮只能选中其中之一，也就是选择了另一个则前面所选那个按钮必然成为未选中状态。如果该属性设置为选中状态(true)，则各个 Radio Button 按钮的选中状态各自设置而互不关联，也就是既可以使其中一个处于选中状态，也可以使其中多个处于选中状态。

3. Style|h_scroll 及 v_scroll

Style 的子属性 h_scroll 及 v_scroll 分别设置画布是否出现水平和垂直滚动条。

可以通过画布的绘制事件获得 GC，从而在画布上绘图。

8.4.4 图形上下文

org.eclipse.swt.graphics.GC 类的对象封装了执行绘画操作的图形上下文(Graphics Context)。通常用该类的实例绘制一幅图像、一个组件(Control)，或者直接向 Display 绘制。任何可画图的 SWT 元素(实现了 org.eclipse.swt.graphics.Drawable 接口)，如 Image、Control 和显示设备等都存在 GC。

GC 是系统资源，因此也必须明确调用 dispose 方法释放。

1. 获取 GC

一般用以下两种方法获取 GC。

（1）让实现了 Drawable 接口的类的实例作为 GC 构造方法的参数获取的 GC：

public GC(Drawable drawable)

该构造方法所创建的 GC 对象设置了与组件 drawable 匹配的前景、背景和字体。

例如，以一个存在的图像作为参数构建 GC 对象，然后使用这个 GC 对象在该图像上绘图。代码如下：

```
Image image = new Image(display,"icons/myImage.gif");
GC gc = new GC(image);
Rectangle bounds = image.getBounds();
//在图像 icons/myImage.gif 上绘图
gc.drawLine(0,0,bounds.width,bounds.height);
   ⋮
gc.dispose();
image.dispose();
```

（2）用绘制事件 PaintEvent e 提供的 GC。

在进行程序界面的窗口大小变化、最大化、恢复、移动等操作时，会触发窗口界面上组件的绘制事件 PaintEvent，该事件对象有 GC 字段。利用这个 GC 对象可以在事件源组件上绘制图形。

例如，窗体上有两个面板，为其中的 composite1 设计 PaintEvent 的事件监听器，在该面板上绘制图像。代码如下：

```
composite1.addPaintListener(new org.eclipse.swt.events.PaintListener() {
        public void paintControl(org.eclipse.swt.events.PaintEvent e) {
            e.gc.drawImage(new Image(shell.getDisplay(),"icons/bj.JPG"), 10, 20);
        }    }
```

该程序运行效果如图 8.16 所示。

图 8.16　利用 PaintEvent 事件在面板上绘制图像

应用程序在底层操作系统绘制完组件后才得到绘画事件,所以绘画事件中的 GC 绘制后的效果最终会显示在组件上面。

2. 绘图方法

GC 有大量的绘图方法(见图 8.17),这些绘图方法基本是以 drawXxx 和 fillXxx 命名,后者表示填充式绘制。

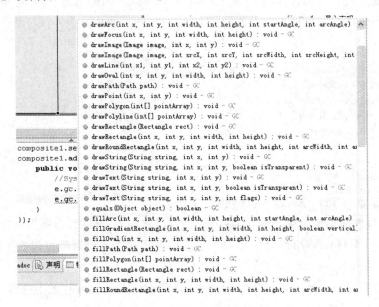

图 8.17　GC 的绘图方法列表

例如,drawImage()方法绘制图像,方法如下:

public void drawImage(Image image, int srcX, int srcY, int srcWidth, int srcHeight, int destX, int destY, int destWidth, int destHeight)

该方法将图像 image 从坐标点(srcX,srcY)为左上角,高度为 srcHeight、宽度为 srcWidth 的部分绘制到目标组件以(destX,destY)为左上角坐标,宽度为 destWidth、高度为 destHeight 的矩形区域。

3. 应用举例

在应用程序中,经常会使用图形对数据进行直观展现,如使用直方图、折线图、饼图等形象地展现数据。以下实例演示了使用 SWT 的 GC 绘图方法绘制直方图的方法。

例 8.6　为学生成绩管理系统项目的学生工作界面操作菜单增加一个【直方图】按钮,当学生用户单击该按钮时,弹出一个窗口,将该学生的各门课程成绩以直方图形式表示。直方图高低由成绩决定。

分析:在学生成绩管理系统中,学生所选课程及其成绩一般存储在数据库中,通过查询可获得该生的成绩表。从例 6.3 可见,该生所选课程的数据包括课程名、类型和成绩,可以用一个数据类描述。一个学生所选课程可以用 ArrayList 对象存储,每门课程是其中的一个元素。本例假定,从数据库查询出来的该生成绩存放于以学号为名的文本文件中,每行为一门课程,包括 3 列,分别是课程名、类型和成绩,以逗号分隔。

在窗体上创建一个画布组件,使用画布绘制事件的 GC 绘制创建直方图。该图形主要由坐标轴、坐标轴上的标注文字和成绩直方图组成。坐标轴及刻度线可以使用 GC 对象的 drawLine 方法绘制,标注文字可以使用 drawString 方法绘出,成绩直方图则使用 fillRectangle 方法绘制。各个图形元素的坐标和宽度等需要计算确定,直方图高度需要根据该学生各门课程的成绩计算,因此单独定义一个绘制方法 drawChart。

设计步骤:

(1) 右击 StdScoreManaV0.6 项目,在快捷菜单中选择【复制】菜单项,在包资源管理器窗口再次右击,在快捷菜单中选择【粘贴】菜单项,项目名输入 StdScoreManaV0.7,单击【确定】按钮。以下操作全部在该项目中进行。

(2) 单击 src 文件夹中的 book.stdscore.ui 包,接着单击 Eclipse 工具栏中的 create new visual class 按钮,选择 SWT|Application Window 菜单项,在对话框中的名称文本框中输入 ScoreChart,单击【完成】按钮。设置该窗体的 minimumSize 属性值为(800,600),Layout 为 FillLayout。

(3) 单击组件面板的 Controls 组中的 Canvas 图标,在窗体上单击,命名为 canvas。

(4) 右击包名 book.stdscore.data,在快捷菜单中选择【新建】|【类】菜单项,名称输入 Course,单击【完成】按钮。为该类添加实例变量:

```
private String name;
private String type;
private float score;
```

单击【源码】|【使用字段生成构造函数】菜单项,选取前两个字段 name 和 type。

单击【源码】|【生成 Getter 和 Setter】菜单项,选取所有字段。

(5) 采用与步骤(4)相同的方法创建数据类 Student,封装一个学生信息。其中字段包括学号 id、姓名 name、该生所选课程表 ArrayList<Course> courseList 等。编写方法 getCourseList()获取该生成绩表,本例该方法代码如下:

```java
public ArrayList<Course> getCourseList() {
    courseList = new ArrayList<Course>();
    try {
        FileReader fr = new FileReader(id + ".csv");
        BufferedReader br = new BufferedReader(fr);
        String str = br.readLine();
        String[] strArr;
        Course course;
        while(str!= null) {
            strArr = str.split(",");
            course = new Course(strArr[0],strArr[1]);
            course.setScore(Float.parseFloat(strArr[2]));
            courseList.add(course);
            str = br.readLine();
        }
        if(br!= null)
            br.close();
        if(fr!= null)
            fr.close();
    } catch (FileNotFoundException e) {
```

```
            e.printStackTrace();
        } catch (IOException e) {
            e.printStackTrace();
        }
        return courseList;
    }
```

(6)右击 canvas 组件,选择 Add event handler|paint|paintControl 菜单项。在生成的事件监听器的 paitControl 方法中添加以下语句序列:

```
cWidth = canvas.getClientArea().width;
cHeight = canvas.getClientArea().height;
drawChart(arg0.gc);
shell.layout();
```

其中,cWidth 和 cHeight 被定义为类 ScoreChart 的实例变量,drawChart 是绘制直方图的方法,该方法代码如下:

```
void drawChart(GC gc) {
    ArrayList<Course> courseList = student.getCourseList();
    float score;
    String name = null;
    int num = courseList.size();
    int rWidth = (int)((cWidth/(num + 1)) * 0.9);      //直方宽度
    int rSpace = cWidth/(num + 1) - rWidth;            //直方间距
    int x1 = 50 + rSpace, y1 = cHeight - 50, rHeight = 0;
    //画坐标轴
    gc.drawLine(50, cHeight - 50, cWidth, cHeight - 50 );
    gc.drawLine(50, 20, 50, cHeight - 50 );
    int perHeight = (int)((cHeight - 70)/10);
    for(int k = 15; k < cHeight - 50; k = k + perHeight) {
        int cy = 110 - ((k - 15)/perHeight + 1) * 10;
        String str = "" + (cy < 10?" " + cy:(cy < 100?" " + cy:cy));
        gc.drawString(str, 20, k + 5);
        gc.drawLine(45, k + 11, 50, k + 11);
    }
    //画直方图
    for (int i = 0;i < num;i++) {
        name = courseList.get(i).getName();
        score = courseList.get(i).getScore();
        rHeight = (int)((cHeight - 70)/100 * score);
        y1 = y1 - rHeight;
        Color oldBgColor = gc.getBackground();
        gc.setBackground(sShell.getDisplay().getSystemColor(SWT.COLOR_BLUE));
        gc.fillRectangle(x1, y1, rWidth, rHeight);
        gc.setBackground(oldBgColor);
        gc.drawString(name, (int)(x1 - rSpace * 0.5),cHeight - 48);
        x1 = x1 + rWidth + rSpace;
        y1 = cHeight - 50;
    }
}
```

注意,在方法 drawChart()中绘制直方图时使用了 gc.fillRectangle()方法,而在此语句之前应先存储 gc 的背景色,然后设置新的背景色为蓝色:

```
Color oldBgColor = gc.getBackground();
gc.setBackground(sShell.getDisplay().getSystemColor(SWT.COLOR_BLUE));
```

用蓝色绘制填充式矩形。绘制完成绩直方图之后，紧接着应恢复 gc 的背景色，否则可能使水平坐标轴上的课程名标注以蓝色背景显示而看不清楚。

（7）为 ScoreChart 类生成和编写构造方法，代码为

```
public ScoreChart(Student student) {
    super();
    this.student = student;
    open();
}
```

编写 shell 的取值方法 getShell()，返回 ScoreChart 类的 shell。为 main() 方法中的 new ScoreChart() 添加参数 null。

（8）在学生工作界面 ScoreMana 窗体的操作菜单中添加一个按钮，文字为"直方图"，并为该按钮设置 image 属性值为一个直方图标图像。为该按钮注册并设计选择事件监听器，生成 ScoreChart 类的实例并显示直方图。代码如下：

```
buttonChart.addSelectionListener(new org.eclipse.swt.events.SelectionAdapter() {
    public void widgetSelected(org.eclipse.swt.events.SelectionEvent e) {
        //通过 user 字段获取 Student 的 id.在完整实现的系统中,用户名就是学号.
        //此处准备了一个成绩文件 1201001.csv,直接传递学号 1201001 进行测试.
        new ScoreChart(student(1201001));
    }
});
```

完成上述步骤后运行程序，登录系统，单击 直方图 按钮后，弹出如图 8.18 所示窗口。

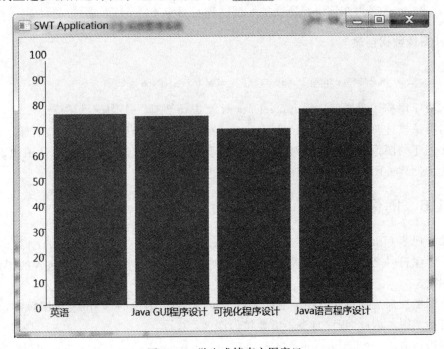

图 8.18　学生成绩直方图窗口

8.4.5 图像描述符

图像需要占用较多内存，生成时间比较长，如果程序中用到大量的图像（Image），会导致程序反应迟钝。为此，SWT 提供了一个轻量级的图像描述符（ImageDescriptor）类：org.eclipse.jface.resource.ImageDescriptor。创建一个图像描述符时并不立即加载或缓存图像，但它存储了创建图像的信息，需要时可以立即创建图像。

常用以下方法创建图像描述符。

1. 使用文件创建

```
public static ImageDescriptor createFromFile(Class location, String filename)
```

该方法通过文件创建一个图像描述符。filename 是给定的图像文件名，location 是与 filename 在相同目录下的一个类名，例如，可以是使用该图像描述符的类：

```
ImageDescriptor imgdsc = ImageDescriptor.createFromFile(this.getClass(),"icons/star.JPG");
```

此时，文件夹 icons 必须与该语句所在的类在同一目录下。

2. 使用 URL 创建

```
public static ImageDescriptor createFromURL(URL url)
```

该方法从参数 url 创建一个图像描述符。例如：

```
ImageDescriptor imgdsc = ImageDescriptor.createFromURL(new URL("file: icons/star.JPG"));
```

此时，文件夹 icons 必须在该语句所在类所属的项目目录下。

3. 从图像数据创建

```
public static ImageDescriptor createFromImageData(ImageData data)
```

该方法使用描述图像信息的 ImageData 对象 data 创建一个图像描述符。

使用图像描述符对象的方法 public Image createImage() 实际创建一幅图像。每次使用该方法创建的图像都是不同的对象。如果实际图像不存在，则返回一幅默认图像，一般是一个方块。创建的图像也需要明确调用 dispose 方法销毁。

8.4.6 图像注册表

图像注册表（ImageRegistry）是 org.eclipse.jface.resource.ImageRegistry 类的对象，它维护了图像符号名与图像对象或图像描述符对象之间的一个映射，其中包含的图像在需要时才创建。

一个图像注册表拥有在其中注册的所有图像，当创建图像的 Display 被销毁时，相关的图像也自动销毁。因此，程序自身不需要销毁图像。

使用构造方法 public ImageRegistry() 和 public ImageRegistry(Display display) 创建图

像注册表。

方法 public void put(String key, Image image) 将图像 image 以 key 为键名添加到图像注册表中。相应地，方法 public Image get(String key) 从图像注册表中获取以 key 为键的图像。

方法 public void put(String key, ImageDescriptor descriptor) 将图像描述符 descriptor 以 key 为键添加到图像注册表中。相应地，方法 public ImageDescriptor getDescriptor (String key) 获取键为 key 的图像描述符。

方法 public void remove(String key) 从图像注册表中删除键为 key 的记录。

8.4.7 应用实例

以下实例演示图像、图像描述符和图像注册表的应用。

例 8.7 完善学生成绩管理系统项目中的用户注册模块，当在学生注册和教师注册界面中输入了学号或工号后，立即显示该学生或教师的照片。

分析：在前面开发的学生注册和教师注册界面中，照片使用了标签组件，可以设置标签的 image 属性来显示照片。由于学生和教师的照片数量比较多，从效率方面考虑，应该使用图像描述符和图像注册表。约定照片文件名与学生学号或教师工号相同，图像文件为 jpg 格式，文件扩展名为 .jpg。学生照片文件存放在项目文件夹下的 picStd 文件夹中，教师照片文件则存放在项目文件夹下的 picTch 文件夹中。为输入学号或工号的文本框设计并添加事件监听器，当用户输入学号或工号后，立即更新照片标签的 image 属性值，从而即时显示照片。

设计步骤：

(1) 打开 StdScoreManaV0.7 项目。在 src 文件夹中的 book.stdscore.ui 包中的文件 RegisterTabFolder.java 文件上右击，选择【打开方式】|WindowBuilder Editor 菜单项。

(2) 在设计视图右击输入学号的文本框 textStdID，选择 Add event handler|modify| modifyText 菜单项，为该组件设计事件监听器如下：

```java
textStdID.addModifyListener(new ModifyListener() {
    public void modifyText(ModifyEvent arg0) {
        String str = textStdID.getText().trim();
        if((str!= null||!"".equals(str)) && str.matches("[0-9]++")) {
            try { //此语句块使用了图像描述符、图像注册表,创建图像
                ImageDescriptor imgdsc = ImageDescriptor.createFromURL(
                                  new URL("file:picStd/" + str + ".jpg"));
                imageRegistry.put("std" + str, imgdsc);
                ImageDescriptor imgdescr = imageRegistry.getDescriptor("std" + str);
                if(imgdescr!= null)
                    lblStdPic.setImage(imgdescr.createImage());
            } catch (MalformedURLException e1) {
                e1.printStackTrace();
            }
        }
    }
});
```

如果 lblStdPic 变量的定义和创建语句在此部分语句之后,则需要移动此部分语句到后面的适当位置。

为了使用图像注册表,在该类中定义实例变量:private ImageRegistry imageRegistry = null;并在 open 方法的"Display display = Display.getDefault();"语句之后添加语句"**imageRegistry = new ImageRegistry(display);**",创建图像注册表。

至此,完成了对学生注册模块的修改。

教师注册模块的修改与上述相同,此处省略。

8.5 剪贴板的使用及 SWT 的拖放操作

一些情况下,需要在 Java GUI 程序的不同部件之间、不同的 Java GUI 程序之间,甚至 Java GUI 程序与其他程序之间传递数据。这种数据传递的场景包括提供数据的数据源和接收数据的目的方两方组件或程序,传输过程中数据保存在本地操作系统的全局变量内,并通过起通道作用的 org.eclipse.swt.dnd.Transfer 类的对象实现 Java 数据到本地数据格式之间的转换。

目前,数据的传递有两种主要实现方式,即使用剪贴板和使用拖放操作。

8.5.1 Transfer 类

SWT 的 org.eclipse.swt.dnd.Transfer 类提供了一种在 Java 数据模型到本地数据模型之间进行数据转换的机制,常用于使用剪贴板和使用拖放操作的数据传输操作。org.eclipse.swt.dnd.ByteArrayTransfer 类是 Transfer 类的直接子类,它提供了一种在 Java 字节数组与特定平台的字节数组之间的转换机制。但是,程序中从来不会直接使用 ByteArrayTransfer 类,而是使用它的子类 FileTransfer、RTFTransfer 和 TextTransfer 类。

1. TextTransfer 类

该类提供了一个平台相关的转换机制,在表示为 Java 字符串(String)的纯文本与特定平台的数据模型之间进行转换。

2. FileTransfer 类

该类提供了一个平台相关的转换机制,在表示为 Java 字符串数组(String[])的文件列表与特定平台的数据模型之间进行转换。数组中的每个字符串包含了单个文件或目录的绝对路径。

例如,下列 Java 代码 String[]包含了 C 盘 temp 目录下两个文件 file1 和 file2 的绝对路径。

```
File file1 = new File("C:\\temp\\file1");
File file2 = new File("C:\\temp\\file2");
String[] fileData = new String[2];
fileData[0] = file1.getAbsolutePath();
fileData[1] = file2.getAbsolutePath();
```

3. RTFTransfer 类

该类提供了一个平台相关的转换机制,在表示为 Java 字符串(String)的 RTF 格式文本与特定平台的数据模型之间进行转换。在 SWT GUI 应用中可以把该类的实例看作一个代表 Java 的 String 类型数据的黑箱。

例如,下列 Java String 类型的变量 rtfData 包含了一个 RTF 格式的文本。

```
String rtfData = "{\\rtf1{\\colortbl;\\red255\\green0\\blue0;}\\uc1\\b\\i Hello World}";
```

在 SWT GUI 应用中,一般把这 3 个类的对象看作代表 Java 对应类型数据的黑箱,恰当的时候 SWT 后台调用该对象的 javaToNative() 和 nativeToJava() 方法,在数据传输过程中自动进行 Java 数据类型与本地数据模型之间的转换。Java GUI 程序并不需要显式地做什么。

这 3 个类都提供了静态工厂方法 getInstance() 返回其单体实例。

方法 public TransferData[]getSupportedTypes() 返回能够用这些类的对象转换的平台相关数据类型的列表。列表元素存放在被转换的数据 org.eclipse.swt.dnd.TransferData 类对象的 type 字段。TransferData 类的对象是平台相关的数据结构,用于描述被转换对象的数据类型和内容,应用程序只需要填写 type 字段。

方法 public abstract boolean isSupportedType(TransferData transferData)返回能否用这 3 个类的对象转换给定的数据类型。

如果要转换的数据不能通过 ByteArrayTransfer 类的这 3 个子类映射为 byte[],则应该自己编写 Transfer 类的直接子类进行平台数据类型的映射。

无论是使用剪贴板还是拖放操作,都需要通过 Transfer 类的对象进行数据传递和转换。

8.5.2 使用剪贴板

剪贴板是系统中专门用于程序之间数据交换和共享的一块内存区域,常见的 GUI 程序中大多都提供了【复制】【剪切】和【粘贴】菜单项或工具按钮,以便在程序内部的不同部分以及不同程序之间进行数据传递。利用剪贴板在程序内部或程序之间交换数据也是 Java GUI 程序可能遇到的一个需求。

SWT 的文本类组件 Text、Combo 和 StyledText 可直接使用系统剪贴板交换数据。例如,运行 MyFileReader0.3 项目中的 MyFileReader 程序,在右边窗格的 StyledText 中选取部分文本,按 Ctrl+C 键,然后打开 Windows 系统的记事本程序,并在其中按 Ctrl+V 键,则所选文本会插入记事本窗口的光标位置(见图 8.19)。可以验证,MyFileReader0.2 项目中的 MyFileReader 程序的 Text 组件也可以使用系统剪贴板。

查看 SWT 组件 Text、Combo 和 StyledText 的 API 文档,它们都提供了 copy()、cut() 和 paste()方法,其中 StyledText 组件的 copy 方法还可以直接指定使用的剪贴板类型。在开发 SWT GUI 程序时可以通过菜单等接口直接将这些方法提供给用户使用。

除了上述 3 个组件外,其他 SWT 组件要使用剪贴板,必须专门编写程序代码实现。主要包括以下几个方面的工作。

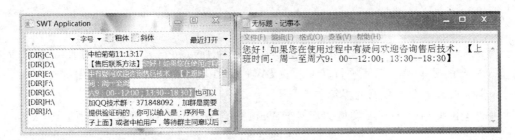

图 8.19　使用剪贴板在 MyFileReader 程序和 Windows 系统的记事本程序之间传递数据

1. 获取剪贴板

SWT 程序通过 org.eclipse.swt.dnd.Clipboard 类使用剪贴板,该类的构造方法是: public Clipboard(Display display)。

剪贴板对象是依赖于平台的系统资源,创建后如果在某个时间段不用,应该及时释放。

通过剪贴板对象可以访问系统剪贴板。存放在剪贴板中的数据不会因为应用程序的关闭而消失。但应注意:GTK 是个例外,目前 GTK 中还没有一种机制能使得数据存放时间超过应用程序的生命周期。在一些平台上,可以有多个剪贴板同时有效。UNIX/Linux 系统下有一个 PRIMARY 剪贴板,可以保留刚选择过的数据(隐式操作产生);还有一个 CLIPBOARD 剪贴板,可以保留通过快捷键(如 CTRL+Insert)或者通过菜单项(还有一个相关的剪贴板但很少用)显式操作的数据。在 Motif 中,SWT 只支持 CLIPBOARD 剪贴板。在 GTK 中,两种剪贴板 SWT 都支持,当调用 Clipboard.setContents 时,数据既被保存在 PRIMARY 中也会被保存在 CLIPBOARD 中。在 MAC 下,SWT 支持剪切的图片。

2. 数据存入剪贴板

使用剪贴板对象的 public void setContents(java.lang.Object[] data, Transfer[] dataTypes)方法可将指定类型(参数 dataTypes)的数据(参数 data)存放进系统剪贴板,其中 data 数组的元素个数与 dataTypes 的相等且对应。如果 dataTypes 某个元素的类型是 FileTransfer,则与之对应的数据应该是一个数组,但它也只是 data 数组中的一个元素。

每次成功调用 setContents 方法后都会清除掉以前存放的内容。例如,剪贴板里原先有其他程序存放的文件型数据,当调用 setContents 方法存放进文本型数据后,就会清除原来的文件型数据。想要同时保存多种类型数据,就必须把这些数据放在参数 java.lang.Object[] data 中,用参数 Transfer[] dataTypes 分别指定它们对应的类型,在同一个 setContents 方法中调用剪贴板。

3. 获取剪贴板中的数据

使用剪贴板对象的 public java.lang.Object getContents(Transfer transfer)方法可获取系统剪贴板中当前存放的参数 transfer 所指定类型的数据。在 GTK 下,SWT 先在 CLIPBOARD 剪贴板中寻找匹配的数据,而后才在 PRIMARY 剪贴板中寻找。在 Motif 下,SWT 只在 CLIPBOARD 剪贴板中寻找匹配的数据。

4. 查询剪贴板中的数据类型

在 SWT 2.1 及早期的版本,只有在使用 getContents 方法实际获取剪贴板中的数据后才能检测其类型;在 SWT 3.0 及之后的版本,可以用 public TransferData[] getAvailableTypes() 方法直接获取系统剪贴板中当前可用数据类型的列表,而不用实际获取数据,这样效率更高。这个方法通常与 Transfer 的 isSupportedType 方法一起使用。

5. 应用实例

例 8.8 为例 8.7 的学生成绩管理系统设计按班级选课排课模块,为选定的学生班级及课程安排任课教师,默认情况下该班级下的所有学生都选该门课,但休学、已修该门课的学生则不选该门课。要求程序界面显示已选课和未选课的学生列表,且为两个列表提供弹出式菜单,其中的【剪切】菜单项可以从列表中删除选定的学生,【粘贴】菜单项可以将从另一个列表中剪切的学生添加到当前列表中。本题实现两个列表的弹出式菜单的【剪切】和【粘贴】菜单项的功能。

分析:按照题意,可以设计树组件以供指定班级和课程(见图 8.20 左窗格),已选课和未选课的学生列表采用 2 列结构的表格组件(见图 8.20 右窗格),任课教师从下拉列表选择。树的节点结构、两个表格中包含的行以及相关的教师列表数据都从该系统的数据库中获取,并动态生成。这些功能将在后面章节实现。为了演示,本题创建固定树结构(类似于图 8.14),表格行数据由文本文件提供(类似于例 8.4 及图 8.11),存放在项目目录下的文件 stdcourse.csv 之中,每个学生的选课数据是文件中的一行,每行包括学号、姓名和课程名,且用逗号分隔。本题采用本节所述的剪贴板使用方法,主要实现两个列表的弹出式菜单的【剪切】和【粘贴】菜单项的功能。

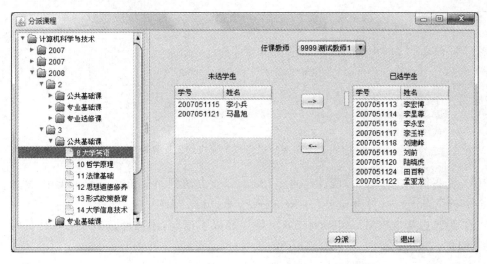

图 8.20 按照班级排课子模块的界面原型

操作步骤:

(1) 打开 StdScoreManaV0.7 项目,单击 src 文件夹中的 book.stdscore.ui 包,单击主工具栏的第二个工具按钮,选择 SWT|Application Window 菜单项,在对话框的名称文本框

中输入 AssigntCourses，单击【完成】按钮。设置窗体的 minimumSize 属性值为(800,600)。

(2) 单击组件面板 Layouts 组的 FillLayout 组件，在窗体上单击。

(3) 单击组件面板 Composites 组的 SashForm 组件，在窗体上单击。

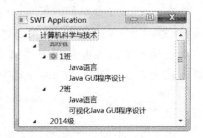

图 8.21 班级及课程树

(4) 单击组件面板 Controls 组的 Tree 组件，在 sashForm 组件上单击。

(5) 使用 8.3.2 节所述的方法，为树组件 tree 创建和设置如图 8.21 所示的各级节点。

(6) 单击组件面板 Composites 组的 Composite 组件，在 sashForm 组件上单击。设置该组件的 Layout 属性值为 FormLayout。设置 sashForm 组件 weights 属性值为"1 2"。

(7) 按照前述方法，创建如图 8.22 所示界面。注意，未选学生表格组件的 Variable 属性值设置为 tableNoSelected，已选学生表格的 Variable 属性值设置为 tableSelected，它们的 Style|selection 属性值设置为 MULTI。未选学生表格中两个列组件的 Variable 属性值设置为 tableColumnNoID 和 tableColumnNoName，已选学生表格中两个列组件的 Variable 属性值设置为 tableColumnSelID 和 tableColumnSelName。

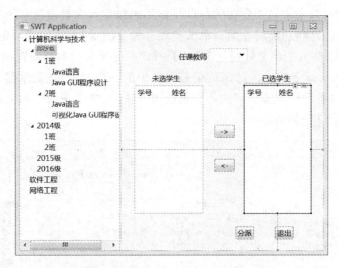

图 8.22 按照班级排课子模块的设计界面

(8) 复制例 8.4 步骤(7)所设计的 getScoreList 方法到 AssigntCourses 类中，修改 new FileReader("score.csv")为 new FileReader("stdcourse.csv")。

(9) 为已选学生表格 tableSelected 组件添加以下语句，添加所选班级和课程的学生选课的行组件。

```
ArrayList<String[]> scoreList = getScoreList();
TableItem item;
for(String[] strArr : scoreList) {
    item = new TableItem(tableSelected, SWT.NONE);
    item.setText(strArr);
}
```

（10）为未选学生表格 tableNoSelected 组件添加弹出式菜单 menuNoSelectedStd 及其【剪切】菜单项 menuItemNoSelCut 组件和【粘贴】菜单项 menuItemNoSelPaste 组件。

同样为已选学生表格 tableSelected 组件添加弹出式菜单 menuSelectedStd 及其【剪切】菜单项 menuItemSelCut 组件和【粘贴】菜单项 menuItemSelPaste 组件。

（11）为 AssigntCourses 类添加字段"private Clipboard clipboard;"，在 open()方法的 display 创建语句之后添加语句"clipboard = new Clipboard(display);"。

（12）为已选学生表格 tableSelected 组件的弹出式菜单项【剪切】组件 menuItemSelCut 注册并设计 Selection 事件监听器，事件处理方法代码如下：

```java
menuItemSelCut.addSelectionListener(new SelectionAdapter() {
    @Override
    public void widgetSelected(SelectionEvent e) {
        TableItem[] items = tableSelected.getSelection();
        if(items.length == 0)
            return;
        //准备传输的数据
        String[] data = new String[items.length];
        for(int i = 0; i < items.length; i++) {
            data[i] = items[i].getText(0) + "," + items[i].getText(1);
        }
        //设置传输的数据类型
        Transfer[] types = new FileTransfer[]{FileTransfer.getInstance()};
        //将选择的行数据存入剪贴板
        Object[] objs = new Object[]{data};   //objs 数组中的元素个数必须与 types 相同。
        clipboard.setContents(objs, types);
        //从选课学生表删除剪切的行
        for(int i = 0; i < items.length; i++) {
            int idx = tableSelected.indexOf(items[i]);
            tableSelected.remove(idx);
        }
    }
});
```

（13）为未选学生表格 tableNoSelected 组件的弹出式菜单项【粘贴】组件 menuItemNoSelPaste 注册并设计 Selection 事件监听器，事件处理方法代码如下：

```java
menuItemNoSelPaste.addSelectionListener(new SelectionAdapter() {
    @Override
    public void widgetSelected(SelectionEvent e) {
        String[] data = (String[])clipboard.getContents(FileTransfer.getInstance());
        if(data == null)
            return;
        String[] line = new String[2];
        TableItem[] items = tableNoSelected.getItems();
        boolean hasItem = false;
        TableItem item = null;
        for(int i = 0; i < data.length; i++) {
            line = data[i].split(",");
            for(TableItem aitem : items) {
```

```
                    if(aitem.getText(0).equals(line[0])) {
                        hasItem = true;
                        break;
                    }
                }
                if(!hasItem) {
                    item = new TableItem(tableNoSelected, SWT.NONE);
                    item.setText(line);
                }
            }
        }
    });
```

(14) 使用与步骤(12)和步骤(13)相同的思路，为未选学生表格 tableNoSelected 组件的弹出式菜单项【剪切】组件 menuItemNoSelCut 以及已选学生表格 tableSelected 组件的弹出式菜单项【粘贴】组件 menuItemSelPaste 注册并设计 Selection 事件监听器，方法代码请参考步骤(12)和步骤(13)自行编写。

完成上述步骤后运行程序，右击未选学生表格和已选学生表格，都会出现包含【剪切】和【粘贴】菜单项的弹出式菜单，选取一个表格中的若干行执行【剪切】操作，在另一个表格中执行【粘贴】操作，程序都能按照题意要求的那样工作。

8.5.3 拖放操作概述

拖放操作是两个 GUI 程序不使用剪贴板的数据传递。SWT 提供了相应的功能，允许 Java 程序之间通过拖放操作传递数据。

回顾熟悉的常用程序的拖放操作会发现，一般拖放操作可能会发生 3 种数据传输结果：复制、移动与链接。例如，在 MS Windows 的文件管理窗口中，当选定了一个或多个文件后，当直接拖动到同一个磁盘上的另一个文件夹里松开鼠标时，这些文件被移动到目标文件夹中，而同时按住 Ctrl 键的拖放操作则会复制这些文件。同样是直接拖放，如果松开时的目标文件夹在另一个磁盘上，则是复制操作（而非移动操作）。同时按住 Ctrl 和 Shift 键，则会在目标文件夹产生对拖放源文件的链接（指向源文件的一个指针）。如果将一个图像文件拖放到 Word 文档编辑窗口中，则会将这幅图像插入到鼠标松开的位置。但是，将文件夹拖放到 Word 编辑窗口中则是不允许的（见图 8.23）。可见拖放操作是比较灵活的，不同的程序拖放操作的行为和结果并不相同。

图 8.23 将文件夹拖放到 Word 编辑窗口中时弹出的对话框

在拖放操作中，提供数据的程序是拖放源，接收数据的程序是拖放目标。

拖放操作的同时也会产生可视的鼠标指针形状的变化，以向用户反馈将会发生什么。表 8.2 列出了拖放操作的鼠标指针。当鼠标拖动到拖放目标，鼠标指针从 ⊘ 箭头变为表 8.2 的前 3 行箭头时，提示用户鼠标进入了有效的拖放目标。鼠标指针的形状同时提示了将会发生哪种数据传递操作,数据可能被复制、移动或者跟其他数据联系起来。当拖动到有子项的组件如树(Tree)和表格(Table)时,相应的子项会高亮显示以提示数据将会被释放到的目标子项。

表 8.2 拖放操作的鼠标指针

操　作	Win32 鼠标指针	作　用	修　改　键
Move		移动	Shift
Copy		复制	Ctrl
Link		链接	Ctrl+Shift
None		无法进入	

在拖动鼠标的同时用户还可能按下了修改键,这可能会改变拖放操作的作用。例如,在 MS Windows 系统下,拖动鼠标的同时按下 Ctrl 键请求的是复制操作,当 Ctrl 键和 Shift 键一起按下请求的是链接操作,拖动鼠标的同时按下 Shift 键请求的是移动操作,没有按下修改键请求的是默认操作。

8.5.4 拖放源

在 WindowBuilder 组件面板的 Controls 组单击 DragSource 图标,鼠标移到提供数据的组件上单击,即指定了该组件为拖放源(DragSource)。

拖放源对象的 Style 属性的子属性 operation 指定该拖放源支持的操作类型。单击该属性值列出现的下拉列表中给出了 4 个值:

DROP_NONE——当该拖放源被投放时,什么也不做。

DROP_COPY——当该拖放源被投放时,数据被复制到拖放目标。

DROP_MOVE——当该拖放源被投放时,数据被复制到拖放目标,同时拖放源组件被移出当前位置。这是默认值。

DROP_LINK——当该拖放源被投放时,在投放目标组件上生成一个指向拖放源组件的链接。

上述每一个值都是 org.eclipse.swt.dnd.DND 类的常量。对该拖放源的一次拖放操作可能是上述几种操作的组合,这可以通过对这些值的位或操作指定,例如 DND.DROP_MOVE|DND.DROP_COPY 指定拖放既可以是移动操作,也可以是复制操作。

创建了拖放源之后应该接着定义拖放过程中需传递的数据类型,即将什么样的数据格式存放在本地系统的全局变量中。这可使用拖放源对象的 setTransfer(Transfer[] transferAgents)方法定义,其参数是一个由 Transfer 对象(一般是其子类的对象)构成的数组。例如:

```
dragSource.setTransfer(new Transfer[] {TextTransfer.getInstance()});   //只传递字符串
```

或

```
Source.setTransfer(new Transfer[] {TextTransfer.getInstance(), FileTransfer.getInstance()});
```

后者允许传递两种数据类型。

当在拖放源上进行拖放操作时，会发生 DragSourceEvent 事件。该事件对象封装了将要传递给事件监听器的事件信息，这些信息以该对象的公共字段的形式存储（见表 8.3）。

表 8.3 DragSourceEvent 事件的字段

类 型	字段及说明
TransferData	dataType：传递的数据类型
int	detail：发生的拖放操作，是 DND.DROP_COPY、DND.DROP_MOVE、DND.DROP_LINK、DND.DROP_TARGED_MOVE 之一。其中 DND.DROP_TARGED_MOVE 表示目的对象改变了数据的位置，通常用于移动文件
boolean	doit：在监听器的 dragStart 方法中，该字段值确定是否允许拖放操作，如果该字段值设置为 false，则不允许执行拖放操作；在监听器的 dragFinished 方法中，该字段值标示操作是否成功执行，如果该字段值设置为 true，则拖放操作成功执行
Object	data：传递的数据
Image	image：在拖放操作期间要显示的拖放源图像。默认值为 null，即不显示图像
int	offsetX：在监听器的 dragStart 方法中，拖放源图像要被显示位置的 x 坐标
int	offsetY：在监听器的 dragStart 方法中，拖放源图像要被显示位置的 y 坐标
int	x：在监听器的 dragStart 方法中，鼠标键按下开始拖动的鼠标指针 x 坐标（相对于控件）
int	y：在监听器的 dragStart 方法中，鼠标键按下开始拖动的鼠标指针 y 坐标（相对于控件）

拖放源事件监听器是 org.eclipse.swt.dnd.DragSourceListener 实现类的对象，或是 org.eclipse.swt.dnd.DragSourceAdapter 子类的对象。该监听器包含了 3 个事件处理方法。

（1）dragStart(DragSourceEvent event)：在开始拖动的一瞬间执行，一般用于判断是否开始拖动。如不允许拖动，则设置 event 的 doit 属性值为 false。例如，以表格为拖放源时要判断表格有选中的行时才能开始拖动。

（2）dragSetData(DragSourceEvent event)：释放操作已执行时执行该方法。该方法必须设置要传递的数据，主要是给 event 的 data 字段赋值。数据要与 event.dataType 字段设置的数据类型匹配。如果拖放源在创建绑定 Transfer 时允许传递多种数据类型（也就是绑定了多种 Transfer），则应根据 event.dataType 确定将什么样格式的数据放入 data 字段中，例如：

```
if (TextTransfer.getInstance().isSupportedType(event.dataType)){
    …//给 event.data 赋值字符串
}
else if (FileTransfer.getInstance().isSupportedType(event.dataType)){
    …//给 event.data 赋值字符串数组
}
```

（3）dragFinished(DragSourceEvent event)：完成拖放操作后执行，一般进行一些清理工作，例如，拖放被定义为移动，则需要在拖动源中删除已移动的数据。通过 event.detail 字段可以得知目标对象进行了什么操作（见表 8.3）。

8.5.5 拖放目标

在 WindowBuilder 组件面板的 Controls 组单击 DropTarget 图标,鼠标移到接收数据的组件上单击,即指定了该组件为拖放目标(DropTarget)。

拖放目标对象的 Style 属性的子属性 operation 指定该拖放目标支持的操作类型。设置方法和可能的取值与拖放源对象的该属性相同。

创建了拖放目标之后,同样也需要使用它的 setTransfer(Transfer[] transferAgents) 方法设置允许接收的数据类型,设置方法与拖放源的相同。

当在拖放目标上进行拖放操作时,会发生 DropTargetEvent 事件。该事件对象封装了将要传递给事件监听器的事件信息,这些信息以该对象的公共字段的形式存储(见表 8.4)。

表 8.4 DropTargetEvent 事件的字段

类 型	字段及说明
TransferData[]	dataType:拖放源可能传入的数据类型列表
TransferData	currentDataType:将要传入的数据类型
Object	data:传入的数据
int	detail:将要执行的拖放操作,是 DND.DROP_NONE、DND.DROP_COPY、DND.DROP_MOVE、DND.DROP_LINK、DND.DROP_DEFAULT 之一
int	feedback:要给用户显示的拖入效果反馈的位或值,例如 DND.FEEDBACK_SELECT|DND.FEEDBACK_SCROLL|DND.FEEDBACK_EXPAND。只有合理的值才会应用。可能的取值有 DND.FEEDBACK_NONE、DND.FEEDBACK_SELECT、DND.FEEDBACK_INSERT_BEFORE、DND.FEEDBACK_INSERT_AFTER、DND.FEEDBACK_SCROLL、DND.FEEDBACK_EXPAND。其中,设置为 DND.FEEDBACK_NONE 将不会显示拖入效果。默认值是 DND.FEEDBACK_SELECT,在拖放目标是表格或树组件时,光标下的节点被选择
Widget	item:如果关联的组件是表格或树组件,则该字段包含了光标位置处的节点、行等项目
int	operations:拖放源能够支持的操作的位或值,例如,DND.DROP_MOVE|DND.DROP_COPY|DND.DROP_LINK。实际值是拖放源 DragSource 支持的所有操作与拖放目标 DropTarget 支持的所有操作的交集
int	x:光标相对于 Display 的 x 坐标
int	y:光标相对于 Display 的 y 坐标

拖放目标事件监听器是 org.eclipse.swt.dnd.DropTargetListener 实现类的对象,或是 org.eclipse.swt.dnd.DropTargetAdapter 子类的对象。该监听器包含了 6 个事件处理方法。

(1) dragEnter(DropTargtEvent event)——光标进入目标对象区域时执行。该方法一般用来定义拖放的操作类型,即给 event.detail 赋值。event.detail 的值只能是 event.operations 中的某一个,或者是 DND.DROP_NONE。

DropTarget 在创建时可以增加 DND.DROP_DEFAULT 参数,表示允许定义默认操作,但它具体指哪个操作需要在该方法中定义,也就是给 DND.DROP_DEFAULT 指定一个具体的操作。如果在该方法中和在 dragOperationChanged()中都没有进行定义,则该参数会被系统定义为 DND.DROP_MOVE。DND.DROP_DEFAULT 的目的就是为了判断拖动的过程中有没有修改键被按下，若没有，event.detail 就等于 DND.DROP_DEFAULT，这时可以指定 event.detail 实现默认操作。例如：

```
if(event.detail == DND.DROP_DEFAULT){
    //给 event.detail 所赋的值必须是 event.operations 中的一个
    //event.operations 中的操作都是 DragSource 所支持的
    if((event.operations&DND.DROP_COPY)!= 0){
        event.detail = DND.DROP_COPY;
    }else{
        event.detail = DND.DROP_NONE;
    }
}
```

拖放操作中如果按了修改键，就不再是默认操作了。修改键产生的影响在方法 dragOperationChanged()中定义。

（2）DragOver(DropTargtEvent event)——光标进入目标对象区域时执行。只要光标还在目标对象区域中，该方法就会不停地执行，即使光标不移动。通常在对表格或树拖动时要用到这个方法和 event.feedback 属性。

（3）dragOperationChanged(DropTargtEvent event)——用户按下或放开修改键时执行。修改键的定义根据本地系统而定，但修改键定义的操作必须是包含在 event.operations 中的，否则无效（event.detail 变为 DND.DROP_NONE）。在 operations 允许的前提下，拖放时按住 Ctrl 键，event.detail 变成 DND.DROP_COPY；按住 Shift 键，event.detail 变成 DND.DROP_MOVE；同时按住 Ctrl 和 Shift 键，event.detail 变成 DND.DROP_LINK；不按任何修改键，则 event.detail 变成 DND.DROP_DEFAULT；如果没有为 DropTarget 对象的操作添加 DND.DROP_DEFAULT，则放开修改键 event.detail 变成 DND.DROP_MOVE。在该方法中还可以改变 currentDataType 的值，但更改后的值必须是 dataTypes 中定义的类型。

（4）dragLeave(DropTargetEvent event)——鼠标离开拖放目标对象时，或者拖放时按下 Esc 键执行该方法。一般用于拖放完成后释放一些资源。

（5）dropAccept(DropTargetEvent event)——在完成拖放之前执行，提供了最后一次定义数据类型的机会。程序可以设置 event.detail 的值为 DND.DROP_NONE 来否决对拖放目标组件的影响。

（6）drop(DropTargetEvent event)——拖放完成后执行的方法。此时，包含 Java 数据格式的数据被存入 event 对象的 data 字段。因此，在该方法中通过 event.data 可获取传入的数据。典型程序段如下：

```
if (TextTransfer.getInstance().isSupportedType(event.currentDataType)){
    …//读取 event.data
}
else if (FileTransfer.getInstance().isSupportedType(event.currentDataType)){
    …//读取 event.data
}
```

8.5.6 应用举例

例 8.9 扩充例 8.8 设计的按班级选课排课模块,使用户可以在已选学生表格中选择若干个行,将其拖放到未选学生表格中从而取消他们对这门课的选择,同样也可以将未选学生表格中一些行拖放到已选学生表格中使他们选择这门课。

操作步骤:

(1) 打开 StdScoreManager0.7 项目,右击 book.stdscore.ui 包下的 AssigntCourses.java 文件,选择快捷菜单中的【打开方式】| WindowBuilder Editor 菜单项。

(2) 在设计视图下,单击组件面板 Controls 组的 DragSource 组件,将光标移到窗体中,当绿色框框住已选学生表格组件 tableSelected 时单击。

(3) 单击组件面板 Controls 组的 DropTarget 组件,将光标移到窗体中,当绿色框框住未选学生表格组件 tableNoSelected 时单击,保持其 Variable 属性为默认值 dragSource。

(4) 切换到源代码视图,在 dragSource 创建语句之后添加语句"dragSource.setTransfer(new Transfer[]{FileTransfer.getInstance()});"。

(5) 在结构视图的 Components 面板右击 dragSource 节点,选择 Add event handler | drag | dragStart 菜单项,并为事件处理方法 dragStart 添加如下代码:

```
TableItem[] items = tableSelected.getSelection();
//没有选择的学生数据行时不允许拖放
if(items.length > 0)
    event.doit = true;
else
    event.doit = false;
```

(6) 在结构视图的 Components 面板右击 dragSource 节点,选择 Add event handler | drag | dragSetData 菜单项,并为事件处理方法 dragSetData 添加如下代码:

```
TableItem[] items = tableSelected.getSelection();
if(items.length == 0)
    return;
//准备传输的数据 data
String[] data = new String[items.length];
for(int i = 0; i < items.length; i++) {
    data[i] = items[i].getText(0) + "," + items[i].getText(1);
}
//设置传输的数据 data
if(FileTransfer.getInstance().isSupportedType(event.dataType))
    event.data = data;
//从选课学生表删除拖放的行
for(int i = 0; i < items.length; i++) {
    int idx = tableSelected.indexOf(items[i]);
    tableSelected.remove(idx);
}
```

(7) 在结构视图的 Components 面板右击 dropTarget 节点,选择 Add event handler|drop|drop 菜单项,并为事件处理方法 drop 添加如下代码:

```
if (FileTransfer.getInstance().isSupportedType(event.currentDataType)) {
    String[] data = (String[])event.data;
    if(data == null)
        return;
    String[] line = new String[2];
    TableItem[] items = tableNoSelected.getItems();
    boolean hasItem = false;
    TableItem item = null;
    for(int i = 0; i < data.length; i++) {
        line = data[i].split(",");
        for(TableItem aitem : items) {
            if(aitem.getText(0).equals(line[0])) {
                hasItem = true;
                break;
            }
        }
        if(!hasItem) {
            item = new TableItem(tableNoSelected, SWT.NONE);
            item.setText(line);
        }
    }
}
```

(8) 采用同样的思路和方法,为未选学生表格创建拖放源,为已选学生表格创建拖放目标,使用户可以从未选学生表格中拖动一些行到已选学生表格中释放。具体步骤和程序代码请自行完成。

完成上述步骤后运行程序,在两个表格之间拖放表格行,可以看到程序能按照题目要求工作(见图 8.24)。

图 8.24 在已选学生表格与未选学生表格之间拖放表格行

8.6 习题

1. 举例说明如何设置样式文本组件中所选范围字符的字体、字号和样式。
2. 举例说明创建和设计 SWT 表格(Table)组件时 TableColumn、TableItem 和

TableCursor 的作用。

3. 试利用 Tree Composite 组件创建一棵完整的树，树的各级节点是本章的各级标题。
4. 完成例 8.7 教师注册模块界面中教师照片的显示功能设计。
5. 简要叙述 SWT GUI 程序中使用系统剪贴板在组件之间交换数据的一般步骤。
6. 扩充例 8.5 完成的资源管理器式文件阅读器程序，当用户将文本文件从左边文件树拖放到右边样式文本框中时打开并显示该文件的内容。

第 9 章 JFace GUI程序设计

JFace 是用 SWT 实现的 UI 工具箱，JFace 库通过对 SWT 有关组件的封装为一些常用的复杂编程任务提供了良好支持。使用 JFace 设计 Java GUI 程序更为简单和方便，程序结构也更为简洁。本章介绍 JFace GUI 程序的可视化设计技术。

9.1 设计 JFace GUI 程序

使用 JFace 设计 GUI 程序可以快速创建一个应用程序框架，程序窗体内部的界面组件设计可以使用前面叙述的 SWT 组件，结合 JFace 提供的助手组件可较为容易地完成设计。Eclipse WindowBuilder 也提供了足够的支持。本节介绍基本 JFace GUI 程序的设计方法，并简要介绍相关知识。

9.1.1 JFace 概述

JFace 是建立在 SWT 之上的 UI 组件库，是在 SWT 基础之上的一个抽象层，扩展了 SWT 并能与 SWT 交互操作，JFace 旨在使用 SWT 而不隐藏它（见图 9.1）。

就 Java GUI 程序设计来说，JFace 是用 SWT 实现的 UI 工具箱，其中提供了一组功能强大的用户界面组件，开发人员可以轻松地在 Java GUI 应用程序中利用这些组件，以简化常见的 UI 编程任务。JFace 的主要特色功能包括：

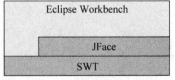

图 9.1 JFace 与 SWT 的关系

（1）提供了查看器（Viewer）类以处理对组件进行集合、归类、过滤和更新这种冗长乏味的工作。JFace 提供了不完全的 MVC 模式，将组件的数据和组件显示分离开来，例如，将表格和表格中的数据分离开来，使用 SWT 的 Table、TableColumn 和 TableItem 控件展现表格，而使用 TableViewer 等查看器管理表格中的数据。这种设计在很大程度上简化了表格、树等复杂结构 UI 的编程。WindowBuilder 组件面板的 JFace 组提供了丰富的查看器（见图 9.2 左）。

（2）提供了动作（Actions）以便在程序中定义常用的操作并赋给特定的组件，从而简化菜单项、工具项和按钮等事件处理的设计。组件面板的 JFace Actions 组提供了可视化支持

图 9.2　WindowBuilder 组件面板的 JFace 组件

(见图 9.2 右)。

(3) 提供了注册表(registries)对有限的系统资源进行高效的集中管理。程序中把经常使用的图片和字体等放到注册表中,既节约了系统资源,又提高了程序运行效率。

(4) 定义了标准对话框(dialogs)和向导(wizards),并且定义了一个用于构建复杂用户交互界面的框架。

9.1.2　设计 JFace 应用程序窗口

创建 SWT/JFace Java Project 后,单击 Eclipse 主工具栏上的第一个工具项( )按钮,在下拉菜单中选择【其他】菜单项(见图 9.3 左),在【新建】对话框中选择 WindowBuilder|SWT Designer|JFace|ApplicationWindow(见图 9.3 右),在 New JFace ApplicationWindow 对话框(见图 9.4)中输入包名(例如 book.demo)和类名(例如 JFaceAppDemo1),单击【完成】按钮,即可创建一个 JFace 应用程序。

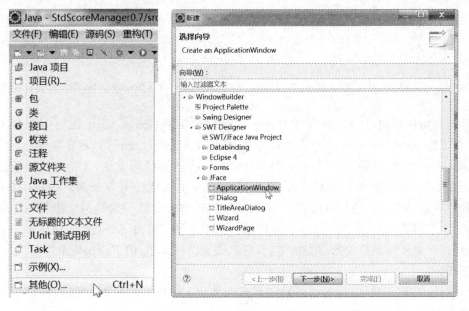

图 9.3　通过 Eclipse【新建】工具项创建 JFace 应用

同样,可以单击 Eclipse 主工具栏上的第二个工具项( )按钮,在下拉菜单中选择 JFace|ApplicationWindow 菜单项(见图 9.5)创建 JFace 应用程序窗口。

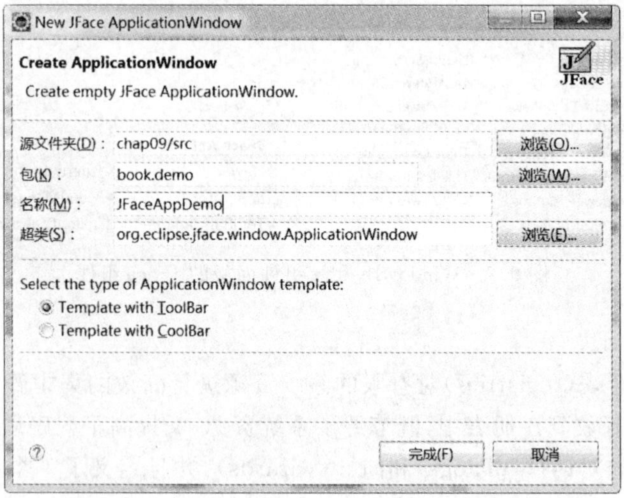

图 9.4 New JFace ApplicationWindow 对话框

切换到设计视图,可以看到已经生成了一个带有菜单栏、工具栏和状态栏的应用程序窗口(见图 9.6),已经具备了一般应用程序窗口的主要功能区。运行程序,出现一个空白程序窗口(见图 9.7)。

图 9.5 通过第二个工具项创建 JFace 应用

图 9.6 JFace 应用程序窗口设计视图

从属性面板看到,JFace 的程序对象——即图 9.8 中 Components 面板中的第一个节点,可以设置 blockOnOpen 属性值为 true 或 false。当其值为 true 时,程序窗口一直保持打开并响应用户操作,直到用户关闭程序窗口。但是,查看源代码发现,无论该属性值设置为 true 还是 false,生成的语句总是设置 JFace 程序对象的该属性值为 true。status 属性设置程序窗口状态栏中显示的信息内容。shellStyle 属性有大量的子属性用于控制程序窗口的行为,每个子属性都控制了窗口一个方面的外观和行为,例如,同时选取 title 和 resize 属性,程序窗口显示标题栏及标题栏文字,且可以改变窗口大小,但不会出现最小化、最大化和关闭按钮。

border:选取该属性(值为 true),在不选取其他 shellStyle 子属性时,程序窗口不显示标题栏和四周边框。

close:选取该属性(值为 true),程序窗口的关闭按钮显示且有效。

min:选取该属性(值为 true),程序窗口的最小化按钮显示且有效。

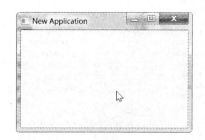

图 9.7 JFace 应用程序窗口运行视图

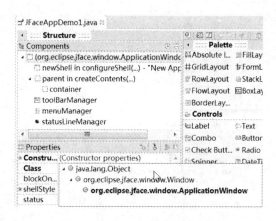

图 9.8 JFace 的程序窗口组件

max：选取该属性(值为 true)，程序窗口的最大化按钮显示且有效。

resize：选取该属性(值为 true)，可以通过拖动窗口边框的方式改变窗口大小。

title：选取该属性(值为 true)，程序窗口显示标题栏及标题栏文字。但应注意，如果没有选取上述其他 shellStyle 子属性，标题栏左侧不会显示控制按钮和图标。

right_to_left：选取该属性(值为 true)，程序窗口标题栏文字、菜单栏中的菜单项及工具栏中的工具项都靠右对齐，自右向左添加项目。

trim：该属性设置窗口的类型，其值以下拉列表给出，可以是 SHELL_TRIM、DIALOG_TRIM 和 NOTRIM 之一，其中的每一种窗口类型都有事先设定的上述子属性的组合。SHELL_TRIM 类型窗口是普通应用程序窗口，标题栏上有控制按钮、最小化、最大化和关闭按钮，可以改变窗口大小；DIALOG_TRIM 类型窗口是对话框窗口，没有最小化和最大化按钮，不能改变窗口大小；NOTRIM 类型窗口没有任何装饰，没有标题栏、没有任何按钮、没有边框、不能改变大小、不能移动位置。

modality：该属性指定窗口是非模态(MODELESS)还是模态窗口。有 3 种类型模态窗口：APPLICATION_MODAL、PROMARY_MODAL 和 SYSTEM_MODAL。SWT.PRIMARY_MODAL 样式允许该窗口对象阻拦对其父组件的输入；SWT.APPLICATION_MODAL 样式阻拦该窗口对象依赖的 display 上的所有其他窗口的输入；样式 SYSTEM_MODAL 样式阻拦当前系统中所有的向 Shell 组件的输入。

选取 Components 面板中的第二个节点 newShell in configureShell(…)(见图 9.9)，可以在属性面板进一步设置程序窗口的大小(minimumSize)、窗口标题栏文字(text)及背景颜色(background)等。例如，修改 newShell 组件的 text 属性值为"第一个 JFace 程序"，则标题栏文字发生变化。

程序窗口中间内容区 parent in createContents(…)(见图 9.10)及其子组件 container (见图 9.11)都是 Composite 组件，可以设置 container 面板的布局管理器等属性(见图 9.11)。采用前面所述的可视化方法向其中添加其他组件，从而设计程序窗口主界面。例如，可以设置 JFaceAppDemo1 程序窗口的 container 面板采用 FillLayout 布局，向其中添加 SashForm 组件，再向后者分别添加 Tree 组件和 StyledText 组件。

图 9.9　JFace 程序的 Shell 组件　　　　图 9.10　JFace 窗口内容区的 parent 组件

JFace 程序窗口中的工具栏可以在 New JFace ApplicationWindow 对话框中选用 ToolBar,也可以选用动态工具栏 CoolBar(见图 9.4)。在属性面板中可以设置工具栏构造方法的 style 子属性,即可以选取(或取消选取)Constructor|style 节点下的 border、flat、wrap、right 和 shadow_out,可以选择 dir 为 HORIZONTAL 或 VERTICAL,从而对工具栏外观精细控制(见图 9.12)。如果采用动态工具栏 CoolBar,则可以选取(值为 true)或不选取(值为 false)lockLayout 属性,控制其中的工具栏可否由用户改变位置和大小。

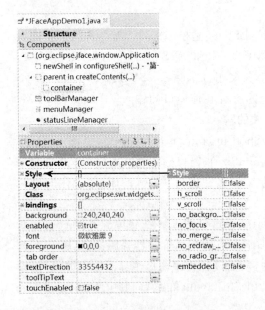

图 9.11　JFace 的程序内容区组件　　　　图 9.12　JFace 程序的工具栏

对于 JFace 程序窗口中的状态栏,在属性窗口可以设置以下属性:

message——该属性设置状态栏上显示的一般信息。例如,在该属性值列输入文字"状态栏普通信息",则这些文字从状态栏左端开始显示。但是,状态栏中显示的信息内容一般会根据程序运行情况动态变化。

errorMessage——该属性设置状态栏上显示的错误提示信息。当发生错误时,此信息覆盖一般信息,直至错误信息被清除。

cancelEnabled——该属性设置为选取状态(值为 true),状态栏上的进度监视器的【取消】按钮有效。

向 JFace 程序窗口的菜单栏、工具栏和状态栏中添加菜单项、工具项等组件与前面所述的方法有所不同,后面再述。

9.1.3 JFace GUI 程序的结构

在设计视图下查看 JFace 应用程序 JFaceAppDemo1 的 Components 面板,JFace 的程序是 org.eclipse.jface.window.ApplicationWindow 类的对象(见图 9.8)。程序对象下面首先包括一个 SWT 的 Shell 组件(见图 9.9),程序窗口实际就是这个组件。程序中对窗口操作就是直接或通过 Window 类(或其子类如 ApplicationWindow 类)对象间接地对这个 Shell 对象进行操作(见图 9.13)。

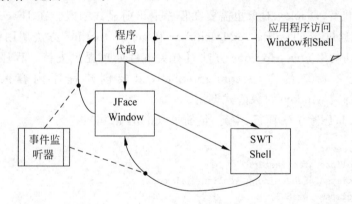

图 9.13 应用程序代码、JFace Window 和 SWT Shell 之间的关系

程序窗口的内容区是 Composite 类型的 parent 组件(见图 9.10),其中包含了 Composite 类型的 container 容器组件(见图 9.11),内容区中的其他组件都添加在 container 容器内(见图 9.14)。在程序源代码(程序清单 9.1)中看到,窗口内容区的组件全部在 createContents 方法中创建,其中 parent 组件就是该方法的参数,container 组件是在该方法中创建的容器,container 组件是内容区所有其他组件的直接父容器,并由该方法返回。

可以创建一个单独的 Composite 组件,具体方法是单击 Eclipse 主工具栏中的第二个工具项按钮,选择下拉菜单的 SWT|Composite 菜单项,在对话框中输入名称,单击【完成】按钮。之后在独立的 Composite 窗口中创建 JFace 程序界面中的内容区图形界面,接着在 createContents 方法中创建该 Composite 组件的实例并返回它。这样既可以应用前面所述的所有 SWT GUI 可视化设计技术,同时也可以利用 JFace 所提供的功能,从而简化 GUI 程序设计。

图 9.14　JFace ApplicationWindow 例子程序设计视图

程序窗口内包含了工具栏 toolBarManager(或 coolBarManager)、菜单栏 menuManager 和状态栏 statusLineManager,这些组件都是 org.eclipse.jface.action 包中类相应的对象(见图 9.12)。

图 9.14 所示程序 JFaceAppDemo1.java 的源代码如程序清单 9.1 所示。可见,JFace 程序的 main()方法比 SWT 的简单一些,事件循环代码被窗口对象的 setBlockOnOpen (true)方法调用代替,Display 对象也需要在程序退出前显式销毁。在 JFace 程序窗口的构造方法中显式地通过 addToolBar、addMenuBar 和 addStatusLine 方法调用添加工具栏、菜单栏和状态栏,且调用 createActions 方法对有关事件处理提供支持。程序的初始化方法 getInitialSize,配置窗口的方法 configureShell,以及创建程序内容区 GUI 的方法 createContents 都被 window 对象隐式调用。

程序清单 9.1(删除了注释行、空行,精简了 import 语句):

```
package book.demo;
import org.eclipse.jface.action.*;
import org.eclipse.jface.window.ApplicationWindow;
import org.eclipse.swt.SWT;
import org.eclipse.swt.graphics.Point;
import org.eclipse.swt.widgets.*;
import org.eclipse.swt.custom.*;
import org.eclipse.swt.layout.*;
public class JFaceAppDemo1 extends ApplicationWindow {
    private StyledText styledText;
    public JFaceAppDemo1() {
        super(null);
        createActions();
        addToolBar(SWT.FLAT | SWT.WRAP);
        addMenuBar();
        addStatusLine();
    }
    @Override
    protected Control createContents(Composite parent) {
        setStatus("状态栏普通信息");
```

```java
        Composite container = new Composite(parent, SWT.NONE);
        container.setLayout(new FillLayout(SWT.HORIZONTAL));
        SashForm sashForm = new SashForm(container, SWT.NONE);
        Tree tree = new Tree(sashForm, SWT.BORDER);
        TreeItem trtmNewTreeitem = new TreeItem(tree, SWT.NONE);
        trtmNewTreeitem.setText("New TreeItem");
        TreeItem trtmNewTreeitem_3 = new TreeItem(trtmNewTreeitem, SWT.NONE);
        trtmNewTreeitem_3.setText("New TreeItem");
        TreeItem trtmNewTreeitem_4 = new TreeItem(trtmNewTreeitem, SWT.NONE);
        trtmNewTreeitem_4.setText("New TreeItem");
        trtmNewTreeitem.setExpanded(true);
        TreeItem trtmNewTreeitem_1 = new TreeItem(tree, SWT.NONE);
        trtmNewTreeitem_1.setText("New TreeItem");
        TreeItem trtmNewTreeitem_2 = new TreeItem(tree, SWT.NONE);
        trtmNewTreeitem_2.setText("New TreeItem");
        styledText = new StyledText(sashForm, SWT.BORDER);
        styledText.setText("一些文字信息.");
        sashForm.setWeights(new int[] {1, 1});
        return container;
    }
    private void createActions() {
        //Create the actions
    }
    @Override
    protected MenuManager createMenuManager() {
        MenuManager menuManager = new MenuManager("menu");
        return menuManager;
    }
    @Override
    protected ToolBarManager createToolBarManager(int style) {
        ToolBarManager toolBarManager = new ToolBarManager(SWT.FLAT | SWT.WRAP);
        return toolBarManager;
    }
    @Override
    protected StatusLineManager createStatusLineManager() {
        StatusLineManager statusLineManager = new StatusLineManager();
        statusLineManager.setErrorMessage("状态栏错误信息");
        return statusLineManager;
    }
    public static void main(String args[]) {
        try {
            JFaceAppDemo1 window = new JFaceAppDemo1();
            window.setBlockOnOpen(true);
            window.open();
            Display.getCurrent().dispose();
        } catch (Exception e) {
            e.printStackTrace();
        }
    }
    @Override
    protected void configureShell(Shell newShell) {
```

```java
        super.configureShell(newShell);
        newShell.setText("第一个 JFace 程序");
    }
    @Override
    protected Point getInitialSize() {
        return new Point(450, 300);
    }
}
```

9.2 JFace 的 Action 与菜单及工具栏的设计

JFace 中的 Action 可以简单地理解为执行程序某项功能的命令。通过将 Action 关联到菜单、工具栏以及按钮可以方便地为命令提供各种 GUI 接口。

9.2.1 JFace Action 的概念及设计

Java GUI 程序与用户交互主要是通过对用户操作所触发的事件的监听和处理来完成的。很多程序为用户提供的主要功能性操作接口会在菜单、右键快捷菜单和工具栏等组件中同时出现,例如"保存"功能在这 3 处都有可能出现,实际操作代码是相同的,设计这种程序往往需要把主要功能抽取为若干个命令,独立于具体的组件去实现。

创建 JFace ApplicationWindow 程序窗口后,在 WindowBuilder 组件面板中就会出现 JFace Actions 组,单击 New 图标,将光标移到菜单栏或工具栏上,当出现红色指示线且鼠标箭头下带有绿圈+号时单击,即可创建一个 Action 对象。在属性面板中可以看到 Action 对象的属性,主要包括:

Variable——指定该 Action 实例的变量名。

text——设置该 Action 在菜单项或工具项中显示的文字。

accelerator——设置该 Action 对应菜单项的加速键。单击该属性值列右侧的…按钮,在 accelerator 对话框中设置。

imageDescrittor——设置该 Action 在菜单项或工具项中显示的图标。

hoverImageDescrittor——设置光标悬停在该 Action 时在菜单项或工具项上时显示的图标。

disableImageDescrittor——该 Action 的 enabled 属性设置为 false 时在菜单项或工具项中显示的图标。

checked——该属性值设置为 true,则该 Action 对应的菜单项或工具项具有选中(按下状态)或未选中(弹起状态)两种状态,且程序初始运行时为选中状态。

toolTipText——该属性设置 Action 对应的菜单项或工具项的即时提示文字。

查看程序源代码,看到在 createActions 方法中对每一个 Action 都产生了一个语句块,其中包含匿名 Action 子类的定义及其对象的创建语句,以及属性设置语句。例如:

```java
actionBold = new Action("粗体(&B)") {
};
actionBold.setAccelerator(SWT.CTRL | 'B');
```

org.eclipse.jface.action.Action 是 JFace 中 IAction 接口的实现类，应用程序通过编写它们的子类，覆盖 public void run()方法，在该方法中编写实现命令功能的程序逻辑。

Action 子类的一个实例就是可以被终端用户触发的命令，典型情况下与按钮、菜单项和工具项相关联，使用 Action 提供的属性数据配置在这些组件上，当终端用户通过相关组件触发该命令时，调用 Action 中的 run 方法执行实际操作。

Action 支持预定的属性数据集，这些属性以 Action 类的静态字段形式定义，详细见表 9.1。表 9.1 中的许多字段在 Action 类中提供了对应的 Getter 和 Setter。可以在 Action 相关组件上注册 Action 属性改变监听器，以便当这些属性值改变时组件得到通知。

表 9.1 Action 类的字段

修饰符及类型	字段及描述
static String	CHECKED：设置 action 的选中状态，当 action 类型为 AS_CHECK_BOX 和 AS_RADIO_BUTTON 时使用
static String	DESCRIPTION：设置 action 的描述文本。典型情况下，该描述文本显示在状态栏给用户提供帮助信息
static String	ENABLED：设置 action 的有效状态
static String	IMAGE：设置 action 的图标。该图标显示在菜单项、工具项或按钮上
static String	RESULT：设置 action 的成功或失败结果。如果 action 执行成功结果为 TRUE，如果 action 执行失败或没有完成则结果为 FALSE
static String	TEXT：设置 action 的显示文字。这些文字显示在菜单项、工具项或按钮上
static String	TOOL_TIP_TEXT：设置 action 的即时提示文本。当光标悬停到菜单项、工具项或按钮上时鼠标指针下显示黄色提示框和这些文字

除此之外，许多情况下需要编写继承自 Action 类的实名内部类或独立外部类，在其中的 run 方法中编写事件处理逻辑。对于使用独立外部 Action 子类的程序，可以单击组件面板 JFace Actions 组的 External... 图标，在 Open type 对话框中输入 Action 子类的类名，选择对应的匹配项，单击【确定】按钮，来创建菜单项或工具项。使用组件面板 JFace Actions 组的 New 和 External... 图标创建了 Action 之后，会在 JFace Actions 组中添加该 Action 的图标，以后可以像使用组件面板中所有标准组件一样，通过单击 Action 图标的方式创建菜单项和工具项。

实名内部 Action 类如果通过 External... 图标单击的方式使用，目前 WindowBuilder 有些问题，而外部 Action 类要存取 JFace 程序窗口中的组件，除了要持有组件引用之外，还必须特别注意不同方法的执行时序，以避免发生空指针异常。以下通过例子说明 Action 子类的具体设计方法。

例 9.1 将例 8.5 完成的资源管理器式文件阅读器程序改为 JFace ApplicationWindow，并设计 Action 完成所选文本文件的打开、"最近打开"文件的打开、退出程序操作，以及设置显示内容的字体、字号、粗体、斜体等格式操作。

操作步骤：

（1）在包资源管理器窗口右击项目名 MyFileReader0.4，在快捷菜单中选择【复制】菜单项。在包资源管理器窗口再次右击，选择快捷菜单中的【粘贴】菜单项，在【复制项目】对话框的项目名称处输入 MyFileReader0.5，单击【确定】按钮。以下操作在 MyFileReader0.5 项目中进行。

(2) 在包资源管理器窗口单击 src 节点下的 book.mfrui 包名,单击 Eclipse 主工具栏中第二个按钮,在下拉菜单选择 JFace|ApplicationWindow 菜单项,在出现的对话框中输入名称 JFileReader,单击【完成】按钮。

(3) 在 Structure 视图的 Components 面板选择 container 节点,在 Properties 视图设置 Layout 属性值为 FillLayout。

(4) 在设计视图下在 container 面板中创建 SashForm 组件。在 sashForm 组件中创建两个 Composite 组件。在 sashForm 组件的属性面板 weights 值列输入"1 2"。设置 composite 和 composite_1 组件的 Layout 属性值为 FillLayout。

(5) 在左边 composite 组件中创建树组件 tree,在右边 composite_1 组件中创建样式文本组件 textArea。设置 textArea 组件的 Style|read_only 为选中状态,手工添加垂直滚动条样式 SWT.V_SCROLL。

(6) 在 JFileReader 类中添加例 8.5 设计的辅助方法 addChildren 和 getItemPath。在 createContents 方法中添加以下两条语句。

```
final StyleRange sr = new StyleRange();
final FontData fontData = Display.getCurrent().getSystemFont().getFontData()[0];
```

(7) 在 JFileReader 类中重复例 8.5 的步骤(5)~(7)操作。至此,完成了文件树和文本显示主界面设计,但是没有工具栏及其中的工具项。

(8) 设计所选文本文件的打开操作 Action 类。为了方便对界面组件的访问,将该类设计为 JFileReader 类的内部类,列名为 TxtFileOpenAction。该类的源代码如程序清单 9.2 所示。其中字段 path 为传递来的文件路径。

注意:对界面组件如 tree 的访问应该在 run 中进行,否则可能发生空指针异常。

程序清单 9.2(删除了注释行、空行):

```java
public class TxtFileOpenAction extends Action {
    private String path;
    public TxtFileOpenAction() {
        super();
        this.setText("打开(&O) @Ctrl + O");
        this.setImageDescriptor(ImageDescriptor.createFromFile(getClass(),
                                                      "/icons/open.jpg"));
        this.setToolTipText("打开选择的文本文件并显示其内容");
    }
    public TxtFileOpenAction(String path) {
        super();
        this.path = path;
    }
    @Override
    public void run() {
        //TODO 自动生成的方法存根
        super.run();
        if(this.path == null) {
            TreeItem selItem = tree.getSelection()[0];
```

```java
                TreeItem parentItem = selItem.getParentItem();
                this.path = selItem.getText();
                while(parentItem != null) {
                    this.path = parentItem.getText() + "\\" + this.path;
                    parentItem = parentItem.getParentItem();
                }
            }
            File file = new File(this.path);
            if(file.isFile() && file.getName().toLowerCase().endsWith(".txt")) {
                try {
                    FileReader fr = new FileReader(file);
                    BufferedReader bfr = new BufferedReader(fr);
                    textArea.setText("");
                    String content = bfr.readLine();
                    while (content != null) {
                        textArea.append(content + "\r\n");
                        content = bfr.readLine();
                    }
                    sr.start = 0;
                    sr.length = textArea.getText().length();
                    setStatus("打开的文件是:" + this.path);
                    //将当前打开的文件名 readFile 写入记录文件 recent.rcd
                    new RecentRecord().addMenuFile(file.getAbsolutePath());
                    bfr.close();
                    fr.close();
                } catch (FileNotFoundException e1) {
                    e1.printStackTrace();
                } catch (IOException e2) {
                    e2.printStackTrace();
                }
            } else {
                setStatus("没有选择文本文件!");
            }
        }
    }
```

(9) 设计【最近打开】菜单项和工具项的内部 Action 类 RecentOpenAction,源代码如程序清单 9.3 所示。将最近打开的 5 个文件名显示为菜单项,且在菜单和工具栏中都要显示。manager 字段用于判断是菜单还是工具项使用该类,rfMenuManager 是最近打开的 5 个文件名菜单,设计为外部类的字段。

程序清单 9.3(删除了注释行、空行):

```java
public class RecentOpenAction extends Action {
    private ContributionManager manager;
    public RecentOpenAction(ContributionManager manager) {
        super();
        //TODO 自动生成的构造函数存根
        this.manager = manager;
        this.setText("最近打开");
        this.setToolTipText("显示最近打开过的文本文件的内容");
```

```java
            if(rfMenuManager == null)
                rfMenuManager = new MenuManager("最近打开");
            if(rfMenuManager.getSize() == 0) {
                String[] tmstr = new RecentRecord().getFiles();
                for (int i = 0; i < 5 && tmstr[i] != null; i++) {
                    TxtFileOpenAction rfAction = new TxtFileOpenAction(tmstr[i]);
                    rfAction.setText(tmstr[i]);
                    rfMenuManager.add(rfAction);
                }
            }
        }
        @Override
        public void run() {
            //TODO 自动生成的方法存根
            super.run();
            if(manager instanceof ToolBarManager) {
                ToolBar toolBar = ((ToolBarManager)manager).getControl();
                Menu menuRecentFiles = new Menu(toolBar);
                MenuItem[] rfMenus = rfMenuManager.getMenu().getItems();
                for (int i = 0; i < 5 && rfMenus[i] != null; i++) {
                    MenuItem mntmNewRadiobutton = new MenuItem(menuRecentFiles, SWT.NONE);
                    mntmNewRadiobutton.setText(rfMenus[i].getText());
                    mntmNewRadiobutton.addSelectionListener(new SelectionAdapter() {
                        @Override
                        public void widgetSelected(SelectionEvent e) {
                            String readFile = ((MenuItem) e.getSource()).getText();
                            TxtFileOpenAction rfAction = new TxtFileOpenAction(readFile);
                            rfAction.run();
                        }
                    });
                }
                Rectangle bound = toolBar.getBounds();
                Point point = toolBar.toDisplay(bound.x, bound.y + bound.height);
                menuRecentFiles.setLocation(point);
                menuRecentFiles.setVisible(true);
            }
        }
    }
```

(10) 设计【字体】和【字号】命令的 Action 类，实现主菜单和右键快捷菜单中的相应菜单项功能。【字体】Action 类源代码如下，【字号】的代码基本相同。

```java
public class TaFontNameAction extends Action {
    private String fontName;
    public TaFontNameAction(String fontName) {
        super();
        this.fontName = fontName;
        this.setText("字体(&M) @Ctrl+M");
        this.setToolTipText("选择一种字体");
    }
    @Override
```

```
        public void run() {
            super.run();
            fontData.setName(fontName);
            sr.font = new Font(null, fontData);
            textArea.setStyleRange(sr);
        }
    }
```

(11) 设计【粗体】命令的 Action。在设计视图下单击 JFace Actions 组的 New 图标,将光标移到窗体工具栏上单击。在属性面板修改该 Action 的 Variable 属性值为 actionBold,text 属性值为"粗体字(&B)",imageDescription 属性设置为 src/icons 文件夹下的 bold.jpg,accelerator 属性值为"Ctrl+B",checked 属性值为 true。完成后在 JFace Actions 组会添加 actionBold 图标 B actionBold 。查看源代码,在 createActions 方法中生成如程序清单 9.4 所示的代码段。

程序清单 9.4：

```
actionBold = new Action("粗体字(&B)") {
    public void run() {
        //TODO 自动生成的方法存根
        super.run();
        if (this.isChecked()) {
            if (fontData.getStyle() == SWT.ITALIC) {
                fontData.setStyle(SWT.ITALIC | SWT.BOLD);
            } else {
                fontData.setStyle(SWT.BOLD);
            }
        } else {
            if (fontData.getStyle() == SWT.ITALIC || fontData.getStyle() ==
                                                    (SWT.ITALIC | SWT.BOLD)) {
                fontData.setStyle(SWT.ITALIC);
            } else {
                fontData.setStyle(SWT.NORMAL);
            }
        }
        sr.font = new Font(null, fontData);
        textArea.setStyleRange(sr);
    }
};
actionBold.setChecked(true);
actionBold.setImageDescriptor(ResourceManager.getImageDescriptor(JFileReader.class,
                                                    "/icons/bold.jpg"));
actionBold.setAccelerator(SWT.CTRL | 'B');
```

注意：必须将 checked 属性设置为选取状态(值为 true),才能使其成为具有开启/关闭状态的命令,但是初始运行结果与此不符,所以应该手工修改语句为"actionBold.setChecked(false);"。

使用相同的方法为【斜体】命令创建 Action。退出程序的 Action 类比较简单,只需在 run 方法中添加"getShell().close();"语句即可。

完成上述步骤后,已经为构造菜单系统和工具栏做好了准备工作。

9.2.2 ContributionItem 的管理及菜单与工具栏的设计

引发事件的单独 GUI 组件就是所谓的 ContributionItem,例如在工具栏上一个 ContributionItem 就是一个工具项按钮或分隔条、在菜单栏中一个 ContributionItem 就是一个菜单(Menu)、在菜单中一个 ContributionItem 就是一个菜单项(MenuItem)。

通常 ContributionManager 管理 ContributionItem,产生包含 ContributionItem 的对象。ContributionManager 包装了工具栏、菜单等可以放置操作的组件。当将一个 ContributionItem 添加到 ContributionManager 时,ContributionManager 会从 ContributionItem 中取得对应操作的显示信息,并生成一个新的组件(工具栏按钮、菜单项等)显示在界面上。

一个 ContributionItem 能够在不同的 SWT 组件上用不同的 fill 方法实例化自身。相同类型的 ContributionItem 能够被 MenuBarManager、ToolBarManager、CoolBarManager 或者 StatusLineManager 使用。

JFace 库提供了一些重要的 ContributionItem 和 ContributionManager 的接口与实现类,它们的关系如图 9.15 所示。

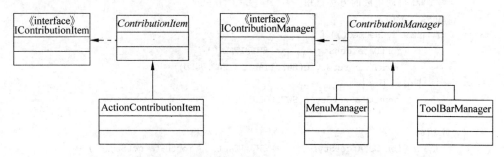

图 9.15 ContributionItem 和 ContributionManager 的接口与实现类

1. 创建菜单及菜单项

单击组件面板 JFace Actions 组的 ●MenuManager 图标,在窗体标题栏下的菜单栏单击,即可创建一个菜单,且在属性面板中可以看它的属性,主要包括:

Variable——指定该菜单的变量名。

menuText——设置该菜单上显示的文字,其中前面加有"&"的字符是该菜单的辅助键,可以通过按下 Alt 键同时按下该字符打开该菜单。

imageDescrittor——设置该菜单上显示的图标,在菜单文字的左边。

单击组件面板 JFace Actions 组已有的 Action 图标,在菜单栏单击,即可创建一个菜单项。

对于例 9.1 的 JFileReader 程序,在设计视图下单击 JFace Actions 组的 ●MenuManager 图标,将光标移到菜单栏单击,修改 Variable 属性值为 menuManagerFormat,menuText 属性值为"格式",这样就创建了【格式】菜单。在 JFace Actions 组单击例 9.1 创建的 **B** actionBold 图标,将光标移到【格式】菜单,出现 状态时单击,即可创建【粗体】菜单项。

如果设计了 Action 内部类，可能需要编码创建 JFace 菜单系统，方法是使用 ActionContributionItem 类的构造方法 public ActionContributionItem(IAction action)创建一个命令动作，将其对象传递给 ActionContributionItem 类的构造方法创建 ContributionItem 对象，后者再传递给 MenuManager 对象的 public void add(IContributionItem item)方法创建一个菜单项或工具项。

创建菜单栏、菜单和菜单项的语句一般在 createMenuManager()方法中。自动生成的语句"MenuManager menuManager = new MenuManager("menu");"一般作为该方法中的第一条语句，是主菜单栏。对于例 9.1 的 JFileReader 程序，该方法中的以下语句：

```
MenuManager fileMenuManager = new MenuManager("文件");
menuManager.add(fileMenuManager);
```

就是向菜单栏中添加了【文件】菜单。以下语句：

```
TxtFileOpenActionopenAction = new TxtFileOpenAction();
ActionContributionItem openItem = new ActionContributionItem(openAction);
fileMenuManager.add(openItem);
```

则是向【文件】菜单中添加了【打开】菜单项。

更为方便的方法是：在 createActions 方法中添加语句"txtFileOpenAction = new TxtFileOpenAction();"，将 txtFileOpenAction 设计为 JFileReader 类的 TxtFileOpenAction 类型的字段变量。使用 ContributionManager 的 public void add(IAction action)方法直接使用 Action 对象创建菜单项。例如，在 createMenuManager()方法中添加语句"fileMenuManager.add(txtFileOpenAction);"，而不必创建 ActionContributionItem 对象。上述操作在【文件】菜单中添加了【打开】菜单项 打开(O)　　Ctrl+O ，且可以执行打开所选文本文件的操作。

2. 创建子菜单

在 JFace Actions 组单击 MenuManager 图标，将光标移到相应菜单上，出现 指示时单击，修改 Variable、menuText 和 imageDescriptor 等属性，即可创建子菜单。

如果采用编码方法为一个菜单创建子菜单，只需调用该菜单 MenuManager 对象的 add 方法将子菜单对象添加进去即可。例如，为【文件】菜单的【打开】菜单添加子菜单项【文本文件】【图像】【视频】，则在 createMenuManager()方法中编写以下语句：

```
MenuManager menuManager = new MenuManager("menu");        //菜单栏
MenuManager fileMenuManager = new MenuManager("文件");
menuManager.add(fileMenuManager);                          //【文件】菜单
MenuManager openMenuManager = new MenuManager("打开");
fileMenuManager.add(openMenuManager);                      //【文件】|【打开】菜单
MenuManager txtMenuManager = new MenuManager("文本文件");
MenuManager picMenuManager = new MenuManager("图像");
MenuManager videoMenuManager = new MenuManager("视频");
openMenuManager.add(txtMenuManager);                       //【文件】|【打开】|【文本文件】
openMenuManager.add(picMenuManager);                       //【文件】|【打开】|【图像】
openMenuManager.add(videoMenuManager);                     //【文件】|【打开】|【视频】
```

3. 创建右键快捷菜单

一般在 createContents 方法中编写右键快捷菜单的创建语句。其基本思路是按照前述方法创建菜单，然后使用菜单根节点的 createContextMenu(Control parent) 方法构造快捷菜单对象（Menu 类型），再调用快捷菜单所依附组件的 setMenu(Menu menu) 方法连接菜单即可。

例如，可以用以下语句将上述【打开】菜单设置为 Composite pare 的快捷菜单：

```
pare.setMenu(openMenuManager.createContextMenu(pare));
```

4. 创建工具栏及工具项

在 JFace 程序的 createToolBarManager 方法中生成的语句"ToolBarManager toolBarManager = new ToolBarManager(SWT.FLAT|SWT.WRAP);"一般作为工具栏使用。创建 Action 时如果采用在工具栏上单击的方法，即可创建工具项。当组件面板的 JFace Actions 组已有创建好的 Action 图标时，单击该图标，在工具栏上单击即可创建工具项。如果采用编码方法，可以使用 Action 对象创建 ActionContributionItem 对象，后者传递给 toolBarManager 的 add 方法创建工具项，也可以直接将 Action 对象传递给 toolBarManager 的 add 方法创建工具项。

例如，使用例 9.1 设计的 Action 类，语句"toolBarManager.add(txtFileOpenAction);"直接创建了一个【打开】工具项。例 9.1 的步骤(11)创建 actionBold 和 actionItalic 时已经在工具栏上创建了【粗体】和【斜体】工具项，且该工具按钮单击一次处于按下状态，再次单击则处于弹起状态。

5. 设计动态工具栏

在创建 JFace 程序窗口时，如果在图 9.4 所示对话框中选择了 Template with CoolBar 模板类型，则在该应用程序窗口类中生成 createCoolBarManager() 方法管理程序的动态工具栏。该方法中菜单创建的 coolBarManager 是程序窗口的动态工具栏对象。JFace 程序窗口的动态工具栏的 lockLayout 属性值设置为 true，则其中的工具栏不可移动和改变大小。

单击组件面板 JFace Actions 组的 ToolBarManager 图标，在窗体菜单栏下的动态工具栏上单击，即可创建一个工具栏。

如果采用编码方法，可以使用类似于"ToolBarManager toolBarManager1 = new ToolBarManager();"语句创建工具栏组件，然后调用"coolBarManager.add(toolBarManager1);"向动态工具栏中添加工具栏。工具栏中的工具项创建与添加方法与前述相同。例如，以下语句创建了动态工具栏 按钮1 按钮2 按钮3 按钮4 按钮5，且可以拖动其中的工具栏改变其位置和大小。

```
CoolBarManager coolBarManager = new CoolBarManager(style);
ToolBarManager toolBarManager1 = new ToolBarManager();
coolBarManager.add(toolBarManager1);
ToolBarManager toolBarManager2 = new ToolBarManager();
coolBarManager.add(toolBarManager2);
```

```
toolBarManager1.add(new ExAction("按钮 1"));
toolBarManager1.add(new ExAction("按钮 2"));
toolBarManager1.add(new ExAction("按钮 3"));
toolBarManager2.add(new ExAction("按钮 4"));
toolBarManager2.add(new ExAction("按钮 5"));
```

9.2.3 应用举例

例 9.2 为例 9.1 项目创建工具栏、菜单系统和弹出式菜单。

分析：利用例 9.1 完成的 Action 类，按照功能将这些命令分为两组：文件类操作和格式设置。文件类操作设计为【文件】菜单，包括【打开】【最近打开】和【退出】菜单项，格式设置设计为【格式】菜单，包括【字体】【字号】【粗体】和【斜体】菜单项。对文件显示组件 textArea 设计弹出式格式菜单。在工具栏中将设计除退出之外的所有菜单项对应的功能工具按钮。

操作步骤：

(1) 在 MyFileReader0.5 项目打开 JFileReader.java 文件，切换到源码视图。

(2) 如前所述在 createActions 方法中创建 txtFileOpenAction 对象，在 createMenuManager() 方法中创建【文件】菜单 fileMenuManager 并添加【打开】菜单项。

(3) 如程序清单 9.3 所示，在 RecentOpenAction 类的构造方法中创建了【最近打开】的子菜单 rfMenuManager，在 createMenuManager 方法添加以下两条语句创建【最近打开】菜单：

```
//创建【最近打开】菜单的子菜单
RecentOpenAction roa = new RecentOpenAction(fileMenuManager);
fileMenuManager.add(rfMenuManager);                //向【文件】菜单添加【最近打开】菜单项
```

(4) 在 createMenuManager()方法中添加语句"fileMenuManager.add(new MyExitAction());"为【文件】菜单添加【退出】菜单项。

(5) 在设计视图下单击 JFace Actions 组的 ● MenuManager 图标，将光标移到菜单栏单击，修改 Variable 属性值为 menuManagerFormat，menuText 属性值为"格式"，为主菜单创建【格式】菜单。

(6) 在 JFileReader 类中设计 createFontNameMenu()方法创建【字体】菜单，将各种字体名添加为它的菜单项。该方法源代码如下：

```
void createFontNameMenu(MenuManager fontNameMenuManager) {
    if(fontNameMenuManager == null)
        fontNameMenuManager = new MenuManager("字体");
    if(fontNameMenuManager.getSize() == 0) {
        GraphicsEnvironment env = GraphicsEnvironment.getLocalGraphicsEnvironment();
        String[] fonts = env.getAvailableFontFamilyNames();
        for (int i = fonts.length-1; i>=0; i--) {
            TaFontNameAction fnAction = new TaFontNameAction(fonts[i]);
            fnAction.setText(fonts[i]);
            fontNameMenuManager.add(fnAction);
        }
    }
}
```

在createMenuManager()方法中添加以下语句创建【格式】菜单的【字体】菜单。

```
MenuManager fontNameMenuManager = new MenuManager("字体");
createFontNameMenu(fontNameMenuManager);              //创建【字体】菜单的子菜单
menuManagerFormat.add(fontNameMenuManager);
```

(7) 在JFileReader类中设计createFontSizeMenu()方法创建【字号】菜单,将各种字号添加为它的菜单项。该方法源代码如下：

```
void createFontSizeMenu(MenuManager fontSizeMenuManager) {
    if(fontSizeMenuManager == null)
        fontSizeMenuManager = new MenuManager("字号");
    if(fontSizeMenuManager.getSize() == 0) {
        int[] fontSize = new int[] { 8,9,10,11,12,14,16,18,20,24,28,36,48,72};
        for (int i = 0; i < fontSize.length; i++) {
            TaFontSizeAction fsAction = new TaFontSizeAction(fontSize[i]);
            fsAction.setText(fontSize[i] + "");
            fontSizeMenuManager.add(fsAction);
        }
    }
}
```

在createMenuManager方法中添加以下语句创建【格式】菜单的【字号】菜单。

```
MenuManager fontSizeMenuManager = new MenuManager("字号");
createFontSizeMenu(fontSizeMenuManager);              //创建【字号】菜单的子菜单
menuManagerFormat.add(fontSizeMenuManager);           //向【格式】菜单添加【字号】菜单项
```

(8) 单击组件面板的JFace Actions组已有的 **B** actionBold 图标,将光标移到【格式】菜单,出现 状态时单击,即可创建【粗体】菜单项。

(9) 单击组件面板的JFace Actions组已有的 *I* actionItalic 图标,将光标移到【格式】菜单,出现 状态时单击,即可创建【斜体】菜单项。

(10) 在createToolBarManager()方法中添加以下语句为工具栏添加工具项。

```
toolBarManager.add(txtFileOpenAction);                //【打开】工具项
toolBarManager.add(new RecentOpenAction(toolBarManager));    //【最近打开】工具项
TaFontNameAction tfa = new TaFontNameAction("宋体");
tfa.setToolTipText("功能尚未实现");
tfa.setEnabled(false);
toolBarManager.add(tfa);                              //【字体】工具项
TaFontSizeAction tsa = new TaFontSizeAction(10);
tsa.setToolTipText("功能尚未实现");
tsa.setEnabled(false);
toolBarManager.add(tsa);                              //【字号】工具项
toolBarManager.add(actionBold);                       //【粗体】工具项,自动生成
toolBarManager.add(actionItalic);                     //【斜体】工具项,自动生成
```

(11) 在createContents方法中添加以下语句为文本显示区设计右键快捷菜单。

```
MenuManager contextMenu = new MenuManager();
```

```
MenuManager fnMenu = new MenuManager("字体");
createFontNameMenu(fnMenu);
contextMenu.add(fnMenu);
MenuManager fsMenu = new MenuManager("字号");
createFontSizeMenu(fsMenu);
contextMenu.add(fsMenu);
contextMenu.add(actionBold);
contextMenu.add(actionItalic);
textArea.setMenu(contextMenu.createContextMenu(textArea));
```

9.3 状态栏

一些情况下，应用程序需要显示当前的工作状态，或者显示一些提示用户操作注意事项等情况的信息，这些信息通常在程序窗口底端的长条形区域显示，这个区域称为状态栏。在 SWT 程序中可以使用 Composite 组件设计状态栏，并将其定位于紧贴窗口底边框位置，通过事件处理程序更新状态栏显示的内容。JFace 程序窗口则直接提供了标准的状态栏组件，如图 9.6 所示窗口下边框处的矩形区域及如图 9.8 所示结构视图 Components 面板中的 statusLineManager 节点。本节较为详细地介绍 JFace 状态栏的设计与使用方法。

9.3.1 JFace 状态栏的构成

WindowBuilder 生成的 JFace ApplicationWindow 程序窗口，初始的状态栏有 3 个组件，从左向右依次是 CLabel、ToolBar 和 Composite，Composite 中则包含 ProgressIndicator（见图 9.16）。可以 StatusLineManager 对象的 add 方法继续向其中添加组件。

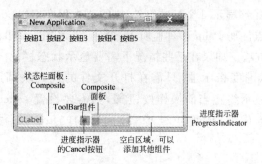

图 9.16 初始 JFace 状态栏构成

实际上，在 WindowBuilder 生成的默认大小和状态栏设置的程序窗口中只能看到状态栏中的第一个 CLabel 组件，通过 setStatus 方法及状态栏组件的 setMessage 和 setErrorMessage 方法设置的信息显示在该组件中，其他两个组件默认设置在右侧超出状态栏宽度的位置，且宽度都为 0，因此是看不到的（见图 9.17）。其中，图 9.17 的 Button 按钮是通过状态栏组件的 add 方法添加的一个 Action 对象，是状态栏的第 4 个组件，用同样方法可以添加更多按钮。

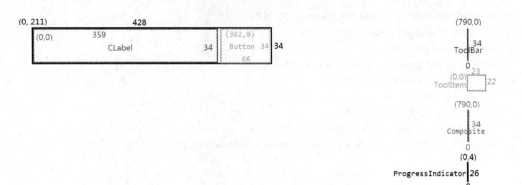

图 9.17　JFace 应用程序窗口默认状态栏组件位置及大小

9.3.2　显示状态栏中的进度指示器

在程序清单 9.1 和程序清单 9.2 中，语句"setStatus("状态栏普通信息");""setStatus("打开的文件是："＋ this.path);"和"setStatus("没有选择文本文件！");"直接设置状态栏从左边框开始显示的提示文本，这种用法在许多情况下可以满足需要。

如果需要在状态栏显示进度指示器以显示工作进度信息，就需要对状态栏中的第二和第三个组件进行定位和设置大小，以便使它们能够显示出来。基本思路是根据窗口宽度、要显示的提示文本宽度及进度指示器组件的宽度，计算状态栏中的第二和第三个组件的水平坐标及显示宽度，然后使用组件的 setLocation()方法和 setSize()方法具体定位。

按照上述设计思想，本节设计一个较为通用的实用方法 statusBarLocate 实现对状态栏进度指示器等组件的定位和显示。要使用该方法，需要将 main()方法中的 window 变量转换为字段。如果要在窗口中始终显示 3 个标准组件，则需要为程序 Components 面板中的 newShell in configureShell(…)节点注册 Paint 事件监听器，设计 paintControl 事件处理方法，在方法体中调用 statusBarLocate()方法。如果在某些情况下需要显示状态栏的 3 个标准组件，例如要在打开长文本文件时显示进度指示器，只需在打开文件的代码块调用 statusBarLocate()方法。此外，如果不需要显示终止当前操作按钮，则需要设置 cancelEnabled 为 false，系统默认该按钮的宽度为 25 像素，高度为 24 像素。statusBarLocate()方法的源代码见程序清单 9.5。

程序清单 9.5：

```
/**
 * 显示状态栏中的进度指示器
 * @param dir 进度指示器是否靠左还是靠右放置,靠右传字符'r'
 * @param piw 进度指示器宽度
 */
void statusBarLocate(int piw,char dir) {
    StatusLineManager statusLineManager = window.getStatusLineManager();
    Composite cp = (Composite) statusLineManager.getControl();
    Control[] controls = cp.getChildren();
    CLabel cl = (CLabel) controls[0];
    cl.pack();
```

```
        Composite cmp = (Composite) controls[2];
        GridLayout layout = (GridLayout)cmp.getLayout();
        int off = cl.getSize().x + 20;                    //靠左位置
        if(dir == 'r'&&controls.length == 3)
            off = window.getShell().getSize().x - 70 - piw;
        cmp.setLocation(off, 0);
        cmp.setSize(piw, 34);
        final ProgressIndicator pi = (ProgressIndicator) (cmp.getChildren()[0]);
        pi.setLocation(0, 4);
        pi.setSize(piw, 26);
        pi.beginTask(100);
        pi.worked(0);
        ToolBar tb = (ToolBar) controls[1];
        int tbw = 0;
        if(statusLineManager.isCancelEnabled())
            tbw = 25;
        off = cmp.getLocation().x + cmp.getSize().x + 20;
        if(dir == 'r'&&controls.length == 3)
            off = window.getShell().getSize().x - tbw - 20;
        tb.setLocation(off, 6);
        tb.setSize(tbw, 24);
        ToolItem tm = tb.getItem(0);
        tm.addSelectionListener(new SelectionAdapter() {
            @Override
            public void widgetSelected(SelectionEvent e) {
                //TODO 自动生成的方法存根
                super.widgetSelected(e);
                statusLineManager.setCancelEnabled(false);
                pi.done();
            }
        });
        cp.setVisible(true);
    }
```

进度指示器的进度更新需要在相应的事件处理方法中实现。ProgressIndicator 类提供了相关方法，使程序对进度指示器进行控制。常用方法有：

public void beginTask(int max)——初始化进度条。其中参数 max 设置进度条的最大值。

public void worked(double work)——移动进度指示器参数 work 个单位。

public void sendRemainingWork()——将移动进度指示器移到末端。

public void done()——设置进度完成。

public void showPaused()——进度指示器暂停。

public void beginAnimatedTask()——初始化进度条以动画方式工作。

进度指示器用于对耗时任务执行进程的显示，通常将这类任务放在单独线程中执行，随着任务的进行动态修改进度指示器。编程技术与例 7.6 相似。

9.3.3 在状态栏显示定制信息

可以像 JFace 的菜单和工具栏一样，在自动生成的 createStatusLineManager()方法中使用 statusLineManager 的 public void add(IContributionItem item)方法或 public void add(IAction action)方法直接给状态栏添加按钮,在按钮上显示特定的信息。一般地,文本信息在 this.text 字段或使用 void setText(String text)方法设置,直接显示在按钮上;使用 void setToolTipText(String toolTipText)方法设置即时提示文字,给出更明确的信息;使用 void setChecked(boolean checked)方法设置两种状态的提示,例如插入/覆盖状态;大写/小写状态等;如果不允许用户单击该按钮,调用 setEnabled(false)方法即可;使用 void setImageDescriptor(ImageDescriptor newImage)或 void setDisabledImageDescriptor(ImageDescriptor newImage)可以设置图形化提示信息。

此外,还可以调用状态栏的 getControl()方法获取其 Composite 面板,然后以此为父组件向状态栏创建新的组件。一般技巧是：在状态栏使用的某个 Action 的 run()方法中为状态栏添加组件,然后在 createContents()方法中直接调用该 Action 对象的 run()方法,且该 Action 要设置为 setEnabled(false)状态。

9.3.4 应用示例

例 9.3 扩充例 9.2 程序,使程序打开文本文件时在状态栏显示打开进度、文件路径和修改日期。

分析：文件打开进度可以在状态栏的进度指示器中显示,使用上述 statusBarLocate() 方法实现进度指示器的显示。如果打开字节数很大的文件需要耗费较长时间,例 9.2 程序可能在此时间段失去对用户的响应,改进的方法是将文件读取操作在单独线程中进行。文件读取线程还应随着各行内容的显示即时更新进度显示。可以将进度指示器的最大值设置为文件长度,每行内容显示后使进度条推进该行的字节数大小。文件路径直接设置在状态栏的 message 字段,修改日期采用一个 Action 显示。

操作步骤：

(1) 在包资源管理器窗口右击项目名 MyFileReader0.5,在快捷菜单中选择【复制】菜单项。在包资源管理器窗口再次右击,选择快捷菜单中的【粘贴】菜单项,在【复制项目】对话框的项目名称处输入 MyFileReader0.6,单击【确定】按钮。以下操作在 MyFileReader0.6 项目中进行。

(2) 打开 JFileReader.java 文件,切换到源码视图,将 main()方法中的 window 变量转换为字段。

(3) 在 JFileReader 类中创建 statusBarLocate()方法,方法源代码如程序清单 9.4 所示。只是修改 cl 宽度为 400 像素。

(4) 在 JFileReader 类中创建内部 Action 子类 SLAction,将来用于显示文件修改时间。该类源代码如下：

```
class SLAction extends Action {
    public SLAction(String text) {
        super(text);
        //TODO 自动生成的构造函数存根
        this.setEnabled(false);
    }
    @Override
```

```
        public void run() {
            //TODO 自动生成的方法存根
            super.run();
        }
    }
```

(5) 在 JFileReader 类的 createStatusLineManager() 方法中添加语句 "statusLineManager. add(new SLAction("   "));"。注意，参数是由 62 个空格字符组成的字符串，目的是为将来显示文件修改时间留出足够空间。

(6) 在 JFileReader 类中创建内部 Thread 子类 ShowText，用于文件读取操作和进度条的更新。该类源代码见程序清单 9.6。

程序清单 9.6：

```java
class ShowText extends Thread {
    private File file;
    public showText(File file) {
        super();
        this.file = file;
    }
    @Override
    public void run() {
        //TODO 自动生成的方法存根
        super.run();
        Display.getDefault().asyncExec(new Runnable(){
            public void run() {
                statusBarLocate(100,'l');
                Composite cp = (Composite)window.getStatusLineManager().getControl();
                Composite cmp = (Composite)cp.getChildren()[2];
                ProgressIndicator pi = (ProgressIndicator) cmp.getChildren()[0];
                int txtBytes = (int)file.length();
                setStatus("正在打开文件: " + file.getAbsolutePath());
                pi.beginTask(txtBytes);
                textArea.setText("");
                try {
                    FileReader fr = new FileReader(file);
                    BufferedReader bfr = new BufferedReader(fr);
                    String content = bfr.readLine();
                    while (content != null) {
                        textArea.append(content + "\r\n");
                        pi.worked(content.getBytes().length);
                        content = bfr.readLine();
                    }
                    pi.sendRemainingWork();
                    Button bt = (Button)cp.getChildren()[3];
                    Date dt = new Date(file.lastModified());
                    SimpleDateFormat sdf = new SimpleDateFormat("yyyy/MM/dd HH:mm:ss");
                    bt.setText("文件更新日期: " + sdf.format(dt));
                    setStatus("打开的文件是:" + file.getAbsolutePath());
                    //将当前打开的文件名 readFile 写入记录文件 recent.rcd
                    new RecentRecord().addMenuFile(file.getAbsolutePath());
```

```java
                    sr.start = 0;
                    sr.length = textArea.getText().length();
                    if(bfr!= null)
                        bfr.close();
                    if(fr!= null)
                        fr.close();
                } catch (IOException e) {
                    //TODO 自动生成的 catch 块
                    e.printStackTrace();
                }
            }
        });
    }
}
```

(7) 在 createContents 方法中修改 tree 组件的 Selection 事件监听器的 widgetDefaultSelected() 方法。修改后该方法的源代码如下：

```java
public void widgetDefaultSelected(SelectionEvent e) {
    TreeItem selItem = tree.getSelection()[0];
    String path = getItemPath(selItem);
    File file = new File(path);
    if(file.isDirectory() && selItem.getItemCount() == 0) {
        addChildren(selItem, file);
    } else if(file.isFile() && file.getName().toLowerCase().endsWith(".txt")) {
        new ShowText(file).start();
    }
}
```

(8) 修改 TxtFileOpenAction 内部类的 run 方法，修改后的源代码如下：

```java
public void run() {
    //TODO 自动生成的方法存根
    super.run();
    if(this.path == null) {
        TreeItem selItem = tree.getSelection()[0];
        TreeItem parentItem = selItem.getParentItem();
        this.path = selItem.getText();
        while(parentItem != null) {
            this.path = parentItem.getText() + "\\" + this.path;
            parentItem = parentItem.getParentItem();
        }
    }
    File file = new File(this.path);
    if(file.isFile() && file.getName().toLowerCase().endsWith(".txt")) {
        window.getStatusLineManager().setCancelEnabled(true);
        new ShowText(file).start();
    } else {
        setStatus("没有选择文本文件!");
    }
}
```

完成上述步骤后运行程序，可以看到程序打开较大文件时进度条的明显推进过程，且在进度栏显示了文件路径及最后更新时间信息（见图9.18）。

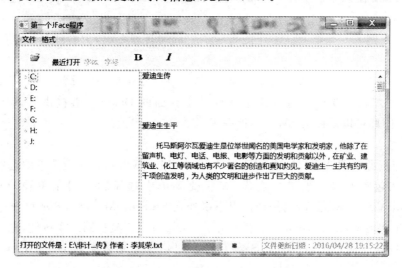

图 9.18　例 9.3 程序运行界面截图

9.4 创建对话框窗体

对话框是聚焦于程序与用户通信的特殊窗口，通常在得不到用户响应时程序会停留等待，因此一般是模态窗口。SWT 和 JFace 提供了许多标准化的对话框，但是一些情况下并不能满足需求，因而需要自定义对话框，本节介绍自定义对话框的方法。

9.4.1 创建 SWT Dialog 窗体

单击 Eclipse 主工具栏第二个按钮，选择下拉菜单中的 SWT|Dialog 菜单项，在 New SWTDialog 对话框中输入包名和类名，即创建了一个对话框窗口。查看初建的对话框窗口的 Components 面板，发现有两个节点。根节点是 (org.eclipse.swt.widgets.Dialog_) - "SWT Dialog"，在 Properties 面板看到它是 org.eclipse.swt.widgets.Dialog 类的子类，text 属性值是显示在对话框窗口标题栏上的文字。另一个节点是其子节点 shell，它是 org.eclipse.swt.widgets.Shell 对象，属性面板看到与 SWT ApplicationWindow 程序窗口的 shell 属性相同。展开其 Style 属性发现，该窗口定义为具有边框、关闭按钮、有标题栏的 DIALOG_TRIM 类型的非模态窗口。

例如，在 chap09 项目的 book.demo 包中创建类名为 SWTDialogDemo 的对话框窗口，在源代码视图可以看到，该类的定义是"public class SWTDialogDemo extends Dialog {…}"，构造方法传入一个 Shell 对象和 style 常量。其中包含 public Object open() 方法和 private void createContents() 方法。open 方法的内容基本与 SWT ApplicationWindow 的相同，主要是打开窗口和事件循环。createContents 则首先创建和设置 Shell 窗口对象。

可以使用之前所述的技术对 shell 进行布局设计，向其中添加和设计其他组件。这些新添加和设计的组件都出现在 createContents() 方法中。

SWT Dialog 窗口类中没有 Display 对象,也没有 main() 方法,需要在其他窗口中调用它才能显示。

例 9.4 在例 8.9 基础上继续开发简易学生成绩管理系统,为管理员子系统开发专业设置模块。

分析:在例 7.4 开发的管理员主界面中,单击 按钮应该弹出输入新专业名称的窗口。此窗口可以使用管理员主界面的 Display,直接由其调用而不需要 main() 方法,因此可以设计为 SWT 对话框窗口。

操作步骤:

(1) 在包资源管理器窗口右击项目名 StdScoreManaV0.7,在快捷菜单中选择【复制】菜单项。再次在包资源管理器窗口右击,在快捷菜单中选择【粘贴】菜单项,项目名输入 StdScoreManaV0.8,单击【确定】按钮。以下操作在 StdScoreManaV0.8 项目中进行。

(2) 单击包名 book.stdscore.ui,然后单击 Eclipse 主工具栏第二个按钮,选择下拉菜单中的 SWT|Dialog 菜单项,在 New SWTDialog 对话框中输入类名 DepartmentAdd,单击【完成】按钮。

(3) 切换到设计视图,在 Components 面板选择 shell 节点,设置 Style|modality 属性值为 PRIMARY_MODAL,text 属性值设置为"添加专业"。

(4) 在窗体上添加 Label 组件,Variable 属性值为 labelDeptName,text 属性值为"专业名:";添加 Text 组件,Variable 属性值为 textDeptName;添加 Label 组件,Variable 属性值为 labelMessage,text 属性值为"";添加 3 个 Button 组件,Variable 属性值分别为 buttonDeptSave、buttonDeptNext 和 buttonDeptClose,text 属性值为"保存""下一个"和"关闭"。调整它们的位置,使界面协调。

(5) 打开 AdminScoreMana.java 文件,切换到设计视图。首先修改 toolItemDeptSet 组件的 enabled 首先值为 true,然后为该工具项注册 Selection 事件监听器,设计 widgetSelected 事件处理方法,在其中添加语句"new DepartmentAdd(shell, SWT.PRIMARY_MODAL).open();"。

(6) 专业列表以 LinkedList 列表的形式存储到文件 deptList.obj 中。为此修改 book.stdscore.data 包中的 Course 类,使该类实现 Serializable 接口,以便序列化存储。

在 book.stdscore.data 包中设计 Department 类,字段 name 存储专业名,字段 LinkedList<Course> coursesList 存储该专业的课程列表。该类源代码见程序清单 9.7。

程序清单 9.7:

```java
package book.stdscore.data;
import java.io.Serializable;
import java.util.LinkedList;
public class Department implements Serializable {
    private static final long serialVersionUID = -4635709273756682488L;
    private String name;
    private LinkedList<Course> coursesList;
    public Department(String name) {
        super();
        this.name = name;
```

```java
            coursesList = new LinkedList<Course>();
    }
    public Department(String name,LinkedList<Course> coursesList) {
        super();
        this.name = name;
        if(coursesList!= null)
            this.coursesList = coursesList;
        else
            coursesList = new LinkedList<Course>();
    }
    public String getName() {
        return name;
    }
    public void setName(String name) {
        this.name = name;
    }
    public LinkedList<Course> getCoursesList() {
        return coursesList;
    }
    public void setCoursesList(LinkedList<Course> coursesList) {
        this.coursesList = coursesList;
    }
    public void addCourse(Course course) {
        coursesList.add(course);
    }
}
```

（7）在 DepartmentAdd 类中添加字段"private LinkedList<Department> deptList;"存放专业列表，"private boolean newDept;"标记是否存在尚未保存的新添加专业。添加方法 saveDeptList 保存专业列表。该方法源代码如下：

```java
private void saveDeptList() {
    if(newDept) {
        File deptFile = new File("deptList.obj");
        try {
            FileOutputStream fos = new FileOutputStream(deptFile);
            ObjectOutputStream oos = new ObjectOutputStream(fos);
            oos.writeObject(deptList);
            newDept = false;
            if(oos!= null)
                oos.close();
            if(fos!= null)
                fos.close();
        } catch (FileNotFoundException e1) {
            //TODO 自动生成的 catch 块
            e1.printStackTrace();
        } catch (IOException e1) {
            //TODO 自动生成的 catch 块
            e1.printStackTrace();
        }
    }
}
```

（8）修改 DepartmentAdd 类的构造方法如下：

```java
public DepartmentAdd(Shell parent, int style) {
    super(parent, style);
    setText("添加专业");
    File deptFile = new File("deptList.obj");
    if(deptFile.exists()) {
        try {
            FileInputStream fis = new FileInputStream(deptFile);
            ObjectInputStream ois = new ObjectInputStream(fis);
            deptList = (LinkedList<Department>) ois.readObject();
            if(ois!= null)
                ois.close();
            if(fis!= null)
                fis.close();
        } catch (ClassNotFoundException e) {
            //TODO 自动生成的 catch 块
            e.printStackTrace();
        } catch (IOException e) {
            //TODO 自动生成的 catch 块
            e.printStackTrace();
        }
    } else {
        deptList = new LinkedList<Department>();
    }
}
```

（9）为【保存】按钮 buttonDeptSave 组件注册 Selection 事件监听器，设计 widgetSelected 事件处理方法。源代码如下：

```java
buttonDeptSave.addSelectionListener(new SelectionAdapter() {
    @Override
    public void widgetSelected(SelectionEvent e) {
        String deptName = textDetpName.getText().trim();
        if(deptName == null || "".equals(deptName)) {
            labelMessage.setText("必须输入专业名才能保存!");
            buttonDeptSave.setFocus();
            return;
        }
        Department dept = new Department(deptName);
        boolean hasDept = false;
        for(Department adept : deptList) {
            if(adept.getName().equals(dept)) {
                hasDept = true;
                break;
            }
        }
        if(!hasDept) {
            deptList.add(dept);
            labelMessage.setText("专业 " + deptName + " 添加成功.");
            newDept = true;
        } else {
```

```
                    labelMessage.setText("专业 " + deptName + " 已经存在.");
            }
        }
    });
```

（10）为【下一个】按钮 buttonDeptNext 组件注册 Selection 事件监听器，在 widgetSelected 事件处理方法中添加语句"textDetpName.setText("");"。

（11）为【关闭】按钮 buttonDeptCloset 组件注册 Selection 事件监听器，在 widgetSelected 事件处理方法中添加语句"saveDeptList();"和"shell.close();"。

（12）为窗口 shell 注册 ShellEvent 事件监听器，在 shellClosed 事件处理方法中添加语句"saveDeptList();"。

运行 AdminScoreMana 程序，单击 按钮即弹出【添加专业】对话框（见图 9.19），若不关闭该对话框，则不能继续操作该程序中的其他组件。

图 9.19　简易学生成绩管理系统【添加专业】对话框

9.4.2　创建 JFace Dialog 窗体

单击 Eclipse 主工具栏第二个按钮，选择下拉菜单中的 JFace|Dialog 菜单项，在 New JFace Dialog 对话框中输入包名和类名，即创建一个 JFace 对话框窗口。

与 SWT Dialog 对话框窗口不同的是，初建时 JFace 对话框窗口中已经包含了一个面板 container 和【确定】与【取消】按钮，且布局比较合理。在 Components 面板看到，一个 (org.eclipse.jface.dialogs.Dialog) 是它的根节点，一个 Composite 面板占据了窗口除标题栏外的所有空间，是 protected Control createDialogArea（Composite parent）方法的参数 parent。这个面板中包含 container 组件和作为两个按钮容器的 Composite 面板 parent in createButtonsForButtonBar(...)（见图 9.20）。

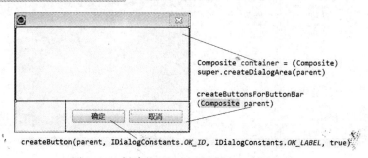

图 9.20　创建的 JFace 对话框窗口主要组件

在属性面板中可以看到，JFace对话框窗口除了可以设置blockOnOpen属性之外，可以通过shellStyle的子属性设置窗口的各种修饰，如图9.21所示，各个子属性的作用与9.1.2节所述相同。

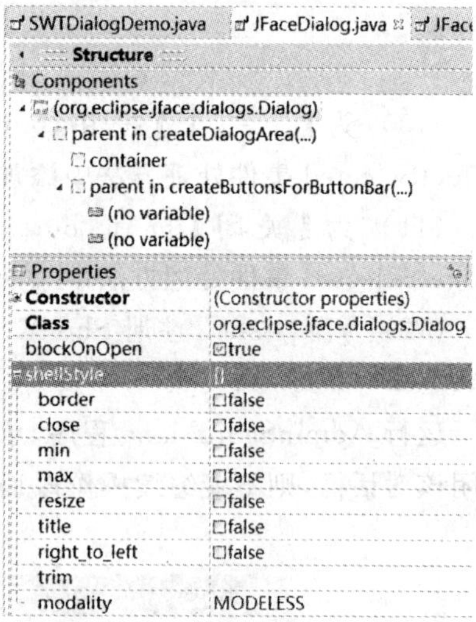

不能改变createDialogArea（Composite parent）及createButtonsForButtonBar（Composite parent）中parent面板的布局属性。container面板默认使用GridLayout布局，但可以修改。

例如，在chap09项目的book.demo包中创建类名为JFaceDialog的对话框窗口，在源代码视图中可以看到，该类的定义是"public class JFaceDialog extends Dialog{…}"，构造方法传入一个Shell对象。在createDialogArea方法内创建了container面板，其他随后添加的界面组件以container面板为父容器，并将语句生成在该方法内。主要设计工作就是在container面板上添加所需要的组件并设置其属性，有时还要设计事件处理方法等程序段。

图9.21 JFace对话框窗口属性

在createButtonsForButtonBar方法内添加和设置对话框中的命令按钮。除了初始创建的【确定】和【取消】按钮外，在其中使用protected Button createButton（Composite parent，int id，String label，boolean defaultButton）方法添加自定义按钮。第二个参数id确定按钮的类型，在接口名IDialogConstants之后输入"."，选择以"_ID"结尾的常量，如BACK_ID表示为返回上一步按钮；第三个参数是按钮上的文字，也是在接口名IDialogConstants之后输入"."，选择以"_LABEL"结尾的常量，如BACK_LABEL在按钮上显示"＜上一步"文字；第四个参数为true，表示该按钮在对话框刚显示出来时具有焦点，是默认选择按钮。可以选择已经添加到界面中的命令按钮，在属性面板中修改有关属性。例如选择【确定】按钮，单击ID属性值列右边的…按钮，在弹出的对话框中选择所需要的ID即可（见图9.22）。当然，text属性值即是按钮上显示的文字，可以直接输入。

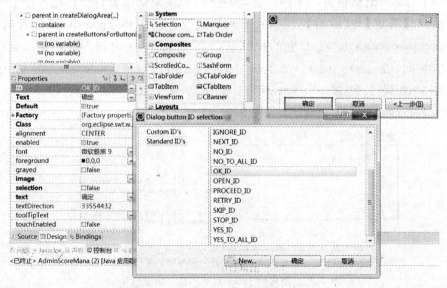

图9.22 设置JFace对话框的按钮属性

getInitialSize()方法中包含了对对话框窗口的大小及位置等的配置语句。
JFace 对话框中命令按钮的事件处理与前面章节所述的设计方法与技术相同。

9.4.3 创建 TitleAreaDialog 窗体

单击 Eclipse 主工具栏的第二个按钮,选择下拉菜单中的 JFace|TitleAreaDialog 菜单项,在 New JFace TitleAreaDialog 对话框中输入包名和类名,即创建一个 JFace TitleAreaDialog 对话框窗口。

JFace 程序的 TitleAreaDialog 窗体是提供了信息提示区的 JFace 对话框窗口。信息提示区在标题栏下边,包括提示信息标题和图标,以及文字描述、提示信息及错误信息正文显示;信息提示区下边是 GUI 界面设计区域,其构成与 JFace Dialog 对话框的相同(见图9.23)。这种结构的对话框常见于一般向导对话框中(见图 2.8)。

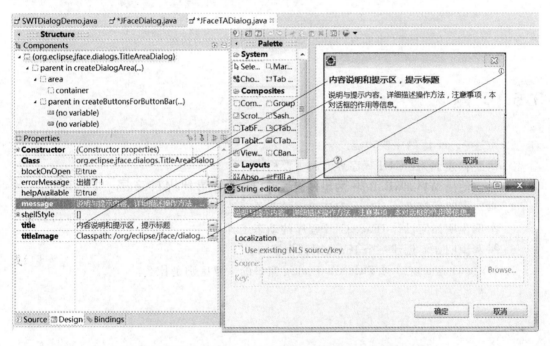

图 9.23 JFace TitleAreaDialog 窗体构成及属性对应的组件

选择 Components 面板中根节点 (org.eclipse.jface.dialogs.TitleAreaDialog),在属性面板中看到 title、titleImage、message、errorMessage、helpAvailable 及 blockOnOpen 属性,它们各自对应的界面组件如图 9.23 中的标线所示。shellStyle 的子属性也与 9.1.2 节所述相同。单击 title、message 和 errorMessage 属性值列右侧的…按钮,都会出现 String editor 对话框(见图 9.23 右下角的小窗口)。单击 titleImage 属性值列右侧的…按钮,会出现 Image chooser 对话框,可以从其中 5 种标准 jar 包中选择合适的图标(见图 9.24),还可以选择自己制作的图像文件作为图标(Image chooser 对话框中的 Absolute path in file system)。

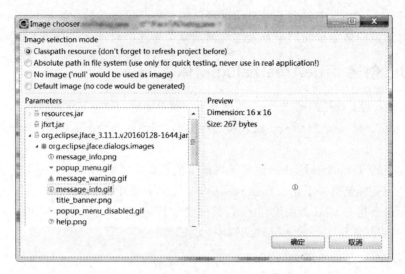

图 9.24 titleImage 属性的图标选择对话框

9.5 习题

1. 试述 JFace 库的主要功能。
2. 简要叙述 JFace GUI 程序界面的主要构成。
3. 如何使用 WindowBuilder 的组件面板可视化设计 JFace 的 Action？
4. 举例说明如何设计 JFace GUI 程序的菜单系统。
5. 举例说明如何设计 JFace GUI 程序的动态工具栏。
6. 举例说明如何创建一个 JFace 对话框窗口。
7. JFace Dialog 窗口与 TitleAreaDialog 窗口的主要区别是什么？

第10章 对话框的使用

在 GUI 程序的设计中,对话框是实现用户与程序进行数据交换,提高程序交互性的不可或缺的组件。JFace 库提供了能够满足各种典型应用需要的多种类型的对话框,而且这些对话框类的使用要比 SWT 提供的同类对话框更容易。本章基于 JFace 库介绍这些对话框的设计及其应用。

为了使对话框的一些按钮等元素使用中文提示,需要在项目中添加外部 jar 包 org.eclipse.jface.nl_zh_4.6.0.v20160813060001.jar,方法是右击项目名,在快捷菜单中选择【配置路径】菜单项,在项目属性对话框中选择【Java 构建路径】节点,选择【库】标签页,单击【添加外部 JAR】按钮,在 eclipse/plugins 目录下找到并选择 org.eclipse.jface.nl_zh_*.jar(其中 * 是版本号,如 4.6.0.v20160813060001),单击【打开】按钮,再单击【确定】按钮。

10.1 消息对话框

消息对话框(MessageDialog)为用户显示提示消息。一个消息对话框是 org.eclipse.jface.dialogs.MessageDialog 类的实例。

有 5 种消息类型,对应了该类中定义的 5 个常量:
(1) ERROR——错误消息,值为 1。
(2) INFORMATION——一般提示信息,值为 2。
(3) NONE——一般消息,没有标示图标,值为 0。
(4) QUESTION——提问消息,值为 3。
(5) WARNING——警告消息,值为 4。
该类的构造方法:

```
public MessageDialog(    Shell parentShell,              //父窗口,如程序的 Shell
                        String dialogTitle,             //对话框标题栏显示的标题,可以为 null
                        Image dialogTitleImage,         //标题栏图标,可以为空(null)
                        String dialogMessage,           //消息正文,显示在对话框正中
                        int dialogImageType,            //消息类型标示图标
                        String[] dialogButtonLabels,    //按钮栏出现的按钮上的字串数组
                        int defaultIndex)               //默认按钮在按钮字串数组的索引
```

dialogImageType 的取值:

(1) MessageDialog.NONE——无图标。
(2) MessageDialog.ERROR——错误消息标示图标 ❌。
(3) MessageDialog.INFORMATION——一般信息标示图标 ⓘ。
(4) MessageDialog.QUESTION——提问消息标示图标 ❓。
(5) MessageDialog.WARNING——警告消息标示图标 ⚠。

例如,以下代码创建如图 10.1 所示的对话框。

```
shell = new Shell();
MessageDialog dl = new MessageDialog(shell, "测试消息对话框",
                        new Image(sShell.getDisplay(),"star.jpg"),
                        "测试消息对话框,使用所有参数.",
                        MessageDialog.INFORMATION,
                        new String[]{"看到啦!","又一个","还有一个"},1);
    dl.open();
```

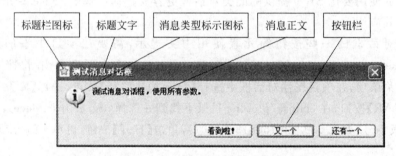

图 10.1　消息对话框—使用所有参数构造

事实上,消息对话框(MessageDialog)类有以下静态方法,可以不必创建对象而直接打开相应类型的标准对话框。

(1) static boolean openConfirm(Shell parent, String title, String message)
打开一个确认对话框。单击【确定】按钮则返回 true,否则返回 false。
(2) static void openError(Shell parent, String title, String message)
打开一个标准的错误消息对话框。
(3) static void openInformation(Shell parent, String title, String message)
打开一个标准的消息提示对话框。
(4) static boolean openQuestion(Shell parent, String title, String message)
打开一个简单"是/否"提问对话框。单击【是】按钮返回 true,否则返回 false。
(5) static void openWarning(Shell parent, String title, String message)
打开一个标准的警告对话框。

例如,在 MyFileReader0.6 项目的 JFileReader 类的内部类 MyExitAction 的 run 方法中,可以在退出程序之前询问用户是否确定要退出程序,此时直接使用 MessageDialog.openQuestion()方法,语句如下:

```
if(MessageDialog.openConfirm(getParentShell(), "退出程序", "确定要退出本程序吗?"))
    getShell().close();
```

当用户单击该程序的【文件】|【退出】菜单项时,弹出如图10.2所示对话框,用户单击该对话框的【确定】按钮时程序退出运行,单击【取消】按钮或右上角的关闭按钮则程序继续保持运行。

图10.2 标准提问对话框

10.2 输入对话框

输入对话框(InputDialog)是 org.eclipse.jface.dialogs.InputDialog 类的实例。该对话框简单地请求用户输入一个字符串。

该类的构造方法是:

```
public InputDialog(   Shell parentShell,              //父窗口,如程序的 Shell
                      String dialogTitle,             //对话框标题栏显示的标题,可以为 null
                      String dialogMessage,           //消息正文,一般对输入进行说明
                      String initialValue,            //输入框显示的初始值,可以为空
                      IInputValidator validator)      //输入校验器,可以为空
```

输入校验器是接口 IInputValidator 实现类的对象,实现类需要实现该接口定义的方法"public String isValid(String newText)",在该方法中对参数字符串 newText 进行校验,如果没有错误,则返回 null,否则返回错误信息(一个字符串)。

InputDialog 类有以下常用方法:

(1) 校验输入。

```
protected void validateInput()
```

该方法校验用户的输入,默认实现是将请求委托给输入校验器对象,如果找到非法输入,则在对话框的消息栏显示错误提示信息,且【确定】按钮失效呈灰色显示。每当输入文本改变时即调用该方法。

(2) 获取输入。

```
public String getValue()
```

该方法获取用户输入在文本框中的值,以字符串类型返回。

调用 open()方法打开输入对话框。

例 10.1 窗体界面上有一个标签和一个按钮【IPv4 地址】。单击按钮弹出输入对话框要求用户输入一个 IPv4 地址,如果地址格式正确,在标签上显示用户输入的 IP 地址。

设计步骤:

(1) 创建 SWT/JFace Java Project,项目名为 chap10,并在该项目的 src 文件夹下创建

包 book.demo。

(2) 右击项目 chap10,选择菜单【构建路径】|【添加外部归档】菜单项,选择 org.eclipse.jface.nl_zh_4.6.0.v20160813060001.jar（取决于安装的版本）,单击【打开】按钮。

(3) 单击包名 book.demo,单击主工具栏的第二个按钮,选择 JFace | ApplicationWindow,名称输入 InputDialogDemo。

(4) 设计如图10.3所示界面,此处省略设计步骤的叙述,请读者自行完成。

图10.3 例9.1的设计界面

(5) 在类 InputDialogDemo 中设计校验器类 MyInputDialogVerify,代码如下:

```java
public class MyInputDialogVerify implements IInputValidator {
    @Override
    public String isValid(String arg0) {
        //TODO 自动生成的方法存根
        String msg = null;
        int gn = -1;
        String[] ips = arg0.split("[.]");
        if(ips.length!= 4) {
            msg = "数据组数错误!\n 正确的 IPv4 地址是 4 组十进制整数," + "每组在 0-255 之间.";
        } else {
            for(int i = 0;i < 4;i++) {
                if(!ips[i].matches("[0-9]{1,3}")) {
                    msg = "包含非法字符或数据位数错误!\n 正确的 IPv4" + "地址是 4 组十进制整数,每组在 0-255 之间.";
                    break;
                }
                gn = Integer.parseInt(ips[i]);
                if(gn < 0 || gn > 255) {
                    msg = "数据范围错误!\n 正确的 IPv4 地址是" + "4 组十进制整数,每组在 0-255 之间.";
                    break;
                }
            }
        }
        return msg;
    }
}
```

(6) 为按钮【IPv4 地址】注册事件 Selection 监听器,设计事件处理方法 widgetSelected(),当用户单击该按钮时弹出输入对话框 idl,该方法源代码如下:

```java
public void widgetSelected(SelectionEvent e) {
    InputDialog idl = new InputDialog(getParentShell(), "输入 IPv4 地址", "请输入一个 IPv4 地址,4 组十进制整数,每组在 0-255 之间.", "127.0.0.1", new MyInputDialogVerify());
    idl.open();
```

```
        String str1 = idl.getValue();
        lblip.setText("你输入的 IP 地址是: " + str1);
}
```

10.3 目录对话框

目录对话框(DirectoryDialog)是 org.eclipse.swt.widgets.DirectoryDialog 类的实例。该对话框允许用户在文件系统中浏览和选择一个目录。

构造方法：

public DirectoryDialog(Shell parent)

主要方法有：
（1）设置初始目录。

public void setFilterPath(String string)

该方法使目录对话框以参数所给的目录作为初始检索和显示的路径。如果该参数为空(null)，则使用操作系统的默认路径。

（2）设置提示信息。

public void setMessage(String string)

该方法设置目录对话框中显示的提示信息，往往用来说明打开目录的目的。该信息在目录对话框打开时立即显示。

（3）打开对话框。

public String open()

调用该方法显示目录对话框，并返回用户所选目录的绝对路径字符串。用户单击【取消】按钮或访问方式错误时返回 null。

例如，以下代码打开目录选择对话框，并将用户选择目录的绝对路径存储到 path 变量中。

```
DirectoryDialog ddl = new DirectoryDialog(shell);
ddl.setFilterPath("c:\\temp");
String path = ddl.open();
```

10.4 文件对话框

文件对话框(FileDialog)是 org.eclipse.swt.widgets.FileDialog 类的实例。该对话框允许用户浏览文件系统，并选择或输入一个文件名。

1. 创建文件对话框

文件对话框(FileDialog)提供了构造方法"public FileDialog(Shell parent, int style)"。

其中 style 有 3 种可能的取值,代表了 3 种不同类型的文件对话框,它们是:
(1) SWT.OPEN——打开文件对话框。
(2) SWT.SAVE——保存文件对话框。
(3) SWT.MULTI——可以选择多个文件,与 SWT.OPEN 配合使用(SWT.OPEN|SWT.MULTI)表示可以选择并打开多个文件。

使用构造方法新建一个该类的实例即创建了一个文件对话框。例如:

```
FileDialog fdl = new FileDialog(shell,SWT.OPEN | SWT.MULTI);
```

调用 open()方法打开,该对话框在界面上显示。

2. 常用操作

该类有以下常用方法:
1) 设置初始路径

```
public void setFilterPath(String string)
```

该方法将参数 string 设置为文件对话框的初始目录,在该目录中符合文件扩展名过滤要求的文件将出现在对话框中。如果该参数为空值(null),则使用操作系统的默认路径。

2) 设置扩展名过滤

```
public void setFilterExtensions(String[] extensions)
```

使用该方法,只有那些文件扩展名符合 extensions 过滤字符串规则的文件才会在文件对话框中显示出来。过滤字符串是平台相关的,如在 Windows 下,可以使用"*.txt""*.*"等,其中后者匹配所有文件。

3) 设置文件类型过滤说明

```
public void setFilterNames(String[] names)
```

该方法为文件扩展名过滤字串设置说明文字。names 数组和 extensions 数组必须长度相等,即有相同的元素个数。

4) 打开

```
public String open()
```

该方法打开文件对话框,并返回用户选择的最后一个文件的文件名,返回的是文件的全路径。如果用户单击【取消】按钮或访问方式错误,则返回 null。

5) 获取所选文件名

```
public String getFileName()
```

该方法获取用户在文件对话框中选择的第一个文件的文件名,返回的文件名不包括路径。如果没有文件被选择,则返回空串。针对单选文件对话框使用该方法较为方便。

6) 获取所有被选文件名

```
public String[] getFileNames()
```

该方法返回用户在文件对话框中选择的所有文件的不包括路径的文件名字符串数组。

7) 获取文件路径

public String getFilterPath()

该方法返回文件对话框所用的目录路径。

3. 应用实例

在前面开发的学生成绩管理系统中,许多模块用到了文件的打开和保存操作。此外,例 8.7 对于注册模块中所用到的照片文件,规定用户在使用之前必须把照片文件放到该项目中的指定位置。否则,即使用户已准备好照片文件,则程序也不能显示照片。许多用户都有自己组织和管理文件的既定习惯和规则,可能不会注意或不愿意遵循某个应用系统的特殊规则。用户友好的程序最好在运行时允许用户选择文件,程序把这些文件复制到特定目录下。下面就按照这样的思路修改有关程序模块。

例 10.2 修改学生成绩管理系统用户注册模块,在学生注册和教师注册模块中让用户从文件系统选择该生/师的照片文件,程序将该文件存放在项目文件夹下的学生照片文件夹 picStd 中,或教师照片文件夹 picTch 中。文件名与学生学号或教师工号相同,图像文件为 jpg 格式,文件扩展名为.jpg。运行效果如图 10.4 所示。

图 10.4 学生注册文件上传界面—文件对话框

分析:为了上传照片,在用户注册界面的【照片】标签下方创建一个按钮,为该按钮注册事件监听器,当用户单击该按钮时弹出文件保存对话框,在用户选择了照片文件之后将该文件保存在该项目的特定文件夹下。最后更新照片显示标签的图标(image 属性)。

设计步骤:

(1) 右击项目名 StdScoreManaV0.8,在快捷菜单中选择【构建路径】|【添加外部归档】菜单项,选择 eclipse/plugins 目录下的 jface 中文语言支持包 org.eclipse.jface.nl_zh_4.6.0.v20160813060001.jar,单击【确定】按钮。

(2) 打开 RegisterTabFolder 窗体(用户注册界面),在学生注册选项卡的【照片】标签下方创建按钮,设置 Variable 属性值为 buttonStdPicUp,Style|type 属性值为 ARRAOW、Style|align 属性值为 LEFT、toolTipText 为"点击此处上传照片"、layoutData|horizontalAlignment 属

性值为 RIGHT。

（3）右击该按钮，选择 Add event handler|selection|widgetSelected 菜单项，设计事件监听器，源代码如下：

```java
buttonStdPicUp.addSelectionListener(new SelectionAdapter() {
    @Override
    public void widgetSelected(SelectionEvent e) {
        FileDialog fDialog = new FileDialog(shell,SWT.SAVE);
        fDialog.setFilterExtensions(new String[]{"*.jpg","*.JPG"});
        fDialog.setFilterNames(new String[]{"jpeg文件(*.jpg)","JPEG文件(*.JPG)"});
        String picName = fDialog.open();
        String saveName = textStdID.getText().trim();
        if(picName!=null&&!"".equals(picName)&&saveName!=null&&!"".equals(saveName)) {
            try {
                FileInputStream fis = new FileInputStream(picName);
                FileOutputStream fos = new FileOutputStream("picStd/" + saveName + ".jpg");
                int b = fis.read();
                while(b!=-1) {
                    fos.write(b);
                    b = fis.read();
                }
                fos.close();
                fis.close();
                lblStdPic.setImage(imageRegistry.getDescriptor("std" +
                                                    saveName).createImage());
                shell.layout();
            } catch (FileNotFoundException e1) {
                e1.printStackTrace();
            } catch (IOException e2) {
            }
        }
    }
});
```

（4）采用与步骤（2）和步骤（3）相同的方法，为教师注册选项卡添加按钮，设计上传照片事件处理方法。

例 10.3 扩充例 9.3 开发的资源管理器式文本阅读器程序，使用户在执行打开文件操作时如果没有选择文件，则弹出打开文件对话框，供用户选择需要打开的文件。

操作步骤：

（1）在包资源管理器窗口右击项目名 MyFileReader0.6，在快捷菜单中选择【复制】菜单项。在包资源管理器窗口再次右击，选择快捷菜单中的【粘贴】菜单项，在【复制项目】对话框的项目名输入 MyFileReader0.7，单击【确定】按钮。以下操作在 MyFileReader0.7 项目中进行。

（2）打开 JFileReader.java 文件，切换到源码视图，修改内部类 TxtFileOpenAction 的 run()方法，在该方法的第一个语句"super.run();"之后添加以下代码段，其中粗体部分是新添加的语句，主要作用是若用户没有选择文件，则弹出打开文件对话框，然后将用户所选文件设置为 path。

```
if(this.path == null&&tree.getSelection().length == 0) {
    FileDialog fDialog = new FileDialog(window.getShell(),SWT.OPEN);
    fDialog.setFilterPath("c:\\temp");
    fDialog.setFilterExtensions(new String[]{"*.txt","*.TXT"});
    fDialog.setFilterNames(new String[]{"文本文件(*.txt)","文本文件(*.TXT)"});
    this.path = fDialog.open();
    if(this.path == null) {
        MessageDialog.openWarning(getParentShell(),"没有选择文件","没有选择文件和目录,无法打开.");
        return;
    }
} else if(this.path == null) {
…
}
…
this.path = null;                                          //避免重复打开同一个文件
```

10.5 颜色与颜色对话框

正如前面看到的,GUI 设计过程中非常频繁地使用颜色、字体和图像对界面组件等的观感进行修饰和控制。与系统托盘一样,它们都是系统资源,必须通过 Display 对象的有关方法获取才能在程序中使用,同样需要在程序中明确销毁,以便释放它们占用的系统资源。有时,程序还需要为用户自己选择颜色提供支持,可以通过颜色对话框(ColorDialog)实现。

10.5.1 颜色

SWT 的颜色(Color)用 org.eclipse.swt.graphics.Color 类的实例定义,该类实现了 SWT 的 RGB 颜色模型,即颜色用红、绿、蓝的值表示,每种颜色取值为 0~255。可以使用该类的两种构造方法创建颜色:

```
public Color(Device device, int red, int green, int blue)
public Color(Device device, RGB reb)
```

此处的参数 device 就是 Display 的实例,Device 类是一个抽象类,Diplay 即为其两种实现子类之一,另一个类是 Printer。RGB 类则以三原色模式描述了一种颜色。

在 Windows 平台,还有一个静态方法:

```
public static Color win32_new(Device device, int handle)
```

使用平台相关的功能分配一种颜色。

Color 类提供了 int getRed()、int getGreen()和 int getBlue() 3 个方法获取红、绿、蓝的值。方法 public RGB getRGB()获取颜色的 RGB 值。方法 public boolean isDisposed()判断颜色资源是否被销毁。

最常用的方法还是类似:

```
Display.getDefault.getSystemColor(SWT.COLOR_RED);
```

界面组件的前景和背景颜色可以使用如图3.5所示的可视化方法自动生成。此外,对于系统常用的颜色,可以Color类的常量直接获取。在Eclipse的编辑窗口输入"Color."之后,出现选择列表,可以选择其中之一直接得到一种颜色。

10.5.2 颜色对话框

颜色对话框(ColorDialog)是org.eclipse.swt.widgets.ColorDialog类的实例,让用户在系统预定义的颜色中选择一种。

构造方法:

public ColorDialog(Shell parent)

主要方法:

(1) 设置颜色对话框的颜色初值。

public void setRGB(RGB rgb)

(2) 获取颜色。

public RGB getRGB()

该方法获取用户在颜色对话框中选择的颜色值。

(3) 打开。

public RGB open()

该方法使颜色对话框在前端显示,并取得焦点,返回用户所选择颜色的RGB值。

例如,下列代码将用户选择的颜色设置为窗口的背景:

```
ColorDialog cdl = new ColorDialog(shell);
RGB rgb = cdl.open();
shell.setBackground(new Color(shell.getDisplay(),rgb));
shell.layout();
```

例10.4 为例10.3所完成的资源管理器式文本阅读器程序添加设置文字显示区背景颜色的功能,该功能以【格式】|【背景颜色】菜单项和【背景颜色】工具项方式提供给用户。

操作步骤:

(1) 打开MyFileReader0.7项目的JFileReader窗体,切换到设计视图。单击JFace Actions组的 New 图标,将鼠标指针移到【格式】菜单的【斜体】菜单项下单击。

(2) 修改步骤(1)创建的Action的Variable属性值为actionBackground,text属性值为"背景颜色(&G)",accelerator属性值为"Ctrl+G"。

(3) 切换到源代码视图,为createActions()方法中的actionBackground对象的匿名类添加run()方法,该方法源代码如下:

```
public void run() {
    //TODO 自动生成的方法存根
    super.run();
    ColorDialog cdl = new ColorDialog(window.getShell());
```

```
         RGB rgb = cdl.open();
         textArea.setBackground(new Color(window.getShell().getDisplay(),rgb));
}
```

（4）切换到设计视图，单击 JFace Actions 组的 ⊕actionBackground 图标，将鼠标指针移到工具栏的斜体工具项右侧单击。

10.6　字体与字体对话框

GUI 设计过程中也频繁地使用字体对界面组件等的观感进行修饰和控制。字体也是系统资源，必须通过 Display 对象的有关方法获取才能在程序中使用，同样需要在程序中明确销毁，以便释放它们占用的系统资源。程序有时也需要为用户自己选择字体提供支持，这可以通过字体对话框（FontDialog）实现。

10.6.1　字体

SWT 的字体（Font）是 org.eclipse.swt.graphics.Font 类的实例，它定义了文字在界面中显示的面貌（looks）。定义一种字体，必须指明字体名、大小和样式信息，这些信息可以被封装在一个 FontData 对象中。

Font 类有 3 个构造方法用于定义字体：

```
public Font(Device device,String name,int height,int style)
public Font(Device device,FontData fd)
public Font(Device device,FontData[] fds)
```

其中 device 参数即是 Display。name 为字体名，如"隶书"；height 为以像素点为单位的字体高度；style 为字体样式，如 SWT.BOLD|SWT.ITALIC。

字体数据对象是 org.eclipse.swt.graphics.FontData 类的实例，用于描述操作系统的字体。该类拥有下列属性及其 Getter/Setter 方法：

（1）height——以点数为单位的字体高度。
（2）name——字体名。
（3）style——样式，有 NORMAL、ITALIC 和 BOLD 及其位或组合样式。

字体数据对象的构造方法：

```
public FontData(String name,           //字体名
                int height,            //字体高度
                int style)             //字体样式
```

FontData 对象是平台相关的。在 Windows 平台下，使用静态方法 public static Font win32_new(Device device,int handle)获取，或使用构造方法创建。例如：

```
new Font(display, "隶书", 14, SWT.BOLD);
```

语句"Display.getDefault().getSystemFont();"可以得到系统字体实例。
界面组件的字体设置，可以使用如图 3.7 所示的字体选择器自动生成。

10.6.2 字体对话框

字体对话框(FontDialog)是 org.eclipse.swt.widgets.FontDialog 类的实例,让用户在系统可用字体列表中选择一种字体。

构造方法:

public FontDialog(Shell parent)

该对话框的方法用到字体数据对象。字体对话框有以下主要方法:

(1) 设置默认字体集。

public void setFontList(FontData[ ] fontData)

该方法设置在字体对话框中可由用户选择的默认字体集合,这些字体优先出现在选择视野中。如果不设置,则由平台选择。

(2) 获取字体。

public FontData[ ] getFontList()

该方法返回在字体对话框中用户选择的字体集合。如果没有选择字体且没有设置默认字体集,则返回 null。

(3) 设置字体默认颜色。

public void setRGB(RGB rgb)

该方法设置刚打开字体对话框时字体的默认颜色。如果没有设置,则由平台选择一种默认颜色。

(4) 返回字体颜色。

public RGB getRGB()

该方法取得用户选择的字体颜色。如果用户取消或直接关闭了字体对话框,且没有设置默认颜色,则返回 null。

(5) 打开。

public FontData open()

该方法打开字体对话框,返回用户选择的字体数据对象。如果用户单击了【取消】按钮或发生错误,则返回 null。

例 10.5 为例 10.4 所完成的资源管理器式文本阅读器程序的工具栏添加设置文字显示区字体的功能,其中包括字体名、大小、样式、文字颜色、下画线及删除线等字体属性。

操作步骤:

(1) 打开 MyFileReader0.7 项目的 JFileReader 窗体,在源代码视图下删除 createToolBarManager()方法中设置的【字体】和【字号】工具项有关语句。

(2) 切换到设计视图。单击 JFace Actions 组的 New 图标,将鼠标指针移到工具栏中【粗体】工具项左侧单击。修改该 Action 的 Variable 属性值为 actionFont,text 属性值为

"字体"。

（3）切换到源代码视图，为 createActions（）方法中的 actionFont 对象的匿名类添加 run（）方法，该方法源代码如下：

```
public void run() {
    //TODO 自动生成的方法存根
    super.run();
    FontDialog fd = new FontDialog(window.getShell());
    fd.setFontList(new FontData[]{new FontData("宋体",12,SWT.NORMAL),
            new FontData("仿宋",12,SWT.NORMAL),
            new FontData("楷体",12,SWT.NORMAL),
            new FontData("黑体",12,SWT.NORMAL)});
    fd.setRGB(new RGB(0,50,255));
    fontData = fd.open();
    sr.font = new Font(null, fontData);
    textArea.setStyleRange(sr);
    textArea.setForeground(new Color(window.getShell().getDisplay(),fd.getRGB()));
}
```

10.7 打印对话框及打印支持

许多应用程序需要提供打印支持和良好的打印控制功能。SWT 类库有 3 个类分别提供了打印数据（PrinterData）、打印（Printer）和打印对话框（PrintDialog），从而为应用程序的打印需求提供了编程支持。

10.7.1 打印数据类

打印数据类 org.eclipse.swt.printing.PrinterData 的实例从打印机方面封装了一个打印作业说明，包括打印机、页码范围、打印份数、是否打印到文件等。

构造方法：

（1）public PrinterData（）。

为打印到默认打印机构造一个打印数据对象。

（2）public PrinterData（String driver，String name）。

使用指定的打印机驱动 driver 和打印机名 name 构造一个打印数据对象。

该类提供了众多的字段：

（1）public int scope、public static final int PAGE_RANGE、static int ALL_PAGES、public int endPage 和 public int startPage。其中，scope 指明打印范围，可取的值为：

ALL_PAGES——打印当前文档的所有页。

PAGE_RANGE——打印由 startPage 和 endPage 字段指定的页面范围。

SELECTION——打印当前选择的页面。

（2）public boolean collate。

该字段指定打印机是否校核打印纸。这个行为由打印机驱动程序控制，且打印机本身应具有校核打印纸的功能。

(3) public int copyCount。

指定打印的份数。这个行为由打印机驱动程序控制,且打印机本身应具有多份打印功能。

(4) public String driver。

在 Windows 系统指定驱动器名,通常是 winspool。

(5) public String name。

在 Windows 系统中指定打印机的名字。

(6) public boolean printToFile 和 public String filename。

printToFile 为 true 指定打印到文件,由 filename 字段指定打印输出的目标文件名。

10.7.2 打印类

打印类 org.eclipse.swt.printing.Printer 的实例封装了一个打印作业。应用程序用 new GC(printer)创建一个 GC 对象,然后以通常的绘图调用向打印机上绘图。

一个打印(Printer)对象可以通过打印数据类(PrinterData)对象(data)创建,相应构造方法是:public Printer(PrinterData data)。或者,使用构造方法:public Printer()构造一个用户系统的默认打印对象。

打印对话框可以让用户初始化一个打印数据(PrintData)对象。

该类有许多方法,常用方法有:

(1) 获取打印区域。

```
public Rectangle getClientArea()
```

该方法返回可显示数据区域的描述矩形,是以像素为单位的页面。

(2) 指定打印区域。

```
public Rectangle computeTrim(    int x,              //所需打印区域的 x 坐标
                                 int y,              //所需打印区域的 y 坐标
                                 int width,          //所需打印区域的宽度
                                 int height)         //所需打印区域的高度
```

该方法返回一个矩形区域作为期望的打印区域。

printer.computeTrim(0,0,0,0)返回不可打印区域。

(3) 获取打印分辨率。

```
public Point getDPI()
```

该方法返回描述打印机分辨率的 Point 对象,其 x 和 y 坐标分别为打印机在水平方向和竖直方向每英寸的点数。

(4) 获取打印数据对象。

public static PrinterData getDefaultPrinterData():该方法返回描述默认打印机的打印数据对象。

public static PrinterData[] getPrinterList():该方法返回描述系统中所有可用打印机的打印对象数组。

(5) 打印作业控制。

public boolean startJob(String jobName)：该方法开始一个打印作业。如果成功返回 true,否则返回 false。

public void endJob()：该方法结束打印作业。

public void cancelJob()：该方法终止打印作业。

(6) 打印过程控制。

public boolean startPage()：开始打印页面。成功返回 true,否则返回 false。

public void endPage()：结束当前页面的打印。

(7) 释放资源。

打印机是系统资源。与其他系统资源一样,使用完后应该及时释放。方法是在程序中显式调用 dispose 方法。

10.7.3 打印对话框

打印对话框类 org.eclipse.swt.printing.PrintDialog 的实例为用户提供了一个对话框,让用户选择打印机和各种相关参数,以便开始一个打印作业。

构造方法：

public PrintDialog(Shell parent)

主要方法：

(1) 设置和获取打印范围。

public void setScope(int scope)：该方法设置打印对话框刚打开时的初始打印范围。

public int getScope()：返回用户在打印对话框中单击【确定】按钮前的打印范围,是 ALL_PAGES、PAGE_RANGE 和 SELECTION 之一。

(2) 获取打印的起始和结束页码。

如果用户在打印对话框中选择的打印范围是 PAGE_RANGE,则使用以下方法：

public int getStartPage()：获取打印起始页码。

public int getEndPage()：获取打印终止页码。

(3) 是否打印到文件。

public boolean getPrintToFile()：该方法获取用户是否选择打印到文件,是则返回 true。

(4) 打开对话框。

public PrinterData open()

该方法打开打印对话框。返回封装了用户在打印对话框中设置的打印参数的打印数据对象。

10.7.4 应用示例

在 Java 程序中设计打印相关程序较为烦琐和复杂,SWT 也一样。本节介绍两种不同的 SWT 打印功能设计方法。

1. StyledText 组件文本内容的打印

SWT 的个别组件（如样式文本 StyledText）提供了其中文本内容的打印功能，极大地简化了打印功能设计，在 SWT 程序中只要调用有关打印方法即可实现打印功能。

StyledText 提供了 3 个打印方法：

（1）public void print()——该方法使用系统默认打印机打印样式文本组件中的文字。

（2）public Runnable print(Printer printer)——该方法使用参数指定的打印机 printer 打印样式文本组件中的文字。该方法返回了一个 Runnable 接口类型的对象，应该使用该对象创建一个非用户界面（non-UI）线程，打印工作在该对象的 run()方法中执行。

（3）public Runnable print(Printer printer，StyledTextPrintOptions options)——该方法使用参数指定的打印机 printer，以及参数 options 所指定的选项打印样式文本组件中的文字。返回的 Runnable 对象在非用户界面（non-UI）线程中执行。

org.eclipse.swt.custom.StyledTextPrintOptions 类指定 StyledText 打印选项。该类有一个简单的构造方法"public StyledTextPrintOptions()"，定义了 11 个字段用于指定打印选项。主要的打印选项字段包括：

（1）footer 和 header——指定打印在每页页脚和页眉的格式化文本。页脚和页眉行被分成 3 个用制表符分隔的区域，分别左对齐、居中和右对齐放置，可以是任意文本或页码占位符<page>，例如"作者：赵满来\t 简易文本阅读器\t<page>"。

（2）jobName——指定打印作业的名字，例如"options.jobName = "Example";"。

（3）lineLabels——用 String 类型的数组指定要打印的行号。

（4）printLineBackground——是一个 boolean 类型字段，用于指定是否打印行背景颜色。

（5）printTextBackground——是一个 boolean 型字段，用于指定是否打印文本背景颜色。

（6）printTextForeground——是一个 boolean 型字段，用于指定是否打印文本前景颜色。

（7）printLineNumbers——是一个 boolean 型字段，用于指定是否打印行号。

（8）printTextFontStyle——是一个 boolean 型字段，用于指定是否打印字体样式。

例如，以下代码设置打印打印作业名字为 Example，在页脚打印行号，打印行背景，不打印其他格式：

```
StyledTextPrintOptions options = new StyledTextPrintOptions();
options.footer = "\t\t<page>";
options.jobName = "Example";
options.printLineBackground = true;
Runnable runnable = styledText.print(new Printer(), options);
runnable.run();
```

例 10.6 为例 10.5 所完成的资源管理器式文本阅读器程序添加打印右侧窗口所显示文字的功能，以【文件】菜单的【打印】菜单项和工具栏的【打印】工具项方式调用。

设计步骤：

(1) 打开 MyFileReader0.7 项目的 JFileReader 窗体,切换到设计视图,单击 JFace Actions 组的 New 图标,将鼠标指针移到工具栏中【背景颜色】工具项右侧单击。修改该 Action 的 Variable 属性值为 actionPrint,text 属性值为"打印(&P)"。

(2) 切换到源代码视图,为 createActions 方法中的 actionPrint 对象的匿名类添加 run()方法,该方法源代码如下:

```
public void run() {
    super.run();
    PrintDialog pdlog = new PrintDialog(window.getShell());
    PrinterData prtData = pdlog.open();
    Printer printer = new Printer(prtData);
    StyledTextPrintOptions options = new StyledTextPrintOptions();
    options.footer = "\t\t<page>";
    options.printTextFontStyle = true;
    new Thread(textArea.print(printer,options)).start();
}
```

(3) 切换到设计视图,单击 JFace Actions 组的 actionPrint 图标,将鼠标指针移到【文件】菜单中单击。

完成上述步骤运行程序,单击【打印】工具项出现"打印"对话框(见图 10.5),打印效果包含文本格式及页码(见图 10.6)。

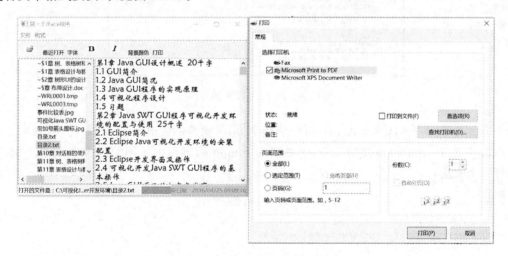

图 10.5　资源管理器式文本阅读器程序的"打印"对话框

2. Control 打印支持

SWT 库非常重要的基础类 org.eclipse.swt.widgets.Control 提供了一个方法"public boolean print(GC gc)",该方法以绘图方式打印组件接收区及其中的子组件。由于需要调用 GC 的绘图方法以绘图方式打印内容,因此需要对打印坐标进行精确计算和控制。不同字体的字符,甚至同一字体的不同字符占用的宽度也不相同,使程序编制更加不易。

SWT 打印控制的基本编程思路和方法是:

首先,根据用户选择的打印机、打印纸等参数计算打印区域。打印区域是一个矩形,中

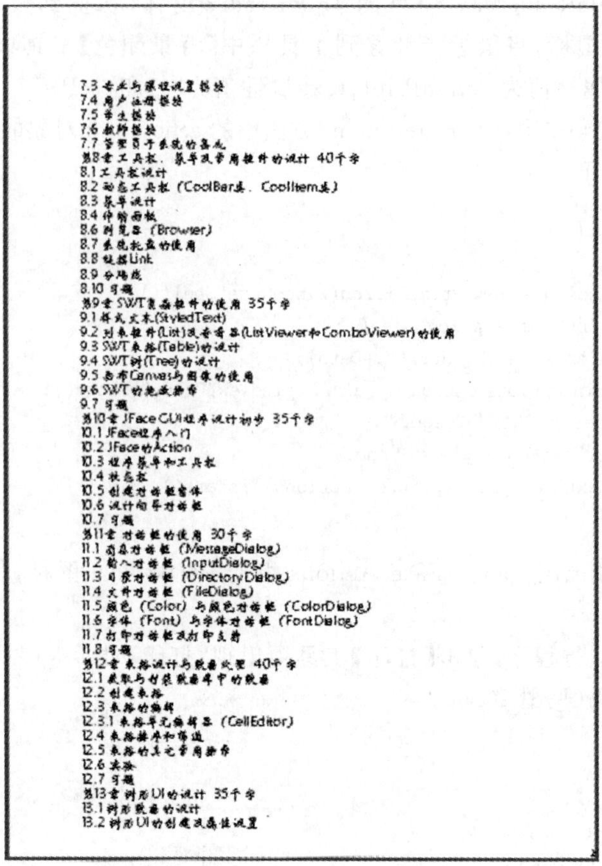
7.3 专业与课程设置模块
7.4 用户注册模块
7.5 学生模块
7.6 教师模块
7.7 管理员子系统的实现
第8章 工具栏、菜单及常用控件的设计 40千字
8.1 工具栏设计
8.2 动态工具栏（CoolBar类、CoolItem类）
8.3 菜单设计
8.4 伸缩面板
8.6 浏览器（Browser）
8.7 系统托盘的使用
8.8 链接Link
8.9 分隔线
8.10 习题
第9章 SWT复杂控件的使用 35千字
9.1 样式文本(StyledText)
9.2 列表控件(List)及查看器(ListViewer和ComboViewer)的使用
9.3 SWT表格(Table)的设计
9.4 SWT树(Tree)的设计
9.5 画布Canvas与图像的使用
9.6 SWT的拖放操作
9.7 习题
第10章 JFace GUI程序设计初步 35千字
10.1 JFace程序入门
10.2 JFace的Action
10.3 程序菜单和工具栏
10.4 状态栏
10.5 创建对话框窗体
10.6 设计向导对话框
10.7 习题
第11章 对话框的使用 30千字
11.1 消息对话框（MessageDialog）
11.2 输入对话框（InputDialog）
11.3 目录对话框（DirectoryDialog）
11.4 文件对话框（FileDialog）
11.5 颜色（Color）与颜色对话框（ColorDialog）
11.6 字体（Font）与字体对话框（FontDialog）
11.7 打印对话框及打印支持
11.8 习题
第12章 表格设计与数据处理 40千字
12.1 获取与封装数据库中的数据
12.2 创建表格
12.3 表格的编辑
12.3.1 表格单元编辑器（CellEditor）
12.4 表格排序和筛选
12.5 表格的其它常用操作
12.6 实验
12.7 习题
第13章 树形UI的设计 35千字
13.1 树形数据的设计
13.2 树形UI的创建及属性设置

图 10.6　例 10.6 程序的打印页

间部分是打印客户区(ClientArea)，可以使用 Printer 对象的 getClientArea()方法获取。四周保留的空白(trim)可以使用 Printer 对象的 computeTrim(0, 0, 0, 0)方法获取。据此，设计一个方法：

```
private Rectangle computePrintArea(Printer printer) {
    //取得打印空间
    Rectangle rect = printer.getClientArea();
    //取得边空
    Rectangle trim = printer.computeTrim(0, 0, 0, 0);
    //取得打印机的 DPI(DPI: 表示每英寸的点数,即通常说的打印机的分辨率)
    Point dpi = printer.getDPI();
    //计算可打印空间
    int left = trim.x + dpi.x;
    if (left < rect.x)
        left = rect.x;
    int right = (rect.width + trim.x + trim.width) - dpi.x;
    if (right > rect.width)
        right = rect.width;
    int top = trim.y + dpi.y;
    if (top < rect.y)
```

```
        top = rect.y;
    int bottom = (rect.height + trim.y + trim.height) - dpi.y;
    if (bottom > rect.height)
        bottom = rect.height;
    return new Rectangle(left, top, right - left, bottom - top);
}
```

其次，当一个打印行即将打印满时应及时换行，一个打印页即将打印到底端时应及时换页。为了打印控制方便，并考虑到英文的打印习惯，每个单词启动一次打印操作。为此，设计两个方法：

```
/**
 * 打印换行的方法
 */
private void printNewline() {
    //重设新行的坐标
    xPos = bounds.x;
    yPos += lineHeight;
    //如果超过页长度，则换一页打印
    if (yPos > bounds.y + bounds.height) {
        yPos = bounds.y;
        printer.endPage();
        printer.startPage();
    }
}

/**
 * 打印缓存 buf 变量中的字符
 */
private void printBuffer() {
    //取得缓存中的字符宽度
    int width = gc.stringExtent(buf.toString()).x;
    //如果宽度不够，则换行
    if (xPos + width > bounds.x + bounds.width)
        printNewline();
    //打印缓存 buf 变量中的字符
    gc.drawString(buf.toString(), xPos, yPos, false);
    xPos += width;
    buf.setLength(0);
}
```

最后，还需要对一个打印页面的起始和结束、打印任务的起始和结束等工作进行具体控制。设计为以下方法：

```
/**
 * 打印方法
 */
public void myPrint() {
    if (printer.startJob(fileName)) {//开始打印任务
        //设定打印空间
        bounds = computePrintArea(printer);
```

```
            xPos = bounds.x;
            yPos = bounds.y;
            //创建 GC 对象
            gc = new GC(printer);
            //设定行高度
            lineHeight = gc.getFontMetrics().getHeight();
            //设定 tab 键的空格数
            int tabWidth = gc.stringExtent(" ").x;
            //开始打印
            printer.startPage();
            buf = new StringBuffer();
            char c;
            for (int i = 0, n = contents.length(); i < n; i++) {
                //得到文件内容的字符
                c = contents.charAt(i);
                //如果读到\n,调用 printBuffer 方法将 buf 中的字符打印,并换行
                if (c == '\n') {
                    printBuffer();
                    printNewline();
                }
                //如果读到\t,表示要跳过一定的空格
                else if (c == '\t') {
                    xPos += tabWidth;
                } else {
                    buf.append(c);                    //将字符添加进 buf 变量
                    //检查是否为空白(表示一个单词结束),如果有则打印该单词
                    if (Character.isWhitespace(c))
                        printBuffer();
                }
            }
            printer.endPage();
            printer.endJob();
            gc.dispose();
        }
    }
```

由于上述 3 个方法用到了一些共同变量而紧密耦合,因此将它们设计在一个类中,共同变量设计为该类的实例变量。类的框架如下:

```
/**
 * 自定义的打印实现类,将所需参数传入,调用 print 方法即可打印
 */
private class PrinterText {
    private Printer printer;                    //打印对象
    private String fileName;                    //打印作业名
    private String contents;                    //需要打印的内容
    private GC gc;                              //一个 GC 对象,使用系统打印资源
    private int xPos, yPos;                     //打印对象 printer 用的坐标
    private Rectangle bounds;                   //打印空间
    private StringBuffer buf;                   //存放每次要打印的词
    private int lineHeight;                     //文本行的高度
```

```
/**
 * 构造方法
 */
public PrinterText(
        Printer printer, String fileName, String contents) {
    this.printer = printer;
    this.fileName = fileName;
    this.contents = contents;
}

//myPrint()方法定义
//printBuffer()方法定义
//printNewline()方法定义
//computePrintArea(Printer printer)方法定义
}
```

可见，程序控制打印与绘图有许多相似之处，都是使用 GC 对象绘图，只不过打印时的绘图目标不是显示设备而是打印机。由于要考虑打印纸张的大小，需要考虑的限制因素更多，因而程序也更复杂。如上面的示例程序所示，真正打印就是 gc.drawString()，那么 gc.drawImage()可以打印图像，gc.drawXxx()可以打印 Xxx 图形。

10.8 设计向导对话框

向导对话框是由多个有逻辑联系的向导页组成的一种分步与用户交互的对话框，例如 Eclipse 中创建一个项目、创建一个 Java 类等都是使用向导对话框完成的。在程序与用户交互的信息较多，信息内容等具有逻辑上的前后联系，一些交互必须以取得某些信息为前提，那么向导对话框是理想之选。WindowBuilder 对向导对话框提供了一定的可视化设计支持，本节较为完整地介绍了向导对话框的设计技术。

10.8.1 创建和设计向导页

如果将向导看成按一定次序排列的一叠卡片，那么每个向导页（WizardPage）就是一张卡片。每个向导页都有自己的布局和设计，并负责向导对话框中单步的显示与行为。

单击 Eclipse 主工具栏第二个按钮，选择下拉菜单中的 JFace|WizardPage 菜单项，在 New JFace WizardPage 对话框中输入包名和类名，单击【完成】按钮，即可创建一个向导页。切换到设计视图可以看到，向导页与 TitleAreaDialog 窗口布局和组件构成一样，但是它的按钮区不可以直接用可视化方法修改，不能修改按钮上的文字、不能改变位置和大小、不能添加新的按钮。

选择向导页窗口或 (org.eclipse.jface.wizard.WizardPage) 节点，属性面板中的 title 属性设置信息区的标题文字；description 属性设置信息区的信息正文，但是如果设置了 message 属性，则在信息正文区只显示 message 属性设置的内容，一般还是使用 description 属性；imageDescriptor 属性设置信息区右上角的图标；errorMessage 属性设置的文字在信息正文区显示,该区左上角出现 ⊗ 图标,同时 description 属性设置的文字不再显示。

在向导页窗口的中间 container 面板上添加和设计 GUI 组件。

应该特别注意 pageComplete 属性。该属性为 true(选取),则在向导对话框中该向导页的【下一步】按钮有效,单击它可以切换到下一张向导页。如果该属性设置为 false(未选取),则向导对话框中该向导页的【下一步】按钮显示为灰色,单击无效。

例如,在向导页 wd1 的 container 面板中有一个文本框组件 text,为该组件注册 Modify 事件监听器。源代码如下:

```
text.addModifyListener(new ModifyListener() {
    public void modifyText(ModifyEvent arg0) {
        if(text.getText()!= null && !"".equals(text.getText().trim()))
            wd1.setPageComplete(true);
    }
});
```

则在该向导页中的文本框内没有输入内容时,向导对话框中【下一步】按钮不能单击,也不能切换到其他向导页。

10.8.2　创建向导

JFace 的向导(Wizard)是管理和组织向导页的 org.eclipse.jface.wizard.Wizard 类的对象,维护向导页列表以及卡片式布局中每一个位于栈顶的向导页。

单击 Eclipse 主工具栏第二个按钮,选择下拉菜单中的 JFace|Wizard 菜单项,在 New JFace Wizard 对话框中输入包名和类名,单击 pages 区右边的 Add 按钮,在 Open type 对话框中输入和选择向导页类,单击【确定】按钮向该向导中添加向导页,该区的 Remove 按钮删除已经添加的向导页,Up 和 Down 按钮修改向导页的次序。最后单击【完成】按钮,即可创建一个向导(见图 10.7)。

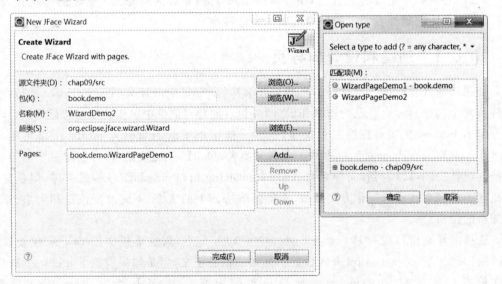

图 10.7　创建 JFace Wizard 对话框及添加向导页对话框

向导没有设计视图。查看源代码，public void addPages(){…}方法中包含各向导页对象，可能需要将一些向导页对象重构为该向导类的字段。public boolean performFinish(){…}方法是用户单击【完成】按钮时执行的方法，Wizard 的子类必须实现该方法，具体实现向导的"完成"过程。performFinish 返回 true 表示"完成"请求被接受，false 表示请求被拒绝。

在向导类中有时可能还需要覆盖 public boolean performCancel()方法。该方法是用户单击【取消】按钮时执行的方法。如果子类需要具体的"取消"操作，则需要覆盖该方法。返回 true 表示"取消"请求被接受，false 表示请求被拒绝。例如，如果向导对话框打开了数据库或文件，则取消时应该关闭连接或文件以便释放内存。

10.8.3　向导对话框的使用

向导对话框(WizardDialog)是 org.eclipse.jface.wizard.WizardDialog 类的实例，用一个特定的向导(Wizard)实例化这个类，对话框作为该向导的容器，并精心安排向导包含的向导页(WizardPage)，从而向最终用户显示一个向导。

向导对话框的顶部有一个区域用于显示向导的标题、描述和图标，实际向导页显示在中部，下部是一个进度指示器(需要时才显示)，底部是信息行和按钮栏。按钮主要包括【帮助】【上一步】【下一步】【完成】和【取消】，也可能只有这些按钮中的一部分。

向导对话框类有一个嵌套的类 WizardDialog.PageContainerFillLayout，描述向导(Wizard)容器的布局，包含一个常量 public static final String WIZ_IMG_ERROR，是出错信息图标在图像注册表中的键(对应的值是 dialog_title_error_image)。

构造方法"public WizardDialog(Shell parentShell, IWizard newWizard)"使用给定的向导 newWizard 创建一个向导对话框。

向导对话框类有大量的方法，其中的 protected 方法在设计该类的子类时可以重写。WindowBuilder 并没有对向导对话框的使用给出可视化设计支持，因此都是通过编写程序代码使用，以下分类介绍可以直接调用的方法。

(1) 属性设置。

public void setPageSize(int width, int height)：设置向导页的尺寸，且优先于计算尺寸。

public void setMinimumPageSize(int minWidth, int minHeight)：设置向导页的最小尺寸。

(2) 获取向导页。

public IWizardPage getCurrentPage()：返回当前的向导页。

public Object getSelectedPage()：返回在对话框中当前选择的向导页。

(3) 更新状态。

public void updateWindowTitle()：更新窗口的标题以反映当前向导的状态。

public void updateTitleBar()：更新标题栏(标题、描述和图标)，以反映当前活动向导页的状态。

public void updateMessage()：更新显示在信息行上的信息(或错误信息)，以反映当前向导页的状态。

public void updateButtons()：激活并使能【上一步】【下一步】和【完成】按钮的状态，以反映当前向导的状态。

public void updateSize()：更新窗口的大小以反映当前向导的状态。

以上这些更新方法在向导页改变时由向导对话框自身调用，也可以在其他时间由向导页调用以强制更新信息。

（4）显示和关闭。

public void showPage(IWizardPage page)：使给定的向导页 page 可见。

public boolean close()：关闭向导窗口，销毁 shell，从窗口管理器删除该窗口（如果有）。

向导对话框运行时，在切换到新向导页的过程中会触发 PageChangingEvent 事件和 PageChangedEvent 事件。

（1）PageChangingEvent 事件是在由多个页面构成的对话框的当前页正在改变的过程中触发的，而不用于页面控件的验证。监听器是 IPageChangingListener 接口实现类的对象，实现类需要实现 void handlePageChanging(PageChangingEvent event)方法，此方法在处理事务逻辑过程中必须设置 PageChangingEvent 对象的 doit 字段为 false，以阻止页面改变。该事件监听器用于需要长时间运行的只执行一次的任务。

（2）PageChangedEvent 事件是在由多个页面构成的对话框的当前页刚发生改变时触发。监听器是 IPageChangedListener 实现类的对象，实现类需要实现 void pageChanged(PageChangedEvent event)方法。对于需要引用用户在前面向导页输入的信息才能正常工作的向导页，可以使用该事件监听器处理。例如，例 10.7 需要知道用户在第一个向导页选择的专业名，才能在第三个向导页显示该专业的课程列表，那么需要为向导对话框对象注册 PageChangedEvent 事件监听器，在刚切换到第三个向导页时立即为课程列表加载该专业的课程列表。

10.8.4 向导设计与应用示例

在例 8.8 及例 8.9 所使用的班级及课程树（见图 8.21）中，课程是排给某个专业下的确定班级的，此处课程设置是首先要确定专业，接着确定年级和班级，然后才能输入或选择课程，具有明确的层次和先后次序，数据之间有依赖关系，对此可以使用向导对话框来设置。

例 10.7 使用向导对话框为学生成绩管理系统项目设计课程设置模块。

分析：按图 8.21 树结构的层次依次设计选择专业向导页、选择年级和班级向导页以及输入和选择课程向导页，然后设计向导类组织它们，最后用向导对话框显示出来。本题先使用一个文本文件存储课程设置，内容包括专业名、年级、班级、课程类型和课程名，如"计算机科学与技术，2015，1，专业选修课，Jsp 程序设计"，以后将改为使用数据库存储。

操作步骤：

（1）右击项目名 StdScoreManaV0.8，在快捷菜单中选择【构建路径】|【添加外部归档】菜单项，选择 eclipse/plugins 目录下的 jface 中文语言支持包 org.eclipse.jface.nl_zh_4.5.0.v20160813060001.jar，单击【确定】按钮。

（2）在 book.stdscore.ui 包名上单击，然后单击 Eclipse 主工具栏第二个按钮，选择下拉菜单中的 JFace|WizardPage 菜单项，在 New JFace WizardPage 对话框中输入类名 DepartmentWizardPage，单击【完成】按钮。

切换到设计视图，设置 title 属性值为"课程设置"，description 属性值为"在列表中选择课程所属的专业名称。", imageDescriptor 属性值为 "Classpath:/images/ dept. JPG", pageComplete 属性值为 false。container 面板的 Layout 属性为 GridLayout。

（3）向 container 中添加 List 组件，修改 Variable 属性值为 listDepartment，Style|h_scroll 和 Style|v_scroll 属性值为 true。在该组件左上角和右下角各添加一个标签组件，并设置为水平与垂直抢占。设置 listDepartment 组件的合适高度和宽度。

（4）切换到源码视图，为 DepartmentWizardPage 类添加字段 "private LinkedList<Department> deptList;" 和 "private Department currDept;"，并为它们添加 Getter。在该类中添加 getDeptListFromFile()方法，以便从文件中读取专业列表。getDeptListFromFile()方法源代码如下：

```
LinkedList<Department> getDeptListFromFile() {
    LinkedList<Department> departList = new LinkedList<Department>();;
    File deptFile = new File("deptList.obj");
    if(deptFile.exists()) {
        try {
            FileInputStream fis = new FileInputStream(deptFile);
            ObjectInputStream ois = new ObjectInputStream(fis);
            departList = (LinkedList<Department>) ois.readObject();
            if(ois!= null)
                ois.close();
            if(fis!= null)
                fis.close();
        } catch (ClassNotFoundException e) {
            //TODO 自动生成的 catch 块
            e.printStackTrace();
        } catch (IOException e) {
            //TODO 自动生成的 catch 块
            e.printStackTrace();
        }
    }
    return departList;
}
```

在 DepartmentWizardPage 类的构造方法中添加语句 "deptList = getDeptListFromFile();"。

（5）在 createControl()方法中为 listDepartment 使用以下循环添加专业名列表项：

```
for(Department dept : deptList)
    listDepartment.add(dept.getName());
```

（6）为专业名列表组件 listDepartment 注册 Selection 事件监听器，设计事件处理方法 widgetSelected()，其源代码如下：

```
public void widgetSelected(SelectionEvent e) {
    if(listDepartment.getSelection().length == 1) {
        currDept = new Department(listDepartment.getSelection()[0]);
        setPageComplete(true);
    }
}
```

(7) 重复步骤(1)和步骤(2)，创建年级和班级输入向导页类 GradeClassWizardPage，添加字段"private int grade;"和"private int aclass;"分别存放年级和班级数据，并设计 Getter 方法。

(8) 向向导页类 GradeClassWizardPage 的 container 面板中添加年级列表 listGrade 组件、班级输入组件 spinnerClass、3 个标签组件以及 2 个填充标签，并进行必要的设置。界面参考图 10.8。

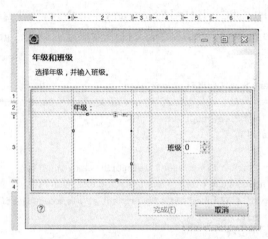

图 10.8　向导页 GradeClassWizardPage 的设计界面

(9) 在 createControl 方法中使用以下语句添加年级列表项：

```
Calendar c = Calendar.getInstance();
int year = c.get(Calendar.YEAR);
for(int i = year - 3; i < year + 4; i++)
    listGrade.add(i + "");
```

并为该列表组件注册事件监听器，代码如下：

```
listGrade.addSelectionListener(new SelectionAdapter() {
    @Override
    public void widgetSelected(SelectionEvent e) {
        if(listGrade.getSelection().length == 1) {
            grade = Integer.parseInt(listGrade.getSelection()[0]);
            if(grade > 0 && aclass > 0)
                setPageComplete(true);
        }
    }
});
```

(10) 为班级 spinnerClass 组件注册事件监听器，代码如下：

```
spinnerClass.addSelectionListener(new SelectionAdapter() {
    @Override
    public void widgetSelected(SelectionEvent e) {
        aclass = Integer.parseInt(spinnerClass.getText());
        if(grade > 0 && aclass > 0 && aclass < 10)
```

```
                setPageComplete(true);
            }
        });
```

(11) 重复步骤(1)和步骤(2),创建添加课程向导页。设计如图 10.9 所示的界面,其中输入课程名的文本框 Variable 属性值为 textCourseName,选择课程类型的组合框 Variable 属性值为 comboCourseType,课程列表组件的 Variable 属性值为 listHasCourse,添加课程按钮的 Variable 属性值为 buttonAdd,删除课程按钮的 Variable 属性值为 buttonDel。

图 10.9　向导页 CourseWizardPage 设计界面

(12) 为 CourseWizardPage 类添加字段"private List listHasCourse;"及 Getter()方法。在 createControl 方法中使用语句"comboCourseType.setItems(new String[] { "公共基础课","专业基础课","专业选修课" });"为课程类型组合框添加列表项。

(13) 为添加新课程按钮注册 Selection 事件监听器如下:

```
buttonAdd.addSelectionListener(new SelectionAdapter() {
    @Override
    public void widgetSelected(SelectionEvent e) {
        String cname = textCourseName.getText().trim();
        String ctype = comboCourseType.getText();
        if (cname != null && !"".equals(cname) && !"".equals(ctype)) {
            String[] items = listHasCourse.getItems();
            for (String c : items) {
                if (c.split("'")[1].equals(cname) && c.split("'")[0].equals(ctype)) {
                    setMessage("类型为 " + ctype + " 课程名为 " + cname + " 的课程已存在.");
                    textCourseName.selectAll();
                    textCourseName.setFocus();
                    return;
                }
            }
            listHasCourse.add(ctype + "'" + cname);
            textCourseName.setText("");
            setPageComplete(true);
        }
```

```
        }
    });
```

为删除选取的课程按钮注册 Selection 事件监听器如下：

```
buttonDel.addSelectionListener(new SelectionAdapter() {
    @Override
    public void widgetSelected(SelectionEvent e) {
        String[] selCourse = listHasCourse.getSelection();
        if (selCourse.length > 0) {
            for (int i = 0; i < selCourse.length; i++) {
                listHasCourse.remove(selCourse[i]);
                setPageComplete(true);
            }
        }
    }
});
```

(14) 单击 Eclipse 主工具栏第二个按钮，选择下拉菜单中的 JFace|Wizard 菜单项，在 New JFace Wizard 对话框中输入类名 CourseSetWizard。单击 pages 区右边的 Add 按钮，依次添加 DepartmentWizardPage、GradeClassWizardPage 和 CourseWizardPage 向导页，并将 addPages 方法中的上述 3 个向导页的匿名局部变量重构为字段变量 departmentWizardPage、gradeClassWizardPage 和 courseWizardPage。

(15) 设计向导类的 performFinish() 方法，将课程设置表保存到文本文件 deptGradeClassCourse.txt 中，并调用专门设计的方法 saveCourseList() 将课程列表中的课程设置为当前专业的新课程列表字段值，更新专业列表文件 deptList.obj，以便使当前专业采用新课程列表。performFinish() 方法源代码见程序清单 10.1，saveCourseList() 方法源代码见程序清单 10.2。

程序清单 10.1：

```
public boolean performFinish() {
    boolean finish = false;
    Department currDept = departmentWizardPage.getCurrDept();
    int grade = gradeClassWizardPage.getGrade();
    int aclass = gradeClassWizardPage.getAclass();
    //保存课程设置表
    String allStr = "";
    String lineStr = "";
    try {
        File file = new File("deptGradeClassCourse.txt");
        if (file.exists()) {
            FileReader fr = new FileReader(file);
            BufferedReader br = new BufferedReader(fr);
            lineStr = br.readLine();
            while (lineStr != null && !lineStr.equals("")) {
                allStr += lineStr + "\r\n";
                lineStr = br.readLine();
            }
            if (br != null)
```

```
                br.close();
            if (fr != null)
                fr.close();
        }
        String[] items = courseWizardPage.getListHasCourse().getItems();
        String dga = currDept.getName() + "," + grade + "," + aclass + ",";
        for (int i = 0; i < items.length; i++) {
            allStr += dga + items[i].split("'")[0] + "," + items[i].split("'")[1] + "\r\n";
        }
        FileWriter fw = new FileWriter(file);
        fw.write(allStr);
        if (fw != null)
            fw.close();
        //更新专业列表文件,以便本专业采用新课程列表
        saveCourseList(currDept, items);
    } catch (IOException e) {
        //TODO 自动生成的 catch 块
        e.printStackTrace();
    }
    finish = true;
    return finish;
}
```

程序清单 10.2：

```
public void saveCourseList(Department currDept, String[] courses) {
    LinkedList<Department> deptList = null;
    if (currDept == null)
        return;
    //设置当前专业新课程列表
    LinkedList<Course> coursesList = new LinkedList<Course>();
    for (int i = 0; i < courses.length; i++) {
        coursesList.add(new Course(courses[i].split("'")[1], courses[i].split("'")[0]));
    }
    currDept.setCoursesList(coursesList);
    //更新专业列表,以便使当前专业采用新课程列表
    File deptFile = new File("deptList.obj");
    try {
        if (deptFile.exists()) {
            FileInputStream fis = new FileInputStream(deptFile);
            ObjectInputStream ois = new ObjectInputStream(fis);
            deptList = (LinkedList<Department>) ois.readObject();
            if (ois != null)
                ois.close();
            if (fis != null)
                fis.close();
        } else {
            deptList = new LinkedList<Department>();
            deptList.add(currDept);
        }
        for (int i = 0; i < deptList.size(); i++) {
```

```
                if (deptList.get(i).getName().equals(currDept.getName())) {
                    deptList.set(i, currDept);
                    break;
                }
            }
            FileOutputStream fos = new FileOutputStream(deptFile);
            ObjectOutputStream oos = new ObjectOutputStream(fos);
            oos.writeObject(deptList);
            if (oos != null)
                oos.close();
            if (fos != null)
                fos.close();
        } catch (ClassNotFoundException e) {
            //TODO 自动生成的 catch 块
            e.printStackTrace();
        } catch (IOException e) {
            //TODO 自动生成的 catch 块
            e.printStackTrace();
        }
    }
```

(16) 修改 UserLogin 类中【登录】按钮的事件处理方法,修改后源代码如下:

```
buttonOK.addSelectionListener(new SelectionAdapter() {
    @Override
    public void widgetSelected(SelectionEvent arg0) {
        int jb = -1;
        if(radioButtonStd.getSelection())
            jb = 0;
        else if(radioButtonTch.getSelection())
            jb = 1;
        else
            jb = 2;
        User user = new User(textUser.getText().trim(), textPass.getText().trim(),jb);
        if (new UsersSet().isValid(user)) {
            shell.dispose();
            if(jb == 0) {
                ScoreMana sm = new ScoreMana(user);
                sm.open();
                shell = sm.getShell();
            }
            if(jb == 2) {
                AdminScoreMana as = new AdminScoreMana(user);
                as.open();
                shell = as.getShell();
            }
        } else {
            textUser.setText("");
            textPass.setText("");
        }
    }
});
```

(17) 在设计视图打开 AdminScoreMana 窗口，修改工具按钮 ▦ 为专业设置，在工具栏添加工具项 ▦ 进行课程设置，Variable 属性值设置为 toolItemCourseSet。

(18) 在 AdminScoreMana 类中设计方法 getDeptCourses()，从 deptList.obj 文件中为向导对话框中选定的专业读取课程列表，该方法源代码如下：

```java
LinkedList<Course> getDeptCourses(Department deptCurrt) {
    //TODO 自动生成的方法存根
    LinkedList<Course> coursesList = new LinkedList<Course>();
    File deptFile = new File("deptList.obj");
    try {
        FileInputStream fis = new FileInputStream(deptFile);
        ObjectInputStream ois = new ObjectInputStream(fis);
        LinkedList<Department> deptList = (LinkedList<Department>) ois.readObject();
        if (ois != null)
            ois.close();
        if (fis != null)
            fis.close();

        for (int i = 0; i < deptList.size(); i++) {
            if( deptList.get(i).getName().equals(deptCurrt.getName())) {
                coursesList = deptList.get(i).getCoursesList();
                break;
            }
        }
    } catch (ClassNotFoundException e) {
        //TODO 自动生成的 catch 块
        e.printStackTrace();
    } catch (IOException e) {
        //TODO 自动生成的 catch 块
        e.printStackTrace();
    }
    return coursesList;
}
```

(19) 为课程设置工具项 toolItemCourseSet 注册并设计事件监听器，在事件处理方法 widgetSelected() 中创建 CourseSetWizard 向导对象，由此创建向导对话框并为其注册向导页改变事件 PageChangedEvent 事件监听器，在切换到添加课程向导页时加载所选定专业的课程列表。事件处理方法 widgetSelected 源代码如下：

```java
toolItemCourseSet.addSelectionListener(new SelectionAdapter() {
    @Override
    public void widgetSelected(SelectionEvent e) {
        CourseSetWizard csw = new CourseSetWizard();
        WizardDialog wd = new WizardDialog(shell,csw);
        wd.addPageChangedListener(new IPageChangedListener(){
            @Override
            public void pageChanged(PageChangedEvent arg0) {
                //TODO 自动生成的方法存根
                if(wd.getCurrentPage() instanceof CourseWizardPage) {
```

```
                CourseWizardPage cwp = (CourseWizardPage)wd.getCurrentPage();
                List lhc = cwp.getListHasCourse();
                DepartmentWizardPage dwp = (DepartmentWizardPage)cwp.getPreviousPage()
                                                                    .getPreviousPage();
                LinkedList<Course> coursesList = getDeptCourses(dwp.getCurrDept());
                dwp.getCurrDept().setCoursesList(coursesList);
                for(Course c : coursesList) {
                    lhc.add(c.getType() + "·" + c.getName());
                }
            }
        }
    });
    wd.open();
    }
});
```

完成上述步骤后以管理员身份登录,在系统管理主界面单击课程设置工具项,即出现课程设置向导对话框,运行界面如图10.10所示,能够按照题目要求运行。

图10.10 课程设置向导对话框

10.9 习题

1. 消息对话框有返回值吗?如果有,是哪种类型的?返回值的含义是什么?

2. 如何确保输入对话框返回一个整数?如何确保输入对话框返回一个非0整数?请编写相应的程序。

3. 如何让用户以最快速度打开程序指定的目录?

4. 编写程序,使用打开文件对话框,允许用户选择多个文本文件,分别把这些文件的路径信息显示在消息对话框中。

5. 打开一个颜色对话框后,可以直接得到用户所选择的Color对象吗?

6. 如何获取用户在字体对话框中所选择的Font对象?

7. 下列哪些叙述是正确的?( )

A. 打印数据类封装了一个打印作业　　B. 打印对话框返回了一个打印作业说明

C. 打印类封装了一个打印作业　　　　D. 打印对话框返回了一个打印作业

E. 调用PrintDialog类的startPage()方法可以开始一个页面的打印

F. 调用Printer类的startJob开始一个打印作业

8. 下列哪些叙述是正确的？（　　）

A. 向导页类 WizardPage 的子类必须实现抽象方法 performFinish()

B. 向导类 Wizard 的子类必须实现抽象方法 performFinish()

C. 向导对话框类 WizardDialog 在 createControl()方法中创建组件

D. 向导页类 WizardPage 的子类重写 createControl()方法，并在其中创建组件

E. 向导页底部包含包括【帮助】【上一步】【下一步】【完成】和【取消】按钮，或其中部分按钮

F. 向导对话框底部包含包括【帮助】【上一步】【下一步】【完成】和【取消】按钮，或其中部分按钮

第11章 表格设计与数据处理

Java GUI 程序的数据处理包括数据的输入、数据结构的设计、数据的存储、数据的输出等环节。多数情况下，Java GUI 程序的数据保存在数据库中，程序中使用的数据就是直接从数据库中获取的。目前，大部分数据库采用关系模型，数据以二维表结构描述。正如在 8.2 节看到的 SWT 的表格组件可以为用户十分直观、方便、高效地为这种结构的数据提供显示、输入和修改的界面。JFace 库的表格查看器则专门管理和维护表格组件中的数据。本章介绍以表格查看器为工具采用 SWT/JFace 表格组件处理二维表结构数据的方法。

11.1 获取与封装数据库中的数据

Java 程序处理的数据主要保存在磁盘文件或数据库中。使用 Java 标准类库中提供的一整套对磁盘文件进行处理的类，可以方便地读写文件，进行数据格式转换等操作。例如，在前面所介绍的学生成绩管理系统的例子中，数据就以文本文件或对象序列化的方式保存在磁盘文件中。但是用这种方式处理数据，需要 Java 程序处理较多的细节，读写效率不高，使用也不方便。大多数情况下使用数据库更为高效和方便。

Java 语言提供了访问数据库的 API——JDBC(Java DadaBase Connectivity)。JDBC 由一些类和接口组成，在核心类库 java.sql 包中，提供了对各种主要类型的数据库进行连接和操作的通用途径和方法。以下介绍 Java 程序使用 JDBC 访问数据库的步骤和方法。

11.1.1 加载数据库驱动程序

Java 程序要访问数据库，首先需要与数据库建立连接。数据库种类较多，数据库开发者提供了大多数数据库系统的 JDBC 驱动程序，对于没有提供 JDBC 驱动程序的数据库，则可以通过 JDBC-OBDC 桥接器访问。

将所用数据库驱动程序的打包文件(jar 包)置于 Java 的 CLASSPATH 环境变量所指路径下。如要使用 MySQL 数据库，则将驱动程序包 mysql-connector-java-3.1.11-bin.jar 复制到 jre\lib\ext 目录下，或者在 CLASSPATH 中添加该文件所在的路径，或者在 Java 项目的构建路径中添加该 jar 包。

加载一个数据库驱动程序的方法是使用 Class 类的静态方法 forName，用法如下：

```
try {
```

```
        Class.forName("驱动程序包名.类名");
    } catch(ClassNotFoundException e) {
        e.stackTrace();
    }
```

例如,要在 Java 程序中访问 Access 数据库或 Excel 工作簿,可用以下方法加载 JDBC-OBDC 桥驱动程序:

```
    try {
        Class.forName("sun.jdbc.odbc.JdbcOdbcDriver");
    } catch(ClassNotFoundException e) {
        e.stackTrace();
        return;
    }
```

表 11.1 列出了几种常用的数据库驱动程序。

表 11.1 常用数据库 JDBC 驱动程序

数 据 库	.jar 文件	驱动程序(省略.class)
JDBC-OBDC 桥驱动程序	jre\lib\rt.jar	sun.jdbc.odbc.JdbcOdbcDriver
Derby	%JAVA_HOME%\db\lib\derby.jar	org.apache.derby.jdbc.EmbeddedDriver 或 org.apache.derby.jdbc.ClientDriver
Oracle	classes12.jar	oracle.jdbc.driver.OracleDriver
MS SQL Server	mssqlserver.jar	com.microsoft.jdbc.sqlserver.SQLServerDriver
MySQL	mysql-connector-java-3.1.11-bin.jar	com.mysql.jdbc.Driver
DB2	db2java.jar	COM.ibm.db2.jdbc.net.DB2Driver

11.1.2 连接数据库

程序使用 JDBC 与数据库的一个连接是 java.sql.Connection 接口实现类的一个实例,它是通过 java.sql.DriverManager 类的静态方法 getConnection 获得的。DriverManager 类在加载数据库驱动程序时已被初始化,主要用以下两种 getConnection 方法:

(1) getConnection public static Connection getConnection(String url)throws SQLException

其中,参数 url 是 jdbc:subprotocol:subname 形式的数据库 url。如要建立与 MS SQL Server 的连接,该 url 是:

jdbc:microsoft:sqlserver://127.0.0.1:1433;DatabaseName=WapSvc;User=sa;Password=pwd

DatabaseName=WapSvc 指定数据库名,User=sa 指定连接用户名,Password=pwd 给出密码。

该方法返回到 URL 的连接。

(2) getConnection public static Connection getConnection(String url,   //连接 url
                                                           String user,   //用户名
                                                           String password)//密码

例如,要建立与 MySQL 数据库的连接,使用如下语句:

```
java.sql.Connection conn = java.sql.DriverManager.getConnection("jdbc:mysql://localhost/
test?useUnicode=true&characterEncoding=GBK", "root", null);
```

url形式是"jdbc：mysql://hostname：3306/dbname?useUnicode = true&characterEncoding = GBK"，hostname为运行MySQL服务器的主机名，dbname为数据库名。该语句的root为用户名，无密码。

使用JDBC-OBDC桥接器连接数据库之前，首先要建立ODBC数据源，JDBC然后使用该数据源名字与数据库建立连接。主要步骤包括：

在Windows系统下，单击菜单【开始】|【控制面板】|【所有控制面板项】|【管理工具】|【数据源（ODBC）】，出现【ODBC数据源管理器】对话框（见图11.1）。单击控制面板程序的【查看】|【转至】|【所有控制面板项】菜单项，然后可以找到【管理工具】项。Windows 10则可以在【控制面板】|【系统和安全】|【管理工具】中找到【ODBC数据源（64位）】（或【ODBC数据源（32位）】，然后打开【ODBC数据源管理程序】对话框。

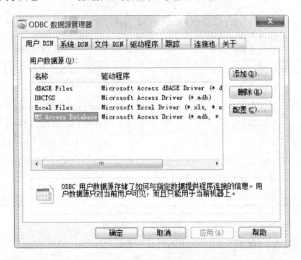

图11.1 ODBC数据源管理器对话框

在"ODBC数据源管理器"对话框中选择【用户DSN】选项卡，单击右边的【添加】按钮，在新出现的【创建数据源】对话框（见图11.2）中为数据源选择驱动程序，单击【完成】按钮。如果【创建数据源】对话框中只有SQL Server驱动程序而没有Access和Excel等驱动程序，则需要运行一次Windows\SysWOW64或Windows\System32文件夹下的odbcad32.exe程序。

之后，出现数据源安装对话框。如上步选择了Microsoft Access，则出现【ODBC Microsoft Access安装】对话框（见图11.3）。输入数据源名称与说明。单击该对话框中部的数据库【选择】按钮，在新出现的【选择数据库】对话框中找到数据库的存放文件夹，选择需要的数据库（见图11.4），单击【确定】按钮。然后单击数据源安装对话框中的【确定】按钮。在"ODBC数据源管理器"对话框中就可看到新建的数据源。记住该数据源的名字，以后用它作为数据库名连接数据库。最后单击"ODBC数据源管理器"对话框中的【确定】按钮。

直接用"jdbc:odbc:name"为url构建与数据库的连接。如与数据源StudentScore建立

第11章 表格设计与数据处理 303

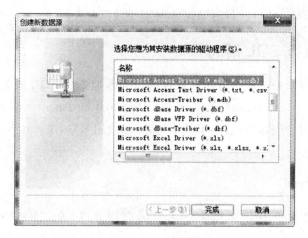

图 11.2 创建数据源对话框

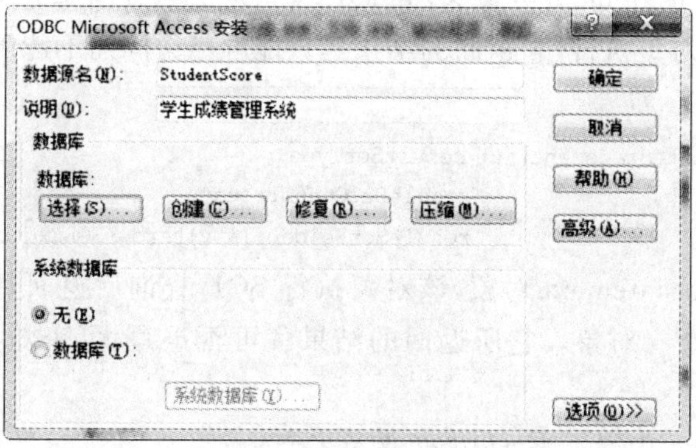

图 11.3 ODBC Microsoft Access 安装对话框

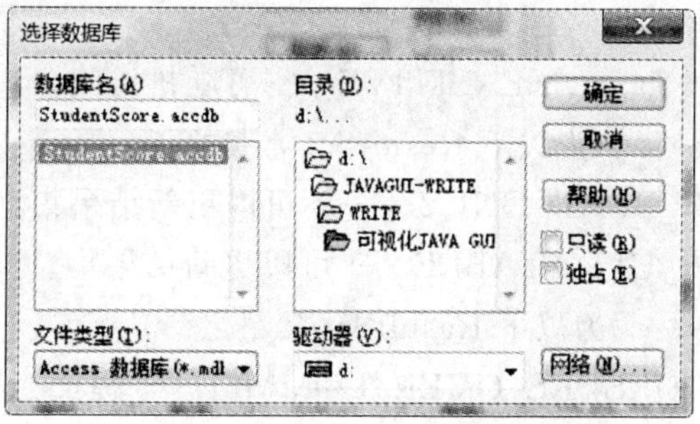

图 11.4 选择数据库对话框

连接,可以使用语句:

　　java.sql.Connection conn = java.sql.DriverManager.getConnection("jdbc:odbc:StudentScore");

建立连接。

　　建立有些数据源时,还需要在输入数据源名称和描述之后设置数据库服务器名字及用户名和密码。如为 SQL Server 设置数据源时需要做该设置。

11.1.3 执行 SQL 语句

通过数据库连接对象的相关方法获取执行访问数据库的 SQL 语句对象。有两种类型的语句对象：java.sql.Statement 和 java.sql.PreparedStatement。前者直接执行 SQL 语句，使用简单，后者则预编译后执行 SQL 语句，可以使用参数，使用比较灵活，使用前需要做一些设置。

1. 获取 Statement

java.sql.Connection 接口提供了 3 个方法返回 java.sql.Statement 对象，常用以下两个：

（1）Statement　createStatement() throws SQLException

该方法创建一个 Statement 对象来将 SQL 语句发送到数据库。不带参数的 SQL 语句通常使用 Statement 对象执行，它返回的结果集只能顺序访问而不能随机访问，结果集不可修改。

（2）Statement createStatement(int resultSetType,
　　　　　　　　　　　　　int resultSetConcurrency,
　　　　　　　　　　　　　int resultSetHoldability)throwsSQLException

该方法创建一个 Statement 对象，该对象执行 SQL 查询后返回具有给定类型、并发性和可保存性的 ResultSet 对象。它所返回的结果集可否重写、可否随机访问和可保存性通过参数指定。参数：

resultSetType——为以下 ResultSet 常量之一：

ResultSet.TYPE_FORWARD_ONLY——对结果集只能随游标顺序访问。

ResultSet.TYPE_SCROLL_INSENSITIVE——可随机访问，但通常不受对结果集更改的影响。

ResultSet.TYPE_SCROLL_SENSITIVE——可随机访问，且受对结果集更改的影响。

resultSetConcurrency——为以下 ResultSet 常量之一：

ResultSet.CONCUR_READ_ONLY——不可以更新结果集。

ResultSet.CONCUR_UPDATABLE——可以更新结果集。

resultSetHoldability——为以下 ResultSet 常量之一：

ResultSet.HOLD_CURSORS_OVER_COMMIT——提交当前事务时，结果集对象将保持开放。

ResultSet.CLOSE_CURSORS_AT_COMMIT——提交当前事务时，结果集对象被关闭。

2. 使用 Statement 执行 SQL 语句

Statement 接口提供执行查询的方法：

ResultSet executeQuery(String sql) throws SQLException

其中,参数 sql 为执行的查询语句。如"String sql = "select * from users";",则:

```
java.sql.Statement stmt = conn.createStatement();
java.sql.ResultSet rs = stmt.executeQuery(sql);
```

执行该查询,返回结果集为 rs。

常用执行更新的方法为

```
int executeUpdate(String sql) throws SQLException
```

其中,参数 sql 为需要执行的 SQL 语句,该语句可能为 INSERT、UPDATE 或 DELETE 语句,或者不返回任何内容的 SQL 语句(如 SQL DDL 语句)。

该方法返回:

(1) 对于 SQL 数据操作语言(DML)语句 INSERT、UPDATE 或 DELETE,返回行计数。

(2) 对于什么都不返回的 SQL 语句,返回 0。

3. 获取 PreparedStatement 和执行操作

java.sql.Connection 接口提供了 6 个方法返回 java.sql.PreparedStatement 对象,常用以下两个:

(1) `PreparedStatement prepareStatement(String sql) throws SQLException`

该方法创建一个 PreparedStatement 对象来将参数化的 SQL 语句发送到数据库。

带有 IN 参数或不带有 IN 参数的 SQL 语句都可以被预编译并存储在 PreparedStatement 对象中,然后可以有效地使用此对象来多次执行该语句。IN 参数在 SQL 语句中以"?"形式占位,将来使用 PreparedStatement 对象的 setXxx()方法设置该位置的具体值。

(2) `PreparedStatement prepareStatement(String sql,`
                                        `int resultSetType,`
                                        `int resultSetConcurrency,`
                                        `int resultSetHoldability)throwsSQLException`

该方法创建一个 PreparedStatement 对象,该对象执行 SQL 查询后返回具有给定类型、并发性和可保存性的 ResultSet 对象。参数的含义与获取 Statement 对象的第二个方法相同。

例如:

```
sql = "select * from Friends where Salary >?";
PreparedStatement pstmt = conn.prepareStatement(sql,
                        ResultSet.TYPE_SCROLL_SENSITIVE, ResultSet.CONCUR_UPDATABLE);
pstmt.setInt(1, 5000);                          //设置第一个占位符? 的值为 5000
```

执行 PreparedStatement 查询的方法为 ResultSet executeQuery() throws SQLException,更新数据库的方法为 int executeUpdate() throws SQLException。

4. 事务处理

对数据库进行更新时可能涉及对多条记录的更改,有时这些更新需要同时完成。如果更新过程中发生问题,如数据库服务器运行在另一台计算机而网络连接断开,则可能只是部分记录的更新操作完成了,有些则没有完成,这会造成数据不一致。为此,JDBC 从第二版开始提供了事务处理机制,实现过程如图 11.5 所示。

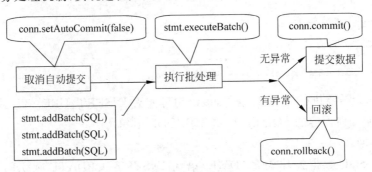

图 11.5 JDBC 事务处理的过程

如果对提交方式未做设置,一旦执行了更新方法 executeUpdate,请求直接被提交给数据库系统执行。在 JDBC 的事务处理过程中,首先取消自动提交,然后将需要同时执行的所有更新语句使用 Statement 对象的 addBatch 方法作为一批执行的操作添加到事务中,或使用 PreparedStatement 对象的 addBatch 方法将一组参数添加到此事务的批处理命令中。使用语句对象的 executeBatch() 方法执行批处理,如果成功再提交至数据库系统执行,否则回滚事务,恢复原有数据。

例如:

```
conn.setAutoCommit(false);
stmt.addBatch("INSERT INTO person (name,password,age) VALUES ('LXH_A','zzzzzz',28)");
…
stmt.addBatch("INSERT INTO person (name,password,age) VALUES ('LXH_H','zzzzzz',28)");
stmt.executeBatch();
conn.commit();
```

11.1.4 访问结果集中的数据

对数据库进行查询返回的 ResultSet 对象中包含了所获得的数据表,具有指向当前数据行的光标。最初,光标被置于第一行之前。默认的 ResultSet 对象不可更新,仅有一个向前移动的光标。Java 程序可以对这些数据进行再处理,如以表格形式显示、进行计算、绘制统计图形等。

1. 访问记录

从数据库中返回的一条记录是结果集对象的一个元素。java.sql.ResultSet 接口提供了对其中的记录进行定位的方法。以下是一些常用的方法:

(1) boolean next() throws SQLException

将光标从当前位置向前移一行。ResultSet 光标最初位于第一行之前;第一次调用 next 方法使第一行成为当前行;第二次调用使第二行成为当前行,以此类推。当调用 next

方法返回 false 时,光标位于最后一行的后面。

(2) boolean previous() throws SQLException

将光标移动到此 ResultSet 对象的上一行。如果光标现在位于有效行上,则返回 true;如果光标位于第一行的前面,则返回 false。

(3) boolean absolute(int row) throws SQLException

将光标移动到此 ResultSet 对象的给定行编号。如果行编号为正,则将光标移动到相对于结果集开头的给定行编号。第一行为行 1,第二行为行 2,以此类推。如果给定行编号为负,则将光标移动到相对于结果集末尾的绝对行位置。

例如,调用方法 absolute(-1)将光标置于最后一行;调用方法 absolute(-2)将光标移动到倒数第二行,以此类推。

如果所给行号超出记录范围,则光标位于第一行之前或最后一行之后。

(4) boolean first() throws SQLException

将光标移动到此 ResultSet 对象的第一行。

(5) boolean last() throws SQLException

将光标移动到此 ResultSet 对象的最后一行。

对于类型为 TYPE_FORWARD_ONLY 的结果集只能使用 next 方法,否则会发生 SQLException 异常。

2. 访问字段

ResultSet 接口提供了从当前行获取列值的方法(getBoolean、getLong 等)。可以使用列的索引编号或列的名称。一般情况下,使用列索引较为高效,列从 1 开始编号。为了获得最大的可移植性,应该按从左到右的顺序读取每行中的结果集列,每列只能读取一次。如果使用列的名称获取值,则列名称不区分大小写。用列名称调用取值方法时,如果多个列具有同一名称,则返回第一个匹配列的值。

获取一个列数据的方法一般形式是:

`Xxx getXxx( int columnIndex) throws SQLException`

其中,Xxx 为该字段返回值的类型,columnIndex 是列号。

按照不同的类型,ResultSet 接口提供的这种 get 方法有几十个。

3. 更新结果集

在可更新的结果集中,可以使用 updateXxx 方法更新当前行中的列值。例如,第 2 列为整数字段,可以使用 void updateInt(int columnIndex,int x) throws SQLException 方法更新当前行的值,语句为"rs.updateInt(2,2000);"。

可更新的 ResultSet 对象具有一个与之关联的特殊行,该行用作构建要插入行的暂存区域(staging area)。updateXxx 方法可以将列值设置到插入行中。以下代码片段将光标移动到插入行,构建一个 3 列的行,并使用方法 insertRow 将其插入到 rs 和数据源表中。

```
rs.moveToInsertRow();                    //光标移到行的插入位置
rs.updateString(1, "AINSWORTH");         //更新第一个列的值为"AINSWORTH"
```

```
rs.updateInt(2,35);                    //更新第 2 列的值为 35
rs.updateBoolean(3, true);             //更新第 3 列的值为 true
rs.insertRow();
rs.moveToCurrentRow();
```

11.1.5 释放资源

使用完结果集、语句对象和与数据库的连接后,应该及时关闭以释放资源。这些对象都提供了 close 方法。

11.1.6 应用实例

例 11.1 对学生成绩管理系统的数据用 MySQL 数据库系统进行管理,设计了数据库 scoremanage。其中表 users 包含 3 个字段:name(varchar(20))、passward(varchar(20))、job(tinyint(1))。修改该系统的有关程序模块,使它们从 users 表中访问用户账号数据。

设计步骤:

(1) 右击包资源管理器中的 StdScoreManager0.8 项目,单击快捷菜单中的【复制】菜单项,然后在包资源管理器中右击,选择【粘贴】菜单项,修改新项目名为 StdScoreManager0.9。

(2) 右击包资源管理器中的 StdScoreManager0.9 项目,选择【构建路径】|【添加外部归档】菜单项,选择 MySQL 数据库驱动程序 mysql-connector-java-3.1.11-bin.jar,单击【打开】按钮。

(3) 设计访问数据库的辅助类 InitDB,在该类中加载数据库驱动程序、初始化数据库连接、Statement 对象和 ResultSet 对象。该类的程序代码见程序清单 11.1。

程序清单 11.1:

```java
public class InitDB {
    private String DBDriver = null;
    private String url = null;
    private String user = null;
    private String password = null;
    private Connection conn = null;
    private Statement stmt = null;
    private ResultSet rs = null;
    public InitDB() {
        DBDriver = "com.mysql.jdbc.Driver";
        url = "jdbc:mysql://localhost/scoremanage?useUnicode = true" +
                                              "&characterEncoding = GBK";
        user = "root";
        try {
            //1. 注册驱动
            Class.forName(DBDriver);
            //2. 获得与数据库的连接
            conn = DriverManager.getConnection(url, user, password);
            //3. 获取表达式
            stmt = conn.createStatement();
        } catch (ClassNotFoundException e) {
```

```
                e.printStackTrace();
            } catch (SQLException e) {
                e.printStackTrace();
            }
        }
        public Connection getConn() {
            return conn;
        }
        public Statement getStmt() {
            return stmt;
        }
        public ResultSet getRs(String sql) {
            if(sql.toLowerCase().indexOf("select")!= -1){
                try {
                    rs = stmt.executeQuery(sql);
                } catch (SQLException e) {
                    e.printStackTrace();
                }
            }
            return rs;
        }

        public void closeDB() {
            try {
                rs.close();
                stmt.close();
                conn.close();
            } catch (SQLException e) {
                e.printStackTrace();
            }
        }
    }
```

(4) 修改 UsersSet 类。删除访问文件的相关语句,通过对数据库的查询等操作获取相关数据。修改后的代码见程序清单 11.2。

程序清单 11.2:

```
package book.stdscore.data;
import java.io.BufferedReader;
import java.sql.Connection;
import java.sql.*;
public class UsersSet {
    private InitDB db;
    private Statement stmt;
    public UsersSet() {
        super();
        db = new InitDB();
        stmt = db.getStmt();
    }
    public boolean isValid(User user) {
        boolean valid = false;
```

```java
            ResultSet rs = db.getRs("select * from users where name = '" + user.getName() +
                "' and password = '" + user.getPassword() + "' and job = " + user.getJob());
            try {
                if(rs.next())
                    valid = true;
            } catch (SQLException e) {
                e.printStackTrace();
            }
            return valid;
    }
    public int addUser(User user) {
            int num = 0;
            if(user == null) {
                return -1;
            }
            ResultSet rs = db.getRs("select * from users where name = '" + user.getName() +
                "' and job = " + user.getJob());
            try {
                if(rs.next())
                    return -2;
            } catch (SQLException e) {
                //TODO 自动生成的 catch 块
                e.printStackTrace();
            }
            String sqlStr = "insert into users (name,password,job) " +"values ('" +
                user.getName() + "'," + user.getPassword() + "'," + user.getJob() + ")";
            try {
                num = stmt.executeUpdate(sqlStr);
            } catch (SQLException e) {
                e.printStackTrace();
            }
            return num;
    }
    public int modifyUser(User oldUser, User newUser) {
            int num = 0;
            String updateStr = "update users set name = '" + newUser.getName() +
                    "',passwrod = '" + newUser.getPassword() + "',job = " + newUser.getJob() +
                    " where name = '" + oldUser.getName() + "' and job = " + oldUser.getJob();
            try {
                num = stmt.executeUpdate(updateStr);
            } catch (SQLException e) {
                e.printStackTrace();
            }
            return num;
    }
    public int delUser(User user){
            int num = 0;
            String delStr = "delete from users where name = '" + user.getName() + "'";
            try {
                num = stmt.executeUpdate(delStr);
```

```java
        } catch (SQLException e) {
            e.printStackTrace();
        }
        return num;
    }
    public User findUser(String name) {
        User user = null;
        String sql = "select * from users where name = '" + name + "'";
        ResultSet rs;
        try {
            rs = db.getRs(sql);
            if(rs.next())
                user = new User(rs.getString(1),rs.getString(2),rs.getInt(3));
            else
                return null;
        } catch (SQLException e) {
            e.printStackTrace();
        }
        return user;
    }
}
```

(5) 修改 ModifyPassword 窗体中【保存】按钮的事件处理方法,修改后的源代码如下:

```java
buttonSave.addSelectionListener(new SelectionAdapter() {
    @Override
    public void widgetSelected(SelectionEvent arg0) {
        int num = new UsersSet().modifyUser(user,user);
        if(num == 1)
            MessageDialog.openInformation(shell, "修改成功", "用户 " + user.getName() + "密码修改成功.");
        else
            MessageDialog.openInformation(shell, "修改失败", "用户 " + user.getName() + "密码修改失败.");
    }
});
```

11.1.7 封装数据

在 Java 程序开发中通常习惯于将数据库中的一个表用一个或多个类来描述,一条记录用该类的一个对象封装,数据库的一个字段用该对象的一个实例变量存放,对各个字段对应的实例变量都编写取值(Getter)和设值(Setter)方法。这样的类在 Java 中被称为实体类或数据类。对数据使用类进行封装方便了 Java 程序的设计。

如例 11.1 中把从数据库中得到的用户数据封装为 User 类的对象返回,或者向有关用户数据库表操作的方法传递 User 对象。

11.2 创建带有查看器的表格

如 8.2 节所述,在 SWT 表格组件中表格行的数据是设置表格行对应 TableItem 组件的 text 属性。更常用的方法是使用表格查看器管理表格中的数据,从而将表格显示与数据分开处理。本节介绍如何创建带有查看器的表格。

11.2.1 创建表格查看器及表格

单击组件面板 JFace 组中的 TableViewer 图标,将光标移到容器中单击,即可创建一个表格查看器及其归附的表格组件 table。选择该表格组件,使用 8.2 节所述方法进行必要的属性设置。然后单击组件面板 Controls 组中的 TableColmun 图标,在表格组件上单击为该表格创建列,并进行必要的属性设置。

在设计视图单击表格组件右下角的 图标,或在 Components 面板单击 table 组件节点下的 tableViewer 节点,在属性面板查看和设置表格查看器(TableViewer)的属性(见图 11.6)。

1. 设置数据集 input

表格查看器的 input 属性为表格指定需要装载的数据集。该数据集一般是一个数组或集合类对象,其中的一个元素封装了表格中的一行数据。如果是二维数组,则每个行元素为一行数据,每个列元素则为一列数据;如果是一维数组或集合,则每个元素是一个行数据,元素一般应该是一个对象,对象的实例变量则为列数据。

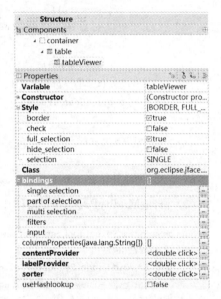

图 11.6 表格查看器的属性

例如,对于例 11.1 开发的学生成绩管理系统的 UsersSet 类,如果使用 SQL 语句 "select * from users",则 InitDB 类的 getRs 方法返回所有账户 ResultSet 集合对象。该集合对象中的数据可以作为表格查看器的 input 属性值,则其中的每个元素为该表格中的一行数据,元素的各列返回值为表格行各列的数据。但是,ResultSet 对象在表格查看器中使用起来不方便,需要转换为二维数组或列表(java.util.List)对象。

使用组件面板 bindings 属性组的子属性 input 以可视化方法设置 input 属性值,采用 JFace 数据绑定工具设置,使用较为复杂。最简单的设置方法是组织好数据集后,调用表格查看器对象的 setInput 方法设置,例如"tableViewer.setInput(users);"。

2. 设置内容提供器 contentProvider

表格查看器的 contentProvider 属性确定如何把数据集分解为表格各行的数据元素。当为表格查看器(TableViewer)设置了 input 属性后,必须设置内容提供器(contentProvider)。

在设计视图单击属性面板中 contentProvider 属性值列右侧的…按钮,在弹出的对话框中输入 org.eclipse.jface.viewers.IStructuredContentProvider 接口的某一个实现类名,例如 ArrayContentProvider,然后单击【确定】按钮(见图 11.7),即设置了该属性值。

WindowBuilder 自动生成的设置 contentProvider 属性值的语句形如"tableViewer.setContentProvider(new ArrayContentProvider());"。对于表格行元素集合是数组或列表的数据集,内容提供器 ArrayContentProvider 已经能够很好地工作。如果表格数据集不能被 ArrayContentProvider 对象正确解析,就需要编写 IStructuredContentProvider 接口的实现类,实现"Object[] getElements(Object inputElement)"方法,返回正确的数据集数组。

3. 设置标签提供器 labelProvider

表格查看器的 labelProvider 属性确定表格行的各列显示什么内容。

在设计视图单击属性面板中 labelProvider 属性值列右侧的…按钮,在弹出的对话框中输入 org.eclipse.jface.viewers.ITableLabelProvider 接口的适当实现类名,然后单击【确定】按钮(见图 11.8),即设置了该属性值。

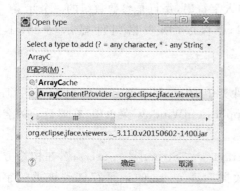

图 11.7　表格查看器的 contentProvider 属性设置对话框

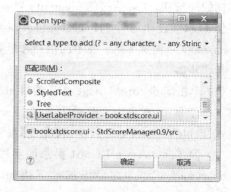

图 11.8　表格查看器的 labelProvider 属性设置对话框

一般地,表格查看器的标签提供器类需要自己设计,以便符合程序业务逻辑。通常标签提供器类应该实现 org.eclipse.jface.viewers.ITableLabelProvider 接口,实现以下两个方法:

```
public String getColumnText(Object element, int columnIndex)
public Image getColumnImage(Object element, int columnIndex)
```

其中,参数 element 是内容提供器 contentProvider 的 getElements 方法所返回的表格数据数组中的一个元素——一个行的数据元素,columnIndex 是所处理的表格列索引。getColumnText 方法返回参数 columnIndex 所指定的列的文本值,是一个字符串。getColumnImage 方法返回参数 columnIndex 所指定的列的图标。这些方法被 TableViewer 对每一个表行自动调用。

使用 WindowBuilder 的如图 11.8 所示的可视化方法设置该属性时,需要将标签提供器类定义为独立的类,以便在如图 11.8 所示的对话框中能够找到。

4. 设置 Style

表格查看器的 Style 属性组提供了一些子属性,对表格行为进行设置。

check:该属性设置为 true(选中状态),则表格的每行第一列左边出现复选方框,以便标记该行的选中状态。

full_selection:该属性设置为 true(选中状态),则在表格行中单击时该行的所有列都被选中并显示灰蓝色行背景;反之该属性设置为 false(未选中状态),则在表格行中单击时该行只有第一列被选中并显示灰蓝色背景。

selection:该属性设置为 SINGLE,只能选中表格中的一行;设置为 MULTI,可以选中表格中多个行,例如单击一行后按住 shift 键再单击另一行,则此两行之间的所有行被选取。

5. columnProperties

表格查看器的 columnProperties 属性使用字符串数组为表格的每个列指定一个标识字符串,这个字符串对应于表格行数据的对应属性名,以便访问相应列的数据。单击该属性值列右侧的…按钮,在对话框的 elements 列表中输入字符串,每行是参数数组的一个元素。

例 11.2 设计一个 JFaceApplicationWindow 程序,用表格组件显示例 11.1 的 scoremanage 数据库 users 表中的用户账号数据。

操作步骤:

(1) 单击 StdScoreManager0.9 项目 src 文件夹中的 book.stdscore.ui 包,单击主工具栏第二个工具项,在弹出式菜单中选择 JFace|ApplicationWindow 菜单项,在对话框的名称处输入 TableViewerDemo1,单击【完成】按钮。

(2) 为 TableViewerDemo1 类添加字段"ArrayList<String[]> users;",在构造方法的"super(null);"语句之后添加如下语句,将数据库表 users 的记录存储到该类的字段 users 中。

```
ResultSet rs = new InitDB().getRs("select * from users");
users = new ArrayList();
String[] user;
try {
    while(rs.next()) {
        user = new String[3];
        user[0] = rs.getString(1);
        user[1] = rs.getString(2);
        user[2] = rs.getInt(3) + "";
        users.add(user);
    }
} catch (SQLException e) {
    e.printStackTrace();
}
```

(3) 设置 container 的 Layout 为 FillLayout。单击组件面板 JFace 组的 TableViewer 图标,将鼠标指针移到窗体的 container 组件上单击。

(4) 单击组件面板 Controls 组的 TableColumn 图标,将鼠标指针移到窗体的 table 组件上单击。设置 Variable 属性值为 tableColumnName，text 属性值为"姓名"。

（5）重复步骤（4）的操作两次，并分别设置 Variable 属性值为 tableColumnPassword 和 text 属性值为"密码"，以及 Variable 属性值为 tableColumnJob 和 text 属性值为"身份"。

（6）单击表格组件右下角的 ▦ 图标，然后在属性面板单击 contentProvider 属性值列右侧的…按钮，在弹出的对话框中输入 ArrayContentProvider，然后单击【确定】按钮。

（7）在 book.stdscore.ui 包中新建类，名称输入 UserLabelProvider，超类输入 org.eclipse.jface.viewers.ITableLabelProvider，单击【完成】按钮。在 UserLabelProvider 类的 getColumnText 方法中输入以下代码：

```
String[] user = (String[]) arg0;
if (arg1 == 0)
    return user[0];
if (arg1 == 1)
    return user[1];
if (arg1 == 2) {
    String jobStr = null;
    switch (user[2]) {
        case "0":
            jobStr = "学生";
            break;
        case "1":
            jobStr = "教师";
            break;
        case "2":
            jobStr = "管理员";
            break;
    }
    return jobStr;
}
return null;
```

（8）单击属性面板中 labelProvider 属性值列右侧的…按钮，在弹出的对话框中输入 UserLabelProvider，然后单击【确定】按钮。

（9）切换到源代码视图，在 createContents 方法的代码块：

```
{
    tableViewer = new TableViewer(container, SWT.BORDER | SWT.FULL_SELECTION);
    …
    tableViewer.setContentProvider(new ArrayContentProvider());
}
```

中"}"行之前添加语句"tableViewer.setInput(users);"。

完成上述步骤后运行程序，数据库表 users 中的记录显示在表格中（见图 11.9）。

单击组件面板 JFace 组中的 TableViewer Composite 图标，将光标移到容器中单击，WindowBuilder 会创建一个默认采用 TableColumnLayout 布局的 Composite，

图 11.9　数据库的 users 表的表格显示

表格组件及其表格查看器。

11.2.2 创建表格列查看器

表格列查看器(TableViewerColmun)组件使表格查看器 TableViewer 能够逐列指定标签提供器和编辑支持。

对于创建了表格查看器的表格组件,单击组件面板 JFace 组中的 TableViewerColumn 图标,将光标移到表格中单击,WindowBuilder 会为该表格创建一个表格列 TableColumn 及其查看器 TableViewerColmun。

单击表格列查看器属性面板中 labelProvider 属性值列右侧的…按钮,在 Open type 对话框输入或选择 ColumnLabelProvider,将会为该列创建标签提供器"new ColumnLabelProvider()"。

类 org.eclipse.jface.viewers.ColumnLabelProvider 是支持列查看器的标签提供器。表格列查看器通过它可以设置该列显示的文字、图像、字体、背景色和前景色,该类的父类 CellLabelProvider 还提供了设置单元格即时提示文字(tool tip)及其格式的功能。该类的主要方法如下:

Color getBackground(Object element)——返回给定元素的背景颜色。
Font getFont(Object element)——返回给定元素的字体。
Color getForeground(Object element)——返回给定元素的前景颜色。
Image getImage(Object element)——返回给定元素标签的图像。
String getText(Object element)——返回给定元素标签的文字。
void update(ViewerCell cell)——更新单元标签。

例11.3 设计一个 JFaceApplicationWindow 程序,用表格组件显示例 11.1 的 scoremanage 数据库 users 表中的用户账号数据,并使管理员用户名文字显示为红色、学生用户的密码显示黄色背景颜色,教师用户的身份以粗体、12点高度及粗体显示。

操作步骤:

(1) 重复例 11.2 的步骤(1),类的名称为 TableViewerColumnDemo1。

(2) 对 TableViewerColumnDemo1 类重复例 11.2 的步骤(2)。

(3) 设置 container 的 Layout 为 FillLayout。单击组件面板 JFace 组的 TableViewer Composite 图标,将鼠标指针移到窗体的 container 组件上单击。

(4) 单击组件面板 JFace 组的 TableViewerColumn 图标,将鼠标指针移到窗体的 table 组件上单击。设置 Variable 属性值为 tableColumnName,text 属性值为"姓名"。

(5) 重复步骤(4)的操作两次,并分别设置 Variable 属性值为 tableColumnPassword 和 text 属性值为"密码",以及 Variable 属性值为 tableColumnJob 和 text 属性值为"身份"。

(6) 在 Components 面板单击 tableColumnName 节点下的子节点 tableViewerColumn,然后在属性面板单击 labelProvider 属性值列右侧的…按钮,在弹出的对话框中输入 ColumnLabelProvider,然后单击【确定】按钮。

(7) 切换到源代码视图,在 createContents 方法中的语句"tableViewerColumn.setLabelProvider(new ColumnLabelProvider()"处接着输入"{ }",即扩展为一个匿名内部类——ColumnLabelProvider 的子类,在{ }之中右击,在快捷菜单中选择【源码】|【覆盖/实

现方法】菜单项，在出现的对话框中选择要覆盖或实现方法为 ColumnLabelProvider 类的 getForeground 和 getText，单击【确定】按钮。该标签提供器的源代码如下：

```
tableViewerColumn.setLabelProvider(new ColumnLabelProvider(){
    @Override
    public Color getForeground(Object element) {
        //TODO 自动生成的方法存根
        if(((String[])element)[2].equals("2")){
            return new Color(null,255,0,0);
        }
        return super.getForeground(element);
    }
    @Override
    public String getText(Object element) {
        //TODO 自动生成的方法存根
        if(element instanceof String[]) {
            return super.getText(((String[])element)[0]);
        }
        return null;
    }
});
```

（8）采用与步骤（7）相同的操作，为 tableColumnPassword 列的查看器设置标签提供器。源代码如下：

```
tableViewerColumn.setLabelProvider(new ColumnLabelProvider(){
    @Override
    public Color getBackground(Object element) {
        //TODO 自动生成的方法存根
        if(((String[])element)[2].equals("0")){
            return new Color(null,255,255,0);
        }
        return super.getBackground(element);
    }
    @Override
    public String getText(Object element) {
        //TODO 自动生成的方法存根
        String[] row = (String[])element;
        return super.getText(row[1]);
    }
});
```

（9）采用与步骤（7）相同的操作，为 tableColumnJob 列的查看器设置标签提供器。源代码如下：

```
tableViewerColumn.setLabelProvider(new ColumnLabelProvider(){
    @Override
    public Font getFont(Object element) {
        //TODO 自动生成的方法存根
        if(((String[])element)[2].equals("1")){
            return new Font(null, "黑体", 12, SWT.BOLD);
```

```java
            }
            return super.getFont(element);
        }
        @Override
        public String getText(Object element) {
            //TODO 自动生成的方法存根
            String[] row = (String[])element;
            String jobStr = null;
            switch (row[2]) {
            case "0":
                jobStr = "学生";
                break;
            case "1":
                jobStr = "教师";
                break;
            case "2":
                jobStr = "管理员";
                break;
            }
            return jobStr;
        }
    });
```

完成上述步骤后运行程序，界面如图 11.10 所示。

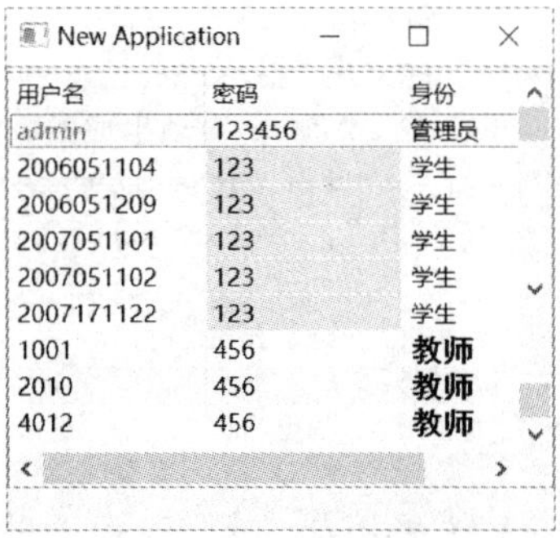

图 11.10　例 11.3 程序运行界面

11.2.3　复选框表格

单击组件面板 JFace 组中的 CheckboxTableViewer 图标，将光标移到容器中单击，WindowBuilder 会在该容器中创建一个表格 table 及其查看器 CheckboxTableViewer。之后可以给该表格创建表格列或表格列查看器，使用与表格查看器相同的方法为复选框表格查看器设置数据集、内容提供器和标签提供器。

创建了复选框表格查看器 CheckboxTableView 的表格各行前面会出现复选方框，单击对应方框可以选中复选框。尽管通过设置表格查看器 TableViewer 的 Style|check 属性值为 true 也可以使表格行前面出现复选方框，但是复选框表格查看器 CheckboxTableViewer 却提供了对复选表格行进行处理的多个方法，主要包括：

public boolean getChecked(Object element)——检测给定的元素 element 是否被复选。

public Object[] getCheckedElements()——该方法则返回所有被复选的元素（表格行数据）数组。

public boolean setChecked(Object element,boolean state)——state 为 true 则 element 被复选。

public void setCheckedElements(Object[] elements)——elements 被复选。

public void setAllChecked(boolean state)——state 为 true 则所有行被复选，为 false 则所有行不被复选。

public void addCheckStateListener(ICheckStateListener listener)——为复选表格查看器（CheckboxTableViewer）注册表格行复选状态改变事件监听器。

11.3 表格的编辑

用户经常希望在表格中直接对数据进行编辑，并将编辑结果反映在数据模型（即数据集）之中。SWT 和 JFace 为表格提供了实现编辑功能的途径，表格列查看器 TableViewerColmun 组件的属性面板中的 editingSupport 属性提供了直接对该列设置编辑器的接口。

11.3.1 表格单元编辑器

对表格中数据的编辑实际上是实施在行列交叉的表格单元（Cell）上。要编辑一个表格单元的数据，首先需要为它提供适当类型的编辑器。org.eclipse.jface.viewers.CellEditor 类是一个抽象类，通过它的子类定义了某个列被编辑时使用的编辑器。可以为被编辑的表格单元显示一个文本框、下拉列表框、复选框或一个向导。同时，该类为表格单元的编辑实现了一些非常有用的操作。如实现了表格编辑功能之后，在某个可编辑单元右击，即出现一个快捷菜单（见图 11.11），而这些功能已被该类实现，可以直接使用，从而方便了编程和表格的使用。

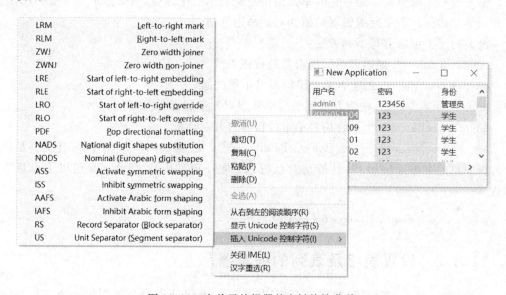

图 11.11　表单元编辑器的右键快捷菜单

CellEditor 类的子类提供了具体的表单元编辑器，主要包括以下子类：

（1）org.eclipse.jface.viewers.TextCellEditor 类的对象为表格提供了一个文本框类型的编辑器，文本框中的字符串就是表单元编辑器的值。常用构造方法是：

```
public TextCellEditor(Composite parent)
public TextCellEditor(Composite parent, int style)
```

其中，参数 parent 一般是 TableViewer 中的 Table 组件，style 与文本框的相同。

（2）org.eclipse.jface.viewers.CheckboxCellEditor 类的对象为表格提供了一个复选框类型的编辑器，表单元编辑器的值是一个布尔值，采用激活方式工作，即若当前值为 true，则用户单击后变为 false,反之亦然。常用构造方法是：

```
public CheckboxCellEditor(Composite parent)
public CheckboxCellEditor(Composite parent,int style)
```

其中,参数 parent 一般是 TableViewer 中的 Table 组件,style 与复选框的相同。

（3）org.eclipse.jface.viewers.ComboBoxCellEditor 类的对象为表格提供了一个组合框类型的编辑器,表单元编辑器的值是所选列表项的索引值,索引从 0 开始。常用构造方法是：

```
public ComboBoxCellEditor(Composite parent,String[] items)
public ComboBoxCellEditor(Composite parent,String[] items,int style)
```

其中,参数 parent 一般是 TableViewer 中的 Table 组件,style 与组合框的相同,items 设置列表项。

可以使用方法 public void setItems(String[] items)设置列表项,public String[] getItems()返回列表项。

（4）org.eclipse.jface.viewers.DialogCellEditor 类是一个抽象类,为表格提供了带有对话框的表单元编辑器。通常在表单元格内左侧显示一个标签,右侧显示一个按钮,单击它打开一个对话框。表单元编辑器的值为对话框返回值。

该类的子类可以重写下列方法：

createButton——创建表单元编辑器的按钮组件。

createContents——创建表单元编辑器显示值的组件。

updateContents——在值发生改变后更新表单元编辑器的显示值。

openDialogBox——当最终用户单击按钮时打开对话框。

org.eclipse.jface.viewers.ColorCellEditor 是 JFace 提供的一个实现类,其实例是供用户选择颜色的表单元编辑器,其值是对话框返回的 SWT RGB 颜色。常用以下构造方法创建：

```
public ColorCellEditor(Composite parent)
```

11.3.2 设置表格及表列的编辑器

一般地,表格中一个列的数据具有相同的类型,因此可为一个列创建一个表单元编辑器,为此,表格列查看器 TableViewerColmun 组件的 editingSupport 属性提供了直接对该列设置编辑器的接口。

选择表格列查看器 TableViewerColmun 组件,在属性面板 editingSupport 属性值列 `editingSupport <double click>` 双击(<double click>),WindowBuilder 即生成一个匿名内部类对象并设置为该查看器的 editingSupport 属性值。

org.eclipse.jface.viewers.EditingSupport 是一个抽象类,定义了支持单元格编辑的一些方法。该类的构造方法是"public EditingSupport(ColumnViewer viewer)",其中的参数可以是表格列查看器 TableViewerColmun 组件。该类的子类必须实现以下方法,其中参数 Object element 是模型元素,对于表格列查看器 TableViewerColmun 组件就是表格行数据元素。

（1）protected abstract boolean canEdit(Object element)：返回 true 单元格可以编辑，返回 false 单元格不可编辑。

（2）protected abstract CellEditor getCellEditor(Object element)：返回在该列显示的单元格编辑器。

（3）protected abstract Object getValue(Object element)：返回在编辑器中输入的值。返回值的类型应该与编辑器的类型匹配，如果返回 TextCellEditor，则必须返回 String 类型，否则可能发生异常。

（4）protected abstract void setValue(Object element, Object value)：将新值 value 设置到模型元素 element。这个方法的实现中要确保调用 getViewer().update(element, null) 或类似方法，也可以通过实现者模型的监听机制，以便使新值在查看器中显示。

也可以编写该类的一个独立子类实现上述方法，然后单击表格列查看器 TableViewerColmun 组件 editingSupport 属性值列右侧的 … 按钮，选择该类作为其编辑器。

例 11.4 扩展例 11.3 所实现的程序（见图 11.10），使用户可以直接在表格中修改密码和身份。

分析：密码列单元格的值可以使用本框编辑器进行编辑。身份列单元格只有 3 种可能的取值：学生、教师和管理员，可以使用组合框编辑器。

操作步骤：

（1）在 Components 面板中选择 tableColumnPassword 节点下的 tableViewerColumn 子节点，双击 editingSupport 属性值列，然后完成自动生成的匿名内部类的上述 4 个方法。源代码如下：

```java
tableViewerColumn.setEditingSupport(new EditingSupport(tableViewer) {
    protected boolean canEdit(Object element) {
        //TODO Auto-generated method stub
        return true;
    }
    protected CellEditor getCellEditor(Object element) {
        //TODO Auto-generated method stub
        return new TextCellEditor(table);
    }
    protected Object getValue(Object element) {
        //TODO Auto-generated method stub
        return ((String[])element)[1];
    }
    protected void setValue(Object element, Object value) {
        //TODO Auto-generated method stub
        ((String[])element)[1] = (String)value;
        tableViewer.update(element, (String[])tableViewer.getColumnProperties());
    }
});
```

（2）为 tableColumnJob 列的查看器新建名称为 UserJobEditor 类，超类为 org.eclipse.jface.viewers.EditingSupport 类，该类源代码如下：

```java
package book.stdscore.ui;
import org.eclipse.jface.viewers.CellEditor;
import org.eclipse.jface.viewers.ColumnViewer;
import org.eclipse.jface.viewers.ComboBoxCellEditor;
import org.eclipse.jface.viewers.EditingSupport;
import org.eclipse.jface.viewers.TableViewer;
import org.eclipse.swt.widgets.Table;
public class UserJobEditor extends EditingSupport {
    private TableViewer tv;
    public UserJobEditor(ColumnViewer viewer) {
        super(viewer);
        //TODO 自动生成的构造函数存根
        this.tv = (TableViewer)viewer;
    }
    @Override
    protected boolean canEdit(Object arg0) {
        //TODO 自动生成的方法存根
        return true;
    }
    @Override
    protected CellEditor getCellEditor(Object arg0) {
        //TODO 自动生成的方法存根
        Table table = tv.getTable();
        CellEditor cellEditor = new ComboBoxCellEditor(table, new String[]{"学生","教师","管理员"});
        return cellEditor;
    }
    @Override
    protected Object getValue(Object arg0) {
        //TODO 自动生成的方法存根
        String jstr = ((String[])arg0)[2];
        return Integer.parseInt(jstr);          //必须返回整数——所选身份在组合框中的索引
    }
    @Override
    protected void setValue(Object arg0, Object arg1) {
        //TODO 自动生成的方法存根
        ((String[])arg0)[2] = arg1.toString();  //arg1 是用户在组合框中所选新身份的索引
        tv.update(arg0, (String[])tv.getColumnProperties());
    }
}
```

（3）切换到 TableViewerColumnDemo1 类的设计视图，在 Components 面板中选择 tableColumnJob 节点下的 tableViewerColumn 子节点，单击 editingSupport 属性值列右侧的…按钮，输入类型 UserJobEditor，单击【确定】按钮。修改该列的编辑支持设置语句：

```java
tableViewerColumn.setEditingSupport(new UserJobEditor((ColumnViewer) null));
```

为

```
tableViewerColumn.setEditingSupport(new UserJobEditor(tableViewer));
```

完成上述步骤后,运行程序,单击"密码"列中的单元格可以直接输入字符;单击"身份"列中的单元格可以出现下拉列表,可以选择其中之一(见图 11.12)。

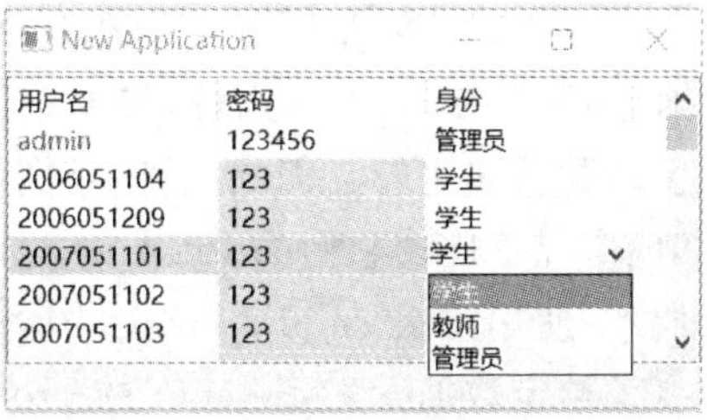

上面完成的例 11.4 程序只是修改了 TableViewerColumnDemo1 类中表格数据集字段 users 的内容,还应该在 UserJobEditor 类的 setValue 方法中编写更新数据库表相关记录字段值的代码段,具体语句请自行编写。

图 11.12 例 11.4 所实现的表格编辑界面

11.4 表格排序和筛选

排序和筛选是表格应用经常需要实现的功能。JFace 为表格查看器提供了相应的支持,表格查看器 TableViewer 和表格列查看器 TableViewerColumn 的属性面板都提供了 sorter 属性,以供设置表格数据的排序功能。

11.4.1 表格查看器实现排序

在设计视图下选择表格查看器(TableViewer)组件,在属性面板上双击 sorter 属性值列,则会自动切换到源代码视图,且自动生成了语句"tableViewer.setSorter(new Sorter());",同时自动生成有如下结构的静态内部类 Sorter:

```
private static class Sorter extends ViewerSorter {
    public int compare(Viewer viewer, Object e1, Object e2) {
        Object item1 = e1;
        Object item2 = e2;
        return 0;
    }
}
```

该类是 org.eclipse.jface.viewers.ViewerSorter 的子类,后者是 ViewerComparator 类的子类。查看器(如 TableViewer)可以用比较器对内容提供器所提供的元素进行排序。默认的排序方式包括两步:首先按类别排序,默认情况下,表格中的所有元素类别都相同;第二步对从标签提供器(lableProvider)所获得的字符串进行忽略大小写的比较。

ViewerSorter 类有两个构造方法:

(1) public ViewerSorter()

该构造方法创建一个用默认的整理器(collator)对字符串排序的排序器(Sorter)。

(2) public ViewerSorter(Collator collator)

该构造方法创建一个用指定的整理器 collator 对字符串排序的排序器。

其中 java.text.Collator 是一个抽象类,执行区分语言环境的字符串比较。使用此类可为自然语言文本构建搜索和排序例程。Java 平台目前提供了 RuleBasedCollator 类,可将字符映射到排序键,并提供了一个简单的、数据驱动的表整理器,在对 String 列表排序时提供更好的性能,且适用于很多种语言。

ViewerSorter 类直接继承了父类 ViewerComparator 的 compare 方法,其定义如下:

public int compare(Viewer viewer,Object e1,Object e2)

对参数 e1 和 e2 进行比较,如果 e1 大于 e2 返回正数,相等返回 0,e1 小于 e2 返回负数。默认实现是首先比较它们的类别,类别相同进一步比较标签,还相同则继续由标签提供器计算,其他情况下比较它们的 toString 返回值。一般应该自己实现该方法。

此外,使用方法"public boolean isSorterProperty(Object element,String property)"确定改变了给定数据元素 element 的 property 属性时该排序器是否生效,即是否立即进行排序。默认为 false。

例 11.5 为例 11.2 所设计的表格实现单击列头排序的功能。

分析:单击表格的某列列头即按照该列对表格进行排序,首先要设计对各个表行数据按照被单击的列比较大小的功能。由于各列数据类型和数据不同,比较方法也不相同,所以应该针对不同的列设计比较代码。可以通过编写 ViewerSorter 类的子类重写 compare 方法实现。在单击某个列头时如果该列已经排序,那么就需要按照相反顺序重新排序。本题为表格提供了一个通用比较器,根据用户单击的列不同以及之前该列的顺序实现具体地比较。为此,在该类中为每列设置一个静态域,记录该列最近一次的排序方式,同时也需要一个静态域标记当前的排序列号。由此,该类也应该设计为静态内部类。

为每个排序列设计和注册 SelectionEvent 事件监听器,当单击该列列头时执行排序操作。

操作步骤:

(1) 切换到 TableViewerDemo1 程序的设计视图,选择表格查看器 tableViewer 组件,在属性面板上双击 sorter 属性值列。

(2) 修改自动生成的静态内部类 Sorter,修改后的源代码如下:

```
private static class Sorter extends ViewerSorter {
    private static int orderName = -1;
    private static int orderPass = -1;
    private static int orderJob = -1;
    private int col = 0;
    private static final Sorter sorter = new Sorter();
    public Sorter() {
        super();
    }
    public int getCol() {
        return col;
    }
    public void setCol(int col) {
        this.col = col;
    }
    public static Sorter getSorter() {
        return sorter;
    }
    public static int getOrderName() {
```

```
            return orderName;
        }
        public static void setOrderName(int orderName) {
            Sorter.orderName = orderName;
        }
        public static int getOrderPass() {
            return orderPass;
        }
        public static void setOrderPass(int orderPass) {
            Sorter.orderPass = orderPass;
        }
        public static int getOrderJob() {
            return orderJob;
        }
        public static void setOrderJob(int orderJob) {
            Sorter.orderJob = orderJob;
        }
        @Override
        public int compare(Viewer viewer, Object e1, Object e2) {
            String[] item1 = (String[])e1;
            String[] item2 = (String[])e2;

            if(this.col == 1) {
                if(orderName > 0)
                    return item1[0].compareTo(item2[0]);
                else if(orderName < 0)
                    return item2[0].compareTo(item1[0]);
            }
            else if(col == 2) {
                if(orderPass > 0)
                    return item1[1].compareTo(item2[1]);
                else if(orderPass < 0)
                    return item2[1].compareTo(item1[1]);
            }
            else if(col == 3) {
                if(orderJob > 0)
                    return item1[2].compareTo(item2[2]);
                else if(orderJob < 0)
                    return item2[2].compareTo(item1[2]);
            }
            return super.compare(viewer, e1, e2);
        }
    }
}
```

（3）在 TableViewerDemo1 类中添加字段变量"private Sorter sorter;"，在 createContents 方法中创建 tableViewer 语句的后面添加语句"sorter = Sorter.getSorter();"。

（4）在 Components 面板中右击 tableColumnName - "用户名" 列，在快捷菜单中选择 Add event handler|selection|widgetSelected 菜单项，在 widgetSelected 方法中输入以下语句：

```
tableViewer.setSorter(new Sorter());
```

```
    sorter.setCol(1);
    tableViewer.setSorter(sorter);
    tableViewer.refresh();
    Sorter.setOrderName(-Sorter.getOrderName());
```

（5）使用与步骤（4）相同的操作，为【密码】列和【身份】列注册并设计选择事件监听器，使表格可以按【密码】列和【身份】列排序。

【密码】列选择事件监听器的 widgetSelected 方法源代码如下：

```
public void widgetSelected(SelectionEvent e) {
    sorter.setCol(2);
    tableViewer.setSorter(sorter);
    tableViewer.refresh();
    Sorter.setOrderPass(-Sorter.getOrderPass());
}
```

【身份】列选择事件监听器的 widgetSelected 方法源代码如下：

```
public void widgetSelected(SelectionEvent e) {
    sorter.setCol(3);
    tableViewer.setSorter(sorter);
    tableViewer.refresh();
    Sorter.setOrderJob(-Sorter.getOrderJob());
}
```

11.4.2 表格列查看器实现排序

在设计视图下选择表格列查看器（TableViewerColumn）组件，在属性面板上双击 Sorter 属性值列，则会自动生成对表格根据该列排序的语句段。

例如，对于例 11.4 所完成的程序 TableViewerColumnDemo1，双击第一列的 tableViewerColumn 组件的 Sorter 属性值列，则在 createContents 方法的该列创建和设置语句块内生成如下实现排序的初始代码段：

```
new TableViewerColumnSorter(tableViewerColumn) {
    @Override
    protected int doCompare(Viewer viewer, Object e1, Object e2) {
        //TODO Remove this method, if your getValue(Object) returns Comparable.
        //Typical Comparable are String, Integer, Double, etc.
        return super.doCompare(viewer, e1, e2);
    }
    @Override
    protected Object getValue(Object o) {
        //TODO remove this method, if your EditingSupport returns value
        return super.getValue(o);
    }
};
```

该语句段中的注释指出，如果该表格列查看器的编辑支持类有返回值，则应删除 getValue 方法。如果 getValue 方法返回比较数据，典型的如 String、Integer、Double 等，则应删除 doCompare 方法。一般地,应该根据程序需求自己实现 doCompare 方法。例如,将上面代码中的 doCompare 方法修改为以下代码段:

```
protected int doCompare(Viewer viewer, Object e1, Object e2) {
    //TODO Remove this method, if your getValue(Object) returns Comparable.
    //Typical Comparable are String, Integer, Double, etc.
    String[] item1 = (String[])e1;
    String[] item2 = (String[])e2;
    return item1[0].compareTo(item2[0]);
}
```

则程序运行时单击表格中【用户名】列头,该列头尾侧出现向下的箭头 ,且各行数据按照用户名的字母顺序排列;再次单击该列头尾侧出现向上的箭头 ,且各行数据按照用户名的字母倒序排列;第三次单击则撤销排序,即各行数据按照在数据集中的次序自然排列,且该列头尾侧不再出现箭头。

11.4.3 过滤器与筛选

对表格数据按照指定的条件进行过滤,从而使符合条件的记录行显示在表格上,这是表格应用程序很常见的功能。TableViewer 通过过滤器(filters)实现对表格数据行的筛选。

1. 过滤器

TableViewer 使用的过滤器是抽象类 org.eclipse.jface.viewers.ViewerFilter 实现类的实例,它从表格内容提供器所提供的数据集中抽取一个子集。可以为一个表格设置多个过滤器,从而对表格数据从多个方面进行过滤。

一个表格过滤器类必须实现 ViewerFilter 类的抽象方法 select:

```
public abstract boolean select(Viewer viewer,Object parentElement,Object element)
```

其中参数 viewer 即为使用它的 TableViewer、parentElement 即为表格数据集、element 为被筛选的那个表格行。如果 element 被包含在筛选结果集中,则该方法返回 true,否则返回 false。

此外,方法 public boolean isFilterProperty(Object element,String property)用于确定改变 element 数据元素的 property 属性时,筛选器是否生效。默认为 false,子类可能需要重写该方法。

public Object[] filter(Viewer viewer, Object parent, Object[] elements)方法过滤 elements 数组中的各元素,返回过滤结果集。默认实现是对数组 elements 中的各个元素调用 select 方法,把返回 true 的元素置于结果集中。

2. 表格筛选

要对表格进行筛选,应首先设计一个或多个过滤器,然后使用 TableViewer 的 addFilter 方法添加过滤器。以下通过例子介绍设计方法。

例 11.6 为例 11.5 完成的 TableViewerDemo1 程序添加工具按钮【查找用户】和【显示全部】,当单击【查找用户】按钮时弹出输入对话框,输入要查找的用户名并单击【确定】按钮后,如果找到,则在表格中显示该用户数据行,否则表格没有数据行显示。当单击【显示全部】按钮时在表格中显示全部用户记录。

操作步骤:

(1) 在 TableViewerDemo1 类中设计内部过滤器类 FilterName,该类的源代码如下:

```
class FilterName extends ViewerFilter { //过滤用户名,显示的是 name 用户
    String name;
    public FilterName(String name) {
        super();
        this.name = name;
    }
    public boolean select(Viewer arg0, Object arg1, Object arg2) {
        String[] item = (String[])arg2;
        if(((String[])arg2)[0].equals(name))
            return true;

        return false;
    }
}
```

(2) 单击组件面板 JFace Actions 组的 new 图标,将光标移到工具栏单击,并修改 text 属性值为"查找用户"。在代码视图为该 action 添加 run 方法。该 action 的源代码如下:

```
action = new Action("查找用户") {
    @Override
    public void run() {
        //TODO 自动生成的方法存根
        super.run();
        InputDialog id = new InputDialog(getParentShell(),"输入用户名","请输入要查找的用户名.","",null);
        int btn = id.open();
        String name = id.getValue();
        if(btn==0 && !"".equals(name.trim())) {
            ViewerFilter[] filters = tableViewer.getFilters();
            for(ViewerFilter vft : filters) {
                tableViewer.removeFilter(vft);
            }
            tableViewer.addFilter(new FilterName(name));
        }
    }
};
```

(3) 按照与步骤(2)相同的方法创建【显示全部】工具项及其 action,源代码如下:

```
action_1 = new Action("显示全部") {
```

```
    @Override
    public void run() {
        //TODO 自动生成的方法存根
        super.run();
        ViewerFilter[] filters = tableViewer.getFilters();
        for(ViewerFilter vft : filters) {
            tableViewer.removeFilter(vft);
        }
    }
};
```

以上通过使用过滤器，表格中只显示出符合条件的行。如果要得到筛选结果，则需要调用 filter 方法来返回结果集。

例如，在例 11.6 程序窗体的工具栏中添加【筛选教师】工具项，对 TableViewerDemo1 程序的表格使用的数据集 users 应用 FilterJob 进行筛选。其中 FilterJob 类的源代码如下：

```
class FilterJob extends ViewerFilter { //过滤身份字段
    private int job;
    public FilterJob(int job) {
        super();
        this.job = job;
    }
    public boolean select(Viewer arg0, Object arg1, Object arg2) {
        String[] item = (String[])arg2;
        if(item[2].equals(job + ""))
            return true;
        return false;
    }
}
```

【筛选教师】工具项对应的 action 源代码如下：

```
action_2 = new Action("筛选教师") {
    FilterJob filterJob = new FilterJob(1);
    @Override
    public void run() {
        //TODO 自动生成的方法存根
        super.run();
        Object[] userSels = filterJob.filter(tableViewer, users, users.toArray());
        for(Object usr : userSels) {
            String[] strs = (String[])usr;
            System.out.println("用户名: " + strs[0] + ",密码: " + strs[1] + ",身份: " + strs[2]);
        }
    }
};
```

运行程序，单击工具栏上的【筛选教师】按钮，输出的筛选结果数据集如图 11.13 所示。

图 11.13 【筛选教师】输出的筛选结果数据集

11.5 表格的其他常用操作

基于表格的应用程序除了需要实现前几节介绍的数据显示、编辑、排序和过滤之外,还有一些常用的操作。

11.5.1 表格行选择事件处理

表格应用程序可能需要用户选择一个或多个行,以便进行处理。可以通过为该表格的查看器 TableViewer 注册事件监听器:

public void addPostSelectionChangedListener(ISelectionChangedListener listener)

或

public void addSelectionChangedListener(ISelectionChangedListener listener)

处理用户选择的行。

如为例 11.6 的 tableViewer 设计和注册如下 Selection 事件监听器:

```
tableViewer.addSelectionChangedListener(new ISelectionChangedListener() {
    public void selectionChanged(SelectionChangedEvent arg0) {
        IStructuredSelection selItems = (IStructuredSelection) arg0.getSelection();
        Iterator it = selItems.iterator();
        String eStr = "";
        Object obj = null;
        String[] user = null;
        while (it.hasNext()) {
            obj = it.next();
            if (obj instanceof String[]) {
                user = (String[]) obj;
                eStr += user[0] + "\t" + user[1] + "\t" + user[2] + "\n";
            }
        }
        MessageDialog.openInformation(getParentShell(),"你所选择的行的内容是",eStr);
    }
});
```

运行该程序，选择表格中的行时立即弹出对话框（见图 11.14）。

图 11.14　选择行后弹出对话框

注意：为了能够同时选择多个行，需要设置表格（Table）组件的 selectionStyle 属性值为 MULTI。

11.5.2　增加和删除表行

使用表格查看器的 add 方法可以容易地为表格添加新行。有两个方法：

```
public void add(Object element)
public void add(Object[] elements)
```

它们将给定的元素 element 或元素数组 elements 添加到表格查看器中。如果没有为表格设置排序器，则添加到表格末尾，否则按照排序规则插入到适当位置。该方法只对表格查看器起作用，并不影响表格数据集，因此应该同时编写代码处理表格数据集，以便它们同步。

相应地，有两个删除表行的方法：

```
public void remove(Object element)
public void remove(Object[] elements)
```

它们将给定的元素 element 或元素数组 elements 从表格查看器中删除。同样也需要编码处理表格显示与表格数据集的同步问题。

例 11.7　对例 11.6 程序的工具栏添加工具项【＋】和【－】，当单击【＋】按钮时弹出输入对话框，将用户输入的数据添加到表格中，单击【－】按钮时删除所选的表行。

设计步骤：

（1）切换到 TableViewerDemo1 程序的设计视图，单击组件面板 JFace Actions 组中的 new 图标，将光标移到工具栏上单击。设置该 Action 的 Variable 属性值为 actionPlus，text 属性值为"＋"。

（2）在 Components 面板双击 ✓ (actions) 节点下的 actionPlus 子节点，在该 action 代码段内单击【源码】|【覆盖/实现方法】，选择 Action 节点下的 run() 方法，单击【确定】按钮。

（3）在 run() 方法中添加以下语句：

```
InputDialog input = new InputDialog(getParentShell(),"输入用户","输入用户名：", "", null);
InputDialog input1 = new InputDialog(getParentShell(),"输入用户","输入密码：", "", null);
InputDialog input2 = new InputDialog(getParentShell(), "输入用户","输入用户身份(数字：0－
    学生、1－教师、2－管理员 )：", "", null);
String name = null,pass = null,job = null;
```

```
if(input.open() == InputDialog.OK)
    name = input.getValue();
if(input1.open() == InputDialog.OK)
    pass = input1.getValue();
if(input2.open() == InputDialog.OK)
    job = input2.getValue();
if(name == null || pass == null || job == null ||"".equals(name)||"".equals(pass)||""
.equals(job)){
    MessageDialog.openError(getParentShell(),"数据不能为空","用户名和密码不能为空,身份
必须是数字：0-学生、1-教师、2-管理员");
} else {
    String[] user = new String[]{name,pass,job};
    users.add(user);
    tableViewer.add((Object)user);
}
```

(4) 采用与步骤(1)～(3)相同的方法向工具栏添加【一】工具项，Action 名为 actionSub，其 run()方法源代码如下：

```
public void run() {
    //TODO 自动生成的方法存根
    super.run();
    Iterator it;
    IStructuredSelection seleElement = (IStructuredSelection)tableViewer.getSelection();
    if(seleElement.isEmpty()) {
        MessageDialog.openError(getParentShell(),"没有选择要删除的行","请首先选择要删
除的行,然后单击.");
        return;
    } else {
        tableViewer.remove(seleElement.toArray());
        it = seleElement.iterator();
        while(it.hasNext())
            users.remove(it.next());
    }
}
```

11.5.3 在表行之间移动选择器

一些表格应用希望为用户选择某些表格行,然后再由用户操作或进行某种处理。根据表格是否带复选框有两种选择方式。

1. 带复选框表格的行选择

如前所述,可以为复选表格查看器(CheckboxTableViewer)注册表格行复选状态改变事件监听器处理表格行选择事件。如果只是将表格查看器的 Style|check 属性设置为 true,则可以为该表格设置复选表格查看器,方法是采用 CheckboxTableViewer 类的构造方法"public CheckboxTableViewer(Table table)"创建。

例如,为例 11.7 程序的工具栏添加【←】(选择上一行)和【→】(选择下一行)按钮,设置

tableViewer 的 Style|check 属性值为 true,则可以创建如下 Action 为【→】按钮实现自上向下逐行选择表格行的功能:

```
actionNextline = new Action(" ->") {
    @Override
    public void run() {
        //TODO 自动生成的方法存根
        super.run();
        Object[] usersArr = users.toArray();
        CheckboxTableViewer cv = new CheckboxTableViewer(table);
        Object[] objs = cv.getCheckedElements();
        if(objs.length == usersArr.length)
            MessageDialog.openConfirm(getParentShell(),"已全部选择","所有行都被选择,无须再选.");
        else {
            if(objs.length == 0)
                index = 0;
            else {
                for(Object obj : objs) {
                    if(obj instanceof String[]){
                        for(int i = 0;i < usersArr.length;i++)
                            if(usersArr[i].equals(obj)) {
                                index = i;
                                break;
                            }
                    }
                }
            }
            while(true) {
                if(cv.getChecked(usersArr[index])) {
                    if(index < usersArr.length - 1)
                        index++;
                    else
                        index = 0;
                }else
                    break;
            }
            cv.setChecked(usersArr[index], true);
        }
    }
};
```

其中,index 是 TableViewerDemo1 类的一个静态域变量,记录最近一次选择的表行索引。请在理解 actionNextline 设计思路的基础上自行设计【←】按钮的 Action。

2. 不带复选框表格的行选择

如果表格查看器的 Style|check 属性值设置为 false,则表格行不会出现复选框,但如果 Style|full_selection 属性值设置为 true,则在单击表格某个行时,该行被选择且反相(蓝底白字)显示。如果 Style|selection 属性值设置为 MULTI,则可以同时选择相邻(单击时按

Shift 键)或不相邻(单击时按 Ctrl 键)的多个行。对于这样的表格行的选择,org. eclipse. swt. widgets. Table 类提供了大量的方法,包括:

1) 设置方法

public void select(int index):选择行号为 index 的行。行号从 0 开始。

public void select(int start,int end):选择行号从 start 开始,end 结束的连续多行。

public void select(int[] indices):选择行号为 indices 元素值的那些行。

与它们相对应地有 3 个 setSelection()方法,参数含义相同。但是 select()方法不清除当前已经被选择行的选择状态,而 setSelection()方法首先清除当前选择状态,再选择参数所指定的行。

public void selectAll():选择所有行。

public void setSelection(TableItem item):清除当前选择,选择 item 一行。

public void setSelection(TableItem[] items):清除当前选择,选择 items 数组所指定的行。

2) 显示选择

public void showSelection():使被选择的行反相显示。

3) 检测和获取

public boolean isSelected(int index):检测 index 行是否被选择。

public int getSelectionCount():返回已选行数。

public int getSelectionIndex():返回当前选择的行号。无被选行返回-1。

public int[] getSelectionIndices():返回被选行的行号数组。无被选行返回空数组。

public TableItem[] getSelection():返回被选行的表格行对象数组。无被选行返回空数组。

4) 取消选择

public void deselect(int index):取消对 index 行的选择。如果该行未选择则保持。

public void deselect(int start,int end):取消对 start~end 行的选择。

public void deselect(int[] indices):取消 indices 元素所指定行的选择。

public void deselectAll():取消所有选择。

5) 表格行选择事件处理

除 11.5.1 节介绍的 TableViewer 两个表格行选择事件监听器接口外,Table 对象还可以对 SelectionEvent 事件进行监听。其中单击表行执行 widgetSelected()方法,双击则执行 widgetDefaultSelected()方法。

例如,为例 11.7 的工具栏的【←】(选择上一行)按钮设计 Action,当用户单击该按钮时,使上一行处于选择状态。代码如下:

```
actionPrevLine = new Action("<-") {
    @Override
    public void run() {
        //TODO 自动生成的方法存根
        super.run();
        int[] arr = table.getSelectionIndices();
        if(arr!= null&& arr.length>0) {
```

```
                Arrays.sort(arr);
                seleRow = arr[0];
            } else {
                return;
            }
            if(seleRow > 0)
                seleRow -- ;
            else
                seleRow = table.getItemCount() - 1;
            table.setSelection(seleRow);
            String[] userStr = (String[])table.getSelection()[0].getData();
            System.out.println(userStr[0] + "," + userStr[1] + "," + userStr[2]);
        }
    };
```

11.5.4 设置单元格颜色

正如 11.2.2 节所述,使用表格列查看器可以设置某个表格单元的字体、前景和背景颜色。此外,还可以使用表格行对象 TableItem 的 public void setBackground(Color color)方法设置该行的背景色,方法 public void setBackground(int index,Color color)则用于设置该行 index 列(列号,从 0 开始)的背景颜色。使用 Table 类的 public TableItem getItem(int index)方法则可以获取 index 行对象。例如,语句"tableItem.setBackground(2,color);"会为所选行的第 3 列设置背景色,其他列的背景色不变。

11.6 习题

1. 简述在 Java 程序中使用 JDBC 操作数据库的基本步骤。
2. 简述 Java GUI 程序中使用数据库时对数据库表的封装思想和基本思路。
3. 试述如何使用表格查看器将数据库表中的数据显示在 SWT 的表格组件中。
4. 试述如何使用表格列查看器为表格提供编辑其单元格中数据功能。
5. 如何使用表格查看器将学生成绩表格设计为按成绩排序?
6. 如何使用表格查看器实现只显示成绩及格的学生记录?
7. 如何为表格特定单元设置文字颜色、字体和背景颜色?

第 12 章 树形UI的设计

一些数据需要以层次分明的树形结构可视化地展示,树控件是展现这种结构数据的重要组件,设计也比较复杂。本章从树形数据的组织、树查看器 TreeViewer 对树组件中数据的管理以及表格形树的设计等方面,结合实例较为详细深入地介绍树和表格形树的设计方法。最后简单介绍列表查看器和组合框查看器。

12.1 树形数据的设计

如果程序处理的数据逻辑上具有层次结构,有一定的隶属关系或看作具有隶属关系,那么用户可能希望将这种数据以树形结构显示出来。对于这样的需求,首先将各层次数据抽象为树的节点,不同层次的节点之间用父子关系联系起来,从而以树组件形式展现出来。本节以例 8.8 采用的学生成绩管理系统按班级选课排课模块界面(见图 8.20)左边选课树的实现为例,介绍将关系数据库表中的数据组织成树形结构的思路和方法。

12.1.1 学生成绩管理系统的数据库设计

学生成绩管理系统的数据包括课程、专业、学生、教师和用户等 6 类。根据数据库存储的要求和特点需要进一步细分,共设计 10 个表,分别如表 10.1~表 10.10 所示。为了节约篇幅,本节不叙述该系统数据库的概念设计和 ER 模式分析等内容,采用 MySQL 数据库系统直接给出各个表的结构。

表 10.1 课程表(course)

字 段 名	类 型	含 义
id	smallint(4)	标识号,不允许重复,自动生成
name	varchar(40)	课程名
type	varchar(10)	课程类型

表 10.2 专业表(department)

字 段 名	类 型	含 义
id	tinyint(3)	标识号,不允许重复,自动生成
name	varchar(40)	专业名

表 10.3 学生表(student)

字 段 名	类 型	含 义
id	int(12)	学号,不允许重复
name	char(10)	姓名
departmentID	tinyint(3)	专业
grade	smallint(4)	年级
class	tinyint(3)	班号
pic	varchar(100)	照片存储路径
interested	varchar(1000)	学习兴趣

表 10.4 教师表(teacher)

字 段 名	类 型	含 义
id	mediumint(4)	工号,不允许重复
name	varchar(10)	姓名
sex	char(2)	性别
age	tinyint(3)	年龄
departmentID	tinyint(3)	专业
address	varchar(100)	住址
pic	varchar(100)	照片存储路径
intro	varchar(1000)	简介

表 10.5 专业下设的班级表(deparment_grade_class)

字 段 名	类 型	含 义
id	smallint(5)	标识号,不允许重复,自动生成
departmentID	tinyint(4)	专业标识号
grade	smallint(3)	年级
class	tinyint(3)	班级

表 10.6 专业开设的课程表(department_course)

字 段 名	类 型	含 义
id	mediumint(3)	标识号
departmentID	tinyint(3)	专业标识号
courseID	smallint(4)	课程标识号

表 10.7 学生选择的课程及成绩表(student_course)

字 段 名	类 型	含 义
id	int(13)	标识号
studentID	int(13)	学号
courseID	smallint(4)	课程标识号
score	float(5)	成绩
updatetime	datetime	修改时间

表 10.8 教师任教的课程表(teacher_course)

字 段 名	类 型	含 义
id	int(13)	标识号
teacherID	mediumint(4)	工号
courseID	smallint(4)	课程标识号
departmentID	tinyint(3)	专业标识号
grade	smallint(4)	年级
class	tinyint(3)	班级

表 10.9 用户表(users)

字 段 名	类 型	含 义
name	varchar(20)	账户名(学生为学号、教师为工号)
password	varchar(20)	密码
job	tinyint(1)	身份(0—学生、1—教师、2—管理员)

表 10.10 班级开设的课程表(dgc_course)

字 段 名	类 型	含 义
id	int(8)	标识号
dgcID	mediumint(5)	班级标识号 deparment_grade_class 表的 id
courseID	smallint(4)	课程标识号

12.1.2 数据封装类

为 11.1.6 节例 11.1 程序清单 11.1 中的数据库操作的辅助类 InitDB 添加字段 "private static final InitDB initDB_obj = new InitDB();",并为该字段添加静态取值方法 getInitDB。对 12.1.2 节所设计的每个表设计一个数据封装类,各数据库表的每个字段设计为对应类的 private 实例变量,为各个实例变量生成 Getter 和 Setter,分别使用所有字段和标识字段(大多为 id 字段)生成构造方法。添加字段变量"static InitDB db = InitDB.getInitDB();"以便访问数据库。设计要点包括以下 5 个方面。

1. 从数据库表创建对象

为各个数据封装类设计根据标识字段从数据库中创建数据对象的方法,例如,课程数据类 Course 中提供以下方法:

```
public static Course getFromDB(int courseID) {        //从数据库中创建
    ResultSet rs = db.getRs("select * from course where id = " + courseID);
    try {
        if(rs.next())
            return new Course(rs.getInt(1),rs.getString(2),rs.getString(3));
        else
            return null;
    } catch (SQLException e) {
        e.printStackTrace();
```

```
            return null;
        }
    }
    public static Course getFromDB(String name, String type) {
        ResultSet rs = db.getRs("select * from course where name = '" + name + "' and type = '" + type + "'");
        try {
            if(rs.next())
                return new Course(rs.getInt(1),rs.getString(2),rs.getString(3));
            else
                return null;
        } catch (SQLException e) {
            e.printStackTrace();
            return null;
        }
    }
```

2. 向数据库表插入记录

为大多数数据封装类设计向数据库表中插入记录的方法。如课程数据类 Course 中提供以下插入方法：

```
    public int insertToDB() { //返回插入记录的 ID
        ResultSet rs = db.getRs("select * from course where name = '" + this.name +
                                                    "' and type = '" + this.type + "'");
        try {
            if(!rs.next()) {
                String sql = "insert into course (name,type) values('" + this.name + "','" +
                                                    this.type + "')";
                db.getStmt().executeUpdate(sql);
                rs = db.getRs("select id from course where name = '" + this.name +
                                                    "' and type = '" + this.type + "'");
                rs.next();
                return rs.getInt(1);
            } else {
                return rs.getInt(1);
            }
        } catch (SQLException e) {
            e.printStackTrace();
            return -1;
        }
    }
```

3. 更新数据库表中指定记录

设计更新数据库表中指定记录的方法。如课程数据类 Course 中提供如下更新方法：

```
    public int updateToDB() {
        if(this.id != -1) {
```

```java
            ResultSet rs = db.getRs("select * from course where name = '" + this.name +
                                                  "' and type = '" + this.type + "'");
        try {
            if(rs.next())
                return -3;         //新修改的课程名与课程类型已经存在
            String sql = "update course set name = '" + this.name + "',type = '" + this.type +
                                                  "'where id = " + this.id;
            return db.getStmt().executeUpdate(sql);
        } catch (SQLException e) {
            e.printStackTrace();
            return -1;
        }
    } else {
        return -2;
    }
}
```

4. 多个构造方法

某些数据封装类设计多个构造方法，以便根据不同实参创建对象。如学生课程成绩数据表的封装类 StudentCourse 设计以下 3 个构造方法，满足不同要求：

```java
public StudentCourse(long studentID, int courseID, float score) {
    this.studentID = studentID;
    this.courseID = courseID;
    this.score = score;
}
public StudentCourse(long id, long studentID, int courseID, float score) {
    this.id = id;
    this.studentID = studentID;
    this.courseID = courseID;
    this.score = score;
}
public StudentCourse(long id, long studentID, int courseID, float score, Date updateTime) {
    this.id = id;
    this.studentID = studentID;
    this.courseID = courseID;
    this.score = score;
    this.updateTime = updateTime;
}
```

5. 从数据库表创建字段

在专业表、学生表和教师表的封装类中设计从数据库表中获取数据并创建课程列表的方法。如在专业表的封装类中设计以下方法，创建课程列表实例变量：

```java
public void setCoursesListFromDB() {
    coursesList.clear();
    String sql = "select courseID from department_course where departmentID = " + this.id;
    ResultSet rs = new InitDB().getRs(sql);
```

```java
    try {
        while(rs.next()) {
            coursesList.add(Course.getFromDB(rs.getInt(1)));
        }
    } catch (SQLException e) {
        //TODO Auto-generated catch block
        e.printStackTrace();
    }
}
```

在学生表和教师表的封装类中设计从数据库表中获取数据创建专业对象的方法。如在学生表的封装类中设计以下方法,创建专业实例变量:

```java
public void setDepartment(int departmentID){
    String sql = "select * from department where id=" + departmentID;
    ResultSet rs = newInitDB().getRs(sql);
    try {
        if(rs.next())
            this.department = new Department(rs.getInt(1),rs.getString(2));
    } catch (SQLException e) {
        e.printStackTrace();
    }
}
```

例 12.1 对于前面开发的学生成绩管理系统,按照以下步骤设计数据封装类。

(1) 复制项目 StdScoreManager0.9,然后粘贴,新项目名为 StdScoreManager1.0。

(2) 按照上述思路修改 book.stdscore.data 包中的 Course 类,修改后该类源代码见程序清单 12.1。

程序清单 12.1:

```java
package book.stdscore.data;
import java.io.Serializable;
import java.sql.ResultSet;
import java.sql.SQLException;
public class Course implements Serializable {
    private static final long serialVersionUID = 4906331992862999016L;
    private int id = -1;
    private String name;
    private String type;
    private float score;
    static InitDB db = InitDB.getInitDB();
    public Course(String name, String type) {
        super();
        this.name = name;
        this.type = type;
    }
    public Course(int id, String name, String type) {
        super();
        this.id = id;
        this.name = name;
```

```java
        this.type = type;
    }
    public String getName() {
        return name;
    }
    public void setName(String name) {
        this.name = name;
    }
    public String getType() {
        return type;
    }
    public void setType(String type) {
        this.type = type;
    }
    public float getScore() {
        return score;
    }
    public void setScore(float score) {
        this.score = score;
    }
    public int getId() {
        return id;
    }
    public void setId(int id) {
        this.id = id;
    }
    public static Course getFromDB(int courseID) {     //从数据库中创建
        ResultSet rs = db.getRs("select * from course where id = " + courseID);
        try {
            if(rs.next())
                return new Course(rs.getInt(1),rs.getString(2),rs.getString(3));
            else
                return null;
        } catch (SQLException e) {
            e.printStackTrace();
            return null;
        }
    }
    public static Course getFromDB(String name, String type) {
        ResultSet rs = db.getRs("select * from course where name = '" + name + "' and type = '" + type + "'");
        try {
            if(rs.next())
                return new Course(rs.getInt(1),rs.getString(2),rs.getString(3));
            else
                return null;
        } catch (SQLException e) {
            e.printStackTrace();
            return null;
        }
    }
```

```java
public int insertToDB() { //返回插入记录的 ID
    ResultSet rs = db.getRs("select * from course where name = '" + this.name +
                            "' and type = '" + this.type + "'");
    try {
        if(!rs.next()) {
            String sql = "insert into course (name,type) values('" + this.name + "','" +
                                             this.type + "')";
            db.getStmt().executeUpdate(sql);
            rs = db.getRs("select id from course where name = '" + this.name +
                          "' and type = '" + this.type + "'");
            rs.next();
            return rs.getInt(1);
        } else {
            return rs.getInt(1);
        }
    } catch (SQLException e) {
        e.printStackTrace();
        return -1;
    }
}
public int updateToDB() {
    if(this.id != -1) {
        ResultSet rs = db.getRs("select * from coursewhere name = '" + this.name +
                                "' and type = '" + this.type + "'");
        try {
            if(rs.next())
                return -3;                    //新修改的课程名与课程类型已经存在
            String sql = "update course set name = '" + this.name + "',type = '" +
                                            this.type + "'where id = " + this.id;
            return db.getStmt().executeUpdate(sql);
        } catch (SQLException e) {
            e.printStackTrace();
            return -1;
        }
    } else {
        return -2;
    }
}
```

其他数据封装类的完整代码请参考 StdScoreManager1.0 项目 book.stdscore.data 包中的对应类。其中 Department 类的课程列表是 coursesList 字段,专业下设的班级表是 GradeClass 类,其余的类名与表名相同。

12.1.3 树节点类的设计

树形结构 UI 由若干个节点构成,要将数据以树形结构展现,首先需要构造各层次树节点。树的节点有一个父节点,有若干个子节点。但是根节点没有父节点,叶子节点没有子节点。封装数据的类应该提供访问父节点、子节点等方法。

JFace 库中的 org.eclipse.jface.viewers.TreeNode 类符合树节点的基本要求,是实现树数据模型的简单数据结构。构造方法是:public TreeNode(Object value)。该类提供了下列重要方法:

(1) public TreeNode[] getChildren()——返回子节点,空数组转换为 null 返回。

(2) public TreeNode getParent()——返回父节点,如果没有父节点则返回 null。

(3) public boolean hasChildren()——返回是否有子节点。如果子节点数组不为空或 null,则返回 true,否则返回 false。

(4) public void setChildren(TreeNode[] children)——设置子节点。子节点可以为 null 或为空节点,但 children 参数数组不能为 null。

(5) public void setParent(TreeNode parent)——设置父节点。参数可以为 null。

(6) public Object getValue()——返回当前节点的值。值可以为任何对象。

以 TreeNode 类为父类设计自己的树形数据结构可以简化设计工作。

例 12.2 对于例 8.8 采用的学生成绩管理系统按班级选课排课模块界面(见图 8.20)左边选课树,以 TreeNode 类为父类设计各级节点类。

分析:分析这棵树,各专业下设有多个年级,各年级设有多个班级,各班级开设有 3 种类型的课程,每种课程类型下有多门课程,选一门课的有多名学生。显然,树的根节点下设各专业为其子节点,各专业的父节点是树的根节点,子节点是各年级;年级的父节点是专业,子节点是班级;班级的父节点是年级,子节点是课程类型;课程类型的父节点是班级,子节点是课程;课程的父节点是课程类型,子节点是学生。但学生数据显示在右边的表格中,并不作为子节点显示在树上,所以课程的子节点为空。封装树中节点的类应该设计设置和返回子节点与父节点的方法,同时,最好设计方法返回该节点是否有子节点,返回该节点对象。

操作步骤:

(1) 对于图 8.20 左边选课树的一级节点专业。在 book.stdscore.data 包中设计的节点类 DepartmentTreeNode,源代码见程序清单 12.2。

程序清单 12.2:

```
package book.stdscore.data;
import org.eclipse.jface.viewers.TreeNode;
public class DepartmentTreeNode extends TreeNode {
    private Department department;
    private TreeNode parent;
    private TreeNode children[];
    public DepartmentTreeNode(Department value) {
        super(value);
        //TODO Auto-generated constructor stub
        this.department = value;
    }
    @Override
    public TreeNode[] getChildren() {
        //TODO Auto-generated method stub
        //return super.getChildren();
        return this.children;
```

```java
        }
        @Override
        public TreeNode getParent() {
            //TODO Auto-generated method stub
            //return super.getParent();
            return this.parent;
        }
        @Override
        public Object getValue() {
            //TODO Auto-generated method stub
            //return super.getValue();
            return this.department;
        }
        @Override
        public boolean hasChildren() {
            //TODO Auto-generated method stub
            //return super.hasChildren();
            return this.children!= null && this.children.length>0;
        }
        @Override
        public void setChildren(TreeNode[] children) {
            //TODO Auto-generated method stub
            //super.setChildren(children);
            this.children = children;
        }
        @Override
        public void setParent(TreeNode parent) {
            //TODO Auto-generated method stub
            //super.setParent(parent);
            this.parent = parent;
        }
        public Department getDepartment() {
            return department;
        }
        public void setDepartment(Department department) {
            this.department = department;
        }
        @Override
        public String toString() {
            return this.department.getName();
        }
}
```

(2) 使用与步骤(1)相同的思路和方法,设计年级节点类 GradeTreeNode、班级节点类 ClassTreeNode、课程类型节点类 CourseTypeTreeNode、课程节点类 CourseTreeNode。其中,课程类型节点类 CourseTypeTreeNode 源代码见程序清单 12.3。

程序清单 12.3：

```java
package book.stdscore.data;
import org.eclipse.jface.viewers.TreeNode;
```

```java
public class CourseTypeTreeNode extends TreeNode {
    private String coureType;
    private TreeNode parent;
    private TreeNode children[];
    public CourseTypeTreeNode(Object value) {
        super(value);
        //TODO 自动生成的构造函数存根
        this.coureType = (String) value;
    }
    @Override
    public TreeNode[] getChildren() {
        //TODO 自动生成的方法存根
        return this.children;
    }
    @Override
    public TreeNode getParent() {
        //TODO 自动生成的方法存根
        return this.parent;
    }
    @Override
    public Object getValue() {
        //TODO 自动生成的方法存根
        return this.coureType;
    }
    @Override
    public boolean hasChildren() {
        //TODO 自动生成的方法存根
        return this.children!= null && this.children.length>0;
    }
    @Override
    public void setChildren(TreeNode[] children) {
        //TODO 自动生成的方法存根
        //super.setChildren(children);
        this.children = children;
    }
    @Override
    public void setParent(TreeNode parent) {
        //TODO 自动生成的方法存根
        //super.setParent(parent);
        this.parent = parent;
    }
    @Override
    public String toString() {
        return this.coureType;
    }
}
```

其他节点类的完整代码请参考见 StdScoreManager1.0 项目 book.stdscore.data 包中的对应类。各个节点类名都是按 XxxTreeNode 模式命名的，与图 8.20 左边树的节点对应。

12.1.4 树形结构设计

树形结构是由各级节点按照父子关系构成的。从一棵树的根节点开始，可以逐级找到各个节点，也就是说，由根节点可以找到一级节点，进而找到各个二级节点，以此类推，从而遍历整个棵树的各个节点。

设计树的根节点类，除了覆盖 TreeNode 中的方法之外，重点是在内存中构造出整棵树。但应注意，如果整棵树很大，则需要大量内存，则应随着用户的操作逐步构造和及时释放内存。例如，用户单击展开某个节点时生成该节点的子树，同时代码控制关闭其他子树并释放所占内存。

例 12.3 在例 12.2 设计的各级节点类的基础上，设计图 8.20 左边的树，即设计根节点类 SelCourseTreeRoot，具体构造工作在构造方法中完成。

操作步骤：

（1）在 book.stdscore.data 包中设计根节点类 SelCourseTreeRoot，该类源代码见程序清单 12.4。

程序清单 12.4：

```java
package book.stdscore.data;
import java.sql.ResultSet;
import java.sql.SQLException;
import java.util.ArrayList;
import org.eclipse.jface.viewers.TreeNode;
public class SelCourseTreeRoot extends TreeNode {
    private TreeNode parent;
    private DepartmentTreeNode children[];
    private ArrayList<DepartmentTreeNode> departmentList = new ArrayList<DepartmentTreeNode>();
    private ArrayList<GradeTreeNode> gradeList = new ArrayList<GradeTreeNode>();
    private ArrayList<ClassTreeNode> cClassList = new ArrayList<ClassTreeNode>();
    private CourseTypeTreeNode[] ctypenodes;
    private ArrayList<CourseTreeNode> courseList = new ArrayList<CourseTreeNode>();
    private ArrayList<Student> studentList = new ArrayList<Student>();
    private InitDB db;
    public SelCourseTreeRoot() {
        super(null);
        //TODO Auto-generated constructor stub
        this.db = InitDB.getInitDB();
        this.setDepartmentList();
        setParent(null);
        setChildren(departmentList.toArray( new DepartmentTreeNode[departmentList.size()]));
        for(DepartmentTreeNode department : departmentList) {
            this.setGradeList(department.getDepartment().getId());
            department.setChildren(gradeList.toArray(new GradeTreeNode[gradeList.size()]));
            department.setParent(this);
            for(GradeTreeNode grade : gradeList) {
                this.setcClassList(department.getDepartment().getId(),
                                   ((GradeClass)grade.getValue()).getGrade());
                grade.setChildren(cClassList.toArray(
```

```java
                                            new ClassTreeNode[cClassList.size()]));
                grade.setParent(department);
                for(ClassTreeNode cClass : cClassList) {
                    ctypenodes = new CourseTypeTreeNode[]{
                                            new CourseTypeTreeNode("公共基础课"),
                                            new CourseTypeTreeNode("专业基础课"),
                                            new CourseTypeTreeNode("专业选修课")};
                    cClass.setChildren(ctypenodes);
                    cClass.setParent(grade);
                    for(CourseTypeTreeNode ctype : ctypenodes) {//各课程类型课程
                        this.setCourselist(department.getDepartment(),
                                                    (String)ctype.getValue());
                        ctype.setChildren(courseList.toArray(
                                            newCourseTreeNode[courseList.size()]));
                        ctype.setParent(cClass);
                        for(CourseTreeNode course : courseList) {//各课程选课学生表
                            //设置已选学生表 tableSelected 组件中的数据集
                            //需要为表格 tableSelected 创建查看器
                            //通过树节点选择事件设置其 input 属性
                            course.setChildren(null);
                            //通过树节点选择事件设置其 input 属性
                            course.setParent(ctype);
                        }
                    }
                }
            }
        }
    }
    public void setCourselist(Department dept,String ctype) {
        dept.setCoursesListFromDB();
        ArrayList<Course> coursesList = dept.getCoursesList();
        this.courseList.clear();
        for(Course course : coursesList) {
            if(course.getType().equals(ctype))
                this.courseList.add(new CourseTreeNode(course));
        }
    }
    public ArrayList<DepartmentTreeNode> getDepartmentList() {
        return departmentList;
    }
    public void setDepartmentList() {
        this.departmentList.clear();
        ResultSet rs = this.db.getRs("select * from department");
        try {
            while(rs.next()) {
                Department department = new Department(rs.getInt(1),rs.getString(2));
                this.departmentList.add(new DepartmentTreeNode(department));
            }
        } catch (SQLException e) {
            //TODO Auto-generated catch block
            e.printStackTrace();
```

```java
        }
    }
    public void setGradeList(int departmentId) {
        this.gradeList.clear();
        String sql = "select * from department_grade_class where departmentId = " +
departmentId + " group by grade";
        ResultSet rs = this.db.getRs(sql);
        try {
            while(rs.next()) {
                GradeClass grade = new GradeClass(rs.getInt(2),rs.getInt(3));
                this.gradeList.add(new GradeTreeNode(grade));
            }
        } catch (SQLException e) {
            //TODO Auto-generated catch block
            e.printStackTrace();
        }
    }
    public void setcClassList(int departmentId, int grade) {
        this.cClassList.clear();
        ResultSet rs = this.db.getRs("select * from department_grade_class where " +
            "departmentId = " + departmentId + " and grade = " + grade + " group by class");
        try {
            while(rs.next()) {
                GradeClass cClass = new GradeClass(departmentId,grade,rs.getInt(4));
                this.cClassList.add(new ClassTreeNode(cClass));
            }
        } catch (SQLException e) {
            //TODO Auto-generated catch block
            e.printStackTrace();
        }
    }
    public void setStudentList(Department department, int grade, int cClass) {
        this.studentList.clear();
        ResultSet rs = this.db.getRs("select * from student where departmentID = " +
                department.getId() + " and grade = " + grade + " and class = " + cClass );
        try {
            while(rs.next()) {
                Student student = new Student(rs.getLong(1),rs.getString(2),
                    department,rs.getInt(4),rs.getInt(5),rs.getString(6),rs.getString(7));
                this.studentList.add(student);
            }
        } catch (SQLException e) {
            //TODO Auto-generated catch block
            e.printStackTrace();
        }
    }
    @Override
    public TreeNode[] getChildren() {
        //TODO Auto-generated method stub
        return this.children;
    }
```

```java
        @Override
        public TreeNode getParent() {
            //TODO Auto-generated method stub
            return this.parent;
        }
        @Override
        public Object getValue() {
            //TODO Auto-generated method stub
            return this;
        }
        @Override
        public boolean hasChildren() {
            //TODO Auto-generated method stub
            return this.children!= null && this.children.length>0;
        }
        @Override
        public void setChildren(TreeNode[] children) {
            //TODO Auto-generated method stub
            this.children = (DepartmentTreeNode[]) children;
        }
        @Override
        public void setParent(TreeNode parent) {
            //TODO Auto-generated method stub
            this.parent = parent;
        }
        @Override
        public String toString() {
            return "选课树";
        }
    }
```

上述设计构造方法看起来十分复杂。另一种思路是在各节点类直接构造其子节点,而不必在根节点类的构造方法中使用多重嵌套循环,请自己试着改写一下。此外,树的节点层数比较多时可能会耗完数据库的连接数,从而发生数据库连接数过多异常,需要采用一些技巧和其他方法,例如使用数据库连接池等方法解决这些问题。

此外在 StdScoreManager1.0 项目中修改了数据类,例如为了方便转换为数组,将 Department 等类中原来的 LinkedList 类型的变量修改为 ArrayList,且采用数据库存储用户账户等信息,因此也需要修改一些相关程序模块。具体修改请自行完成。

12.2 树查看器的使用及属性设置

在 8.3 节介绍了通过创建树节点(TreeItem)组件的方法创建树。但是,很多情况下需要以树所使用的数据集为依据动态创建树的各级节点,动态确定节点之间的父子关系。借助于树查看器可以对树的结构进行动态管理。

12.2.1 使用树查看器

树查看器(TreeViewer)提供了将树节点集及数据集与树组件有机联系起来的机制和

方法。

单击组件面板 JFace 组中的 TreeViewer 图标,将光标移到容器中单击,即可创建一个树查看器及其归附的树组件 tree。选择该树组件,可以使用 8.3 节所述方法进行必要的属性设置。

在设计视图单击树组件右下角的图标 ,或在 Components 面板单击 tree 组件节点下的 treeViewer 节点,在属性面板查看和设置树查看器的属性(见图 12.1)。树查看器的使用与表查看器非常相似,需要通过设置 input 属性设置树节点集,也需要设置内容提供器和标签提供器。

图 12.1 树查看器的属性

(1) input:树查看器的 input 属性指定树的根节点。通过该根节点可以找到树的一级节点及其子节点。

(2) contentProvider:设置树的内容提供器。内容提供器一般需要实现 ITreeContentProvider 接口,主要方法有:

Object[] getElements(Object inputElement)——参数 inputElement 是 input 属性值,该方法返回显示在树中的节点元素数组。一般 inputElement 是树的根元素,返回的是一级元素。

Object[] getChildren(Object parentElement)——返回给定父元素 parentElement 的子元素数组。

Object getParent(Object element)——返回元素 element 的父元素。

boolean hasChildren(Object element)——判断元素 element 是否存在子元素,有则返回 true。

如果每个元素都是 TreeNode 对象,则该属性值可以设置为 org.eclipse.jface.viewers.TreeNodeContentProvider 类或其子类的对象,且只需覆盖 getElements 方法。

(3) lableProvider:设置标签提供器。一般通过实现 ILabelProvider 接口设计标签提供器。该接口有两个主要方法:

Image getImage(Object element)——返回树节点元素 element 的图标。

String getText(Object element)——返回树节点元素 element 的文字。

可以使用 org.eclipse.jface.viewers.LabelProvider 类或其子类的实例。该类的默认实现 getText 方法返回参数 element 的 toString,getImage 返回 null。

(4) autoExpandLevel:设置初始显示时,树被自动展开的层数。

(5) sorter:设置树的排序器,与表查看器的排序器设计思路和方法基本相同。

(6) useHashlookup:该属性设置为 true,可以加快查找元素的速度。

例 12.4 将例 12.2 和例 12.3 所设计的树节点在树组件中显示出来。

操作步骤:

(1) 在项目 StdScoreManager1.0 的 book.stdscore.ui 中创建 JFace ApplicationWindow,命名为 TreeViewerDemo1,设置 container 组件的 Layout 属性值为 FillLayout。

（2）单击组件面板 JFace 组的 TreeViewer 图标，将光标移到窗体的 container 面板上单击。

（3）在 Components 面板单击 tree 节点下的 treeViewer 节点。

（4）单击属性面板中 contentProvider 设置值列右侧的…按钮，在打开类型对话框中选择类型输入为 TreeNodeC，选择匹配项 TreeNodeContentProvider，单击【确定】按钮（见图 12.2）。

图 12.2 树查看器的 contentProvider 属性设置对话框

（5）切换到源代码视图，在"treeViewer.setContentProvider(new TreeNodeContentProvider()"后紧接着输入"{}"，光标置于"{}"中，单击【源码】|【覆盖/实现方法】菜单项，选择要覆盖或实现的方法为 TreeNodeContentProvider 下的 getElements，单击【确定】按钮。

（6）在 getElements 方法中输入语句"return ((TreeNode) inputElement).getChildren();"。注意删除原来的 return 语句。

（7）切换到设计视图，在属性面板中双击 lableProvider 属性值列。在自动切换到源码视图后，找到生成的 private static class ViewerLabelProvider extends LabelProvider 类，修改其中的 getText 方法中的 return 语句为"return element.toString();"。

（8）在 createContents 方法的尾部添加语句"treeViewer.setInput(new SelCourseTreeRoot());"。

完成上述步骤后启动 MySQL 数据库服务器，运行 TreeViewerDemo1 程序，可以看到如图 12.3 所示的树形界面。

单击组件面板 JFace 组中的 TreeViewer Composite 图标，将光标移到容器中单击，WindowBuilder 会创建一个 Composite 组件，其中包含树组件 tree 及其树查看器组件。其用法及属性设置与前面章节所述相同。

图 12.3 例 12.4 程序运行界面

12.2.2 设计实例——树形文件阅读器

有些数据本身就具有树形数据结构，例如文件系统，File 类的对象可以用 list、listFiles、listRoots 等方法返回子文件和文件夹，用 getParent 和 gerParentFile 返回父文件夹，因此可以直接作为 Tree 和 TreeViewer 处理的数据集。

8.3.5 节通过"硬编码"的方式创建了资源管理器式文件阅读器程序的文件树。使用树查看器则可以使程序更为简洁。

例 12.5 修改例 10.6 完成的资源管理器式文本阅读器程序，使用树查看器管理树形文件目录。

分析：在 WindowBuilder 中，用可视化方法不能直接为已有的树组件创建查看器，本例可以先在 container 的 sashForm 组件中创建一个 TreeViewer，用该查看器的 tree 代替原来的树组件 tree。从 File 类的 listRoots()方法中只能得到各个盘符所在的根目录，因此需要定义一个文件系统的根类，使各盘符作为其子节点，其父节点设置为空(null)。利用 File 类对象本身具有的树形结构为该树查看器设置内容提供器和标签提供器。原来为了动态构造文件树而设计的方法、事件监听器等不再需要。使用树查看器的双击事件处理打开文本文件的操作。

设计步骤：

(1) 在包资源管理器窗口右击项目名 MyFileReader0.7，在快捷菜单中选择【复制】菜单项。在包资源管理器窗口再次右击，选择快捷菜单中的【粘贴】菜单项，在【复制项目】对话框的项目名输入 MyFileReader0.8，单击【确定】按钮。以下操作在 MyFileReader0.8 项目中进行。

(2) 打开 JFileReader 窗体，切换到设计视图，单击 JFace 组的 TreeViewer 图标，将鼠标指针移到窗体的 sashForm 左边单击。切换到源代码视图，在 createContents()方法中将自动生成的语句"Tree tree = treeViewer.getTree();"修改为"tree = treeViewer.getTree();"，删除原来创建 tree 组件的语句"tree = new Tree(composite, SWT.BORDER | SWT.H_SCROLL | SWT.V_SCROLL);"。

(3) 在 JFileReader 类中创建内部类 MyTreeRoot 用于定义文件树的根节点。该类源代码如下：

```java
class MyTreeRoot extends File {
    private static final long serialVersionUID = -40109000282102464145L;
    File obj;
    public MyTreeRoot(String pathname) {
        super(pathname);
        //TODO 自动生成的构造函数存根
        obj = new File(pathname);
    }
    @Override
    public String getParent() {
        //TODO 自动生成的方法存根
        return null;
    }
    @Override
    public File[] listFiles() {
        //TODO 自动生成的方法存根
        return File.listRoots();
    }
}
```

（4）在 createContents 方法中 treeViewer 创建语句之后输入语句"treeViewer.setInput(new MyTreeRoot("/"));"，为树查看器 treeViewer 设置 input 属性值。

（5）在 Components 面板选择树查看器 treeViewer，双击属性面板中 contentProvider 属性值列。然后切换到源码视图，修改为生成的内部类 TreeContentProvider，完成修改后的代码如下：

```java
private static class TreeContentProvider implements ITreeContentProvider {
    public void inputChanged(Viewer viewer, Object oldInput, Object newInput) {
    }
    public void dispose() {
    }
    public Object[] getElements(Object inputElement) {
        return getChildren(inputElement);
    }
    public Object[] getChildren(Object parentElement) {
        Object[] kids = ((File) parentElement).listFiles();
        return kids == null ? new Object[0] : kids;
    }
    public Object getParent(Object element) {
        if (element instanceof File)
            return ((File) element).getParent();
        return null;
    }
    public boolean hasChildren(Object element) {
        return getChildren(element).length > 0;
    }
}
```

（6）在设计视图选择树查看器 treeViewer，双击属性面板中 labelProvider 属性值列。然后切换到源码视图，修改生成的内部类 ViewerLabelProvider，完成修改后的代码如下（其中文件夹 icons 中的 folder.JPG 和 file.JPG 分别是文件夹和文件的图标文件）：

```java
private static class ViewerLabelProvider extends LabelProvider {
    public Image getImage(Object element) {
        File file = (File) element;
        if (file.isDirectory()) {
            return ImageDescriptor.createFromFile(this.getClass(),
                                    "/icons/folder.JPG").createImage();
        } else if (file.isFile()) {
            return ImageDescriptor.createFromFile(this.getClass(),
                                    "/icons/file.JPG").createImage();
        }
        return super.getImage(element);
    }
    public String getText(Object element) {
        String name;
        if(((File) element).getPath().endsWith(":\\") )
```

```
            name = ((File) element).getPath();
        else
            name = ((File) element).getName();
        return name;
    }
}
```

（7）切换到设计视图，在Components面板中右击treeViewer，在快捷菜单中选择Add event handler|double Click |double Click菜单项，为treeViewer设计和注册鼠标双击事件监听器，使用户双击选择的文件时在右边文本区域中显示文本文件内容，或运行关联程序。该监听器的源代码如下：

```
treeViewer.addDoubleClickListener(new IDoubleClickListener() {
    public void doubleClick(DoubleClickEvent arg0) {
        IStructuredSelection selection = (IStructuredSelection)arg0.getSelection();
        File file = new File(selection.toArray()[0].toString());
        if(file.isFile() && file.getName().toLowerCase().endsWith(".txt")) {
            new ShowText(file).start();
        }
    }
});
```

（8）删除对树组件的TreeEvent及SelectionEvent事件监听器的注册，删除为树组件tree添加节点的语句段（见图12.4）及辅助方法addChildren()和getItemPath()。

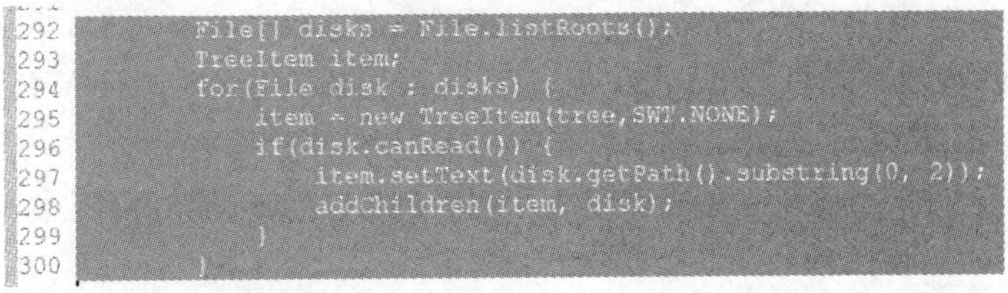

```
292    File[] disks = File.listRoots();
293    TreeItem item;
294    for(File disk : disks) {
295        item = new TreeItem(tree,SWT.NONE);
296        if(disk.canRead()) {
297            item.setText(disk.getPath().substring(0, 2));
298            addChildren(item, disk);
299        }
300    }
```

图12.4　以前项目中为树组件tree添加节点的语句段

从上述修改可以看出，采用树查看器管理文件树使程序逻辑更加清楚，代码更加简洁。

12.3　表格型树查看器

表格型树可以分层展现数据信息，其中的数据可以通过表格型树查看器TableTreeViewer组织和管理。从Eclipse 3.1开始废弃了TableTree及TableTreeViewer，而改用树查看器TreeViewer结合树列查看器TreeViewerColumn设计表格型树。

12.3.1　创建树列查看器

树列查看器TreeViewerColumn组件为表格型树的列提供了查看器、标签提供器和编辑支持，其作用和用法与表格列查看器TableViewerColumn基本相同。

在按照12.2节所述方法创建了带有树查看器的树组件后,在设计视图下单击组件面板中Jface组的 TreeViewerColumn 图标,将鼠标指针移到树组件上单击,即可为该树组件创建一个列及其树列查看器TreeViewerColumn组件。注意,树本身的显示会占用一列。对于设置有TreeViewerColumn的TreeViewer不应设置标签提供器,而应设置各列树列查看器的标签提供器。

选择树列查看器TreeViewerColumn组件后,在属性面板的labelProvider属性值列双击,会自动为该列生成标签提供器——一个匿名ColumnLabelProvider类的子类,子类中会实现getImage()和getText()方法,分别返回树中各节点在该列所显示的图像和文字,也可以如11.2.2节所述设置该列显示的字体、背景色和前景色。

在属性面板的editingSupport属性值列双击,WindowBuilder即生成一个匿名内部类对象并设置为该查看器的editingSupport属性值。该匿名类是抽象类EditingSupport的子类,用法如11.3.2节所述,只是各方法的参数Object element一般是树的当前节点元素。设置树查看器的columnProperties属性有助于EditingSupport子类的编写。

例12.6 为例12.4程序的树(见图12.3)添加列,第1列显示如图12.3所示的树,第2列显示当前课程选课学生人数,第3列供用户对课程添加备注文字。

操作步骤:

(1) 右击StdScoreManager1.0项目book.stdscore.ui包中的TreeViewerDemo1.java文件,在快捷菜单中选择【复制】菜单项。再次右击book.stdscore.ui包名,选择【粘贴】菜单项,输入类名TreeViewerDemo2,单击【确定】按钮。

(2) 删除treeViewer组件的标签提供器属性值。

(3) 在设计视图下单击组件面板中Jface组的 TreeViewerColumn 图标,将鼠标指针移到树组件tree上单击,创建一个列trclmnNewColumn及其树列查看器treeViewerColumn。

(4) 设置trclmnNewColumn列的text属性值为空字符串("")。

(5) 在trclmnNewColumn列的查看器列treeViewerColumn属性面板中双击labelProvider属性值列。

(6) 重复步骤(3)~(5),列的Variable属性值为trclmnNewColumn_1,text属性值设置为"待选学生人数"。修改自动生成的该列treeViewerColumn的labelProvider属性值对象的ColumnLabelProvider子类,其getText()方法体修改为以下代码段:

```
if(element instanceof CourseTreeNode) {
    int courseId = ((Course)(((CourseTreeNode) element).getValue())).getId();
    ClassTreeNode ctn = (ClassTreeNode)(((CourseTreeNode) element).getParent().getParent());
    int cClass = ((GradeClass)ctn.getValue()).getcClass();
    GradeTreeNode gtn = (GradeTreeNode) ctn.getParent();
    int grade = ((GradeClass) gtn.getValue()).getGrade();
    DepartmentTreeNode dtn = (DepartmentTreeNode) gtn.getParent();
    int deptId = ((Department) dtn.getValue()).getId();
    String sql = "select count(student_course.id) from student, student_course where "  +
    "student.departmentId = " + deptId +" and student.grade = " + grade + " and student.class = "
    + cClass + " and student_course.studentID = student.id " + " andstudent_course.courseID = "
    + courseId;
    ResultSet rs = InitDB.getInitDB().getRs(sql);
```

```
        int num = 0;
        try {
            if(rs.next())
                num = rs.getInt(1);
        } catch (SQLException e) {
            //TODO 自动生成的 catch 块
            e.printStackTrace();
        }
        return num + "";
    }
    return "";
```

（7）重复步骤(3)~(5)，列的 Variable 属性值为 trclmnNewColumn_2，text 属性值设置为"备注"。

（8）在属性面板双击 trclmnNewColumn_2 列的 treeViewerColumn 的 editingSupport 属性值列，修改生成的匿名内部类。修改后的源代码如下：

```
treeViewerColumn.setEditingSupport(new EditingSupport(treeViewer) {
    protected boolean canEdit(Object element) {
        //TODO Auto-generated method stub
        if(element instanceof CourseTreeNode)
            return true;
        else
            return false;
    }
    protected CellEditor getCellEditor(Object element) {
        //TODO Auto-generated method stub
        return new TextCellEditor(tree);
    }
    protected Object getValue(Object element) {
        //TODO Auto-generated method stub
        return element.toString();
    }
    protected void setValue(Object element, Object value) {
        //TODO Auto-generated method stub
        ((Course)(((CourseTreeNode)element).getValue())).setName(value.toString());
        treeViewer.update(element, (String[]) treeViewer.getColumnProperties());
    }
});
```

请注意，这段程序的逻辑并不恰当：备注文字初始值不恰当地设置为当前行节点的课程名，而修改备注列后也很不恰当地修改了当前节点课程名。但是，这段代码揭示：对编辑单元的修改同时会影响该节点数据元素的有关属性——此处调用了数据元素 Course 对象的 setName()方法修改课程名为编辑器的返回值 value，且该单元回显值也取决于标签提供器中 getText()方法的返回值。

程序运行结果如图 12.5 所示。

图 12.5 例 12.6 程序运行界面

12.3.2 创建表格型树查看器

在 WindowBuilder 组件面板的 Jface 组中提供了 TableTreeViewer 组件图标，通过该工具可以直接创建表格型树。单击该图标，然后将鼠标指针移动到容器中单击，则在 Components 面板中可看到自动创建了 TableTree 组件 tableTree 及其查看器 tableTreeViewer 和表格组件 getTable()。

表格树查看器 TableTreeViewer 的属性与树查看器 TreeViewer 的相同，只是新增加了一个 expandPreCheckFilters 属性，指示 isExpandable(Object) 方法查询过滤器，以便更精确地确定一个节点(item)是否被展开。该属性值设置为 true 将影响树查看器的性能，为了高效运行，树查看器在确定一个节点(item)是否被展开时默认不查询过滤器。

表格树查看器的内容提供器必须实现 ITreeContentProvider 接口，具体设计方法与树查看器的相同。标签提供器必须实现 ITableLabelProvider 接口或 ILabelProvider 接口，设计方法与表查看器的相同，也就是根据列号由 getColumnText() 方法返回适合的显示文本。

例 12.7 采用表格树显示如图 12.3 所示的树中各门课程选课学生人数。其中，第 1 列显示如图 12.3 所示树，第 2 列显示当前课程选课学生人数。

操作步骤：

(1) 单击选择 StdScoreManager1.0 项目 book.stdscore.ui 包，单击主工具栏中第二个工具项，在下拉列表中选择 SWT|ApplicationWindow 列表项，名称输入 TableTreeDemo1。

(2) 切换到设计视图，设置 TableTreeDemo1 布局为 FillLayout。

(3) 单击组件面板中 Jface 组的 TableTreeViewer 图标，将光标移到窗体上单击。

(4) 单击组件面板中 Controls 组的 TableColumn 图标，将光标移到 Components 面板中 getTable() 节点上单击。

(5) 重复步骤(4)。

(6) 在 Components 面板中选择 tableTreeViewer 节点，在属性面板中双击 contentProvider 属性值列。修改生成的 TreeContentProvider 类中的方法代码，完成后源代码见程序清单 12.5。

程序清单 12.5：

```
private static class TreeContentProvider implements ITreeContentProvider {
```

```java
    public void inputChanged(Viewer viewer, Object oldInput, Object newInput) {
    }
    public void dispose() {
    }
    public Object[] getElements(Object inputElement) {
        return ((TreeNode) inputElement).getChildren();
    }
    public Object[] getChildren(Object parentElement) {
        return ((TreeNode) parentElement).getChildren();
    }
    public Object getParent(Object element) {
        return null;
    }
    public boolean hasChildren(Object element) {
        return ((TreeNode) element).hasChildren();
    }
}
```

(7) 在 Components 面板中选择 tableTreeViewer 节点，在属性面板中双击 labelProvider 属性值列。修改生成的 TableLabelProvider 类中的方法代码，完成后源代码如下：

```java
private class TableLabelProvider extends LabelProvider implements ITableLabelProvider {
    public Image getColumnImage(Object element, int columnIndex) {
        return null;
    }
    public String getColumnText(Object element, int columnIndex) {
        if(columnIndex == 0)
            return element.toString();
        if(columnIndex == 1) {
            if(element instanceof CourseTreeNode) {
                int courseId = ((Course)(((CourseTreeNode) element).getValue())).getId();
                ClassTreeNode ctn = (ClassTreeNode)(((CourseTreeNode) element)
                                                    .getParent().getParent());
                int cClass = ((GradeClass)ctn.getValue()).getcClass();
                GradeTreeNode gtn = (GradeTreeNode) ctn.getParent();
                int grade = ((GradeClass) gtn.getValue()).getGrade();
                DepartmentTreeNode dtn = (DepartmentTreeNode) gtn.getParent();
                int deptId = ((Department) dtn.getValue()).getId();
                String sql = "select count(student_course.id) from student," + "student_course where student.departmentId = " + deptId + " and student.grade = " + grade + " and student.class = " + cClass + " and student_course.studentID = student.id and" + " student_course.courseID = " + courseId;

                ResultSet rs = InitDB.getInitDB().getRs(sql);
                int num = 0;
                try {
                    if(rs.next())
                        num = rs.getInt(1);
                } catch (SQLException e) {
                    //TODO 自动生成的 catch 块
                    e.printStackTrace();
```

```
                    }
                    return num + "";
                }
                return "";
            }
            return "";
        }
    }
```

(8) 在 createContents() 方法尾部添加语句 "tableTreeViewer.setInput(new SelCourseTreeRoot());" 以设置数据源。

完成后程序的运行结果与图 12.5 基本相同，只是没有备注列。

12.4 带复选框的树

与复选框表格一样，树的节点前面也可以出现复选框。设置树查看器的 Style|check 属性值为 true，树的每个节点前面就会出现复选方框。同样，JFace 库提供了 CheckboxTreeViewer 组件以便对复选框树进行处理。

12.4.1 创建复选框树查看器

单击组件面板 JFace 组中的 CheckboxTreeViewer 图标，将光标移到容器中单击，即可创建一个树组件 tree 及其复选框树查看器 checkboxTreeViewer。复选框树查看器 checkboxTreeViewer 的使用也需要设置 input 属性指定根节点、设置内容提供器和标签提供器，它们的设计方法与树查看器完全相同。

复选框树查看器提供了较为丰富的获取或设置被复选节点的方法。

public boolean getChecked(Object element)：参数 element 被复选返回 true，否则返回 false。

public Object[] getCheckedElements()：返回被复选的元素数组。

public boolean setChecked(Object element, boolean state)：设置 element 元素的复选状态为 state。

public void setCheckedElements(Object[] elements)：设置 elements 数组的所有元素均处于复选状态。

public boolean setSubtreeChecked(Object element, boolean state)：设置 element 元素和它的子元素（即子树）的复选状态为 state。

可以为复选框树查看器 CheckboxTreeViewer 注册复选状态改变监听器 CheckStateListener 以便监听树节点复选状态改变，注册方法是"public void addCheckStateListener(ICheckStateListener listener)"，其中复选状态改变事件监听器接口 ICheckStateListener 的实现类需要实现方法"void checkStateChanged(CheckStateChangedEvent event)"，在该方法中对 CheckStateChangedEvent 进行事件处理。

12.4.2 应用举例

以下提供一个例题演示复选框树的创建、一个子树的全部节点复选和取消复选、子树的展开及折叠等技术。

例 12.8 对例 12.4 构造的树(见图 12.3)的各节点添加复选框,当其中节点的复选状态改变时,如果该节点变为选中状态则展开它的子树,并且使子树的所有节点都处于选中状态。反之如果该节点变为未选中状态,则收缩它的子树且使子树的所有节点都处于未选中状态。

分析:树查看器 TreeViewer 提供了方法"protected void setExpanded(Item node, boolean expand)"使节点 node 的子树当 expand 为 true 时展开(显示其所有下级节点),当 expand 为 false 时折叠。复选框树查看器 CheckboxTreeViewer 是 TreeViewer 的子类,当然可以使用该方法。使用方法 setSubtreeChecked() 则可以设置给定节点子树的复选状态。

操作步骤:

(1) 单击选择 StdScoreManager1.0 项目 book.stdscore.ui 包,单击主工具栏中第二个工具项,在下拉列表中选择 SWT|ApplicationWindow 列表项,名称输入 CheckboxTreeViewerDemo1。

(2) 切换到设计视图,设置 CheckboxTreeViewerDemo1 布局为 FillLayout。

(3) 单击组件面板中 Jface 组的 CheckboxTreeViewer 图标,将光标移到窗体上单击。

(4) 在 Components 面板中选择 checkboxTreeViewer 节点,在属性面板中双击 contentProvider 属性值列。修改生成的 TreeContentProvider 类中的方法代码,其源代码与程序清单 12.5 基本相同,只是 getParent() 方法体中的语句是"return ((TreeNode) element).getParent();"。

(5) 在 Components 面板中选择 checkboxTreeViewer 节点,在属性面板中双击 labelProvider 属性值列。修改生成的 ViewerLabelProvider 类中的方法代码,完成的源代码中 getText 方法体的语句是"return element.toString();"。

(6) 在 createContents() 方法尾部添加语句"checkboxTreeViewer.setInput(new SelCourseTreeRoot());"以设置数据源。

(7) 切换到设计视图,右击 Components 面板中的 checkboxTreeViewer 节点,在快捷菜单中选择 Add event handler|checkState|checkStateChanged 菜单项,为该复选框树查看器注册并设计复选状态改变事件监听器。在该监听器中为复选的节点设计方法"void expandSubtree(TreeNode item)"展开该节点下的所有子节点,为取消复选的节点设计方法"void collapseSubtree(TreeNode item)"折叠该节点下的所有子节点。该事件监听器的完整源代码如下:

```
checkboxTreeViewer.addCheckStateListener(new ICheckStateListener() {
    public void checkStateChanged(CheckStateChangedEvent arg0) {
        TreeNode item = (TreeNode) arg0.getElement();
        if(arg0.getChecked()) {
            checkboxTreeViewer.setSubtreeChecked(item, true);
            if(item.hasChildren())
                expandSubtree(item);
        } else {
```

```
                checkboxTreeViewer.setSubtreeChecked(item, false);
                if(item.hasChildren())
                    collapseSubtree(item);
            }
        }
        void expandSubtree(TreeNode item) {
            checkboxTreeViewer.setExpandedState(item, true);
            TreeNode[] nodes = item.getChildren();
            for(TreeNode node : nodes) {
                if(node.hasChildren())
                    expandSubtree(node);
            }
        }
        void collapseSubtree(TreeNode item) {
            checkboxTreeViewer.setExpandedState(item, false);
            TreeNode[] nodes = item.getChildren();
            for(TreeNode node : nodes) {
                if(node.hasChildren())
                    collapseSubtree(node);
            }
        }
    });
```

12.5 JFace 的其他查看器

对于以组织和展现数据为主的组件，JFace 库提供了查看器 Viewer 对其中的数据集进行组织和管理。除了表格 Table 和树 Tree 之外，列表 List、组合框 Combo 及文本组件 Text 都有对应的查看器管理和组织数据，同时也将数据的可视化显示和数据集本身分离开来。

12.5.1 列表查看器

单击组件面板 JFace 组中的 ListViewer 图标，将光标移到容器中单击，即可创建一个列表查看器 listViewer 及其归附的列表组件 list。

在设计视图单击列表组件右下角的 ▣ 图标，或在 Components 面板单击 list 组件节点下的 listViewer 节点，在属性面板查看和设置列表查看器的属性。列表查看器的使用与表查看器非常相似，需要设置 input 属性以设置列表项数组，也需要设置内容提供器和标签提供器，此外还可以设置排序器 sorter，设计方法与表格查看器的对应属性基本相同。

通过列表查看器的 Style 子属性 h_scroll 和 v_scroll 可以设置列表的水平和垂直滚动条，子属性 selection 可以设置为 SINGLE 单选或 MULTI 多选列表项。

例 12.9 修改例 10.7 完成的学生成绩管理系统的课程设置模块，使该模块采用数据库存取有关数据，并使其中向导页的有关列表组件数据集采用列表查看器管理。

设计步骤：

(1) 以 WindowBuilder Editor 方式打开 StdScoreManager1.0 项目 book.stdscore.ui 包中的 DepartmentWizardPage.java 文件，切换到设计视图。

(2) 单击组件面板 JFace 组中的 ListViewer 图标,将光标移到窗体的 container 中原专业列表 listDepartment 组件左边单击。然后切换到源码视图,删除原 listDepartment 组件的创建语句"List listDepartment = new List(container, SWT. BORDER | SWT. H_SCROLL | SWT. V_SCROLL);",将新生成的列表查看器所获取的 List 组件名改为 listDepartment,即用列表查看器自带的列表组件代替原来的列表组件。

(3) 在设计视图下选择列表查看器 listViewer,在属性面板的 contentProvider 属性值列双击。为 DepartmentWizardPage 类的字段 deptList 添加 static 修饰符,然后修改生成的 ContentProvider 类,修改后源代码如下:

```java
private static class ContentProvider implements IStructuredContentProvider {
    public Object[] getElements(Object inputElement) {
        return deptList.toArray();
    }
    public void dispose() {
    }
    public void inputChanged(Viewer viewer, Object oldInput, Object newInput) {
    }
}
```

(4) 修改 DepartmentWizardPage 类中的方法 getDeptListFromFile,从数据库中读取专业列表。修改后该方法源代码如下:

```java
ArrayList<Department> getDeptListFromFile() {
    ArrayList<Department> departList = new ArrayList<Department>();
    InitDB db = new InitDB();
    ResultSet rs = db.getRs("select * from department");
    try {
        while(rs.next()) {
            departList.add(new Department(rs.getInt(1),rs.getString(2)));
        }
    } catch (SQLException e) {
        //TODO 自动生成的 catch 块
        e.printStackTrace();
    }
    return departList;
}
```

(5) 在设计视图下选择列表查看器 listViewer,在属性面板的 labelProvider 属性值列双击。修改生成的 ViewerLabelProvider 类,修改后源代码如下:

```java
private static class ViewerLabelProvider extends LabelProvider {
    public Image getImage(Object element) {
        return super.getImage(element);
    }
    public String getText(Object element) {
        Department dept = (Department) element;
        return dept.getName();
    }
}
```

（6）删除 createControl 方法尾部的语句"for(Department dept：deptList) listDepartment. add(dept. getName());"，并添加语句"listViewer. setInput(deptList. toArray());"。

（7）修改专业列表的 Selection 事件监听器。修改后的源代码如下：

```
listDepartment.addSelectionListener(new SelectionAdapter() {
    @Override
    public void widgetSelected(SelectionEvent e) {
        if(listDepartment.getSelection().length == 1) {
            currDept = Department.getFromDB(listDepartment.getSelection()[0]);
            setPageComplete(true);
        }
    }
});
```

（8）以 WindowBuilder Editor 方式打开 GradeClassWizardPage. java 文件，切换到设计视图。右击 spinnerClass 组件，在快捷菜单中选择 Morph | Other | List-org. eclipse. swt. widgets 菜单项。修改生成的 listClass 组件的 LayoutData | HeightHint 属性值为 100。

（9）切换到源代码视图，删除添加年级列表项的程序段：

```
Calendar c = Calendar.getInstance();
int year = c.get(Calendar.YEAR);
for(int i = year - 3; i < year + 4; i++)
    listGrade.add(i + "");
```

（10）为 GradeClassWizardPage 类添加字段"private Department currDept;"，并生成 Getter()和 Setter()方法。

（11）为年级列表 listGrade 组件注册并设计 Selection 事件监听器，当选择一个年级列表项时从数据库中获取该专业该年级的班级作为班级组件 listClass 的列表项。源代码如下：

```
listGrade.addSelectionListener(new SelectionAdapter() {
    @Override
    public void widgetSelected(SelectionEvent e) {
        if(listGrade.getSelection().length == 1) {
            grade = Integer.parseInt(listGrade.getSelection()[0]);
            String sql = "select class from department_grade_class where departmentID = " +
                    currDept.getId() + " and grade = " + grade + " group by class";
            InitDB db = new InitDB();
            ResultSet rs = db.getRs(sql);
            listClass.removeAll();
            try {
                while(rs.next()) {
                    listClass.add(rs.getInt("class") + "");
                }
            } catch (SQLException e1) {
                //TODO 自动生成的 catch 块
                e1.printStackTrace();
            }
            if(grade > 0 && aclass > 0)
```

```
            setPageComplete(true);
        }
    }
});
```

注意：该段代码需要调整到 listClass 组件创建语句的后面。

（12）为班级列表 listClass 组件注册并设计 Selection 事件监听器，源代码如下：

```
listClass.addSelectionListener(new SelectionAdapter() {
    @Override
    public void widgetSelected(SelectionEvent e) {
        aclass = Integer.parseInt(listClass.getSelection()[0]);
        if(grade > 0 && aclass > 0 && aclass < 10)
            setPageComplete(true);
    }
});
```

（13）打开 AdminScoreMana.java 文件，修改【课程设置】工具项 toolItemCourseSet 组件的 Selection 事件监听器，修改 widgetSelected 方法的"wd.addPageChangedListener(new IPageChangedListener(){}"中的 pageChanged()方法，从数据库中查询选定专业的年级并设置为年级列表项，并从数据库中获取选定专业的课程列表填充 CourseWizardPage 向导页中的课程列表，删除 getDeptCourses()方法。pageChanged()方法源代码如下：

```
public void pageChanged(PageChangedEvent arg0) {
    //TODO 自动生成的方法存根
    if(wd.getCurrentPage() instanceof GradeClassWizardPage) {
        GradeClassWizardPage gcp = (GradeClassWizardPage) wd.getCurrentPage();
        DepartmentWizardPage dwp = (DepartmentWizardPage) gcp.getPreviousPage();
        Department currDept = dwp.getCurrDept();
        gcp.setCurrDept(currDept);
        String sql = "select grade from department_grade_class where departmentID = " +
                                                currDept.getId() + " group by grade";
        InitDB db = new InitDB();
        ResultSet rs = db.getRs(sql);
        gcp.getListGrade().removeAll();
        try {
            while(rs.next()) {
                gcp.getListGrade().add(rs.getInt("grade") + "");
            }
            if(rs!= null) {
                rs.close();
                db.closeDB();
            }
        } catch (SQLException e) {
            //TODO 自动生成的 catch 块
            e.printStackTrace();
        }
    }
    if(wd.getCurrentPage() instanceof CourseWizardPage) {
        CourseWizardPage cwp = (CourseWizardPage)wd.getCurrentPage();
```

```java
            List lhc = cwp.getListHasCourse();
            DepartmentWizardPage dwp = (DepartmentWizardPage) cwp
                                                  .getPreviousPage().getPreviousPage();
            dwp.getCurrDept().setCoursesListFromDB();
            ArrayList<Course> coursesList = dwp.getCurrDept().getCoursesList();
            dwp.getCurrDept().setCoursesList(coursesList);
            for(Course c : coursesList) {
                lhc.add(c.getType() + ":" + c.getName());
            }
        }
    }
```

(14) 打开 CourseSetWizard.java 文件,删除 saveCourseList 方法,修改 performFinish 方法为以下代码：

```java
    public boolean performFinish() {
        boolean finish = false;
        Department currDept = departmentWizardPage.getCurrDept();
        int grade = gradeClassWizardPage.getGrade();
        int aclass = gradeClassWizardPage.getAclass();
        //保存课程设置表
        String[] items = courseWizardPage.getListHasCourse().getItems();
        String sql = "select id from department_grade_class where departmentID = " + currDept
.getId() + " and grade = " + grade + " and class = " + aclass;
        InitDB db = InitDB.getInitDB();
        ResultSet rs = db.getRs(sql);
        try {
            if(rs.next()) {
                int dgcID = rs.getInt(1);
                for (int i = 0; i < items.length; i++) {
                    Course course = Course.getFromDB(items[i].split(":")[1], items[i].split(":")[0]);
                    if(course == null) { //添加新的课程
                        course = new Course(items[i].split(":")[1], items[i].split(":")[0]);
                        int cid = course.insertToDB();
                        course.setId(cid);
                    }
                    //登记班级排课
                    sql = "select * from dgc_course where dgcID = " + dgcID +
                                            " and courseID = " + course.getId();
                    rs = db.getRs(sql);
                    if(!rs.next()) {
                        sql = "insert into dgc_course (dgcId,courseID) values (" + dgcID +
"," + course.getId() +")";
                        db.getStmt().executeUpdate(sql);
                    }
                    //为专业添加新课
                    sql = "select * from department_course where departmentID = "
                                + currDept.getId() + " and courseID = " + course.getId();
                    rs = db.getRs(sql);
                    if(!rs.next()) {
                        sql = "insert into department_course (departmentID,courseID) values (" +
```

```
                        currDept.getId() + "," + course.getId() +")";
                db.getStmt().executeUpdate(sql);
            }
        }
    }
} catch (SQLException e) {
    //TODO 自动生成的 catch 块
    e.printStackTrace();
}
finish = true;
return finish;
}
```

完成上述修改后,程序可以按照题目要求在数据库系统支持下运行。但应注意,由于执行时序问题,年级、班级和课程列表中的列表项如果采用列表查看器管理,程序则会变得十分复杂,因此本程序并没有对这 3 个列表组件设置查看器。

12.5.2 组合框查看器

组合框查看器 ComboViewer 的使用方法与列表查看器 ListViewer 十分相似。单击组件面板 JFace 组中的 ComboViewer 图标,将光标移到容器中单击,即可创建一个组合框查看器 ComboViewer 及其自带的组合框组件 combo。它的数据集设置、内容提供器和标签提供器的设计与设置方法与列表查看器完全相同。Style 属性组只有一个子属性 read_only,可以设置为 false,以使用户能够在组合框的文本域输入文字以加快列表项的查找。

例 12.10 完善前面完成的学生成绩管理系统的用户注册模块 RegisterTabFolder,使该模块采用数据库存取有关数据,并使其中的学生注册界面采用组合框组件选择年级和班级,学生和教师界面中的组合框组件的有关数据集采用查看器管理。

设计步骤:

(1) 以 WindowBuilder Editor 方式打开 StdScoreManager1.0 项目 book.stdscore.ui 包中的 RegisterTabFolder.java 文件,切换到设计视图。

(2) 删除【学生注册】选项卡 tabItemStd 中的 comboStdDept、textStdGrade、textStdClass 组件。

(3) 单击组件面板 JFace 组中的 ComboViewer 图标,将光标移到学生注册选项卡中"专业"标签 lblStdDept 右边的网格单元单击,修改组合框组件的 Variable 属性值为 comboDepartment。修改该组合框查看器的 Variable 属性值为 comboDepartmentViewer,并转换为字段。

(4) 在 RegisterTabFolder 类中设计方法 getDepartments(),从数据库中获取专业列表。该方法源代码如下:

```
static Department[] getDepartments() {
    String sql = "select * from department";
    InitDB db = InitDB.getInitDB();
    ResultSet rs = db.getRs(sql);
    ArrayList<Department> depts = new ArrayList<Department>();
    try {
```

```
            while(rs.next()) {
                depts.add(new Department(rs.getInt(1),rs.getString(2)));
            }
        } catch (SQLException e) {
            //TODO 自动生成的 catch 块
            e.printStackTrace();
        }
        return depts.toArray(new Department[depts.size()]);
    }
```

（5）在 Components 面板选择 comboDepartment 组件节点下的 comboDepartmentViewer 组件，在属性面板设置 Style|read_only 属性值为 true，双击 contentProvider 属性值列，在类的头部将生成的静态内部类 ContentProvider 的 getElements() 方法体修改为只有单行语句"return getDepartments();"。

（6）双击 labelProvider 属性值列，在类的头部将生成的静态内部类 ViewerLabelProvider 的 getText() 方法体修改为只有单行语句"return ((Department) element).getName();"。

（7）在紧接该 comboViewer 组件的内容提供器设置语句之后添加设置数据集的语句"comboDepartmentViewer.setInput(getDepartments());"。

（8）使用与步骤（3）～（7）相同的思路和方法为年级创建并设计组合框组件 comboGrade，其查看器的 Variable 属性值修改为 comboGradeViewer。设计方法 getGrades() 从数据库中获取用户所选专业的年级。该方法源代码如下：

```
    String[] getGrades(Department dept) {
        String sql = "select grade from department_grade_class where departmentID = " +
                                                    dept.getId() + " group by grade";
        InitDB db = InitDB.getInitDB();
        ResultSet rs = db.getRs(sql);
        ArrayList<String> grades = new ArrayList<String>();
        try {
            while(rs.next()) {
                grades.add(rs.getInt(1) + "");
            }
            comboGradeViewer.setInput(grades.toArray(new String[grades.size()]));
        } catch (SQLException e) {
            //TODO 自动生成的 catch 块
            e.printStackTrace();
        }
        return grades.toArray(new String[grades.size()]);
    }
```

自动生成的内部类 ContentProvider_1 为年级 comboGradeViewer 组合框的内容提供器类，它的 getElements() 方法源代码如下：

```
    public Object[] getElements(Object inputElement) {
        if(inputElement instanceof String[])
            return (String[])inputElement;
        return new Object[0];
    }
```

自动生成的内部类 ViewerLabelProvider_1 为年级组合框查看器 comboGradeViewer 的标签提供器,它的 getText()方法包含一条语句"return (String)element;"。

(9) 为专业选择组合框 comboDepartmentViewer 组件注册并设计 SelectionChanged 事件监听器,源代码如下:

```
comboDepartmentViewer.addSelectionChangedListener(new ISelectionChangedListener() {
    public void selectionChanged(SelectionChangedEvent arg0) {
        StructuredSelection ss = (StructuredSelection)arg0.getSelection();
        Department dept = (Department) ss.getFirstElement();
        getGrades(dept);
    }
});
```

(10) 使用与步骤(3)~(7)相同的思路和方法为班级创建并设计组合框组件 comboClass,其查看器的 Variable 属性值修改为 comboClassViewer。设计方法 getClasses()从数据库中获取用户所选专业及年级的班级。该方法源代码如下:

```
String[] getClasses(Department dept, int grade) {
    String sql = "select class from department_grade_class where departmentID = " +
                    dept.getId() + " and grade = " + grade + " group by class";
    InitDB db = InitDB.getInitDB();
    ResultSet rs = db.getRs(sql);
    ArrayList<String> classes = new ArrayList<String>();
    try {
        while(rs.next()) {
            classes.add(rs.getInt(1) + "");
        }
        comboClassViewer.setInput(classes.toArray(new String[classes.size()]));
    } catch (SQLException e) {
        //TODO 自动生成的 catch 块
        e.printStackTrace();
    }
    return classes.toArray(new String[classes.size()]);
}
```

班级组合框查看器 comboClassViewer 的内容提供器 ViewerLabelProvider_2 和标签提供器 ViewerLabelProvider_2 的源代码与年级组合框查看器的相同。

(11) 为年级选择组合框查看器 comboGradeViewer 组件注册并设计 SelectionChanged 事件监听器,源代码如下:

```
comboGradeViewer.addSelectionChangedListener(new ISelectionChangedListener() {
    public void selectionChanged(SelectionChangedEvent arg0) {
        Department dept = (Department) comboDepartmentViewer.getStructuredSelection()
.getFirstElement();
        StructuredSelection ss = (StructuredSelection)arg0.getSelection();
        String grade = (String) ss.getFirstElement();
        getClasses(dept,Integer.parseInt(grade));
    }
});
```

（12）删除 RegisterTabFolder 窗体中的【课程选择】选项卡。删除【学生注册】选项卡 tabItemStd 中的【选择课程】按钮，在同一行添加【保存】按钮 buttonStdSave 和【关闭】按钮 buttonStdClose。

（13）为【保存】按钮 buttonStdSave 注册并设计 Selection 事件监听器，源代码如下：

```
buttonStdSave.addSelectionListener(new SelectionAdapter() {
    @Override
    public void widgetSelected(SelectionEvent e) {
        String id = textStdID.getText().trim();
        if(id == null || "".equals(id))
            return;
        String sql = "select * from student where id = " + Integer.parseInt(id);
        InitDB db = InitDB.getInitDB();
        ResultSet rs = db.getRs(sql);
        try {
            if(!rs.next()) {
                String name = textStdName.getText().trim();
                Department dept = (Department)
                    comboDepartmentViewer.getStructuredSelection().getFirstElement();
                String grade = (String)
                    comboGradeViewer.getStructuredSelection().getFirstElement();
                String aclass = (String)
                    comboClassViewer.getStructuredSelection().getFirstElement();
                String pic = "picStd/" + id + ".jpg";
                String interested = textStdItr.getText().trim();
                sql = "insert into student values(" + Integer.parseInt(id) + ",'" + name + "'"
                    + "," + dept.getId() + "," + Integer.parseInt(grade) + "," + Integer.parseInt(aclass) + ","
                    + "'" + pic + "','" + interested + "')";
                db.getStmt().executeUpdate(sql);
                sql = "select * from users where name = '" + id + "' and type = 0";
                rs = db.getRs(sql);
                if(!rs.next()) {
                    sql = "insert into users values('" + id + "','123',0)";
                    db.getStmt().executeUpdate(sql);
                }
                textStdID.setText("");
                textStdName.setText("");
                textStdItr.setText("");
                textStdID.setFocus();
            }
        } catch (SQLException e1) {
            //TODO 自动生成的 catch 块
            e1.printStackTrace();
        }
    }
});
```

（14）为【关闭】按钮 buttonStdClose 注册并设计 Selection 事件监听器，在 widgetSelected() 方法中添加语句"shell.dispose();"，关闭注册窗口。

（15）删除【教师注册】选项卡 tabItemTch 中的【部门】组合框 comboTchDept 组件。单击组件面板 JFace 组中的 ComboViewer 图标，将光标移到"部门"标签 lblTchDept 右边的网格单元单击，修改组合框组件的 Variable 属性值为 comboTchDept，修改该组合框查看器的 Variable 属性值为 comboTchDeptViewer，并转换为字段。

（16）在 comboTchDeptViewer 组件的属性面板单击 contentProvider 属性值列右侧的…按钮，在 Open type 对话框中输入 contentProvider 并选择匹配项 contentProvider-book.stdscore.ui.RegisterTabFolder-StdScoreManager1.0/src，即使用步骤（5）设计的 ContentProvider 内部类创建部门组合框的内容提供器。

（17）单击 labelProvider 属性值列右侧的…按钮，在 Open type 对话框中输入 ViewerLabelProvider 并选择匹配项 ViewerLabelProvider-book.stdscore.ui.RegisterTabFolder-StdScoreManager1.0/src，即使用步骤（6）设计的 ViewerLabelProvider 内部类创建部门组合框的标签提供器。

（18）删除【教师注册】选项卡 tabItemTch 中的【选择课程】按钮，在同一行添加【保存】按钮 buttonTchSave 和【关闭】按钮 buttonTchClose。

（19）为【保存】按钮 buttonTchSave 注册并设计 Selection 事件监听器，源代码如下：

```java
buttonTchSave.addSelectionListener(new SelectionAdapter() {
    @Override
    public void widgetSelected(SelectionEvent e) {
        String id = textTchID.getText().trim();
        if(id == null || "".equals(id))
            return;
        String sql = "select * from teacher where id = " + Integer.parseInt(id);
        InitDB db = InitDB.getInitDB();
        ResultSet rs = db.getRs(sql);
        try {
            if(!rs.next()) {
                String name = textTchName.getText().trim();
                String sex = buttonTchFemale.getSelection()? "女" : "男";
                int age = Integer.parseInt(textTchAge.getText().trim());
                Department dept = (Department)
                    comboTchDeptViewer.getStructuredSelection().getFirstElement();
                String adress = textTchAddr.getText().trim();
                String pic = "picTch/" + id + ".jpg";
                String intro = textTchIntro.getText().trim();

                sql = "insert into teacher values(" + Integer.parseInt(id) + ",'" + name + "','"
                    + sex + "'," + age + "," + dept.getId() + ",'" + adress + "','" + pic + "','" + intro + "')";
                db.getStmt().executeUpdate(sql);
                sql = "select * from users where name = '" + id + "' and type = 1";
                rs = db.getRs(sql);
                if(!rs.next()) {
                    sql = "insert into users values('" + id + "','456',1)";
                    db.getStmt().executeUpdate(sql);
```

```
                    }
                    textTchID.setText("");
                    textTchName.setText("");
                    textTchAge.setText("");
                    textTchAddr.setText("");
                    textTchIntro.setText("");
                    textTchID.setFocus();
                }
            } catch (SQLException e1) {
                //TODO 自动生成的 catch 块
                e1.printStackTrace();
            }
        }
    });
```

（20）为【关闭】按钮 buttonTchClose 注册并设计 Selection 事件监听器，在 widgetSelected 方法中关闭注册窗口。

12.5.3 文本查看器一瞥

文本查看器 TextViewer 连接文本控件 StyledText 和文本模型（即文本数据——IDocument）。

TextViewer 的输入是 Document，TextViewer 在显示文档之前，将对其分割（Partition）成各种类型的区块（Region）。每个区块具有以下属性：区块所使用的字体、字体风格（粗体、斜体、带下画线等等）、区块所在的位置、区块的内容、区块上下的空格数等。文本区块的拆分使用标记（token），文本查看器则是一个组件的标记（token）拥有者。

TextViewer 不能直接定义各个区块，而是根据内部定义的规则隐式地将文档分割成不同的区块。在 TextViewer 中由 IDocumentPartitioner 负责对 Document 进行解析和分割，一个 IDocumentPartitioner 将与一个 Document 关联起来。该接口的默认实现是 DefaultPartitioner 类，默认实现并不能满足所有需要，而是通过使用一种所谓的分割扫描器和分割类型来构造 DefaultPartitioner 从而达到定制的目的。经过分割扫描器分割后得到的只是一些很原始的区块，它是实现诸如语法高亮等功能的基础。

Token（标记）和分割后得到的各种类型的区块相关联，但是它本身并不包含文本内容及区块的位置信息，不同类型的区块将使用何种颜色显示之类的信息则由 Token 来提供，在整个文档中 Token 能被重用。经过分割后的文档会提供丰富的描述信息，但区块本身并不附带视图信息，必须通过给 TextViewer 指定 SourceViewerConfiguration 指示如何显示分割后的文档，且必须在给 TextViewer 指定 Document 之前指定。

ITextViewer 接口提供了一套 API 封装 StyledText 处理 IDocument 模型的细节，TextViewer 类则实现了该接口，其中包括对文本操作的多种类型监听器的注册、执行各种文本编辑功能、设置和获取字符宽度、超链接的处理、选取范围的设置与获取等上百个方法。

SWT/Jface 库的重要设计目标是 Eclipse 插件的开发，它提供了丰富的编辑器的设计支持功能，本书不涉及此方面的更多内容。以下介绍 WindowBuilder 组件面板中 Jface 组的 TextViewer 的简单使用。

单击组件面板 JFace 组中的 TextViewer 图标,将光标移到容器中单击,即可创建一个文本查看器 textViewer 及其自带的样式文本框组件 styledText。在属性面板中可以看到一些新的属性:documentPartitioning 属性设置该文本查看器的文档分割器(具体内容超出本书范围,不做叙述),mark 属性在文档中设置书签,topIndex 属性设置一个行号并使样式文本框控件滚动以便该行移到顶部用户方便看到的位置,editable 属性设置是否可以编辑文字,Style 属性组还可以设置一些文档的操作和显示特性。

12.5.4 控件装饰

控件装饰 ControlDecoration 是 JFace 库对控件的内容辅助功能之一(另一个是内容建议 ContentProposal),它在控件附近绘制一个装饰图像。控件装饰 ControlDecoration 除了可以指定装饰图像外,还允许指定装饰相对于控件的位置以及与之关联的描述文本,当鼠标指针悬停于装饰图像上时显示描述文本。装饰可以出现在控件的左边或右边临近位置,还可以指定显示在指定边的顶端、居中或底端对齐,但不可以显示在组件的上边或下边。装饰图像可能随控件周围的空间而被裁剪、重叠或覆盖,另一个装饰也可能会出现在相同的位置。因此,应该保证控件周围有足够的相邻空间放置装饰。

单击组件面板 JFace 组中的 ControlDecoration 图标,将光标移到需要设置装饰的组件上单击,即可为该控件创建一个装饰组件。在 Components 面板中看到,装饰组件是被修饰控件的子节点。在属性面板中可以设置装饰组件的以下属性:

(1) descriptionText——该属性设置鼠标指针悬停在控件的装饰图像上时显示的文字。

(2) image——该属性设置控件的装饰图像文件。

(3) marginWidth——该属性设置装饰图像距控件指定边的间距,一般是距控件左边框的间距。

(4) showHover——该属性值设置为 false,当鼠标指针悬停在控件的装饰图像上时不显示描述文字。默认为 true,即显示描述文字。

(5) showOnlyOnFocus——该属性值设置为 true,只有在被装饰控件获得焦点时才显示装饰图像。默认值为 false,无论被装饰控件是否获得焦点都会显示装饰图像。

12.6 习题

1. 一个树节点类必须实现哪些功能?
2. 树查看器的使用必须设置哪些属性?
3. 图 12.6 是存放在 Excel 工作簿 treeTest.xls 中学生成绩表的部分数据行。使用树组件及其查看器将该表格重新组织为如图 12.7 所示的显示形式,即使左边为树形结构,右边则以表格形式显示所选专业、年级和班级的学生数据。(提示:使用 JDBC 访问该工作簿的数据)。
4. 使用表格型树显示如图 12.7 所示成绩表各专业、各年级和各班的学生人数及平均成绩。(提示:使用 JDBC 查询 Excel 工作簿得到统计数据)。

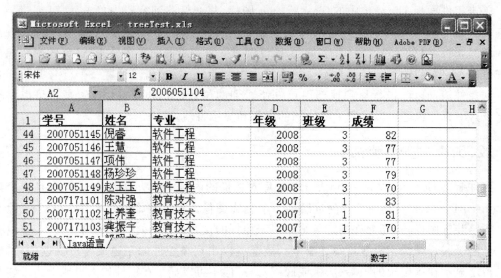

图 12.6 学生成绩表

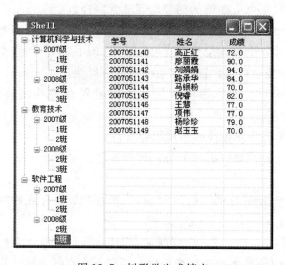

图 12.7 树形学生成绩表

5. 使用查看器管理列表 List 组件和组合框 Combo 组件中的列表项有什么优点？
6. 简述控件装饰 ControlDecoration 与控件的显示位置关系。

第13章 综合实例

前面章节陆续设计了简易学生成绩管理系统的部分界面和模块,目的在于介绍 SWT GUI 组件的可视化设计与应用。本章在此基础上设计一个基本完整的应用系统,介绍 Java GUI 应用程序的开发思路和实现方法,展示主要界面组件的应用、相关界面的衔接与跳转,实现模块功能的事件监听器的编写、项目中数据库的应用等。最后,对这些界面和模块进行组装,最终使它们能作为一个基本完整的系统运行。

13.1 模块的划分与设计

按照一般简单学生成绩管理的流程,以及前面各章逐步设计的简易学生成绩管理系统模块,该系统大体可以分为用户登录和管理、系统管理、专业设置、课程设置、成绩管理等方面。用户共分为3种角色:管理员、教师和学生。不同角色对系统的功能具有不同的应用需求和使用权限,如学生仅能浏览和查询成绩,教师可以修改、浏览和查询所任课程和班级的学生成绩,管理员则进行专业、班级和课程的设置,对系统中的用户进行管理。因此,分别给这3类用户设计不同的工作界面。

13.1.1 登录模块

用户登录模块是单一窗口界面,前面章节完成了界面设计和主要功能的编码实现,本章还需要进一步完善。

13.1.2 学生模块

学生模块只提供该生本人成绩的浏览、查询和输出。由于功能较少,只需用工具栏给出命令接口。具体划分为:

(1)浏览成绩——以表格形式列出该生本人所有课程的成绩表,可以按课程类别和成绩排序。需要访问 student_course 和 course 数据库表。

(2)按课程名查询——在输入对话框中输入课程名后,在表格中显示成绩。需要访问 course 和 student_course 数据库表。

(3)按分数查询——输入查询的分数段后,对浏览表格进行过滤,在表格中显示出符合条件的课程成绩。

(4) 系统帮助——提供该系统的使用说明。已在例 7.7 中完成了程序的设计,只需在工具栏给出用户接口。

13.1.3 教师模块

教师模块包含 5 个子模块,以菜单方式给出命令接口。

1. 成绩登录

界面左边采用类似于如图 12.3 所示的树形课程和班级列表,右边显示在左边所选课程的成绩表格。在表格中输入、修改和删除学生成绩。需要访问 teacher_course、department、dgc_course、departmewnt_grade_class、student、student_course 和 course 数据库表,使用数据封装类可以简化编程。

2. 成绩查询

(1) 按班级浏览:与成绩登录界面相同,树初始展开到班级层,在左边树中单击班级名称即可以看到该班所有学生成绩。不提供编辑功能。

(2) 按分数查询:增加输入查询条件的界面,其余与成绩登录界面相同。对浏览表格进行过滤,在表格中显示符合条件的学生成绩。

(3) 按学生查询:弹出对话框输入学号,与学生模块的浏览成绩子模块做相同处理。

3. 成绩统计

(1) 成绩基本指标统计:采用表格型树形式显示,包括班级人数、及格人数、平均分、最高分和最低分等项目。

(2) 成绩分布图:统计用户选择的课程和班级的学生成绩在各个分数段的人数,并将分布数据以直方图的形式显示出来。

4. 成绩输出

(1) 文本文件:输出以制表符分隔字段的文本文件,可以用 Excel 等电子表格软件打开,以便进一步处理。

(2) 打印输出:采用表格打印方法打印输出指定课程和班级的成绩表。

5. 系统帮助

提供该系统的使用说明。采用例 7.7 中完成的程序,在菜单中给出用户接口。

13.1.4 管理员模块

管理员模块功能较多,划分的子模块也比较多,需要使用工具栏和菜单两种方式给出命令接口。大多数模块都具有输入、修改和查询等操作。

1. 专业设置

(1) 专业名称设置:输入、修改和浏览专业名称等,处理 department 数据库表中的记录。输入功能采用例 9.4 所设计的界面,对程序进行修改,采用数据库存放专业数据。

(2) 专业的年级和班级设置:输入年级与班级,处理 department_grade_class 数据库表中的记录。

2．课程设置

为各专业添加、修改、浏览和查询课程。对 course、department_course 和 dgc_course 数据库表进行操作。例 10.7 及例 12.9 已经完成了该模块添加功能的设计,修改功能也使用添加向导。

3．用户注册

(1) 学生注册:注册学生信息,包括添加、修改、删除和查询操作,对 student 数据库表操作。例 12.10 完成了学生和教师注册模块添加功能的设计,修改功能的实现首先用输入对话框获得需要修改记录的学号,修改界面与输入界面相同。删除功能的实现用输入对话框获得需要删除的学号,然后从数据库中直接删除。查询子模块提供以学号、姓名、专业、专业与年级、专业与年级与班级等条件查询。

(2) 教师注册:注册教师信息,对 teacher 数据库表操作。程序界面、子模块划分和功能设计与学生注册模块基本相同。

4．选课排课

(1) 管理员排课:由管理员以班为单位,将某个班的某门课程排给具体教师。当选择了具体班级后,在已选学生列表中列出该班所有学生,再由管理员把那些休学、免修等学生从已选学生列表中移到未选学生列表。主要对数据库表 dgc_course、teacher_course 和 student_course 操作。采用例 8.8 和例 8.9 所设计的程序界面及操作方式,设计有关功能代码。

(2) 学生选课:给专业开设的课程表 department_course 增加开课学期或时间字段,还可以增设学分字段,界面中列出课程和开课教师列表,操作 student_course 和 teacher_course 表。

5．账户管理

(1) 销户:把毕业的学生、调离的教师等账户信息从用户数据库表 users 中删除。此外,调离教师的信息应该从数据库表 teacher 和 teacher_course 中删除,毕业学生的信息保留一段时间后也需要从数据库表 student 和 student_course 中删除。

(2) 修改用户密码:一些用户忘记密码,需为其重设密码。对数据库表 users 进行操作。

(3) 系统备份与恢复:备份即导出创建数据库表及插入记录的 SQL 语句,恢复则是执行备份时导出的 SQL 语句。

6．系统帮助

提供该系统的使用说明。已在例 7.7 中完成了程序的设计,只需在菜单中给出用户接口。

13.2 管理员子系统的设计与实现

本节根据上一节的模块划分和功能设计,逐个模块完成细节设计和编码工作。在包资源管理器窗口右击项目名 StdScoreManager1.0,在快捷菜单中单击【复制】菜单项,再次在包资源管理器窗口右击,在快捷菜单中单击【粘贴】菜单项,项目名修改为 StdScoreManager1.1,单击【确定】按钮。本章的所有操作全部在 StdScoreManager1.1 项目中进行。

13.2.1 专业设置模块

1. 专业名称的设置

首先修改添加模块,采用数据库存储数据。主要设计步骤包括:

(1) 打开 Department.java 文件,删除 deptList 和 newDept 字段。在 DepartmentAdd 窗体中将专业名文本框组件 textDetpName 和信息提示标签组件 labelMessage 转换为字段。

(2) 构造方法中只保留"super(parent, style);"和"setText("添加专业");"语句,其余语句删除。

(3) 修改 saveDeptList()方法从数据库中获取专业名,修改后源代码如下:

```java
private void saveDeptList() {
    String deptName = textDetpName.getText().trim();
    if(deptName == null || "".equals(deptName)) {
        labelMessage.setText("必须输入专业名才能保存!");
        return;
    }
    if(Department.getFromDB(deptName)!= null) {
        labelMessage.setText("专业 " + deptName + " 已经存在.");
        return;
    }
    Department dept = new Department(deptName);
    int deptid = dept.insertToDB();
}
```

(4) 修改【保存】按钮 buttonDeptSave 组件的 widgetSelected()事件处理方法,方法体中只包含语句"saveDeptList();",删除其余语句。

其次设计专业管理主控模块。设计步骤如下:

(1) 在 book.stdscore.ui 包中创建 SWT Dialog,命名为 DepartmentManager,并设置 Layout 属性值为 FillLayout。为该类添加字段"private static ArrayList<Department> deptList;"。

(2) 在窗体上创建 ViewForm 容器,在 topLeft 上创建工具栏 toolBar,在 content 区创建 Composite 组件 composite。在 toolBar 中创建【添加】toolItemAdd、【修改】toolItemModify 和【退出】toolItemQuit 工具项。

composite 采用 GridLayout 布局，在左上角和右下角创建水平与垂直抢占标签，中间创建 listViewer，其 List 组件 Variable 属性为 listDepartment（见图 13.1）。

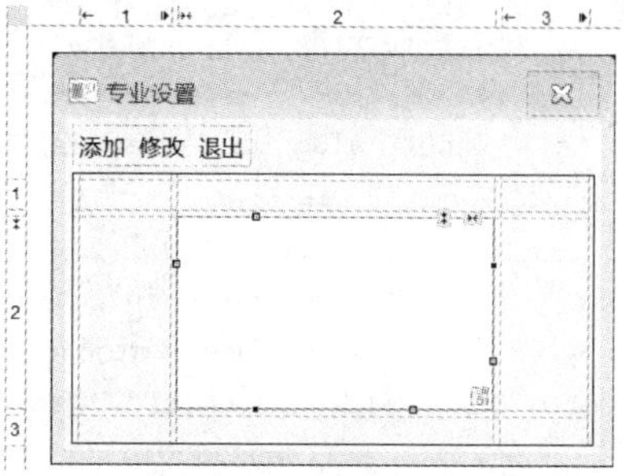

（3）在 DepartmentManager 类中设计方法 setDeptList()获取专业列表，源代码如程序清单 13.1 所示。

程序清单 13.1：

```
void setDeptList() {
    deptList = new ArrayList<Department>();
    String sql = "select * from department";
    ResultSet rs = InitDB.getInitDB().getRs(sql);
    try {
        while(rs.next()) {
            deptList.add(new Department(rs.getInt(1),rs.getString(2)));
        }
        if(rs!= null)
            rs.close();
    } catch (SQLException e) {
        //TODO 自动生成的 catch 块
        e.printStackTrace();
    }
}
```

图 13.1 设计专业管理主控界面

（4）双击列表查看器 listViewer 的 contentProvider 属性值列，修改内部类 ContentProvider 的 getElements()方法体为只包含语句"return deptList.toArray(new Department[deptList.size()]);"。双击 labelProvider 属性值列，修改内部类 ViewerLabelProvider 的 geText()方法体为只包含语句"return ((Department)element).getName();"。

（5）在 createContents()方法中列表查看器 listViewer 的内容提供器设置语句之后添加语句"listViewer.setInput(setDeptList().toArray(new Department[deptList.size()]));"。

（6）为【添加】工具项 toolItemAdd 注册 Selection 事件监听器，事件处理方法 widgetSelected()源代码如下：

```
public void widgetSelected(SelectionEvent e) {
    new DepartmentAdd(shell, SWT.None).open();
    listViewer.setInput(setDeptList().toArray(new Department[deptList.size()]));
    listViewer.refresh();
}
```

（7）为【修改】工具项 toolItemModify 注册 Selection 事件监听器，事件处理方法 widgetSelected()源代码如下：

```
public void widgetSelected(SelectionEvent e) {
    StructuredSelection ss = (StructuredSelection) listViewer.getSelection();
    Department dept = (Department) ss.getFirstElement();
    if(dept == null) {
```

```
            MessageDialog.openWarning(shell,"没有选择专业","修改之前请选择需要修改的
专业!");
            return;
        }
        InputDialog idl = new InputDialog(shell,"修改专业名","请修改选择的专业名.",dept
.getName(),null);
        if(idl.open() == 0){
            String name = idl.getValue();
            dept.setName(name);
            if(dept.updateToDB()> 0){
                //MessageDialog.openInformation(shell,"修改成功","专业名修改成功.");
                listViewer.setInput(setDeptList().toArray(new Department[deptList.size()]));
                listViewer.refresh();
            }
        }
    }
}
```

(8)为【关闭】工具项 toolItemQuit 注册 Selection 事件监听器,在事件处理方法 widgetSelected()中添加语句"shell.dispose();"。

2. 为指定专业添加班级和年级模块

该模块的主要设计步骤包括:

(1)在 book.stdscore.ui 包中创建 SWT Dialog,命名为 GradeClassAdd,并设置 Layout 属性值为 GridLayout。为该类添加字段 "private static ArrayList<Department> deptList;", 并在构造方法中初始化"deptList = new ArrayList <Department>();"。

图 13.2 为专业添加班级和年级界面

(2)设计如图 13.2 所示界面,其中"专业"右侧是 Variable 为 comboDept 的组合框,且有关联的组合框 查看器 comboViewer,"年级"右边的微调器 Variable 为 spinnerGrade,"班级"右边的微调器 Variable 为 spinnerClass,"保存"按钮 Variable 为 buttonSave,"关闭"按钮 Variable 为 buttonClose。

(3)在 GradeClassAdd 类中设计方法 setDeptList()获取专业列表,并在构造方法中调用该方法初始化 deptList。该方法源代码如下:

```
void setDeptList() {
    String sql = "select * from department";
    ResultSet rs = InitDB.getInitDB().getRs(sql);
    try {
        while(rs.next()) {
            deptList.add(new Department(rs.getInt(1),rs.getString(2)));
        }
        if(rs!= null)
            rs.close();
    } catch (SQLException e) {
```

```
        //TODO 自动生成的 catch 块
        e.printStackTrace();
    }
}
```

(4) 双击组合框查看器的 contentProvider 属性值列，修改内部类 ContentProvider 的 getElements()方法体，使之只包含语句"return deptList.toArray(new Department[deptList.size()]);"。双击 labelProvider 属性值列，修改内部类 ViewerLabelProvider 的 geText()方法体，使之只包含语句"return ((Department)element).getName();"。

(5) 在 createContents()方法中组合框查看器 comboViewer 的内容提供器设置语句之后添加语句"comboViewer.setInput(deptList.toArray(new Department[deptList.size()]));"。

(6) 为【保存】按钮 buttonSave 组件注册 Selection 事件监听器，widgetSelected()事件处理方法源代码如下：

```
public void widgetSelected(SelectionEvent e) {
    StructuredSelection ss = (StructuredSelection)comboViewer.getSelection();
    Department dept = (Department) ss.getFirstElement();
    int deptId = dept.getId();
    int grade = Integer.parseInt(spinnerGrade.getText());
    int aclass = Integer.parseInt(spinnerClass.getText());
    String sql = "select * from department_grade_class where departmentID = " + deptId +
    " and grade = " + grade + " and class = " + aclass;
    ResultSet rs = InitDB.getInitDB().getRs(sql);
    try {
        if(rs.next()) {
            MessageDialog.openError(getParent(), "该班级设置已存在", dept.getName() + "专
业" + grade + "年级" + aclass + "班已存在.");
            return;
        }
    } catch (SQLException e2) {
        //TODO 自动生成的 catch 块
        e2.printStackTrace();
    }
    sql = "insert into department_grade_class (departmentID, grade, class) values(" + deptId +
"," + grade + "," + aclass + ")";
    Statement stmt = InitDB.getInitDB().getStmt();
    try {
        stmt.executeUpdate(sql);
    } catch (SQLException e1) {
        //TODO 自动生成的 catch 块
        e1.printStackTrace();
    }
}
```

(7) 为【关闭】按钮 buttonClose 组件注册 Selection 事件监听器，在 widgetSelected()方法中关闭当前窗口"shell.dispose();"。

完整代码请参看/StdScoreManaV1.1/src/book/stdscore/ui/DepartmentManager.java。

13.2.2 课程设置与管理模块

课程设置与管理模块主要是添加、编辑和查询各个专业所开设的课程。课程数据库表 course 中课程名和类型的组合是一门不重复的课程。同时,在专业开设的课程表 department_course 中添加一条记录。

主要设计步骤:

(1) 创建 SWT Dialog,名称为 CourseManager,设计课程设置与管理模块的主界面如图 13.3 所示。窗体采用 GridLayout 布局,在窗体顶行设计工具栏,第 2 行第 1 列设计带有查看器的列表 listDepartment 用于显示专业,第 2 行第 2 列设计带有查看器的表格 tableCourse 以显示左边所选专业的课程类型和课程名称。查看器 listViewer 和 tableViewer 分别转换为字段。

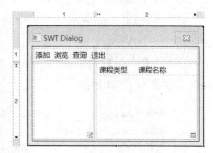

图 13.3 课程设置与管理模块的主界面(浏览)

(2) 为 CourseManager 类添加字段"private static ArrayList<Department> deptList;",并设计如程序清单 13.1 给出的 setDeptList()方法,以生成专业列表 listDepartment 的列表项。

双击列表查看器 listViewer 的 contentProvider 属性值列,修改内部类 ContentProvider 的 getElements()方法体,使之只包含语句"return deptList.toArray(new Department[deptList.size()]);"。双击 labelProvider 属性值列,修改内部类 ViewerLabelProvider 的 geText()方法体,使之只包含语句"return ((Department)element).getName();"。

在 createContents()方法中列表查看器 listViewer 的内容提供器设置语句之后添加语句"listViewer.setInput(deptList);"。

为专业列表查看器 listViewer 注册并设计双击事件监听器,源代码如下:

```
listViewer.addDoubleClickListener(new IDoubleClickListener() {
    public void doubleClick(DoubleClickEvent arg0) {
        StructuredSelection ss = (StructuredSelection) arg0.getSelection();
        Department dept = (Department) ss.getFirstElement();
        dept.setCoursesListFromDB();
        ArrayList<Course> coursesList = dept.getCoursesList();
        tableViewer.resetFilters();
        tableViewer.setInput(coursesList);
        tableViewer.refresh();
    }
});
```

(3) 为【添加】按钮 tltmAdd 注册并设计 Selection 事件监听器,源代码如下:

```
tltmAdd.addSelectionListener(new SelectionAdapter() {
    @Override
    public void widgetSelected(SelectionEvent e) {
        CourseSetWizard csw = new CourseSetWizard();
        WizardDialog wd = new WizardDialog(shell,csw);
```

```java
        wd.addPageChangedListener(new IPageChangedListener(){
            @Override
            public void pageChanged(PageChangedEvent arg0) {
                //TODO 自动生成的方法存根
                if(wd.getCurrentPage() instanceof GradeClassWizardPage) {
                    GradeClassWizardPage gcp = (GradeClassWizardPage) wd.getCurrentPage();
                    DepartmentWizardPage dwp = (DepartmentWizardPage) gcp.getPreviousPage();
                    Department currDept = dwp.getCurrDept();
                    gcp.setCurrDept(currDept);
                    String sql = "select grade from department_grade_class where " +
                                    "departmentID = " + currDept.getId() + " group by grade";
                    InitDB db = new InitDB();
                    ResultSet rs = db.getRs(sql);
                    gcp.getListGrade().removeAll();
                    try {
                        while(rs.next()) {
                            gcp.getListGrade().add(rs.getInt("grade") + "");
                        }
                        if(rs!= null) {
                            rs.close();
                            db.closeDB();
                        }
                    } catch (SQLException e) {
                        //TODO 自动生成的 catch 块
                        e.printStackTrace();
                    }
                }
                if(wd.getCurrentPage() instanceof CourseWizardPage) {
                    CourseWizardPage cwp = (CourseWizardPage)wd.getCurrentPage();
                    List lhc = cwp.getListHasCourse();
                    DepartmentWizardPage dwp = (DepartmentWizardPage) cwp
                                        .getPreviousPage().getPreviousPage();
                    dwp.getCurrDept().setCoursesListFromDB();
                    ArrayList<Course> coursesList = dwp.getCurrDept().getCoursesList();
                    dwp.getCurrDept().setCoursesList(coursesList);
                    for(Course c : coursesList) {
                        lhc.add(c.getType() + ":" + c.getName());
                    }
                }
            }
        });
        wd.open();
        tableViewer.resetFilters();
    }
});
```

(4)为【浏览】按钮 tltmBrowse 注册并设计 Selection 事件监听器，源代码如下：

```java
tltmBrowse.addSelectionListener(new SelectionAdapter() {
    @Override
    public void widgetSelected(SelectionEvent e) {
```

```
            tableViewer.resetFilters();
            listViewer.refresh();
        }
    });
```

(5) 设计过滤器类 FilterName,对课程名表格按照用户输入的课程名进行过滤。

```
class FilterName extends ViewerFilter {
    String name;
    public FilterName(String name) {
        super();
        this.name = name;
    }
    public boolean select(Viewer arg0, Object arg1, Object arg2) {
        Course item = (Course)arg2;
        if(item.getName().indexOf(name)>= 0)
            return true;
        return false;
    }
}
```

为【查询】按钮 tltmQuery 注册并设计 Selection 事件监听器,源代码如下:

```
tltmQuery.addSelectionListener(new SelectionAdapter() {
    @Override
    public void widgetSelected(SelectionEvent e) {
        InputDialog idl = new InputDialog(shell, "课程名", "请输入要查询的课程名或课程名的部分文字.", "", null);
        if(idl.open() == 0) {
            tableViewer.resetFilters();
            tableViewer.addFilter(new FilterName(idl.getValue()));
            tableViewer.refresh();
        }
    }
});
```

(6) 为【退出】按钮 tltmQuit 注册并设计 Selection 事件监听器,在 widgetSelected()方法中关闭 CourseManager 窗口。

(7) 为 AdminScoreMana 窗体的【课程设置】按钮 toolItemCourseSet 注册并设计 Selection 事件监听器,源代码如下:

```
toolItemCourseSet.addSelectionListener(new SelectionAdapter() {
    @Override
    public void widgetSelected(SelectionEvent e) {
        new CourseManager(shell, SWT.None).open();
    }
});
```

完整代码请参看/StdScoreManaV1.1/src/book/stdscore/ui/CourseManager.java。

13.2.3 管理员子系统主控模块

采用 JFace ApplicationWindow 重新设计管理员子系统主控模块 AdminPrj,将管理员子系统各模块以菜单和工具栏两种接口提供给用户。设计步骤如下：

(1) 工具栏的设计。

为 AdminPrj 窗口新建如图 13.4 所示的工具栏及相应 action。在【专业管理】对应的 actionDeptMana 的 run()方法中打开专业管理主控模块 DepartmentManager，源代码如下：

```
public void run() {
    super.run();
    new DepartmentManager(shell,SWT.None).open();
}
```

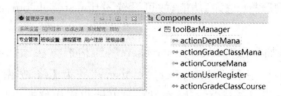

图 13.4　管理员子系统主控界面工具栏

在【班级设置】的 actionGradeClassMana 的 run()方法中打开为指定专业添加班级和年级的模块 GradeClassAdd，在【课程管理】的 actionCourseMana 的 run()方法中打开课程设置与管理模块的主界面 CourseManager，在【用户注册】的 actionUserRegister 的 run()方法中打开学生和教师注册窗口 RegisterTabFolder，在【班级排课】的 actionGradeClassCourse 的 run()方法中打开管理员排课 AssigntCourses 窗口。

(2) 菜单系统的设计。

为 AdminPrj 窗口新建如图 13.5 所示的菜单及相关 action。

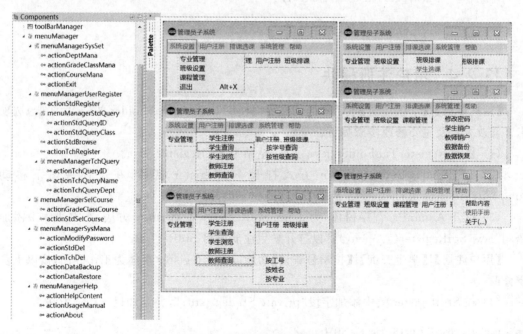

图 13.5　管理员子系统菜单结构

为【退出】菜单项的 actionExit 设计 run()方法，关闭管理员子系统工作界面，退出程序。源代码如下：

```
public void run() {
    //TODO 自动生成的方法存根
    super.run();
    shell.dispose();
    System.exit(0);
}
```

本程序不打算实现【学生选课】功能，故可设置 actionStdSelCourse 的 enabled 属性值为 false。

为 AdminPrj 类添加字段"private User user;"，为构造方法添加参数"User user"并在方法体中初始化 user 字段 "this.user = user;"。为【修改密码】菜单项对应的 actionModifyPassword 设计 run()方法，在其中打开账户密码修改窗口 ModifyPassword。

在【帮助内容】菜单项对应的 actionHelpContent 的 run()方法体中打开帮助内容窗口 BrowserHelp。设置【使用手册】菜单项对应的 actionUsageManual 的 enabled 属性值为 false。为【关于(…)】菜单项对应的 actionAbout 设计 run()方法，源代码如下：

```
actionAbout = new Action("关于(…)") {
    @Override
    public void run() {
        super.run();
        MessageDialog.openInformation(shell, "关于简易学生成绩管理系统", "简易学生成绩管理系统是一个示例 Java SWT GUI 程序,…");
    }
};
```

13.2.4 用户注册模块

【用户注册】|【学生注册】菜单项的工作界面使用 RegisterTabFolder 的【学生注册】选项卡。修改方法及主要修改步骤如下：

（1）复制 RegisterTabFolder.java 文件，粘贴为 StdRegister.java。

（2）以 WindowBuilder Editor 方式打开 StdRegister 窗体，在设计视图下移动 compositeStd 组件到 shell 节点下，删除 tabFolder 组件。

（3）打开 AdminPrj 程序窗体，为 actionStdRegister 添加 run()方法，在方法体中添加语句"new StdRegister().open();"以打开学生注册窗口 StdRegister。

【用户注册】|【学生查询】|【按学号查询】功能以 StdRegister 窗体为工作界面，按以下步骤修改：

（1）在 StdRegister 类中添加字段"private Student std;"，并添加以下构造方法：

```
public StdRegister(Student std) {
    this.std = std;
}
```

(2) 在 createContents()方法末尾添加以下语句段：

```java
if(std!= null) {
    textStdID.setText(std.getId() + "");
    textStdID.setEditable(false);
    textStdName.setText(std.getName());
    textStdName.setEditable(false);
    comboDepartmentViewer.getCombo().setText(std.getDepartment().getName());
    comboDepartmentViewer.getCombo().setEnabled(false);
    comboGradeViewer.setInput(getGrades(std.getDepartment()));
    comboGradeViewer.getCombo().setText(std.getGrade() + "");
    comboGradeViewer.getCombo().setEnabled(false);
    comboClassViewer.setInput(getClasses(std.getDepartment(),std.getGrade()));
    comboClassViewer.getCombo().setText(std.getcClass() + "");
    comboClassViewer.getCombo().setEnabled(false);
    if(new File("picStd/std" + std.getId() + ".jpg").exists())
        lblStdPic.setImage(new Image(null, "picStd/std" + std.getId() + ".jpg"));
    textStdItr.setText(std.getInterested());
    textStdItr.setEnabled(false);
    buttonStdSave.setEnabled(false);
}
```

(3) 打开 AdminPrj 程序窗体，为 actionStdQueryID 添加 run()方法，源代码如下：

```java
actionStdQueryID = new Action("按学号查询") {
    @Override
    public void run() {
        //TODO 自动生成的方法存根
        super.run();
        InputDialog idl = new InputDialog(shell, "输入学号", "请输入要查找学生的学号", "", null);
        if(idl.open() == InputDialog.OK) {
            String idStr = idl.getValue();
            if(idStr!= null && !"".equals(idStr)) {
                int id = Integer.parseInt(idStr);
                Student std = Student.getFromDB(id);
                if(std!= null) {
                    new StdRegister(std).open();
                } else {
                    MessageDialog.openWarning(shell, "查不到该学号的学生", "无此学号的学生信息,或者学号输入不正确.");
                }
            } else {
                MessageDialog.openError(shell, "没有输入学号", "必须输入正确的学号.学号由数字组成!");
            }
        }
    }
};
```

【用户注册】|【学生查询】|【按班级查询】菜单功能的实现利用例 12.4 设计的

TreeViewerDemo1 树显示学生班级选择界面,并在双击一个班号时以表格显示该班学生的注册信息。设计步骤如下:

(1) 右击 book.stdscore.ui 包中的 TreeViewerDemo1,在快捷菜单中选择【复制】菜单项,单击【确定】按钮。再次右击 book.stdscore.ui 包名,在快捷菜单中选择【粘贴】菜单项,输入新名称 StdQueryClass,单击【确定】按钮。

(2) 右击 book.stdscore.data 包中的 SelCourseTreeRoot,在快捷菜单中选择【复制】菜单项,单击【确定】按钮。再次右击 book.stdscore.data 包名,在快捷菜单中选择【粘贴】菜单项,输入新名称 SelClassTreeRoot,单击【确定】按钮。

(3) 修改 SelClassTreeRoot 类。首先删除字段 ctypenodes 和 courseList,删除方法 setCourselist,删除构造方法中的"for(ClassTreeNode cClass : cClassList){…}"语句块(见图 13.6)。

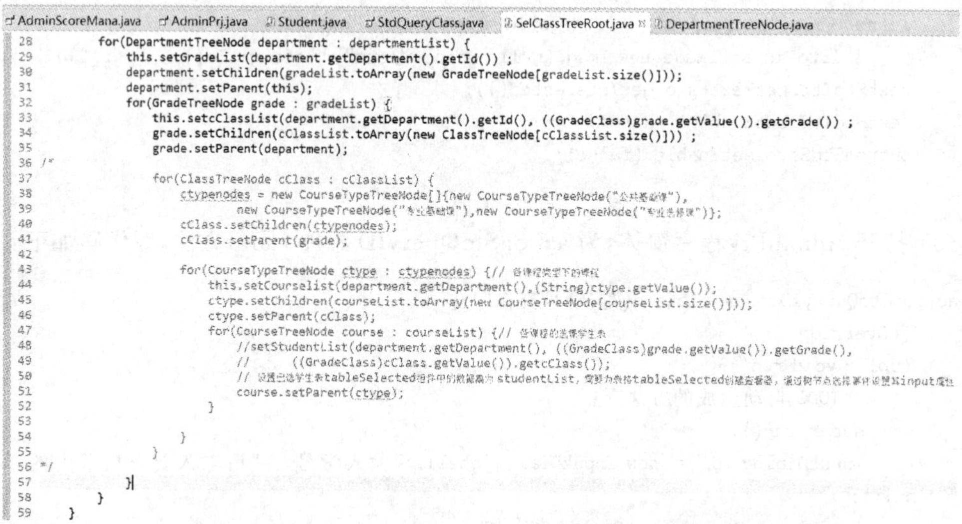

```
28    for(DepartmentTreeNode department : departmentList) {
29        this.setGradeList(department.getDepartment().getId());
30        department.setChildren(gradeList.toArray(new GradeTreeNode[gradeList.size()]));
31        department.setParent(this);
32        for(GradeTreeNode grade : gradeList) {
33            this.setcClassList(department.getDepartment().getId(), ((GradeClass)grade.getValue()).getGrade());
34            grade.setChildren(cClassList.toArray(new ClassTreeNode[cClassList.size()]));
35            grade.setParent(department);
36        /*
37        for(ClassTreeNode cClass : cClassList) {
38            ctypenodes = new CourseTypeTreeNode[]{new CourseTypeTreeNode("公共基础课"),
39                new CourseTypeTreeNode("专业基础课"),new CourseTypeTreeNode("专业选修课")};
40            cClass.setChildren(ctypenodes);
41            cClass.setParent(grade);
42
43            for(CourseTypeTreeNode ctype : ctypenodes) {// 各课程类型下的课程
44                this.setCourselist(department.getDepartment(), (String)ctype.getValue());
45                ctype.setChildren(courseList.toArray(new CourseTreeNode[courseList.size()]));
46                ctype.setParent(cClass);
47                for(CourseTreeNode course : courseList) {// 该课程的选课学生
48                    //setStudentList(department.getDepartment(), ((GradeClass)grade.getValue()).getGrade(),
49                    //    ((GradeClass)cClass.getValue()).getcClass());
50                    // 设置已选学生tableSelected组件因权限高为studentList,变现为在tableSelected创建完毕后,通过附带点击事件处理input属性
51                    course.setParent(ctype);
52                }
53            }
54        }
55        }
56        */
57        }
58    }
59 }
```

图 13.6 删除 SelClassTreeRoot 类的构造方法中的 for 语句块

(4) 修改 StdQueryClass 类中的 createContents()方法中查看器 treeViewer 的 input 属性设置语句为"treeViewer.setInput(new SelClassTreeRoot());"。

(5) 修改 StdQueryClass 窗体的界面。首先在 container 中创建一个 SashForm 组件,接着将 tree 组件移到 sashForm 中,再在 sashForm 中创建 TableViewer 组件。设置 sashForm 的 weights 属性值为"1 2"。在 table 组件中创建 6 个 TableColumn 组件,text 属性值分别为"学号""姓名""专业""年级""班级"和"兴趣",适当调整各列的 width 属性值,并设置 headerVisible 和 linesVisible 属性值为 true。

(6) 在 StdQueryClass 类中添加方法 getStdList(),构造用户所选班级的学生列表。该方法源代码如下:

```
ArrayList<Student> getStdList(GradeClass aclass) {
    ArrayList<Student> stdList = new ArrayList<Student>();
    ResultSet rs = InitDB.getInitDB().getRs("select * from student where departmentID = " +
        aclass.getDepartmentId() + " and grade = " + aclass.getGrade() + " and class = " + aclass
        .getcClass());
```

```java
        try {
            while(rs.next()) {
                Student student = new Student(rs.getLong(1),rs.getString(2),
                    Department. getFromDB ( rs. getInt ( 3 )), rs. getInt ( 4 ), rs. getInt ( 5 ),
rs.getString(6),rs.getString(7));
                stdList.add(student);
            }
        } catch (SQLException e) {
            //TODO Auto-generated catch block
            e.printStackTrace();
        }
        return stdList;
    }
```

（7）为树查看器 treeViewer 注册并设计双击事件监听器，源代码如下：

```java
treeViewer.addDoubleClickListener(new IDoubleClickListener() {
    public void doubleClick(DoubleClickEvent arg0) {
        StructuredSelection ss = (StructuredSelection)treeViewer.getStructuredSelection();
        TreeNode selNode = (TreeNode) ss.getFirstElement();
        if(selNode instanceof ClassTreeNode) {
            GradeClass aclass = (GradeClass)selNode.getValue();
            tableViewer.setInput(getStdList(aclass));
            tableViewer.refresh();
        }
    }
});
```

（8）为表格查看器 tableViewer 设置内容提供器为 ArrayContentProvider 类对象。标签提供器则为双击 labelProvider 属性值列之后生成的内部类 TableLabelProvider，其中方法 getColumnText() 的源代码如下：

```java
    public String getColumnText(Object element, int columnIndex) {
        Student std = (Student) element;
        if(columnIndex == 0) {
            return std.getId() + "";
        } else if(columnIndex == 1) {
            return std.getName();
        } else if(columnIndex == 2) {
            return std.getDepartment().getName();
        } else if(columnIndex == 3) {
            return std.getGrade() + "";
        } else if(columnIndex == 4) {
            return std.getcClass() + "";
        } else if(columnIndex == 5) {
            return std.getInterested();
        }
        return element.toString();
    }
```

（9）为【按班级查询】的 actionStdQueryClass 设计 run()方法，在该方法中打开【班级学生表】显示窗口 StdQueryClass。

为【学生浏览】的 actionStdBrowse 设计 run()方法，在该方法中打开【班级学生表】显示窗口 StdQueryClass。

【用户注册】|【教师注册】菜单项的工作界面使用 RegisterTabFolder 的【教师注册】选项卡。修改方法及主要修改步骤如下：

（1）复制 RegisterTabFolder.java 文件，粘贴为 TchRegister.java。

（2）以 WindowBuilder Editor 方式打开 TchRegister 窗体，在设计视图下移动 compositeTch 组件到 shell 节点下，删除 tabFolder 组件。

（3）打开 AdminPrj 程序窗体，为 actionTchRegister 添加 run()方法，在方法体中添加语句"new TchRegister().open();"以打开教师注册窗口 TchRegister。

【用户注册】|【教师查询】|【按工号】功能以 TchRegister 窗体为工作界面，按以下步骤修改：

（1）在 TchRegister 类中添加字段"private Teacher tch;"，并添加以下构造方法：

```java
public TchRegister(Teacher tch) {
    this.tch = tch;
}
```

（2）在 createContents()方法末尾添加以下语句段：

```java
if(tch!= null) {
    textTchID.setText(tch.getId() + "");
    textTchID.setEditable(false);
    textTchName.setText(tch.getName());
    textTchName.setEditable(false);
    if("男".equals(tch.getSex().trim())) {
        buttonTchMale.setSelection(true);
    } else if ("女".equals(tch.getSex().trim())) {
        buttonTchFemale.setSelection(true);
    }
    buttonTchMale.setEnabled(false);
    buttonTchFemale.setEnabled(false);
    comboTchDeptViewer.getCombo().setText(tch.getDepartment().getName());
    comboTchDeptViewer.getCombo().setEnabled(false);
    textTchAge.setText(tch.getAge() + "");
    textTchAge.setEditable(false);
    textTchAddr.setText(tch.getAddress());
    textTchAddr.setEditable(false);
    if(new File("picStd/std" + tch.getId() + ".jpg").exists())
        lblTchPic.setImage(new Image(null, "picTch/tch" + tch.getId() + ".jpg"));
    textTchIntro.setText(tch.getIntro());
    textTchIntro.setEnabled(false);
    buttonTchSave.setEnabled(false);
}
```

(3) 打开 AdminPrj 程序窗体,为 actionTchQueryID 添加 run()方法,源代码如下:

```
actionTchQueryID = new Action("按工号") {
    @Override
    public void run() {
        //TODO 自动生成的方法存根
        super.run();
        InputDialog idl = new InputDialog(shell, "输入工号", "请输入要查找教师的工号", "", null);
        if(idl.open() == 0) {
            String idStr = idl.getValue();
            if(idStr!= null && !"".equals(idStr)) {
                int id = Integer.parseInt(idStr);
                Teacher tch = Teacher.getFromDB(id);
                if(tch!= null) {
                    new TchRegister(tch).open();
                } else {
                    MessageDialog.openWarning(shell, "查不到该工号的教师", "无此工号的教师信息,或者工号输入不正确.");
                }
            } else {
                MessageDialog.openError(shell, "没有输入工号", "必须输入正确的工号.工号由数字组成!");
            }
        }
    }
};
```

为【教师查询】|【按姓名】菜单项的 actionTchQueryName 添加 run()方法,源代码如下:

```
actionTchQueryName = new Action("按姓名") {
    @Override
    public void run() {
        //TODO 自动生成的方法存根
        super.run();
        InputDialog idl = new InputDialog(shell, "输入教师姓名", "请输入要查找教师的姓名", "", null);
        if(idl.open() == 0) {
            String nameStr = idl.getValue();
            if(nameStr!= null && !"".equals(nameStr)) {
                ResultSet rs = new InitDB().getRs("select * from teacher where name = '" + nameStr + "'");
                try {
                    if(rs.next()) {
                        Department department = Department.getFromDB(rs.getInt(5));
                        Teacher tch = new Teacher(rs.getInt(1),rs.getString(2),
                                rs.getString(3),rs.getInt(4),department,rs.getString(6),
                                        rs.getString(7),rs.getString(8));
                        if(tch!= null) {
                            new TchRegister(tch).open();
                        } else {
```

```
                            MessageDialog.openWarning(shell,"查不到该教师","无此教师信
息,或者姓名输入不正确.");
                        }
                    } else
                        MessageDialog.openWarning(shell,"查不到该教师","无此教师信息,
或者姓名输入不正确.");
                } catch (SQLException e) {
                    //TODO Auto-generated catch block
                    e.printStackTrace();
                    MessageDialog.openWarning(shell,"查询操作失败","查询操作失败.");
                }
            } else {
                MessageDialog.openError(shell,"没有输入","必须输入教师姓名.");
            }
        }
    }
);
```

【教师查询】|【按专业】模块的界面如图13.7所示。sashForm的左窗格显示专业列表,当双击其中某个专业名称时在右边窗格显示该专业的教师列表。专业列表list的数据集可以通过在TchQueryDept类中设计一个与例12.9步骤(4)设计的方法getDeptListFromFile()相同的方法来提供。为该列表的listViewer注册双击事件监听器,并将选择的专业对象传递给方法"ArrayList<Teacher> getTeacherList(Department dept)"以获取该专业的教师列表,并将教师列表设置为右边表格的数据集。参照【按班级查询】模块的设计步骤(8),设计该表格查看器的标签提供器的getColumnText()方法。

图13.7 【教师查询】|【按专业】模块的界面设计视图

13.2.5 班级排课模块的实现

在【班级排课】模块AssigntCourses.java中,分割窗左边的选课树需要从数据库中编程实现,当选择或双击树中某门课程时,需要从数据库查询生成该班学生列表并显示在【已选学生】表格中,当单击【分派】按钮时应该将排课结果存入数据库中。以下叙述实现这些功能的思路和主要设计步骤。

(1) 将AssigntCourses窗体分割窗左边的树组件tree替换成例12.4设计的TreeViewerDemo1窗体中的树组件tree及其查看器,并复制内部类ViewerLabelProvider

及树查看器的相关属性设置代码。

（2）修改 AssigntCourses 类中的 getStdList()方法，以从数据库中获取指定班级的学生名单数组。该方法源代码如下：

```java
public ArrayList<String[]> getStdList(GradeClass aclass) {
    ArrayList<String[]> scoreList = new ArrayList<String[]>();
    String sql = "select id,name from student where departmentID = " +
                    aclass.getDepartmentId() + " and grade = " + aclass.getGrade() +
                        " and class = " + aclass.getcClass();
    ResultSet rs = InitDB.getInitDB().getRs(sql);
    try {
        while(rs.next()) {
            scoreList.add(new String[]{rs.getInt(1) + "",rs.getString(2)});
        }
    } catch (SQLException e) {
        //TODO 自动生成的 catch 块
        e.printStackTrace();
    }
    return scoreList;
}
```

（3）为树查看器设计和注册 DoubleClickEvent 事件监听器，当用户双击某门课程时，将该课程开课班学生名单显示在【已选学生】表格中。源代码如下：

```java
treeViewer.addDoubleClickListener(new IDoubleClickListener() {
    public void doubleClick(DoubleClickEvent arg0) {
        StructuredSelection ss = (StructuredSelection) treeViewer.getSelection();
        TreeNode selNode = (TreeNode) ss.getFirstElement();
        if(selNode instanceof CourseTreeNode) {
            GradeClass aclass = (GradeClass)
                    ((ClassTreeNode)(selNode.getParent().getParent())).getValue();
            ArrayList<String[]> scoreList = getStdList(aclass);
            tableSelected.removeAll();
            TableItem item;
            for(String[] strArr : scoreList) {
                item = new TableItem(tableSelected, SWT.NONE);
                item.setText(strArr);
            }
        }
    }
});
```

（4）在分割窗右边【任课教师】标签右侧添加部门选择组合框，以便可以从指定部门选择教师，并将教师名选择组合框更改为带有查看器的组合框。界面如任课教师 ▢ ▢ 。

采用与例 12.10 相同的思路和方法为部门列表组合框查看器 comboViewerDept 设计数据集、内容提供器和标签提供器等属性，并为该查看器注册 SelectionChangedEvent 事件监听器，以便当用户选择一个部门时将该部门教师姓名设置为姓名组合框查看器 comboViewerName 的数据集，该监听器源代码如下：

```java
comboViewerDept.addSelectionChangedListener(new ISelectionChangedListener() {
    public void selectionChanged(SelectionChangedEvent arg0) {
        StructuredSelection ss = (StructuredSelection) arg0.getSelection();
        Department dept = (Department) ss.getFirstElement();
        comboViewerName.setInput(getTchList(dept));
        comboViewerName.refresh();
    }
});
```

（5）为教师姓名组合框查看器 comboViewerName 设计获取数据集的方法 getTchList()，源代码如下：

```java
ArrayList<Teacher> getTchList(Department dept) {
    ArrayList<Teacher> tchList = new ArrayList<Teacher>();
    String sql = "select * from teacher where departmentID = " + dept.getId();
    ResultSet rs = InitDB.getInitDB().getRs(sql);
    try {
        while(rs.next()) {
            Teacher teacher = new Teacher(rs.getInt(1),rs.getString(2),rs.getString(3),
                    rs.getInt(4),dept,rs.getString(6),rs.getString(7),rs.getString(8));
            tchList.add(teacher);
        }
        if(rs!= null)
            rs.close();
    } catch (SQLException e) {
        //TODO 自动生成的 catch 块
        e.printStackTrace();
    }
    return tchList;
}
```

comboViewerName 的内容提供器设置为 ArrayContentProvider 对象，标签提供器的 getText()方法返回((Teacher)element).getName()。

（6）为按钮【→】(buttonAdd)设计注册鼠标单击事件监听器，将【未选学生】列表中所选的学生添加到【已选学生】列表，并从【未选学生】列表中删除。该监听器源代码如下：

```java
buttonAdd.addSelectionListener(new SelectionAdapter() {
    @Override
    public void widgetSelected(SelectionEvent e) {
        TableItem[] items = tableNoSelected.getSelection();
        String[][] data = new String[items.length][2];
        for(int i = 0;i<items.length;i++) {
            data[i][0] = items[i].getText(0);
            data[i][1] = items[i].getText(1);
        }
        boolean hasItem = false;
        TableItem item = null;
        TableItem[] selItems = tableSelected.getItems();
        for(int i = 0;i<data.length;i++) {
            for(TableItem aitem : selItems) {
```

```
                if(aitem.getText(0).equals(data[i][0])) {
                    hasItem = true;
                    break;
                }
            }
            if(!hasItem) {
                item = new TableItem(tableSelected, SWT.NONE);
                item.setText(data[i]);
                int idx = tableNoSelected.indexOf(items[i]);
                tableNoSelected.remove(idx);
            }
        }
        tableSelected.update();
    }
});
```

（7）为按钮【←】(buttonDel)设计注册鼠标单击事件监听器，将【已选学生】列表中所选的学生添加到【未选学生】列表，并从【已选学生】列表中删除。该监听器设计思路与buttonAdd 的相似，请试着自行完成。

（8）将窗体右下角的 buttonOK 按钮的 text 属性值设置为"保存"，为该按钮设计并注册单击事件监听器。

首先将班级排课数据存入数据库表 dgc_course。设计方法 dgc_courseSave()完成该功能，其源代码如下：

```
void dgc_courseSave() {
    StructuredSelection ss = (StructuredSelection) treeViewer.getStructuredSelection();
    CourseTreeNode courseNode = (CourseTreeNode) ss.getFirstElement();
    ClassTreeNode classNode = (ClassTreeNode)
                    ((CourseTypeTreeNode)courseNode.getParent()).getParent();
    GradeTreeNode gradeNode = (GradeTreeNode) classNode.getParent();
    DepartmentTreeNode deptNode = (DepartmentTreeNode) gradeNode.getParent();
    int courseID = ((Course)courseNode.getValue()).getId();
    int deptID = ((Department)deptNode.getValue()).getId();
    int grade = ((GradeClass)gradeNode.getValue()).getGrade();
    int aclass = ((GradeClass)classNode.getValue()).getcClass();
    int dgcID;
    String sql = "select id from department_grade_class where departmentID = " + deptID +
            " and grade = " + grade + " and class = " + aclass;
    InitDB db = InitDB.getInitDB();
    ResultSet rs = db.getRs(sql);
    try {
        if(rs.next()) {
            dgcID = rs.getInt(1);
            sql = "select * from dgc_course where dgcID = " + dgcID +
                    " and courseID = " + courseID;
            rs = db.getRs(sql);
            if(!rs.next()) {
                sql = "insert into dgc_course (dgcID,courseID) values(" +
                                                    dgcID + "," + courseID +")";
```

```java
                db.getStmt().executeUpdate(sql);
            }
        }
    } catch (SQLException e) {
        //TODO 自动生成的 catch 块
        e.printStackTrace();
    } finally {
        db.closeDB();
    }
}
```

其次,将在组合框中所选教师的排课信息(即哪个班的哪门课程)存入数据库表 teacher_course 中。设计方法 tchCourseSave() 完成此功能,源代码如下：

```java
void tchCourseSave() {
    StructuredSelection ss = (StructuredSelection) treeViewer.getStructuredSelection();
    CourseTreeNode courseNode = (CourseTreeNode) ss.getFirstElement();
    ClassTreeNode classNode = (ClassTreeNode)
                    ((CourseTypeTreeNode)courseNode.getParent()).getParent();
    GradeTreeNode gradeNode = (GradeTreeNode) classNode.getParent();
    DepartmentTreeNode deptNode = (DepartmentTreeNode) gradeNode.getParent();
    int courseID = ((Course)courseNode.getValue()).getId();
    int deptID = ((Department)deptNode.getValue()).getId();
    int grade = ((GradeClass)gradeNode.getValue()).getGrade();
    int aclass = ((GradeClass)classNode.getValue()).getcClass();
    int dgcID;
    ss = (StructuredSelection) comboViewerName.getStructuredSelection();
    Teacher teacher = (Teacher) ss.getFirstElement();
    int teacherID = teacher.getId();
    String sql = "select id from teacher_course where departmentID = " + deptID +
            " and grade = " + grade + " and class = " + aclass + " and courseID = " + courseID;
    InitDB db = InitDB.getInitDB();
    ResultSet rs = db.getRs(sql);
    try {
        if(!rs.next()) {
            sql = "insert into teacher_course (teacherID,courseID,departmentID,grade," +
                    "class) values(" + teacherID + "," + courseID + "," + deptID + "," + grade + "," +
                    aclass + ")";
            db.getStmt().executeUpdate(sql);
        }
    } catch (SQLException e) {
        //TODO 自动生成的 catch 块
        e.printStackTrace();
    } finally {
        db.closeDB();
    }
}
```

再次,将【已选课程】表格中各个学生的排课信息存入数据库表 student_course 中。设计方法 stdCourseSave() 完成此功能,源代码如下：

```java
void stdCourseSave() {
    StructuredSelection ss = (StructuredSelection) treeViewer.getStructuredSelection();
    CourseTreeNode courseNode = (CourseTreeNode) ss.getFirstElement();
    int courseID = ((Course)courseNode.getValue()).getId();
    TableItem[] items = tableSelected.getItems();
    long stdID;
    for(int i = 0; i < items.length; i++) {
        stdID = Long.parseLong(items[i].getText(0));
        String sql = "select * from student_course where studentID = " + stdID +
                                            " and courseID = " + courseID;
        InitDB db = InitDB.getInitDB();
        ResultSet rs = db.getRs(sql);
        try {
            if(!rs.next()) {
                Date date = new Date();
                Timestamp tt = new Timestamp(date.getTime());
                sql = "insert into student_course (studentID,courseID,updatetime) " +
                              "values(" + stdID + "," + courseID + ",'" + tt + "')";
                db.getStmt().executeUpdate(sql);
            }
        } catch (SQLException e) {
            //TODO 自动生成的 catch 块
            e.printStackTrace();
        } finally {
            db.closeDB();
        }
    }
}
```

最后,为【保存】按钮 buttonOK 设计和注册鼠标单击事件监听器,执行上述方法进行数据保存操作,源代码如下:

```java
buttonOK.addSelectionListener(new SelectionAdapter() {
    @Override
    public void widgetSelected(SelectionEvent e) {
        dgc_courseSave();
        tchCourseSave();
        stdCourseSave();
    }
});
```

(9) 为【退出】按钮设计和注册单击事件监听器,关闭【班级排课】模块窗口。

13.2.6 系统管理

【系统管理】菜单的【学生销户】和【教师销户】菜单项涉及多个数据库表的操作,但前台界面比较简单。教师的销户界面设计为输入对话框,管理员只需输入需要销户的教师工号,程序即删除有关信息。学生销户按年级处理,只需在对话框中输入需要销户的年级,程序即删除 student、student_course、users、department_grade_class 和 dgc_course 表中指定年级的各班级及其学生的记录。【数据备份】菜单项的功能是将学生成绩管理系统数据库中表的结构和数据以 SQL 语句形式存储到文本格式的备份文件中,这是通过使用 Java 的 Runtime 类中方法执行 MySQL 的 mysqldump 命令实现的,语句是"Runtime.getRuntime().exec("mysqldump scoremanage > scoremanage.sql")"。【数据恢复】菜单项功能的实现方法是通过执行备份文件中的 SQL 语句创建数据库表并插入各条数据记录。数据备份和恢复的界面及程序设计都比较简单,对该模块的具体设计和实现步骤不再细述。

13.3 教师子系统的设计与实现

教师子系统包括 5 个功能模块,主要使用了表格、树、表格树组件及其查看器、内容提供器、标签提供器、排序器和过滤等 JFace 组件。

13.3.1 成绩登录

成绩登录模块的设计在班级排课程序 AssigntCourses.java 的基础上修改,界面主要使用树和表格组件,允许在表格中编辑成绩并存入数据库表中。主要步骤包括:

(1)复制 book.stdscore.ui 包下的 AssigntCourses.java,粘贴为 TchScoreEdit.java,并以 WindowBuilder Editor 方式打开。

(2)删除 TchScoreEdit 窗体的右窗格中除表格 tableSelected 外的所有组件,并调整右窗格中的 composite 为填充式布局。

(3)修改表格 tableSelected 为带查看器的表格,并添加表格列查看器作为成绩列。完成后的界面如图 13.8 所示。

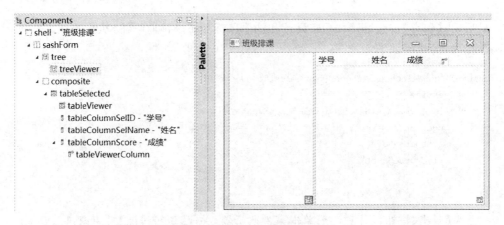

图 13.8 成绩登录界面

(4)复制 book.stdscore.data 包中的 SelCourseTreeRoot.java,粘贴为该包中的 ScoreCourseTreeRoot.java。修改 ScoreCourseTreeRoot 类,构造 TchScoreEdit 窗体左边的登录成绩选课树,完成修改后该类的源代码如下:

```
package book.stdscore.data;
import java.sql.ResultSet;
```

```java
import java.sql.SQLException;
import java.util.ArrayList;
import org.eclipse.jface.viewers.TreeNode;
public class ScoreCourseTreeRoot extends TreeNode {
    private Teacher teacher;
    private TreeNode parent;
    private DepartmentTreeNode children[];
    private ArrayList<DepartmentTreeNode> departmentList = new
                                                ArrayList<DepartmentTreeNode>();
    private ArrayList<GradeTreeNode> gradeList = new ArrayList<GradeTreeNode>();
    private ArrayList<ClassTreeNode> cClassList = new ArrayList<ClassTreeNode>();
    private ArrayList<CourseTreeNode> courseList = new ArrayList<CourseTreeNode>();
    private ArrayList<Student> studentList = new ArrayList<Student>();
    private InitDB db;
    public ScoreCourseTreeRoot(Teacher teacher) {
        super(null);
        //TODO Auto-generated constructor stub
        this.teacher = teacher;
        this.db = InitDB.getInitDB();
        this.setDepartmentList();
        setParent(null);
        setChildren(departmentList.toArray(new
                                    DepartmentTreeNode[departmentList.size()]));
        for(DepartmentTreeNode department : departmentList) {
            this.setGradeList(department.getDepartment().getId());
            department.setChildren(gradeList.toArray(new
                                        GradeTreeNode[gradeList.size()]));
            department.setParent(this);
            for(GradeTreeNode grade : gradeList) {
                this.setcClassList(department.getDepartment().getId(),
                                    ((GradeClass)grade.getValue()).getGrade());
                grade.setChildren(cClassList.toArray(new
                                        ClassTreeNode[cClassList.size()]));
                grade.setParent(department);
                for(ClassTreeNode cClass : cClassList) {
                    this.setCourselist(department.getDepartment(),
                                    ((GradeClass)grade.getValue()).getGrade(),
                                    ((GradeClass)cClass.getValue()).getcClass());
                    cClass.setChildren(courseList.toArray(new
                                        CourseTreeNode[courseList.size()]));
                    cClass.setParent(grade);
                    for(CourseTreeNode course : courseList) {
                        course.setChildren(null);
                        course.setParent(cClass);
                    }
                }
            }
        }
    }
    public void setCourselist(Department dept,int grade,int cClass) {
        this.courseList.clear();
        String sql = "select T.courseID,C.name,C.type from teacher_course AS T,course " +
                    "as C where C.id = T.courseID" + " and departmentId = " + dept.getId() +
                            " and teacherID = " + teacher.getId() + " and grade = " + grade +
```

```java
                                    " and class = " + cClass + " group by CourseID";
        ResultSet rs = this.db.getRs(sql);
        try {
            while(rs.next()) {
                Course course = new Course(rs.getInt(1),rs.getString(2),rs.getString(3));
                this.courseList.add(new CourseTreeNode(course));
            }
        } catch (SQLException e) {
            //TODO 自动生成的 catch 块
            e.printStackTrace();
        }
    }
    public ArrayList<DepartmentTreeNode> getDepartmentList() {
        return departmentList;
    }
    public void setDepartmentList() {
        this.departmentList.clear();
        ResultSet rs = this.db.getRs("select D.id,D.name from department AS D," +
                        "teacher_course AS TC where TC.teacherID = " + teacher.getId() +
                            " and D.id = TC.departmentID group by TC.departmentID");
        try {
            while(rs.next()) {
                Department department = new Department(rs.getInt(1),rs.getString(2));
                this.departmentList.add(new DepartmentTreeNode(department));
            }
        } catch (SQLException e) {
            //TODO 自动生成的 catch 块
            e.printStackTrace();
        }
    }
    public void setGradeList(int departmentId) {
        this.gradeList.clear();
        String sql = "select grade from teacher_course where departmentId = " +
                departmentId + " and teacherID = " + teacher.getId() + " group by grade";
        ResultSet rs = this.db.getRs(sql);
        try {
            while(rs.next()) {
                GradeClass grade = new GradeClass(departmentId,rs.getInt(1));
                this.gradeList.add(new GradeTreeNode(grade));
            }
        } catch (SQLException e) {
            //TODO 自动生成的 catch 块
            e.printStackTrace();
        }
    }
    public void setcClassList(int departmentId, int grade) {
        this.cClassList.clear();
        String sql = "select class from teacher_course where departmentId = " +
                            departmentId + " and teacherID = " + teacher.getId() +
                                    " and grade = " + grade + " group by class";
        ResultSet rs = this.db.getRs(sql);
        try {
            while(rs.next()) {
                GradeClass cClass = new GradeClass(departmentId,grade,rs.getInt(1));
```

```java
                    this.cClassList.add(new ClassTreeNode(cClass));
                }
            } catch (SQLException e) {
                //TODO 自动生成的 catch 块
                e.printStackTrace();
            }
        }
        @Override
        public TreeNode[] getChildren() {
            //TODO 自动生成的方法存根
            return this.children;
        }
        @Override
        public TreeNode getParent() {
            //TODO 自动生成的方法存根
            return this.parent;
        }
        @Override
        public Object getValue() {
            //TODO 自动生成的方法存根
            return this;
        }
        @Override
        public boolean hasChildren() {
            //TODO 自动生成的方法存根
            return this.children!= null && this.children.length > 0;
        }
        @Override
        public void setChildren(TreeNode[] children) {
            //TODO 自动生成的方法存根
            this.children = (DepartmentTreeNode[]) children;
        }
        @Override
        public void setParent(TreeNode parent) {
            //TODO 自动生成的方法存根
            this.parent = parent;
        }
        @Override
        public String toString() {
            return "选课树";
        }
}
```

（5）修改 TchScoreEdit 类中的 getStdList()方法，返回选定班级选定课程的学生成绩列表。修改完成后该方法的源代码如下：

```java
public ArrayList<String[]> getStdList(Course course, GradeClass aclass) {
    ArrayList<String[]> scoreList = new ArrayList<String[]>();
    String sql = "select S.id,S.name,SC.score from student AS S,student_course AS SC " +
                    " where S.id = SC.studentID " + "and SC.courseID = " + course.getId() +
                    " and S.departmentId = " + aclass.getDepartmentId() + " and S.grade = " +
                        aclass.getGrade() + " and S.class = " + aclass.getcClass();
    ResultSet rs = InitDB.getInitDB().getRs(sql);
```

```java
        try {
            while(rs.next()) {
                scoreList.add(new String[]{rs.getInt(1) + "", rs.getString(2), rs.getFloat(3)
+ ""});
            }
        } catch (SQLException e) {
            //TODO 自动生成的 catch 块
            e.printStackTrace();
        }
        return scoreList;
    }
```

接着,修改 treeViewer 的双击事件监听器,修改后该监听器源代码如下:

```java
treeViewer.addDoubleClickListener(new IDoubleClickListener() {
    public void doubleClick(DoubleClickEvent arg0) {
        StructuredSelection ss = (StructuredSelection) treeViewer.getSelection();
        TreeNode selNode = (TreeNode) ss.getFirstElement();
        if(selNode instanceof CourseTreeNode) {
            GradeClass aclass = (GradeClass)
                                    ((ClassTreeNode)(selNode.getParent())).getValue();
            ArrayList<String[]> scoreList = getStdList((Course) selNode.getValue(),
aclass);
            tableViewer.setInput(scoreList);
            tableViewer.refresh();
        }
    }
});
```

(6) 设置 tableViewer 的 contentProvider 为 ArrayContentProvider 对象,labelProvider 为 TableLabelProvider 类的对象。内部类 TableLabelProvider 源代码如下:

```java
private class TableLabelProvider extends LabelProvider implements ITableLabelProvider {
    public Image getColumnImage(Object element, int columnIndex) {
        return null;
    }
    public String getColumnText(Object element, int columnIndex) {
        String[] score = (String[])element;
        if(columnIndex == 0) {
            return score[0];
        } else if(columnIndex == 1) {
            return score[1];
        } else if(columnIndex == 2) {
            return score[2];
        }
        return element.toString();
    }
}
```

(7) 设置【成绩】列 tableViewerColumn 的 EditingSupport 属性,源代码如下:

```java
tableViewerColumn.setEditingSupport(new EditingSupport(tableViewer) {
```

```
        protected boolean canEdit(Object element) {
            //TODO 自动生成的方法存根
            return true;
        }
        protected CellEditor getCellEditor(Object element) {
            //TODO 自动生成的方法存根
            return new TextCellEditor(tableSelected);
        }
        protected Object getValue(Object element) {
            //TODO 自动生成的方法存根
            return ((String[])element)[2];
        }
        protected void setValue(Object element, Object value) {
            //TODO 自动生成的方法存根
            ((String[])element)[2] = (String)value;
            tableViewer.update(element, (String[])tableViewer.getColumnProperties());
            //更新数据库表 student_course 中的 score 字段及 updatetime 字段
            updateScore(Long.parseLong((((String[])element)[0]), Float.parseFloat((String)value));
        }
    });
```

其中，updateScore()方法将被修改的该行学生成绩数据存入到数据库中，源代码如下：

```
void updateScore(long stdID, float score) {
    StructuredSelection ss = (StructuredSelection) treeViewer.getStructuredSelection();
    CourseTreeNode courseNode = (CourseTreeNode) ss.getFirstElement();
    int courseID = ((Course)courseNode.getValue()).getId();
    Date date = new Date();
    Timestamp tt = new Timestamp(date.getTime());
    String sql = "update student_course set score=" + score + ",updatetime='" + tt +
            "' where studentID=" + stdID + " and courseID=" + courseID;
    try {
        InitDB.getInitDB().getStmt().executeUpdate(sql);
    } catch (SQLException e) {
        //TODO 自动生成的 catch 块
        e.printStackTrace();
    }
}
```

13.3.2 成绩查询

实现3种成绩查询方式：按班级浏览、查询选定班级指定分数段的学生及查询某个学生的成绩。

按班级浏览的界面采用与【成绩登录】相同的界面。复制 TchScoreEdit.java 并粘贴为 TchScoreBrowse.java，删除 TchScoreBrowse 类中 tableViewerColumn 的 EditingSupport 属性设置语句块，并删除 updateScore()方法。

查询指定学生成绩的设计和实现比较简单。采用学生模块主界面（13.4 节叙述）显示该生所有成绩表格。【按学生查询】对应的 actionStdQuery 的 run()方法如下：

```java
public void run() {
    //TODO 自动生成的方法存根
    super.run();
    InputDialog idl = new InputDialog(shell,"输入学号","请输入要查询的学号!","", null);
    idl.open();
    String stdId = idl.getValue();
    if(stdId!= null && !"".equals(stdId)) {
        long id = Long.parseLong(stdId);
        //打开该学生所有课程成绩表格
        String sql = "select * from users where name = '" + id + "'";
        ResultSet rs = new InitDB().getRs(sql);
        try {
            if(rs.next()) {
                new StudentMain(new User(rs.getString(1),rs.getString(2),
                                        rs.getInt(3))).open();
            }
        } catch (SQLException e) {
            //TODO 自动生成的 catch 块
            e.printStackTrace();
        }
    } else {
        MessageDialog.openWarning(shell, "学号不正确","无此学号学生成绩信息.");
    }
}
```

以下介绍【按分数查询】模块的设计方法和实现步骤。

（1）复制 TchScoreEdit.java，粘贴为 TchScoreQuery.java，并删除成绩列的 tableViewerColumn 的编辑支持。修改 TchScoreQuery 窗体中组件，在图 13.8 所示界面的树和表格上边创建一个面板组件，在该面板中设计输入查询条件的组件，如图 13.9 所示。

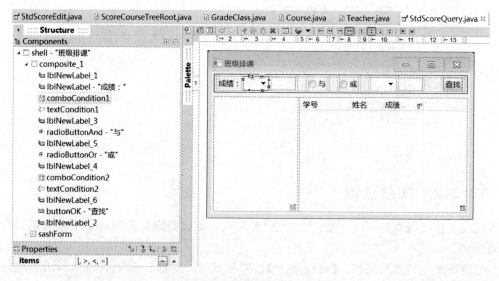

图 13.9 输入查询条件的界面

其中，两个用于输入查询分数的组合框中的列表项相同，都包括 4 项：未输入条件、>、<、=，可在 items 属性中设置。

(2) 设计过滤器。

为学生成绩表格设计应用查询条件的过滤器。根据查询条件的组合情况,设计 4 种过滤器:滤去不高于指定分数线成绩的过滤器 FilterLower、滤去不低于指定分数线成绩的过滤器 FilterHigh、滤去指定分数段成绩的过滤器 Filter2Range,以及返回与指定分数相等的成绩的过滤器 FilterEquals。代码如下:

```java
class FilterLower extends ViewerFilter {
    float limit;
    @Override
    public boolean select(Viewer arg0, Object arg1,Object arg2){
        String[] ss = (String[])arg2;
        if(Float.parseFloat(ss[2])> limit)
            return true;
        else
            return false;
    }
    public float getLimit() {
        return limit;
    }
    public void setLimit(float limit) {
        this.limit = limit;
    }
}

class FilterHigh extends ViewerFilter {
    float limit;
    @Override
    public boolean select(Viewer arg0,Object arg1, Object arg2){
        String[] ss = (String[])arg2;
        if(Float.parseFloat(ss[2])< limit)
            return true;
        else
            return false;
    }
    public float getLimit() {
        return limit;
    }
    public void setLimit(float limit) {
        this.limit = limit;
    }
}

class FilterEquals extends ViewerFilter {
    float limit;
    
    @Override
    public boolean select(Viewer arg0,Object arg1, Object arg2){
        if(arg2 instanceof String[]) {
            String[] ss = (String[])arg2;
            if(Math.abs(Float.parseFloat(ss[2]) - limit)< 0.01)
```

```java
                    return true;
                else
                    return false;
            } else
                return false;
        }
        public float getLimit() {
            return limit;
        }
        public void setLimit(float limit) {
            this.limit = limit;
        }
    }

    class Filter2Range extends ViewerFilter {
        float limitLow;
        float limitHigh;
        @Override
        public boolean select(Viewer arg0, Object arg1, Object arg2){
            String[] ss = (String[])arg2;
            if(Float.parseFloat(ss[2])< limitLow)
                return true;
            else if(Float.parseFloat(ss[2])> limitHigh)
                return true;
            else
                return false;
        }
        public float getLimitLow() {
            return limitLow;
        }
        public void setLimitLow(float limitLow) {
            this.limitLow = limitLow;
        }
        public float getLimitHigh() {
            return limitHigh;
        }
        public void setLimitHigh(float limitHigh) {
            this.limitHigh = limitHigh;
        }
    }
```

(3) 实现筛选。

为【查找】按钮设计选择事件监听器，实现按用户输入条件筛选的功能。首先检查和处理输入条件，确保输入的是合法数值，且将低限及其比较符作为第一条件，之后针对不同的条件组合运用筛选器。代码如下：

```java
buttonOK.addSelectionListener(new SelectionAdapter() {
    @Override
    public void widgetSelected(SelectionEvent e) {
        FilterLower flr = new FilterLower();
```

```java
            FilterHigh fhi = new FilterHigh();
            FilterEquals feq = new FilterEquals();
            Filter2Range range2 = new Filter2Range();
            
            float condi1 = -1;
            float condi2 = -1;
            String opr1 = null;
            String opr2 = null;
            
            try {
                if(textCondition1.getText()!= null && !"".equals(textCondition1.getText())) {
                    condi1 = Float.parseFloat(textCondition1.getText());
                }
                if(textCondition2.getText()!= null && !"".equals(textCondition2.getText())) {
                    condi2 = Float.parseFloat(textCondition2.getText());
                }
            } catch(NumberFormatException e1) {
                MessageDialog.openError(shell, "必须输入数值", "必须在该比较符旁边的文本框中输入一个数值.");
            }
            if(comboCondition1.getText()!= null && !"".equals(comboCondition1.getText())) {
                opr1 = comboCondition1.getText().trim();
            }
            if(comboCondition2.getText()!= null && !"".equals(comboCondition2.getText())) {
                opr2 = comboCondition2.getText().trim();
            }
            if(condi1!= -1 || condi2!= -1) {
                if(condi1 > condi2) {
                    float tmp = condi1;
                    condi1 = condi2;
                    condi2 = tmp;
                    String str = opr1;
                    opr1 = opr2;
                    opr2 = str;
                }
            }
            if(("".equals(opr2) || opr2 == null) && ("".equals(opr1) || opr1 == null)) {
                clearFilters();
            } else if((!"".equals(opr2) && opr2!= null) && ("".equals(opr1) || opr1 == null)) {
                if(opr2.equals(" = ")) {
                    System.out.println("and = :" + condi2 + "," + feq);
                    feq.setLimit(condi2);
                    clearFilters();
                    tableViewer.addFilter(feq);
                    tableViewer.refresh();
                } else if(opr2.equals(">")) {
                    System.out.println("and > :" + condi2 + "," + flr);
                    flr.setLimit(condi2);
                    clearFilters();
                    tableViewer.addFilter(flr);
                    tableViewer.refresh();
```

```java
            }else if(opr2.equals("<")) {
                System.out.println("and < :" + condi2 + "," + fhi);
                fhi.setLimit(condi2);
                clearFilters();
                tableViewer.addFilter(fhi);
                tableViewer.refresh();
            }
        } else if(radioButtonAnd.getSelection()) {
            if(">".equals(opr1)&&">".equals(opr2)) {
                clearFilters();
                flr.setLimit(condi2);
                tableViewer.addFilter(flr);
            } else if("<".equals(opr1)&&"<".equals(opr2)) {
                clearFilters();
                fhi.setLimit(condi1);
                tableViewer.addFilter(fhi);
            } if(">".equals(opr1)&&"<".equals(opr2)) {
                clearFilters();
                flr.setLimit(condi1);
                tableViewer.addFilter(flr);
                fhi.setLimit(condi2);
                tableViewer.addFilter(fhi);
            } if("<".equals(opr1)&&">".equals(opr2)) {
                clearFilters();
                flr.setLimit(1000);
                tableViewer.addFilter(flr);
                fhi.setLimit(-1000);
                tableViewer.addFilter(fhi);
            }
            tableViewer.refresh();
        } else if(radioButtonOr.getSelection()) {
            if(">".equals(opr1)&&">".equals(opr2)) {
                clearFilters();
                flr.setLimit(condi1);
                tableViewer.addFilter(flr);
            } else if("<".equals(opr1)&&"<".equals(opr2)) {
                clearFilters();
                fhi.setLimit(condi2);
                tableViewer.addFilter(fhi);
            } if(">".equals(opr1)&&"<".equals(opr2)) {
                clearFilters();
            } if("<".equals(opr1)&&">".equals(opr2)) {
                clearFilters();
                range2.setLimitLow(condi1);
                range2.setLimitHigh(condi2);
                tableViewer.addFilter(range2);
            }
            tableViewer.refresh();
        }
    }
});
```

其中,clearFilters()方法清除已注册筛选器,源代码如下:

```
void clearFilters() {
    ViewerFilter[] fls = tableViewer.getFilters();
    for(int i = 0;i < fls.length; i++) {
        tableViewer.removeFilter(fls[i]);
    }
}
```

在树查看器的双击事件监听器中也运用clearFilters方法,以便每选择一个班级便重新开始查找。

13.3.3 成绩统计

1. 基本指标

成绩统计界面在成绩登录界面的基础上,采用表格型树结构设计,统计数据利用数据库的查询获得。主要设计步骤包括:

(1)复制TchScoreEdit.java,粘贴为TchScoreStat.java,将树组件tree及其查看器移到shell组件下,并删除sashForm及其中的所有组件。设置窗体为填充式布局,然后为树组件tree添加6个树列查看器,按照图13.10所示设置它们的属性,并设置treeViewer的autoExpandLevel属性值为4。

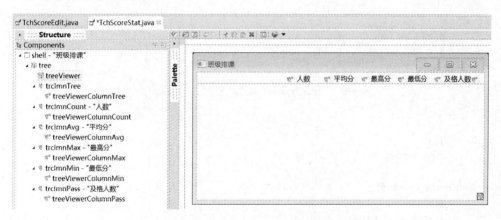

图13.10 成绩统计数据表格型树界面设计视图

(2)在trclmnTree列的查看器列treeViewerColumnTree属性面板中双击labelProvider属性的值列,在自动生成的匿名标签提供器类的getText()方法中添加语句"return element == null ? "" : element.toString();"。

(3)设计内部辅助类StatScore进行成绩统计,方法getColumnText()返回指定列column的统计结果,element是树的当前节点。该类源代码如下:

```
class StatScore {
    private TreeNode element;
    private int column;
    private int count;
```

```java
        private float sumScore;
        private float max;
        private float min;
        private int abovePeaple;
        private int[] frequency = new int[5];
        public StatScore(Object element, int column) {
            super();
            this.element = (TreeNode)element;
            this.column = column;
        }
        public String getColumnText() {
            //TODO Auto-generated method stub
            String result = "";
            if (element instanceof CourseTreeNode) {
                statCourse();
                switch (column) {
                    case 1:
                        result = this.count + "";
                        break;
                    case 2:
                        result = this.sumScore / this.count + "";
                        break;
                    case 3:
                        result = this.max + "";
                        break;
                    case 4:
                        result = this.min + "";
                        break;
                    case 5:
                        result = this.abovePeaple + "";
                        break;
                }
            }
            return result;
        }
        void statCourse() {
            count = 0;
            sumScore = 0.0F;
            max = -1;
            min = 1000;
            abovePeaple = 0;
            for (int i = 0; i < frequency.length; i++) {
                frequency[i] = 0;
            }
            int courseId = ((Course)(((CourseTreeNode) element).getValue())).getId();
            ClassTreeNode ctn = (ClassTreeNode)(((CourseTreeNode) element).getParent());
            int cClass = ((GradeClass)ctn.getValue()).getcClass();
            GradeTreeNode gtn = (GradeTreeNode) ctn.getParent();
            int grade = ((GradeClass) gtn.getValue()).getGrade();
            DepartmentTreeNode dtn = (DepartmentTreeNode) gtn.getParent();
            int deptId = ((Department) dtn.getValue()).getId();
```

```
            String sql = "select COUNT(DISTINCT student.id),SUM(student_course.score),"
                    + "MAX(student_course.score),MIN(student_course.score)"
                + " from student,student_course where studentID = student.id and courseID = "
                + courseId + " and student.departmentId = " + deptId + " and student.grade = "
                    + grade + " and student.class = " + cClass;
            ResultSet rs = InitDB.getInitDB().getRs(sql);
            try {
                if (rs.next()) {
                    this.count = rs.getInt(1);
                    this.sumScore = rs.getFloat(2);
                    this.max = rs.getFloat(3);
                    this.min = rs.getFloat(4);
                }
            } catch (SQLException e) {
                e.printStackTrace();
            }
            sql = "select COUNT(DISTINCT student.id) from student,student_course where " +
            "courseID = " + courseId + " and studentID = student.id and student_course.score >= 60"
                    + " and student.departmentId = " + deptId + " and student.grade = " +
                    grade + " and student.class = " + cClass;
            rs = InitDB.getInitDB().getRs(sql);
            try {
                if (rs.next()) {
                    this.abovePeaple = rs.getInt(1);
                }
            } catch (SQLException e) {
                e.printStackTrace();
            }
        }
    }
```

（4）在 trclmnCount 列的查看器 treeViewerColumnCount 的属性面板中双击 labelProvider 属性的值列，在 getText()方法体中创建 StatScore 对象并调用 getColumnText()方法，语句是"return new StatScore(element,1).getColumnText();"。

（5）对第 3~6 列分别重复步骤（4），调用 getColumnText()方法时的第二个参数分别改为 2、3、4、5。

2. 成绩分布图

成绩分布图界面在成绩登录界面的基础上完成。sashForm 左窗格仍采用带有查看器的树组件，右窗格删除表格组件，在 composite 面板中创建画布组件 canvas，统计图将绘制在该 canvas 上。利用数据库的查询获得指定班级指定课程的成绩，计算得到统计数据，双击课程节点时显示各分数段人数分布直方图。主要设计步骤包括：

（1）复制 TchScoreEdit.java，粘贴为 TchScoreChart.java，删除 sashForm 表格组件。在右窗格 composite 面板中创建画布组件 canvas 并转换为字段，composite 设置为填充式布局。设置 treeViewer 的 autoExpandLevel 属性值为 4。

（2）在 TchScoreChart 类中添加字段"private int[] frequency = null;"，设计方法

setFrequency()统计各分数段人数。方法 setFrequency()源代码如下:

```java
void setFrequency(Course course, GradeClass aclass) {
    frequency = new int[5];
    for(int i = 0;i < frequency.length;i++) {
        frequency[i] = 0;
    }
    String sql = "select SC.score from student AS S,student_course AS SC where " +
        "S.id = SC.studentID " + "and SC.courseID = " + course.getId() +
        " and S.departmentId = " + aclass.getDepartmentId() +
        " and S.grade = " + aclass.getGrade() + " and S.class = " + aclass.getcClass();
    ResultSet rs = InitDB.getInitDB().getRs(sql);
    try {
        while(rs.next()) {
            float score = rs.getFloat(1);
            if(score < 60)
                frequency[0]++;
            else if(score < 70)
                frequency[1]++;
            else if(score < 80)
                frequency[2]++;
            else if(score < 90)
                frequency[3]++;
            else
                frequency[4]++;
        }
    } catch (SQLException e) {
        //TODO 自动生成的 catch 块
        e.printStackTrace();
    }
}
```

(3) 设计方法 drawChart()在画布组件 canvas 上绘制各分数段人数分布直方图,该方法在画布重绘时执行。方法 drawChart()源代码如下:

```java
void drawChart(GC gc) {
    int cWidth = canvas.getClientArea().width;
    int cHeight = canvas.getClientArea().height;
    if(frequency == null || gc == null) {     //如果没有选择课程节点而重绘画布清空画布区域
        gc.fillRectangle(0, 0,cWidth,cHeight);
        return;
    }
    String name = null;
    int num = frequency.length;
    int maxFreq = -1;
    for(int i = 0;i < num;i++) {
        if(frequency[i] > maxFreq)
            maxFreq = frequency[i];
    }
    int rWidth = (int)((cWidth/(num + 1)) * 0.5);        //直方宽度
    int rSpace = cWidth/(num + 1) - rWidth;              //直方间距
```

```
        int x1 = 50 + rSpace, y1 = cHeight - 50, rHeight = 0;
        //画坐标轴
        gc.drawLine(50, cHeight - 50, cWidth - 100, cHeight - 50 );//画横坐标轴
        gc.drawLine(50, 20, 50, cHeight - 50 );                   //画纵坐标轴
        int perHeight = (int)((cHeight - 70)/(maxFreq + 1));
        for(int k = 25; k < cHeight - 50; k = k + perHeight) {
            int cy = maxFreq - (k - 25)/perHeight + 1;
            String str = "" + (cy < 10?" " + cy:(cy < 100?" " + cy:cy));
            gc.drawString(str, 20, k - 5);
            gc.drawLine(45, k, 50, k);
        }
        //画直方图
        for (int i = 0;i < num;i++) {
            int value = frequency[i];
            if(i == 0)
                name = "[0 - 60]";
            else if(i == 1)
                name = "[60 - 70]";
            else if(i == 2)
                name = "[70 - 80]";
            else if(i == 3)
                name = "[80 - 90]";
            else if(i == 4)
                name = "[90 - 100]";
            rHeight = (int)((cHeight - 70)/(maxFreq + 1) * value);
            y1 = y1 - rHeight;
            Color oldBgColor = gc.getBackground();
            gc.setBackground(shell.getDisplay().getSystemColor(SWT.COLOR_BLUE));
            gc.fillRectangle(x1, y1, rWidth, rHeight);
            gc.setBackground(oldBgColor);
            gc.drawString(name, (int)(x1 - rSpace * 0.5) + 50, cHeight - 48);
            x1 = x1 + rWidth + rSpace;
            y1 = cHeight - 50;
        }
    }
```

(4)为画布组件canvas注册绘制事件监听器,源代码如下:

```
canvas.addPaintListener(new PaintListener() {
    public void paintControl(PaintEvent arg0) {
        drawChart(arg0.gc);
        shell.layout();
    }
});
```

(5)为树查看器注册选择节点改变事件监听器,源代码如下:

```
treeViewer.addSelectionChangedListener(new ISelectionChangedListener() {
    public void selectionChanged(SelectionChangedEvent arg0) {
        StructuredSelection ss = (StructuredSelection) treeViewer.getSelection();
        TreeNode selNode = (TreeNode) ss.getFirstElement();
        if(selNode instanceof CourseTreeNode) {
```

```
                    GradeClass aclass = (GradeClass)
                                ((ClassTreeNode)(selNode.getParent())).getValue();
                    setFrequency((Course)selNode.getValue(),aclass);
            } else {
                frequency = null;
            }
            canvas.redraw();
        }
    });
```

13.3.4 教师子系统主控界面

教师子系统主控模块将前面已经设计好的各模块以菜单接口提供给用户。创建 JFace ApplicationWindow 程序 TchScoreMana,设计如图 13.11 所示的菜单结构。

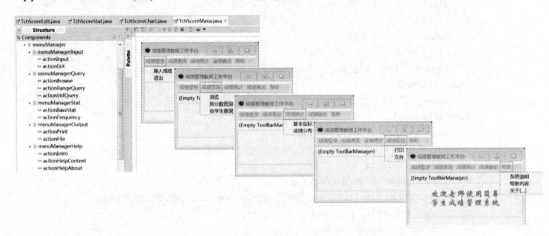

图 13.11 教师子系统主控界面菜单结构

为各菜单项设计 action,大多数菜单项对应的 action 是创建并打开相应模块的窗口。
【成绩查询】|【浏览】菜单项对应模块的主要设计步骤如下。
使用与例 11.5 相同的操作步骤和方法设计单击 TchScoreBrowse 窗体中学号、姓名和成绩列头时进行排序的程序。其中,内部排序器类修改后的源代码为:

```java
private static class Sorter extends ViewerSorter {
    private static int orderId = -1;
    private static int orderName = -1;
    private static int orderScore = -1;
    private int col = 0;
    private static final Sorter sorter = new Sorter();
    public Sorter() {
        super();
    }
    public int getCol() {
        return col;
    }
    public void setCol(int col) {
        this.col = col;
```

```java
    }
    public static Sorter getSorter() {
        return sorter;
    }
    public static int getOrderName() {
        return orderName;
    }
    public static void setOrderName(int orderName) {
        Sorter.orderName = orderName;
    }
    public static int getOrderScore() {
        return orderScore;
    }
    public static void setOrderScore(int orderScore) {
        Sorter.orderScore = orderScore;
    }
    public static int getOrderId() {
        return orderId;
    }
    public static void setOrderId(int orderId) {
        Sorter.orderId = orderId;
    }
    @Override
    public int compare(Viewer viewer, Object e1, Object e2) {
        String[] item1 = (String[])e1;
        String[] item2 = (String[])e2;

        if(this.col == 1) {
            if(orderId > 0)
                return Long.parseLong(item1[0]) > Long.parseLong(item2[0])?1:
                    (Long.parseLong(item1[0]) < Long.parseLong(item2[0])? -1:0);
            else if(orderId < 0)
                return Long.parseLong(item2[0]) > Long.parseLong(item1[0])?1:
                    (Long.parseLong(item2[0]) < Long.parseLong(item1[0])? -1:0);
        }
        else if(col == 2) {
            if(orderName > 0)
                return item1[1].compareTo(item2[1]);
            else if(orderName < 0)
                return item2[1].compareTo(item1[1]);
        }
        else if(col == 3) {
            if(orderScore > 0)
                return Float.parseFloat(item1[2]) > Float.parseFloat(item2[2])?1:
                    (Float.parseFloat(item1[2]) < Float.parseFloat(item2[2])? -1:0);
            else if(orderScore < 0)
                return Float.parseFloat(item2[2]) > Float.parseFloat(item1[2])?1:
                    (Float.parseFloat(item2[2]) < Float.parseFloat(item1[2])? -1:0);
        }
        return super.compare(viewer, e1, e2);
    }
}
```

为成绩表格的【学号】列注册单击事件监听器，以便在单击该列头时按学号升序或降序

排序。源代码如下:

```
tableColumnSelID.addSelectionListener(new SelectionAdapter() {
    @Override
    public void widgetSelected(SelectionEvent e) {
        sorter.setCol(1);
        tableViewer.setSorter(sorter);
        tableViewer.refresh();
        Sorter.setOrderId( - Sorter.getOrderId());
    }
});
```

其他两列也注册单击事件监听器,程序与【学号】列的基本相同。完整代码请参见 /StdScoreManager1.1/src/book/stdscore/ui/TchScoreBrowse.java 文件。

【成绩查询】|【按学生查询】菜单项 action 的 run() 方法中首先创建输入对话框,得到用户想要查询的学生学号,然后以表格形式显示该学生全部课程成绩。

【成绩输出】|【打印】菜单项 action 的设计较为复杂,具体实现可以参考 10.7 节所述原理和方法,此处不再叙述。

【成绩输出】|【文件】则采用成绩浏览界面,在树查看器 treeViewer 的双击事件处理方法 doubleClick() 中添加功能,将 scoreList 的各元素写到文本文件中,每个元素一行,每个元素的字符串数组的各个元素之间以逗号","分隔,实现较为简单。主要设计步骤是:

首先复制 TchScoreBrowse.java 为 TchScoreFile.java。

其次,在 TchScoreFile 类中设计方法 saveScoreFile(),将用户在树中所选班级所选课程的成绩数据保存到项目文件夹下的子文件夹 scoreFiles 中,文件名形式为"专业名年级班级课程名",返回写入文件的字符数。该方法源代码如下:

```
int saveScoreFile(String title, ArrayList<String[]> scoreList) {
    try {
        StringBuffer str = new StringBuffer(title);
        FileWriter fw = new FileWriter("scoreFiles/" + title.replace('|', '-') + ".csv");
        for (String[] lineStr : scoreList) {
            str.append("\r\n" + lineStr[0] + "," + lineStr[1] + "," + lineStr[2]);
        }
        fw.write(str.toString());
        fw.close();
        return str.toString().length();
    } catch (IOException e) {
        //TODO 自动生成的 catch 块
        e.printStackTrace();
        return 0;
    }
}
```

再次,扩充树查看器 treeViewer 的双击事件处理方法 doubleClick(),完成后的源代码如下:

```
treeViewer.addDoubleClickListener(new IDoubleClickListener() {
    public void doubleClick(DoubleClickEvent arg0) {
```

```
            StructuredSelection ss = (StructuredSelection) treeViewer.getSelection();
            TreeNode selNode = (TreeNode) ss.getFirstElement();
            if (selNode instanceof CourseTreeNode) {
                Course course = (Course) selNode.getValue();
                GradeClass aclass = (GradeClass) ((ClassTreeNode)
                                                    (selNode.getParent())).getValue();
                ArrayList<String[]> scoreList = getStdList(course, aclass);
                tableViewer.setInput(scoreList);
                tableViewer.refresh();
                String title = Department.getFromDB(aclass.getDepartmentId()).getName();
                title += " " + aclass.getGrade();
                title += " " + aclass.getcClass();
                title += " " + course.getName();
                int schars = saveScoreFile(title, scoreList);
                if (schars > 0) {
                    MessageDialog.openInformation(shell, "成绩文件保存成功",
                    "成绩文件" + "scoreFiles/" + title.replace(' ', '-') + ".csv" + "保存成功!");
                }
            }
        }
    });
```

最后,在【成绩输出】|【文件】的 actionFile 的 run()方法中打开 TchScoreFile 窗口。【帮助】菜单的实现与管理员子系统中相同,此处不再叙述。

13.4 学生子系统的设计与实现

学生子系统的操作较为单一,使用一个界面完成交互。设计如图 13.12 所示的界面,工具栏给出各个功能模块的工具项。container 使用 GridLayout 布局,第一行采用面板组件 composite 设计【按分数查询】的查询条件设置组件(见图 13.13),在第二行创建学生成绩显示表格。composite 面板的 visible 属性设置为 false,只在用户单击【按分数查询】工具项时设置为 true。

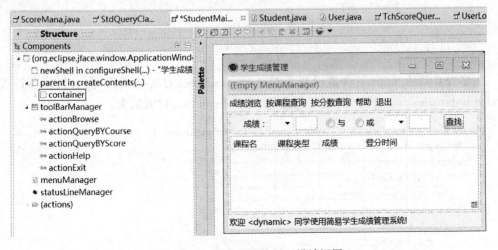

图 13.12 学生子系统界面设计视图

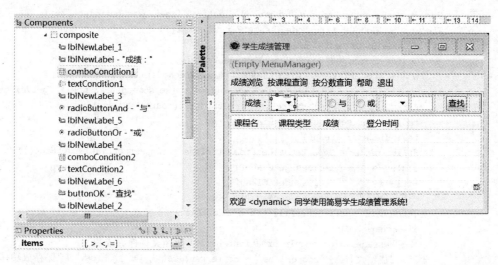

图 13.13 学生子系统按分数查询界面设计视图

登录学生的所有课程成绩信息存放在一个 ArrayList＜String[]＞实例变量 scoreList 中,并设计 getScoreList()方法返回该列表。方法 getScoreList()的源代码如下:

```
public ArrayList<String[]> getScoreList() {
    ArrayList<String[]> scoreList = new ArrayList<String[]>();
    String sql = "select C.name,C.type,SC.score,SC.updatetime from student_course AS " +
            "SC,course AS C where SC.studentID = " + Long.parseLong(user.getName()) +
                            " and SC.courseID = C.id";
    ResultSet rs = InitDB.getInitDB().getRs(sql);
    try {
        while(rs.next()) {
            scoreList.add(new String[]{rs.getString(1),rs.getString(2),rs.getFloat(3) + "",
                                        rs.getDate(4) + ""});
        }
    } catch (SQLException e) {
        //TODO 自动生成的 catch 块
        e.printStackTrace();
    }
    return scoreList;
}
```

表格查看器的 input 属性值设置为对 getScoreList()方法的调用,内容提供器设置为 ArrayContentProvider 对象,标签提供器的 getColumnText()方法为:

```
public String getColumnText(Object element, int columnIndex) {
    String[] score = (String[]) element;
    if(columnIndex == 0) {
        return score[0];
    } else if(columnIndex == 1) {
        return score[1];
    } if(columnIndex == 2) {
        return score[2];
    } if(columnIndex == 3) {
```

```
            return score[3];
        }
        return element.toString();
    }
```

【成绩浏览】action 的 run()方法中隐藏查找界面面板,清除所有过滤器,源代码如下:

```
actionBrowse = new Action("成绩浏览") {
    @Override
    public void run() {
        //TODO 自动生成的方法存根
        super.run();
        composite.setVisible(false);
        tableViewer.setInput(getScoreList());
        clearFilters();
        tableViewer.refresh();
        setStatus("显示 " + Student.getFromDB(Long.parseLong(user.getName()))
                                            .getName() + " 同学的全部课程成绩");
    }
};
```

【按课程查询】action 的 run()方法显示输入课程名的对话框,然后应用 FilterCourseName 过滤器。过滤器 FilterCourseName 源代码如下:

```
class FilterCourseName extends ViewerFilter {
    String findName = null;
        public FilterCourseName(String findName) {
        super();
        this.findName = findName;
    }
    @Override
    public boolean select(Viewer arg0, Object arg1, Object arg2) {
        //TODO 自动生成的方法存根
        String courseName = null;
        if(arg2!= null)
            courseName = ((String[])arg2)[0];
        else
            findName = "";
        if(courseName!= null && !"".equals(courseName) && !"".equals(findName)) {
            return courseName.equals(findName);
        }
        return false;
    }
}
```

【按分数查询】action 的 run()方法显示 composite 面板,使用 13.3.2 节所设计的过滤器及【查找】按钮的事件处理方法,查找操作在【查找】按钮选择事件监听器中完成。程序逻辑与教师子系统的成绩查询基本一样。

【帮助】工具项则打开 BrowserHelp 窗口。

学生子系统的主要程序模块设计在单个类 StudentMain 中，完整代码请参看 /StdScoreManager1.1/src/book/stdscore/ui/StudentMain.java。

13.5 登录模块的实现

例 11.1 利用数据库修改了学生成绩管理系统的 User 类和 UsersSet 类，从而实现了从数据库表获取用户登录信息的功能。本章实现和修改了管理员子系统、教师子系统和学生子系统的主控模块，因此需要修改系统登录模块 UserLogin。

修改 UserLogin 类的【登录】按钮的 SelectionEvent 事件监听器，以便当用户登录时根据其身份打开相应子系统。修改后该监听器的源代码如下：

```java
buttonOK.addSelectionListener(new SelectionAdapter() {
    @Override
    public void widgetSelected(SelectionEvent arg0) {
        int jb = -1;
        if(radioButtonStd.getSelection())
            jb = 0;
        else if(radioButtonTch.getSelection())
            jb = 1;
        else
            jb = 2;
        User user = new User(textUser.getText().trim(), textPass.getText().trim(),jb);
        Shell oldShell = null;
        if (new UsersSet().isValid(user)) {
            shell.dispose();
            if(jb == 0) {
                StudentMain sm = new StudentMain(user);
                sm.open();
                shell = sm.getShell();
            } else if(jb == 1) {
                TchScoreMana tsm = new TchScoreMana(user);
                tsm.open();
                shell = tsm.getShell();
            }else if(jb == 2) {
                AdminPrj as = new AdminPrj(user);
                as.open();
                shell = as.getShell();
            }
        } else {
            textUser.setText("");
            textPass.setText("");
        }
    }
});
```

13.6 系统部署

至此,本书开发的演示性项目学生成绩管理系统的主要模块全部开发完成,在交付用户之前应该进行测试,之后打包程序。

第一步,设置运行配置。单击 Eclipse 的【文件】|【运行配置】菜单项,在【运行配置】对话框(见图 13.14)中找到本章项目 StdScoreManager1.1 的运行配置(见图 13.14 的 UserLogin(9)),并查验和修改【主要】选项卡的项目为 StdScoreManager1.1,主(Main)类为 book.stdscore.ui.UserLogin。

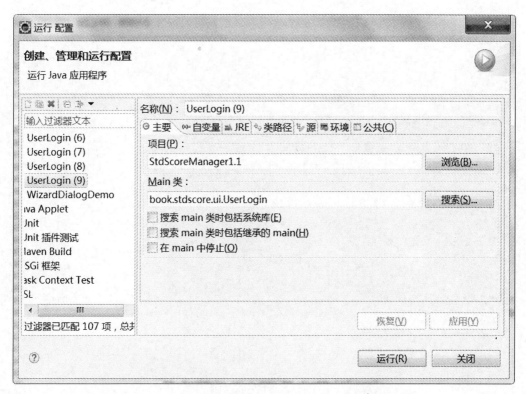

图 13.14 学生成绩管理系统的运行配置对话框

第二步,单击 Eclipse 的【文件】|【导出】菜单项,在导出对话框中选择 Java 组下的【可运行的 jar 文件】,单击【下一步】按钮,在出现的对话框中选择【启动配置】,选择上一步所设置的运行配置(即 UserLogin(9)),【导出目标】选项指定导出文件存放的目录和文件名,如文件取名为 StudentScoreMana.jar,选择 Library handling 中的一项,如第二项 Package required libraries into generated JAR,单击【完成】按钮。

第三步,将开发时系统中用到的 JRE 目录连同其下的文件和子目录复制到打包生成的 JAR 文件所在的目录中。编写批处理文件 runstdscore.bat,内容是:

```
Start .\jre\bin\javaw - jar StudentScoreMana.jar
```

第四步，运行该学生成绩管理系统，使用管理员子系统的数据备份功能生成系统中所使用的数据库及其所有表的备份——SQL语句文件。其中包含了数据库和表的生成指令，能够创建系统所用的数据库及其所有表的结构，但不包括数据。

第五步，将该软件项目打包文件StudentScoreMana.jar、jre文件夹、数据库结构备份和批处理文件runstdscore.bat一起提交给用户。在用户计算机上安装运行数据库管理系统，使用管理员子系统的数据恢复功能创建数据库和表，进行试运行。若无问题则可投入业务运行。

参 考 文 献

1. 赵满来. 可视化 Java GUI 程序设计——基于 Eclipse VE 开发环境. 北京：清华大学出版社，2010.
2. 陈刚. Eclipse 从入门到精通. 北京：清华大学出版社，2007.
3. 那静. Eclipse SWT/JFace 核心应用. 北京：清华大学出版社，2007.
4. Eclipse. org. Platform Plug-in Develope Guide|Reference|AP|Reference. http://help.eclipse.org/neon/index.jsp. 2016.
5. ibm.com. Java GUI 开发专题. https://www.ibm.com/developeworks/cn/java/j-gui/swt.html. 2005.

图书资源支持

感谢您一直以来对清华版图书的支持和爱护。为了配合本书的使用,本书提供配套的素材,有需求的用户请到清华大学出版社主页(http://www.tup.com.cn)上查询和下载,也可以拨打电话或发送电子邮件咨询。

如果您在使用本书的过程中遇到了什么问题,或者有相关图书出版计划,也请您发邮件告诉我们,以便我们更好地为您服务。

我们的联系方式:

地　　址:北京海淀区双清路学研大厦 A 座 707

邮　　编:100084

电　　话:010-62770175-4604

资源下载:http://www.tup.com.cn

电子邮件:weijj@tup.tsinghua.edu.cn

QQ:883604(请写明您的单位和姓名)

用微信扫一扫右边的二维码,即可关注清华大学出版社公众号"书圈"。

扫一扫
资源下载、样书申请
新书推荐、技术交流